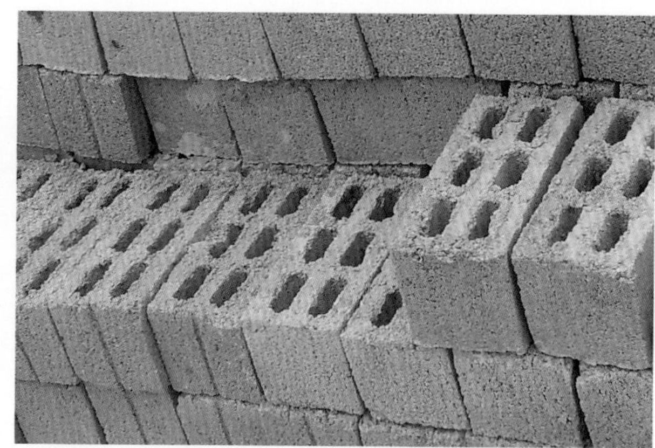

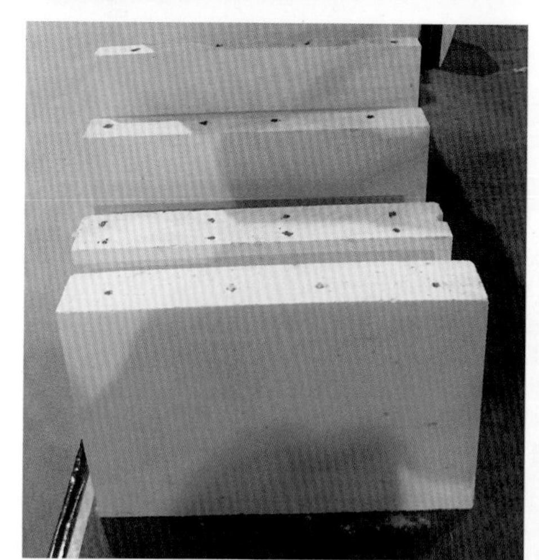

天筑砂加气板
——钢结构体系

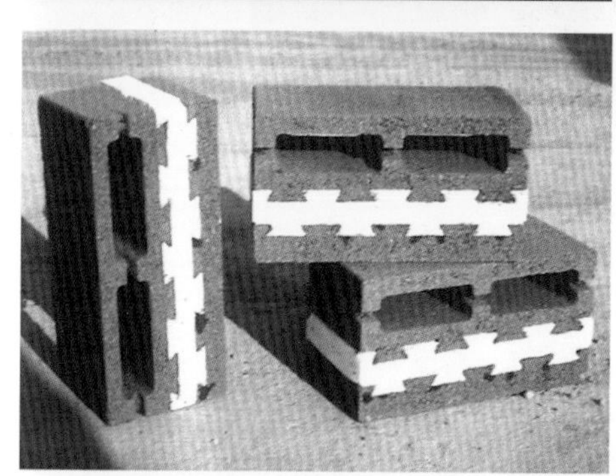

住房城乡建设部土建类学科专业“十三五”规划教材
普通高等教育“十五”国家级规划教材
高校建筑学专业指导委员会规划推荐教材

建筑构造设计（上册）

（第二版）

BUILDING STRUCTURE DESIGN

东南大学　杨维菊　主　编
高民权　唐厚炽　主　审

中国建筑工业出版社

图书在版编目（CIP）数据

建筑构造设计　上册/杨维菊主编．—2版．—北京：中国建筑工业出版社，2016.8（2023.12重印）
普通高等教育“十五”国家级规划教材．高校建筑学专业指导委员会规划推荐教材
ISBN 978-7-112-19667-8

Ⅰ．①建…　Ⅱ．①杨…　Ⅲ．①建筑构造-高等学校-教材　Ⅳ．①TU22

中国版本图书馆CIP数据核字（2016）第195012号

责任编辑：王玉容　陈　桦　王　惠
责任校对：李欣慰　党　蕾

普通高等教育“十五”国家级规划教材
高校建筑学专业指导委员会规划推荐教材
建筑构造设计
上册
（第二版）
东南大学　杨维菊　主编
高民权
唐厚炽　主审
*
中国建筑工业出版社出版、发行（北京西郊百万庄）
各地新华书店、建筑书店经销
霸州市顺浩图文科技发展有限公司制版
北京君升印刷有限公司印刷
*
开本：787×1092毫米　1/16　印张：17½　插页：4　字数：431千字
2016年9月第二版　2023年12月第三十一次印刷
定价：**39.00**元
ISBN 978-7-112-19667-8
（29057）

编　委　会

主　编：杨维菊

主　审：高民权、唐厚炽

审稿人：顾伯禄、杨维菊、马军、孙祥斌、李大勇

参加编写人员名单：

上册：

第1章	建筑构造设计概论	杨维菊
第2章	地基与基础	孙祥斌
第3章	墙体	杨维菊
第4章	楼板层、地坪及阳台雨篷	顾伯禄
第5章	楼梯、台阶与坡道、电梯及自动扶梯	李　青、吴俞昕
第6章	门窗构造	高祥生、李大勇
第7章	屋顶构造	沙晓冬、杨德安
第8章	变形缝的设计与构造	黄学明
第9章	建筑防火构造	陶敬武、肖鲁江、张瀛洲
第10章	建筑防震设计	顾伯禄

下册：

第11章	建筑物的防潮、防水构造	周革利、李大勇
第12章	建筑声学构造设计	陆文秋
第13章	绿色建筑节能构造设计	杨维菊
第14章	太阳能的利用	杨维菊、陈文华、李金刚、刘奎
第15章	高层建筑构造	周　琦、方立新
第16章	建筑装修构造	黄　勇、吴　俊
第17章	建筑幕墙构造	马晓东
第18章	大跨建筑及其构造	裴　峻、马　军、李海清
第19章	天窗的设计与构造	张　奕、奚江琳
第20章	建筑工业化	顾伯禄、张　宏
第21章	轻型结构构造	顾伯禄
第22章	人防工程的设计与构造	李大勇、陈保建、沈　宁

参加本书绘图及文字编辑的博士生、硕士生：高青、符越、张华、徐斌、张力、罗佳宁、李佳佳、张良钰、肖华杰、张洋洋、吴亚琦、马建辉、王琪、黄宇宸。

感谢：东南大学建筑学院王建国院士、韩冬青院长、龚恺教授以及关心本书编写的专家：齐康院士、钟训正院士、蔡晔、黄加国、梁世格等相关专家在编写过程中，对本书的热忱帮助，谨此表示衷心感谢。

序

建筑构造课是建筑学专业的一门重要专业课程，它阐述了在建筑设计过程中，建筑、结构、设备、材料和施工之间的关系和结合方式。首先，它综合性强，既有构造的原理，又着重于构造方法，是一门方法学课程。纵向它强调一幢建筑物从基础、墙身、楼板层、楼梯、门窗直至屋顶的联系，横向强调受力的分析、结构的选型、材料的应用、施工的程序。其次，它复合性强，在不同的部位，有不同的复合，如砖墙与预制混凝土墙板，与砌块、空心砖做法在施工过程中都不相同，必须区别对待。其三，人们建房是为了防止各种自然环境、气候等的影响（如风、雨、霜、雪、沙尘等的侵袭），又要满足人们工作生活舒适的要求。构造的原理和做法很大部分是属于设计、结构、材料、施工过程中一种“防”的要求，而内部又是“力”的结合。有经验的建筑师在工程中可自如地运用构造原理和做法，同时在各种不同的复杂的环境条件中创造出新的构造做法，所以，构造这门课具有实践性、创造性的特点，要为使用者留出空间、组织空间而创造条件。现在，建筑中各种设备的组合是很重要的，“洞”，除了门、窗洞外，又是设备必需的空间，要预留，要穿越等。我们要运用自如，并熟悉做法中的“吊”、“挂”、“嵌”、“榫”、“铆”、“焊”、“卡”、“钉”等技术要点，组织物体与物体，以及空间的诸多关系的灵活运用。

由于地区的条件不同，构造的做法也有不少差异，特别是自然气候、地貌、地质条件的区别带来了做法的不同。如何因时因地采用可靠、适用、坚固的做法是我们学习者所必备的技能，同时对成熟的法规、规范、手册等各种相关资料亦需要通读、理解，还要注意赋予构造美学上的特征。

建筑是人类巨大的物质和精神财富，它既要符合建设的总经济要求，又要落实到各项经济预算中去，作为建筑师，还必须要有较强的经济预算的概念和能力。

建筑构造课常因关系诸多、条件复杂，要罗列诸多的案例、样品和做法，使学生们感到像是开设的“中药铺”。其实只要不断地参与工程实践，总结、熟悉，就会达到自如的境地，从简单到复杂，从低级到高级，在总的设计原则下，我们一定会取得成果，形成系统化、体系化的知识结构。

教材的前身是由东南大学建筑系张镛森先生主持编写，在诸多有实践经验的合作者的通力合作中完成的。教材编写起始于20世纪60年代，后经不断修订，在建筑系中作为教学用书或参考书，起到了一定作用。各兄弟院校均有丰富的教学经验、实践和总结。

现由东南大学建筑学院杨维菊教授传承原书，组织许多学者撰写，补充了许多新的理论和实例。大家辛勤的劳动值得称颂和学习。更希望广大师生在使用本书后提出宝贵的建议以便再版时修改。

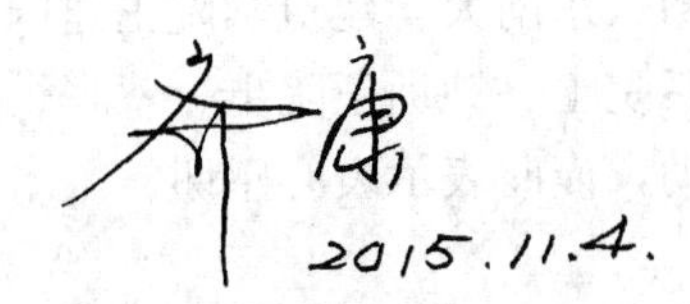

前　言

21 世纪是人类进步、跨入可持续发展的新世纪，也是科学技术飞速向前发展的新时代。人类更加关注我们赖以生存的地球环境的可持续性，建筑新技术给建筑带来了巨大的变革。伴随着新材料、新技术的不断涌现，更新教学观念，改革人才培养模式，改变原有状况，深化课程体系改革，使教学质量上一个新台阶，造就出适应 21 世纪需要的基础扎实、知识面宽、素质高的优秀人才是我们培养建筑学学生的宗旨和目标。

《建筑构造设计》是在原《建筑构造》的基础上，于 2005 年出版的更新教材。但十年来，发现内容已不适应现有形势发展的需要。为更好地为广大师生服务，我们在广泛调研的基础上，做了大量改进工作，吸收了不少工程实例，增加了很多抗震构造、防火构造、高层建筑构造、隔热保温构造、遮阳、天窗构造以及绿色建筑等方面的新技术、新内容、新成果。

本书分上、下两册编写。上册以建筑物的六大基本构件为重点，专供建筑学专业、城乡规划专业、室内设计专业以及土木工程相关专业低年级学生学习建筑构造知识之用，也可供有关建筑工程技术人员参考。下册则以专题的形式，为高年级学生提供技术、建筑构造相关做法及节点详图，也可供专门从事相关专题研究的工程技术人员参考。

全书内容丰富，图文并茂，通俗易懂，涉及面广，案例翔实，便于掌握，在教材使用的十年中，深受兄弟院校师生及广大专业技术人员的好评。

本书在编写过程中收集了很多相关资料和工程案例，参阅了兄弟院校的相关教材，得到了各设计院及科研单位的大力支持，谨此表示感谢。

由于时间问题和调查研究不够以及规范的时效性，书中还有不少疏漏和不当之处，希望读者在使用中提出批评指正，以便再版时修改。

目　录

上　册　基本构件部分

上册　基本构件部分

第1章　建筑构造设计概论

1.1 概　　述

1.1.1　建筑构造设计的内容和特点

随着科学技术的进步，建筑构造已发展成为一门技术性很强的课程，它主要研究建筑物各组成部分的构造原理和构造方法，是建筑设计不可分割的一部分，对整体的设计创意起着具体表现和制约的作用。关于建筑物实体的构成以及细部的处理和实施的可能性等，都要通过构造设计来解决并用建筑详图来表达。通过建筑物的构造方案、构配件组成的节点、细部构造以及相互间的连接和材料的选用等各方面的有机结合，使建筑实体的构成成为可能，从而完成建筑物的整体与空间的形成。

建筑构造设计具有实践性强和综合性强的特点，在内容上是对实践经验的高度概括，并且涉及建筑材料、建筑力学、建筑结构、建筑物理、建筑美学、建筑施工和建筑经济等有关方面的知识，根据建筑物的功能要求，对细部的做法和构件的连接、受力合理都要考虑，同时还应满足防潮、防水、隔热、保温、隔声、防火、防震、防腐等方面的要求，以利于提供适用、安全、经济、美观的构造方案。

1.1.2　建筑构造设计在建筑设计中的作用

建筑设计通过空间的构成和表现，达到一种艺术与技术的和谐统一。任何好的建筑作品都是既要体现内容与形式的统一，又要体现整体与细部的统一。在建筑领域中，技术手段的正确选用，对一个建筑作品的形式、效果起着至关重要的作用。其中每种材料的成功运用都与建筑构造技术密切相关，而建筑构造设计是建筑设计中的重要环节。实践证明，建筑构件节点处理的好坏，直接影响到建筑物的适用与美观、资金的投资多少、施工难易和使用安全等，因此它是一项不可忽视的设计内容。随着社会经济和技术的发展，新技术、新材料的不断更新，建筑构造技术对丰富建筑创作、优化建筑的作用越来越重要。

构造设计贯穿于整个建筑设计的始终。虽然一般情况下，往往到了扩初及施工图设计阶段才需要大量绘制并递交建筑详图，但对建筑构造做法的推敲在方案阶段就要开始。细部的构成，包括其尺度、实施可能性等，会对建筑物的形式产生重要影响，并对整体的设计起着制约作用。其次，一个建设项目的设计是由建筑、结构、设备等各方面的人员通力合作才能够完成的，有些技术问题不能仅靠建筑设计人员单方面来解决。对设计对象的创意和理念，也必须及时提供给其合作伙伴，与他们进行交流合作，才能使设计程序正常顺利地进行下去。所以在实际的工程项目中，建筑师在设计前期需要绘制大量细部草图或正规图纸，作为建筑设计进一步深化的依据。

1.1.3　建筑构造设计在建筑工程实施中的作用

建筑构造设计是建筑工程施工的依据，所以在施工图设计和构造详图设计中，要考虑到施工的可操作性，另外，从构造角度上讲，存在多种材料和施工工艺的优选问题。作为建筑师，不仅要考虑和重视建筑设计的功能组合，构造的表现效果，还应了解建筑施工工艺等。同时，构造设计最终的目的是要保证设计意图的最佳实现。实践说明建筑构造设计是建筑工程实施中的重要环节，也是体现工程技术的有效手段。

1.1.4　建筑构造设计研究的方法

一幢设计合理的建筑物，必定要通过一定的技术手段来实现。其中对建筑构造的研究，通常主要考虑三个方面：一是选定符合要求的材料与产品；二是整体构成的体系、结构方案的安全；三是建筑构造节点和细部处理所涉及的多种因素。如何将不同的材料（图 1-1）进行有机地组合、连接，充分发挥各类材料的物理性能和适用条件，进行深入细致的研究，使得各构、配件在使用过程中各尽所能、各司其责。

图 1-1　不同材料的物理特性不同

1.2 建筑物的组成

解剖一幢建筑物，不难发现它是由若干部分组成的，我们把这些部件称为构件，包括基础、墙或柱、楼地层、楼梯、门窗、屋顶等（图 1-2），根据它们所处位置和功能的不同，要求也不同。现将各组成部分的作用和构造要求分述如下：

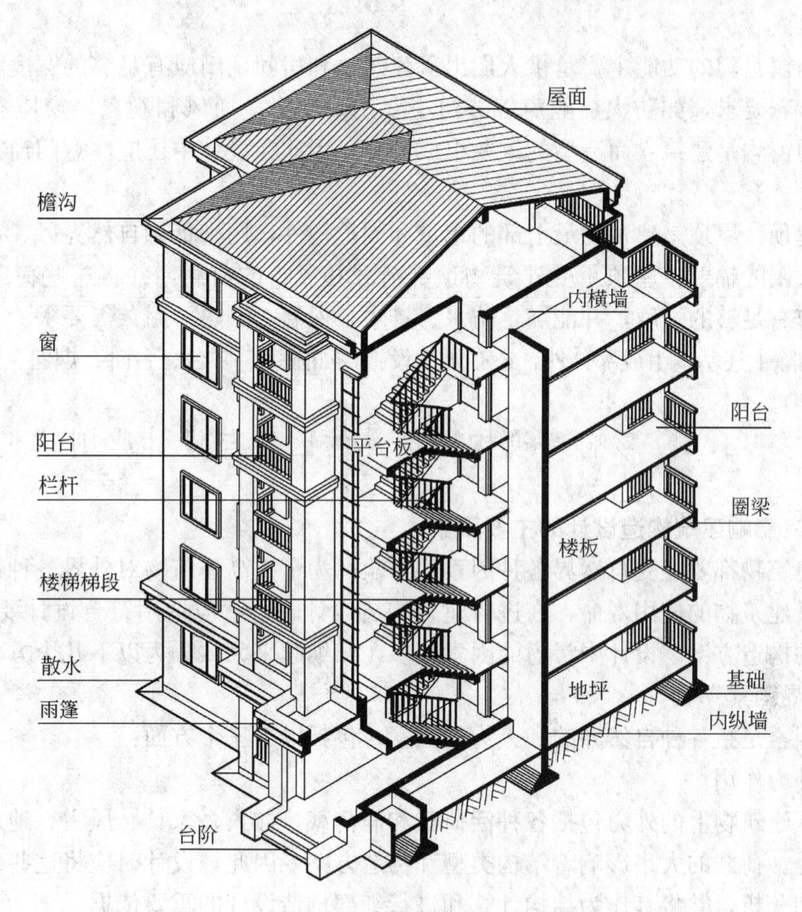

图 1-2 建筑各部分组成

（1）基础：基础是建筑物最下部的承重构件，它承受着建筑物的全部荷载，并保证这些荷载传到地基上，故要求它必须具有足够的强度和稳定性，防止不均匀沉降，而且能经受冰冻和地下水及地下各种有害因素的侵蚀。基础的结构形式取决于上部荷载的大小、承重方式以及地基特性。

（2）墙和柱：墙和柱都是建筑物的垂直承重构件。墙的作用主要是承重、围护和分隔空间。作为承重构件，它承受着屋顶、楼层传来的各种荷载，并把这些荷载传给基础；作为围护结构，外墙起着抵御自然界风、雨、雪、寒暑及太阳辐射热的作用，内墙则起着分隔空间、隔声、遮挡视线、避免相互干扰等作用。墙体还需具有足够的强度、稳定性、良好的热工性能和防火、防水等性能。

（3）楼地层：楼地层指楼板层和地坪 。楼板层由楼板、顶棚和楼面组成。楼板是建筑中水平方向的承重构件。它将楼层的荷载传给柱或墙，同时又用来分隔楼层空间，还可以对墙身起水平支撑作用，故要求它有足够的强度和刚度，隔声好，防渗漏。地坪位于底层，由垫层、结构层和面层构成，其荷载直接传递给土壤。楼板层和地坪的面层称地面，应具有坚固、耐磨、易清洁、防水、防潮、防滑、美观等性能。

(4) 楼梯：楼梯是建筑中联系上下各层的垂直交通设施，供人们上下楼层和发生紧急事故时安全疏散之用，楼梯应有足够的通行能力，并符合坚固、稳定、安全、防滑、美观等要求。

(5) 门窗：门的功能主要是供人们出入建筑物和房间，门应有足够的宽度和数量，并考虑它的特殊要求，如防火、隔声等。窗主要用来采光、通风和观景。窗应有足够的面积。由于门窗均是建筑立面造型的重要组成部分，因此在设计中还应注意门窗在立面上的艺术效果。

(6) 屋顶：屋顶是建筑物最上部的承重和围护构件，用来抵御自然界风、霜、雨、雪的侵袭和太阳的辐射。屋顶承受建筑物顶部荷载和风雪的荷载，并将这些荷载传给墙或柱。屋顶应有足够的强度，并能满足防水、排水、保温、隔热、耐久等要求。

建筑物除上述基本组成部分外，还有配件设施，如雨篷、阳台、台阶、烟囱、通风道等。

1.3　影响建筑构造设计的因素与设计原则

1.3.1　影响建筑构造设计的主要因素

任何建筑物都要经受自然界各种因素的考验，为了提高建筑物对外界各种影响的抵御能力，延长建筑物的使用寿命，在进行建筑构造设计时，就应选用符合设计要求的材料，提供合理的构造方案。设计中考虑的因素较多，归纳起来大致分为以下几个方面：

1) 外界因素

外界因素是指各种自然界的和人为的因素，包括以下三个方面：

(1) 外力作用

作用在建筑物上的外力包括各种活荷载和静荷载，如人、家具、风雪、地震作用以及构件自重等。荷载的大小影响着结构类型和构造方案，因此，设计时应将这些外力进行科学的组合和分析，并将其作为结构计算和进行细部构造设计的重要依据。

(2) 自然气候条件

如日晒雨淋、太阳辐射热和大气温度变化等，对建筑物的使用质量和建筑寿命都有影响。

(3) 工程地质与水文地质条件

如地质情况、地下水、冰冻线以及地震等自然条件，都会对建筑物造成影响，故在建筑构造设计中必须考虑相应的措施，以防止和减轻这些因素引起对建筑的危害。

(4) 各种人为因素

如火灾、机械振动、爆炸、化学腐蚀、噪声等，都属于人为因素，在建筑构造设计时应根据要求采取防火、防震、防爆、防腐、隔声等相应的措施。

2) 建筑技术因素

建筑物是通过一定的施工方式对各种不同的建筑材料进行组合而成的。这其中涉及结构技术和施工技术等，同时也关系到材料的生产与加工，构件的制作与运输，施工机具的配备，施工管理和操作人员的素质等。随着建筑业的飞速发展和新材料、新技术、新工艺不断涌现，新的构筑方式和构造技术都在不断地变化，建筑构造形式也越来越多样化、复杂化。因而如何选择技术手段至关重要，建筑构造做法不能脱离一定的建筑技术及经济条件而存在，生产建材的水平和质量以及技术的先进程度都对建筑构造起到一定的制约作用。

3）经济因素

建筑构造的选材、结构技术和施工技术都受经济条件的制约，必须考虑经济效益。在确保工程质量的前提下，降低建造过程中的材料、能源和劳动力消耗，既要考虑降低造价，又要有利于降低使用过程中的维护和管理费用。

4）艺术因素

选择恰当的材料，并进行合理、美观的构造设计，追求建筑技术与艺术的完美结合，才能使建筑得以充分表现。

5）使用者的要求

建筑物是为人服务的，使用者的方便、舒适和安全，离不开构造设计的周到、合理和细致。特别是在许多构造细部的处理上，所选用材料的质感和色彩应该符合所在场所的特定要求，连接构造应合理并符合人体工学原则，并能选择合适的尺度。

以幼儿园建筑设计为例，幼儿经常活动的室内，地面应该做成架空木地板，以缓冲儿童倒地时的撞击力；墙面最好有木护壁并以儿童喜爱的色彩作面涂；一切儿童能够触及的地方尽量做成圆角以适应他们的活动特点，防止意外伤害……这些种种，都是从维护儿童的身心健康出发的，设计要符合规范要求，而规范的许多内容，是从使用者的角度出发的。

6）绿色建筑设计的要求

绿色建筑的发展和普及对建筑构造提出了新的要求，不但要选择污染少、对人的健康无害的材料，也要保证良好的热工性能，通过建筑构造的设计，创造良好的通风、采光以及良好的声学品质。

良好的热环境是人体舒适度的重要指标，这在很大程度上取决于建筑物外围护结构的热工性能。采用隔热、保温等构造措施可以使之得到改进并达到节能的效果。通过门、窗、采光顶棚等设施改善建筑物室内空气质量和光环境时，还必须保证它们具有良好的水密性和气密性，在需要时可防止风雨的侵害。建筑物的声学品质包括对噪声的阻隔及室内的音质效果等两方面。除了室内空间的体形和容积会对其音质效果产生影响外，构件的材料、质量、内部结构、连接方式、表面处理等都直接影响到建筑物的声学品质。

1.3.2 建筑构造设计的原则

在建筑构造设计中，必须遵循以下基本设计原则，妥善处理好各种影响因素。

（1）必须满足建筑使用功能要求

由于建筑物的功能要求和节能环保的需要，给建筑设计提出了技术上的要求，因此，在建筑构造设计时必须综合有关的技术知识，进行合理的设计，并提出经济、合理、美观的构造方案，以满足如隔热、保温、隔声、防潮、防水、防震、环保安全、防辐射、防腐蚀等要求。

（2）必须有利于结构安全

建筑构造设计中首先应考虑建筑的坚固、实用，保证建筑物的安全可靠、经久耐用。

（3）适应建筑工业化需要

为了提高建设速度，改善劳动条件，保证施工质量，建筑构造设计时应大力推广先进技术，尽量选用定型构件与产品，为制品生产工厂化、现场施工机械化创造有利条件。

（4）必须满足建筑经济的综合效益

在构造设计中，应注意建筑物整体的经济效益，既要注意降低建筑造价，减少材料的能源消耗，又要有利于降低运行、维修和管理的费用，考虑其综合的经济效益。在选用材料上，应根据情况做到因地制宜，就地取材，充分利用工业废料，在满足建筑设计的前提下降低造价。

（5）应符合现行国家相关的标准与规范的规定

在构造设计中，建筑构造的选材、选型和细部做法都必须按照国家最新规范、标准来确定，要根据不同的建筑性质，不同的使用功能要求以及不同的等级进行构造设计。

1.4　建筑物的分类

1.4.1　建筑结构的分类

1）木结构

木结构指主要承重构件均为木材制作的建筑，由木柱、木梁、木屋架、木檩条等组成骨架，墙采用砖、石、木板等组成，均为不承重的围护结构（图 1-3）。木结构建筑具有自重轻、构造简洁、施工方便等优点，我国古代建筑物大多采用木结构，多见于寺庙、宫殿、民居。今天由于我国木材资源有限，木结构在使用中受到一定限制，而且木材具有易腐蚀、易燃、耐久性差等缺点，所以目前单纯的木结构已极少采用。

图 1-3　木构建筑

2）砌体结构

由各种砖块、块材和砂浆按一定要求砌筑而成的构件称为砌体或墙体。由各种砌体建造的结构统称为砌体结构或砖石结构（图 1-4）。近年来，为了节约耕地，进行墙体改革，出现了一些新型材料如各种混凝土砌块、各类蒸养硅酸盐材料制成的砌块、各种形状的节能砖等。以砖墙、钢筋混凝土楼板及屋顶承重的建筑物，一般称为混合结构或砖混结构（图 1-5）。允许建造层数及建造高度见表 1-1。

图 1-4　砖石砌体建筑

图 1-5　混合结构建筑

砌体建筑总高度（m）和层数限制　　**表 1-1**

砌体类型	最小墙厚（mm）	烈度											
		6		7				8				9	
		0.05g		0.10g		0.15g		0.20g		0.30g		0.40g	
		高度	层数	高度	层数	高度	层数	高度	层数	高度	层数	高度	层数
普通砖	240	21	7	21	7	21	7	18	6	15	5	12	4
多孔砖	240	21	7	21	7	18	6	18	6	15	5	9	3
多孔砖	190	21	7	15	6	15	5	15	5	12	4	—	—
小砌块	190	21	7	21	7	18	6	18	6	15	5	9	3

注：1. 房屋的总高度指室外地面到主要屋面板或檐口的高度，半地下室从地下室室内地面算起，全地下室和嵌固条件好的地下室应允许从室外地面算起，带阁楼的坡屋面应算到山尖墙的 1/2 高度处。

2. 室内外高差大于 0.6m 时，房屋总高度应允许比表中的数据适当增加，但增加量应少于 1.0m。

3. 乙类的多层砌体房屋仍按本地区设防烈度查表，起层数应减少一层且总高度应降低 3m，不应采用底部框架抗震墙砌体房屋。

4. 本表中小砌块砌体房屋不包括配筋混凝土小型空心砌块砌体房屋。

资料来源：《建筑抗震设计规范》GB 50011—2010

这类结构的优点是原材料来源广泛，易于就地取材，可废物利用，施工较方便，并具有良好的耐火、耐久性和保温、隔热、隔声性能。缺点是用实心块材砌筑的砌体结构自重大，砖与小型块材手工砌筑带来繁重的工作，砂浆与块材之间胶粘力较弱，砌体的抗震性能也较差，而且砖砌结构的黏土砖，黏土用量较大，占用农田多。故建筑师应注意在墙体的具体设计中，遵照国家有关部门禁止使用黏土实心砖的规定。

3）钢筋混凝土结构

钢筋混凝土结构是指建筑物的承重构件都采用钢筋混凝土材料（图 1-6），包括墙承重和框架承重，现浇和预制施工。此结构的优点是整体性好，刚度大，耐久、耐火性较好。现浇钢筋混凝土结构有费工、费模板、施工期长的缺点。钢筋混凝土结构因布置的方式不同，分为框架结构、框架剪力墙结构、框架筒体结构及现浇剪力墙结构等，可建多层、高层的住宅或高度在 24m 以上的其他建筑。其允许建造高度详见表 1-2。

图 1-6　钢筋混凝土结构建筑

A 级高度钢筋混凝土高层建筑的最大适用高度（m）　　**表 1-2**

结构体系		非抗震设计	抗震设防烈度			
			6 度	7 度	8 度	9 度
框架		70	60	55	45	25
框架-剪力墙		140	130	120	100	50
剪力墙	现浇	150	140	120	100	60
	装配整体	130	120	100	80	不应采用
筒体	无框支墙	160	150	130	100	70
	部分框支墙	200	180	150	120	80
板柱-剪力墙		70	40	35	30	不应采用

注：1. 表中框架不含异形柱框架结构。

2. 部分框支剪力墙结构指地面以上有部分框支剪力墙的剪力墙结构。

3. 甲类建筑，设防烈度 6～8 度时宜按本地区抗震设防烈度提高 1 度后符合本表的要求，9 度时应专门研究。

资料来源：《高层建筑钢筋混凝土结构技术规程》JGJ 3—2010

4）钢结构

主要承重构件均用钢材制成，它具有强度高、重量轻、平面布局灵活、抗震性能好、施工速度快等特点。因此，目前主要用于大跨度、大空间以及高层建筑中。随着钢铁工业的发展，轻钢结构在多层建筑中的应用也日益受到重视（图 1-7）。

图 1-7 钢结构建筑

5）特种结构

这种结构又称空间结构，包括悬索、网架、壳体、膜结构、索一膜结构等结构形式，这种结构多用于大跨度的公共建筑，大跨度空间结构为 30m 以上跨度的大型空间结构（图 1-8）。

1.4.2 建筑的类型

在社会的发展中，人们根据不同的使用要求建造了大小高低不同、内部空间和外部造型千差万别的建筑，满足人们生产、生活各个方面不同的使用要求。根据建筑构造的影响，对建筑物的类型作一些介绍。

1）按建筑的使用功能分类

（1）居住建筑

居住建筑是指供人们日常居住、生活使用的建筑物，包括住宅、别墅、宿舍、公寓等。现代居住建筑类型多样，“户”或“套”是组成各类住宅的基本单位。住宅建筑按组合方式可分为独户住宅和多户住宅两类；按层数可分为低层、多层、中高层、高层住宅；按居住者的类别可分为一般住宅、高级住宅、青年公寓、老年人住宅、集体宿舍、伤残人住宅等。

（2）公共建筑

公共建筑是供人们从事社会性公共活动的建筑和各种福利设施的建筑物。公共建筑包含办公建筑（包括写字楼、政府部门办公室等），商业建筑（如商场等），旅游建筑（如酒店等），科教文卫建筑（包括文化、教育、科研、医疗、卫生、体育建筑等），通信建筑（如邮电、通信、广播用房）以及交通运输类建筑（如机场、高铁站、火车站、汽车站等）。

2）按建筑的修建量和规模大小分类

（1）大量性建筑

大量性建筑是指量大面广，与人们生活密切相关的如住宅、学校、商店、医院等建筑。这些建筑在大中小城市和农村都是不可缺少的，修建量很大，故称为大量性建筑。

（2）大型性建筑

大型性建筑指规模较大的建筑，如大型办公楼、大型体育馆、大型剧院、大型火车站

图 1-8　特种结构

和航空港、大型展览馆等，这些建筑规模巨大，耗资也大，与大量性建筑比起来，其修建量是有限的。这些建筑在一个国家或一个地区具有代表性，对城市面貌影响也大。

3）按建筑的层数分类

（1）低层建筑

低层建筑是指建筑高度不大于 10m，且建筑层数不大于 3 层的建筑。

（2）多层建筑

多层建筑是指建筑高度大于 10m、小于 24m，且建筑层数大于 3 层、小于 7 层的建筑，但人们通常将 2 层以上的建筑都笼统地概括为多层建筑。

（3）高层建筑

高层建筑是指建筑高度大于 27m 的住宅和建筑高度大于 24m 的非单层厂房、仓库和其他民用建筑。在美国，24.6m 或 7 层及以上视为高层建筑；在日本，31m 或 8 层及以上视为高层建筑；在英国，把不低于 24.3m 的建筑视为高层建筑。《建筑设计防火规范》GB 50016—2014 规定，高层建筑为建筑高度大于 27m 的住宅建筑以及建筑高度大于 24m 的非单层厂房、仓库和其他民用建筑。

1.5　建筑物的等级

1.5.1　按建筑物的设计使用年限分级

《民用建筑设计通则》GB 50352—2005 中规定，建筑物的设计使用年限应符合表 1-3 的规定。

设计使用年限分类　　表 1-3

类别	设计使用年限(年)	示　例
1	5	临时性建筑
2	25	易于替换结构构件的建筑
3	50	普通建筑和构筑物
4	100	纪念性建筑和特别重要的建筑

资料来源：《民用建筑设计通则》GB 50352—2005

1.5.2　按建筑物的耐火性能分级

建筑物的耐火等级取决于它的主要构件（如墙、柱、梁、楼板、屋顶等）的燃烧性能和耐火极限。根据我国《建筑设计防火规范》GB 50016—2014，民用建筑的耐火等级可分为一、二、三、四级，不同耐火等级的建筑的相应构件的燃烧性能和耐火极限应符合相关的规定。

1）建筑构件的耐火极限

对任一建筑构件按时间—温度标准曲线进行耐火试验，从构件受到火的作用时起，到失去支持能力或完整性被破坏或失去隔火作用时止的这段时间，称为构件的耐火极限，用小时（h）表示。

2）建筑构件的燃烧性能

构件的燃烧性能分为三类：燃烧体、难燃烧体和不燃烧体。

不同耐火等级的建筑物，其最大允许层数、长度和面积，在《建筑设计防火规范》GB 50016—2014 中作了详细的规定，见本书第 9 章。

1.6　建筑模数协调统一标准

为了实现建筑制品、建筑构配件的定型化、工厂化，并减少构件类型，提高构件的通用性和互换性，使建筑物及其构件的尺寸统一协调，提高施工质量，降低工程造价，制定了《建筑模数协调标准》GB/T 50002—2013，规定了模数系列。

1）基本模数

基本模数是建筑物及其构件协调统一标准的基本尺度单位，用 M 表示。1M＝

100mm，称基本模数。

2）扩大模数

它是导出模数的一种，其数值为基本模数的倍数。在构件设计中，为了减少类型，统一规格，常使用扩大模数，有2M（200mm）、3M（300mm）、6M（600mm）、9M（900mm）、12M（1200mm）、15M（1500mm）、30M（3000mm）、60M（6000mm）等多种。

3）分模数

它是导出模数的一种，其数值为基本模数的分倍数。分模数多用于构件构造中，为了满足细小尺寸的需要，分模数按1/2M（50mm）、1/5M（20mm）、1/10M（10mm）取用。

4）模数数列

（1）模数数列应根据功能性和经济性原则确定。

（2）建筑物的开间或柱距，进深或跨度，梁、板、隔墙、门窗洞口等分部件的截面尺寸宜采用水平基本模数和水平扩大模数数列，且水平扩大模数数列宜采用2nM、3nM（n为自然数）。

（3）建筑物的高度、层高和门窗洞口高度等宜采用竖向基本模数和竖向扩大模数数列，且竖向扩大模数数列宜采用nM。

（4）构造节点的分部件的接口尺寸等宜采用分模数数列，且分模数数列宜采用M/10、M/5、M/2。

5）预制构件的尺寸

（1）标志尺寸

符合模数数列的规定，用于标注建筑物的定位或基准面之间的垂直距离以及建筑部件、建筑分部件、有关设备安装基准面之间的尺寸。

（2）制作尺寸

制作部件或分部件所依据的设计尺寸。

（3）实际尺寸

部件、分部件等生产制作后实际测得的尺寸。

（4）技术尺寸

模数尺寸条件下，非模数尺寸或生产过程中出现误差时所需的技术处理尺寸。

本章参考文献

［1］杨维菊．建筑构造设计（上、下册）［M］．北京：中国建筑工业出版社，2005.

［2］杨维菊．绿色建筑设计与技术［M］．南京：东南大学出版社，2011.

［3］民用建筑设计通则GB 50352—2005．北京：中国建筑工业出版社，2005.

［4］建筑设计防火规范GB 50016—2014．北京：中国计划出版社，2015.

［5］建筑抗震设计规范GB 50011—2010．北京：中国建筑工业出版社，2010.

［6］高层建筑钢筋混凝土结构技术规程JGJ 3—2010．北京：中国建筑工业出版社，2011.

［7］建筑模数协调规范GB/T 50002—2013．北京：中国建筑工业出版社，2014.

第 2 章　地基与基础

2.1　概　　述

基础是建筑物最下部的承重构件，是建筑物的重要组成部分。它将结构所承受的各种作用传递到下面的土体或岩体上。支承基础的土体或岩体称为地基（图 2-1）。

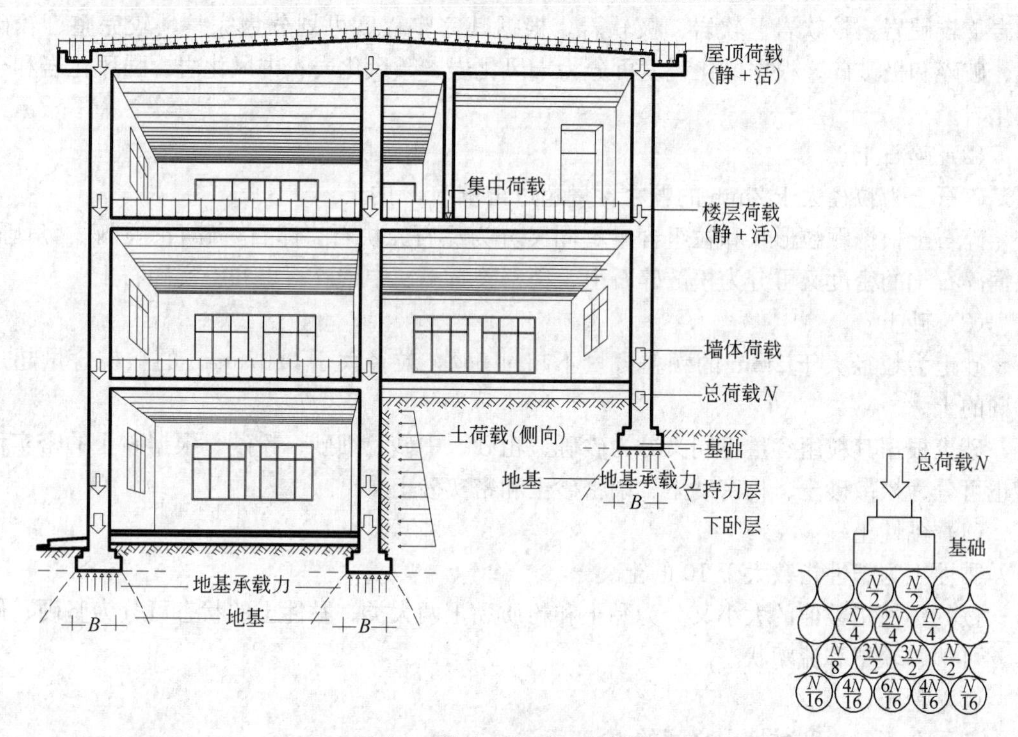

图 2-1　地基、基础与荷载关系

地基能承受基础传递的荷载，并能保证建筑正常使用的最大能力称为地基承载力。为了保证建筑物的稳定和安全，基础底面传给地基的平均压力必须小于地基承载力。

用 f_a 表示地基承载力，A 表示基础底面积，N_k 表示建筑物总荷载值，其三者关系可表述为：

$$A \geqslant N_k / f_a$$

基础的形式、材料、埋深、地基的处理方式将直接影响工程的质量和进度。其重要性已经越来越多地被人们所认识。

地基基础的投资一般占整个建筑物总投资的10%～20%，在特殊情况下可能会更多。合理的基础形式和地基处理方法是降低施工难度、加快施工进度和降低工程造价的有效方法。

2.2 地　　基

2.2.1　天然地基

当土层未经加工处理就能承受上部传来的荷载时，此地基为天然地基。

1）土层的分类

《建筑地基基础设计规范》GB 50007—2011中规定，作为建筑地基的岩土可分为岩石、碎石土、砂土、粉土、黏性土和人工填土。

（1）岩石

岩石为颗粒间牢固联结，成为整体或具有节理裂隙的岩体。根据其坚固程度可分为坚硬岩、较硬岩、较软岩、软岩、极软岩。根据其完整程度可划分为完整、较完整、较破碎、破碎和极破碎。根据风化程度可分为未风化岩、微风化岩、中风化岩、强风化岩和全风化岩。

（2）碎石土

碎石土为粒径大于2mm的颗粒含量超过全重50%的土。

碎石土根据颗粒形状和粒组含量不同又分为漂石、块石、卵石、碎石、圆砾、角砾。根据碎石土的密度又可分为松散碎石土、稍密碎石土、中密碎石土和密实碎石土。

（3）砂土

砂土为粒径大于2mm的颗粒含量不超过5%，粒径大于0.075mm的颗粒含量超过50%的土。

砂土根据其粒组含量不同又分为砂砾、粗砂、中砂、细砂、粉砂。根据砂土的密实程度也可分为松散砂土、稍密砂土、中密砂土和密实砂土。

（4）黏性土

黏性土为塑性指数大于10的土。

按其塑性指数值的大小又分为黏土和粉质黏土两大类。黏性土的状态可分为坚硬、硬塑、可塑、软塑和流塑状态。

（5）粉土

性质介于砂土和黏性土之间的土。

（6）人工填土

人工填土根据其组成和成因可分为素填土、压实填土、杂填土、冲填土。素填土为碎石土、砂土、粉土、黏性土等组成的填土；压实填土为经过压实或夯实的素填土；杂填土为含有建筑垃圾、工业废料、生活垃圾等杂物的填土；冲填土为水力冲填泥沙形成的填土。

2）对天然地基的要求

（1）地基应具备足够的承载力。

（2）地基应有均匀压缩变形的能力，以保证建筑物的沉降量在控制范围内。地基不均匀下沉超过地基变形允许值时，建筑物上部会产生裂缝和变形。

(3) 地基应有抵御爆破、地震等动力荷载的能力。

(4) 对于位于边坡和山区的地基，还要考虑边坡和地基的稳定性等问题。

2.2.2 地基处理

当建筑物的天然地基不满足上述要求之一时，应采取人工方法处理地基，以保证建筑物的安全与正常使用。一般的地基处理有换土垫层、预压地基、压实夯实地基、复合地基、注浆地基和微型桩加固地基等几种主要的处理办法。

1) 换土垫层法

当建筑物基础下有浅层软弱层或不均匀地基，且不能满足上部荷载对地基的要求时，常采用换土垫层的方法来处理，即将基础下一定范围内的软土层挖去，然后回填以砂、碎石或灰土等，并夯至密实。换土垫层可以有效地处理一些荷载不大的建筑物的地基问题，其回填的材料可用砂垫层、碎石垫层、素土垫层、灰土垫层等（图 2-2）。

换土垫层的厚度应根据置换软弱层的深度以及下卧层的承载力确定。厚度宜为 0.5～3m。施工质量按设计要求分层检验。

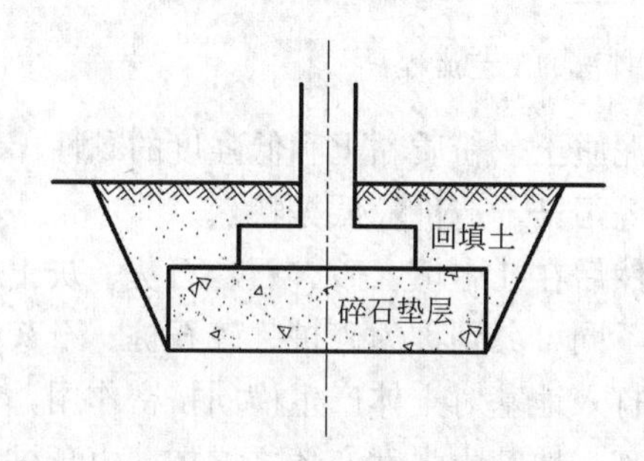

图 2-2 换土垫层

2) 强夯法

强夯法即用几吨或几十吨重的重锤从高处落下，反复多次夯击地面，对地基进行强力夯实，其影响深度可达 10m 以上。经强夯后地基的承载力可提高 2～5 倍，抗压缩性能可增强 2～5 倍，适用于碎石土、砂土、低饱和度的粉土和黏土、素填土、杂填土。这种方法具有施工简单，速度快，节省材料等特点，受到工程界的广泛重视和采用。

施工之前应考虑强夯引起的振动和侧向挤压对邻近建筑是否造成影响。应设置监测点和采取防震措施。

规范明确：强夯置换地基必须通过现场试验确定其适用性和处理效果。处理后，地基应通过静载荷试验、基地原位测试和土工试验等方法综合确定。

3) 水泥土搅拌桩法和挤密桩法

用水泥土搅拌桩法或挤密法形成的地基属于复合地基。

水泥土搅拌桩法是以水泥（或石灰）作为固化剂，通过深层搅拌机具，在一定深度范围内把地基土与水泥（或其他固化剂）强行拌合固化，形成桩体、块体和墙体等，使地基具有稳定性和足够强度。

经过处理以后的水泥土桩体与原地基土共同作用，从而提高地基承载力，改善地基变形特性。深层搅拌法采用的主要机具是搅拌机。搅拌机由电动机、搅拌轴、搅拌头等部分组成，搅拌头有单头、双头和多头等，如图 2-3 所示。喷射的方法有水泥浆喷射和水泥粉喷射搅拌两种，分别简称为湿喷和干喷。

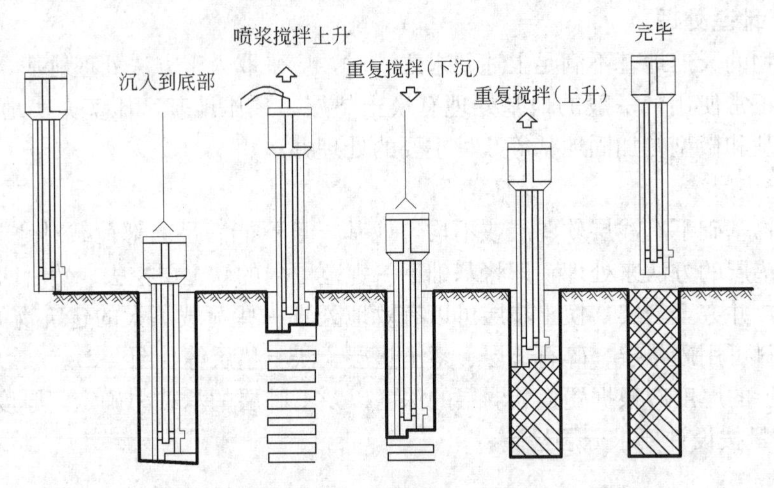

图 2-3　深层搅拌法的工艺流程

水泥深层搅拌适用于处理正常固结的淤泥质土、粉质黏土和低强度的黏性土地基，具有施工方便、无噪声、无振动、无泥浆废水等污染、造价较低等特点。

挤密桩法是以振动或冲击的方法成孔，然后在孔中填入砂、石、石灰、灰土或其他材料，并加以捣实，成为桩体。按填入材料的不同可分别称为砂桩、碎石桩、石灰桩、灰土桩等。挤密桩法一般采用打桩机成孔，桩管打入地基对土体产生横向挤密作用，土体颗粒彼此靠近，空隙减少，使土体密实度得以提高，地基土强度亦随之增加。由于桩体本身具有较大的强度，桩的断面也较大，故桩与土共同作用组成复合地基，共同承担建筑物荷载。

根据规范要求，无论是水泥土搅拌桩还是挤密桩复合地基，施工前均应进行适用性试验。竣工验收时均应做复合地基静载试验和单桩静载试验（对水泥土搅拌桩还要进行桩身完整性检测）。

4）化学注浆法

化学注浆法，通常有三种浆液：一是以水泥为主剂的浆液，包括水泥浆、水泥砂浆和水泥-水玻璃浆；二是硅化注浆；三是碱液注浆。这是利用高压射流技术，喷射化学浆液，破坏地基土体，并强制将土与化学液混合，形成具有一定强度的加固体来处理软基的一种方法。它的施工过程如图 2-4 所示。

首先用钻机钻孔至预定深度，然后用高压脉冲泵，通过安装在钻杆下端的特殊喷射装置，向四周喷射化学浆液，同时，钻杆以一定的角度和速度旋转，并逐渐往上提升，完成注浆。

规范要求：注浆加固处理前，应进行室内浆液配比试验和现场注浆试验，以确定设计参数，检验施工方法和设备。注浆加固处理后的地基承载力应以静载荷试验检验。

5）打桩法

直接将桩体打入软土中，用桩体承受上部结构的荷载。

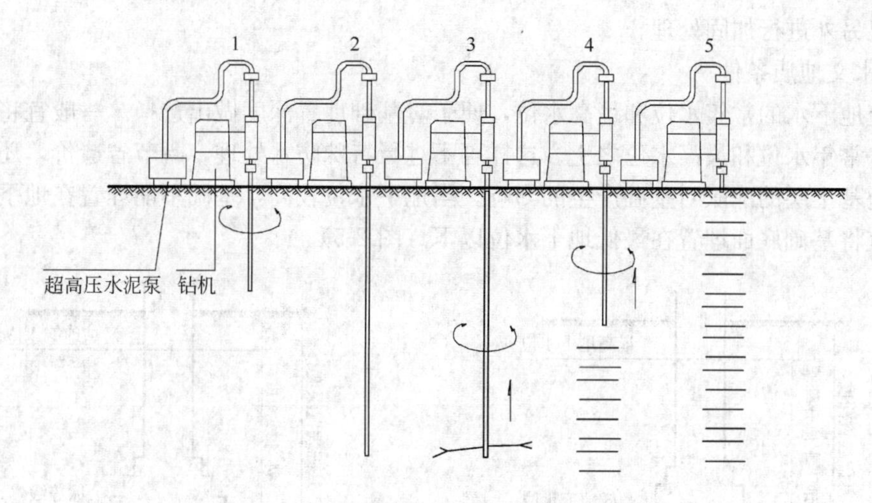

图 2-4 旋喷注浆法施工程序图

1—开始钻进；2—钻进结束；3—高压旋喷开始；4—喷嘴边旋转边提升；5—旋喷结束

2.3 基 础

2.3.1 基础的类型

上部结构通过墙、柱等承重构件传递的荷载在其底部横截面上产生的压强通常大于地基承载力，这就有必要在墙柱下部设置水平截面向下扩大的基础，以便将墙或柱传来的荷载扩散分布于基础底面，使之满足地基承载力和变形的要求。

基础有许多类型，划分方法不尽相同：

(1) 根据材料和受力特点分，有刚性基础（无筋扩展基础）和柔性基础（扩展基础）。刚性基础一般用砖石、混凝土、毛石混凝土、三合土等材料建造，柔性基础一般用钢筋混凝土建造。

(2) 根据基础的外形分，又可分为独立基础、条（带）形基础、筏（板）形基础和箱形基础等。

(3) 根据持力层深度分，可分为浅基础和深基础。一般情况下，基础埋深不超过 5m 时叫浅基础，反之为深基础。常见的浅基础多为筏形或箱形基础。常见的深基础为桩基础。

2.3.2 基础的埋深

建筑物室外地面到基础底面的距离称为基础埋置深度，简称埋深。在确定基础埋深时，优先采用浅基础。基础的埋置深度一般大于 0.5m，且受下列因素制约：

1) 建筑物上部荷载的大小和水平力作用下的倾覆稳定要求

多层建筑的天然地基或复合地基一般可取建筑高度的 1/12；高层建筑的天然地基或复合地基一般可取建筑高度的 1/15；桩基、桩筏或桩箱基础可取建筑高度的 1/18。

2) 工程地质条件

当地基的土层较好、承载力高时，基础可以浅埋，但基础最小埋置深度不宜小于 0.5m。如果遇到土质差、承载力低的土层，则应该将基础深埋至合适的土层上，或结合具体情况另外进行加固处理。

3）水文地质条件

确定地下水的常年水位和最高水位，便于对基础埋置深度做出选择。一般宜将基础落在地下水常年水位和最高水位之上。这样可不进行特殊防水处理，既节省造价，还可防止或减轻地基土层的冻胀对基础产生的影响。当地下水位较高，基础不能埋置在地下水位以上时，宜将基础底面埋置在最低地下水位以下（图 2-5）。

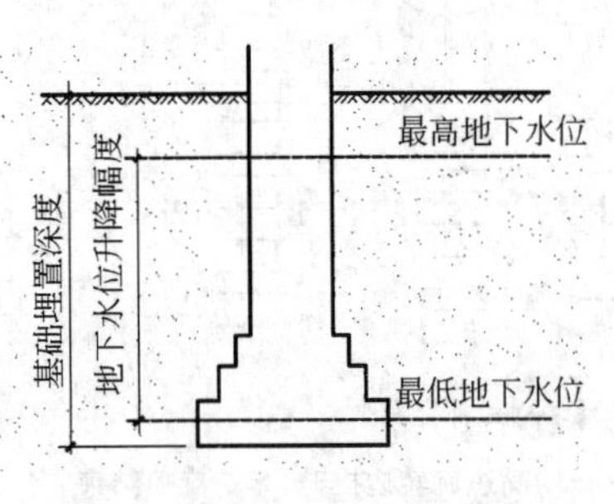

图 2-5　地下水位与基础埋深

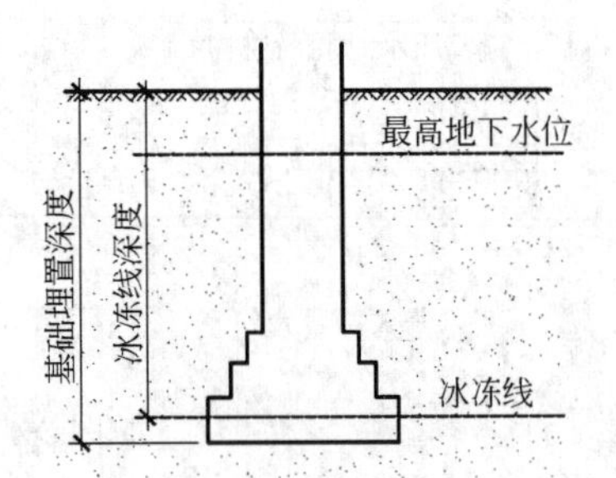

图 2-6　冰冻线与基础埋深

4）地基岩土冻胀深度

确定基础埋置深度时，应根据当地的气候条件了解土层的冻结深度。将基础的底面置于土层的冻结深度以下，一般在 150mm 以下。若基础落在冻胀土之中，当天气变冷时，土层的冻胀力会把基础拱起，产生变形；天气转暖时，冻土解冻又会产生陷落（图 2-6）。

5）相邻建筑物之间的基础处理

新建建筑物的基础埋置深度宜浅于原有建筑物的基础埋深，当埋深大于原有建筑基础埋深时，两建筑间应保持一定净距（即 $H/L \leqslant 1/2$），其数值应根据原有建筑荷载大小、基础形式和土质情况确定。当上述要求不能满足时，应采取分段施工、设临时加固支撑、打板桩或地下连续墙等施工措施，或加固原有建筑的地基（图 2-7）。

H——相邻基础底面高差；

L——相邻基础间净距。

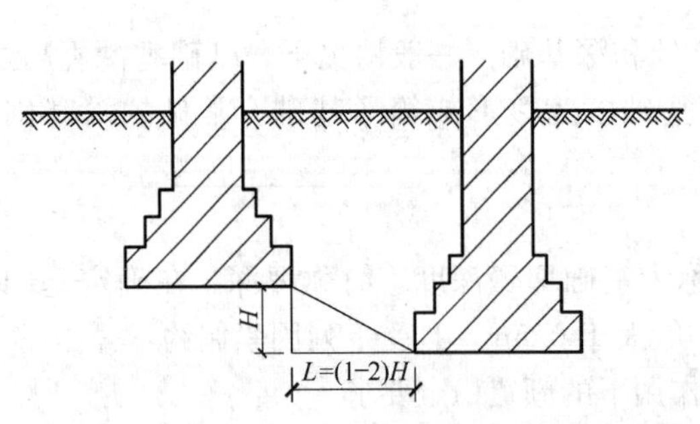

图 2-7　基础埋深与相邻基础之间的关系

2.3.3　基础宽度的确定

影响基础底面积的因素有：上部结构传至基础顶面的竖向力值 F_k，基础埋置深度范围内的基础自重和基础上的土重 G_k，地基承载力 f_a。基础底面处的平均压力值计算公式如下：

$$P_k=\frac{F_k+G_k}{A}\leqslant f_a$$

式中 P_k——基础底面的平均压力值；

F_k——上部结构传至基础顶面的竖向力值；

G_k——基础自重和基础上的土重；

f_a——修正后的地基承载力特征值；

A——基础底面积。

当基础为条形基础时，可截取单位长度（一般取 1m）来计算，因而可以直接求出基础宽度和面积。基础的面积和沉降有关，面积越大，建筑物的沉降就越小，调整不同部位的基础面积还可以调节建筑物的不均匀沉降。

2.3.4 基础的形式与选型

1）刚性基础

刚性基础又称无筋扩展基础，特点是抗压强度高，抗拉、抗剪强度低，材料一般为砖、石、混凝土等。

刚性基础受刚性角的限制，一般 5 层以下砌体结构建筑及单层砖柱（墙垛）承重的轻型厂房常采用刚性基础。

刚性基础适用于地下水位较低的情况，北方地区采用较多。

从受力传力的角度考虑，上部荷载通过基础的传递压力是沿一定的角度分布扩散的，这个传力的角度称为压力分布角，又称刚性角或扩散角，以 α 表示（图 2-8）。不同材料基础的扩散角是不同的，砖基础的刚性角通常为 26°～33°，混凝土基础的刚性角则小于 45°。刚性基础的压力分布范围是受到刚性角限制的（表 2-1）。

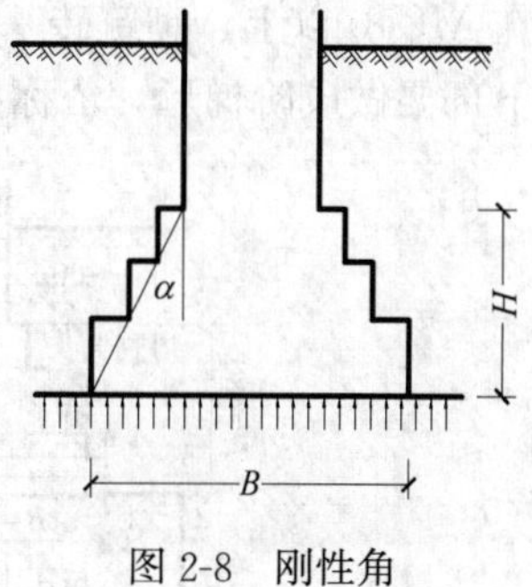

图 2-8 刚性角

无筋扩展基础台阶宽高比的容许值 表 2-1

基础材料	质量要求	台阶宽高比的容许值		
		$P_k\leqslant100$	$100<P_k\leqslant200$	$200<P_k\leqslant300$
混凝土基础	C15 混凝土	1∶1.00	1∶1.00	1∶1.25
毛石混凝土基础	C15 混凝土	1∶1.00	1∶1.25	1∶1.50
砖基础	砖不低于 MU10，砂浆不低于 M5	1∶1.50	1∶1.50	1∶1.50
毛石基础	砂浆不低于 M5	1∶1.25	1∶1.50	—
灰土基础	体积比为 3∶7 或 2∶8 的灰土，其最小密度：粉土 1550kg/m³ 粉质黏土 1500kg/m³ 黏土 1450kg/m³	1∶1.25	1∶1.50	—
三合土基础	体积比为 1∶2∶4～1∶3∶6（石灰∶砂∶骨料），每层约虚铺 220mm，夯至 150mm	1∶1.50	1∶2.00	—

注：P_k 为基础底面处的平均压力值（kPa）。

常用的刚性基础有：

（1）灰土基础

灰土是经过消解后的生石灰和黏性土按一定的比例拌合而成的，其体积比常采用石灰：黏性土＝3∶7或2∶8，俗称“三七”灰土或“二八”灰土。

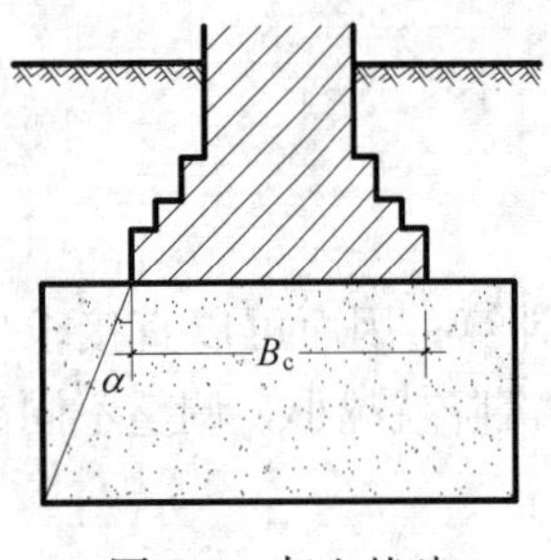

图2-9　灰土基础

灰土基础的厚度与建筑层数有关。4层及以上的建筑物，厚度一般采用450mm；3层及以下的建筑物，厚度一般采用300mm。夯实后的灰土厚度，每150mm称“一步”，300mm可称为“两步”灰土（图2-9）。

灰土基础的优点是施工简便，造价较低，就地取材，可以节约水泥、砖石等材料。缺点是抗冻性、耐水性差，施工现场污染大，在地下水位线以下或很潮湿的地基上不宜采用，故使用极少。

（2）砖基础

砖基础以砖为基础材料。砖基础备料方便且施工简便。用作基础的砖，其强度等级必须在MU10以上，砌筑砖基础用的水泥砂浆强度等级一般不低于M5（图2-10）。基础墙的下部要做成阶梯形，俗称大放脚。

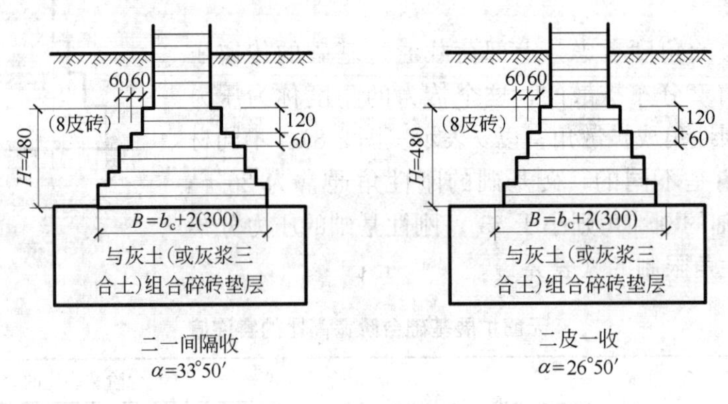

图2-10　砖基础

（3）毛石基础

毛石基础指对开采下来未经雕琢成形的石块，采用不小于M5的水泥砂浆砌筑的基础。毛石形状不规则，其质量与码石块的技术和砌筑方法关系很大。毛石基础厚度和台阶高度均不小于400mm，当台阶多于两阶时，每个台阶伸出宽度不宜大于150mm。为便于砌筑上部砖墙，可在毛石基础的顶面浇铺一层60mm厚、C15的混凝土找平层。毛石基础的优点是可以就地取材，但整体性欠佳，故有振动的建筑很少采用（图2-11）。

（4）三合土基础

三合土基础是采用石灰、砂、石子等三种材料，按1∶2∶4～1∶3∶6的体积比进行配合，然后在基槽内分层夯实，每层夯实前虚铺220mm，夯实后净剩150mm。三合土铺筑至设计标高后，最后一遍夯打时，宜浇灌石灰浆，待表面灰浆略为风干后，再铺上一层砂子，最后整平夯实。这种基础在我国南方地区应用很广。它造价低廉，施工简单，但强度较低，施工现场污染大，所以一般只能用于4层以下建筑的基础（图2-12）。三合土基础的宽度可由计算来确定，一般不小于600mm。

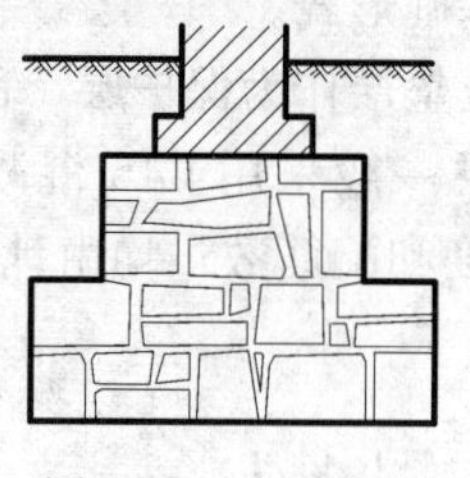

图2-11 毛石基础

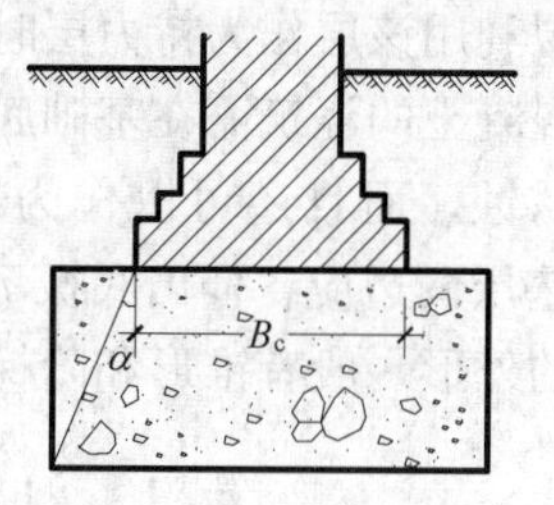

图2-12 三合土基础

(5) 混凝土基础

这是指用混凝土浇筑的基础。混凝土基础的优点是坚固耐久，不怕水，扩散角可达45°。它适用于潮湿的地基或有水的基槽。由于混凝土的可塑性，其断面有矩形、阶梯形和锥形等（图2-13）。

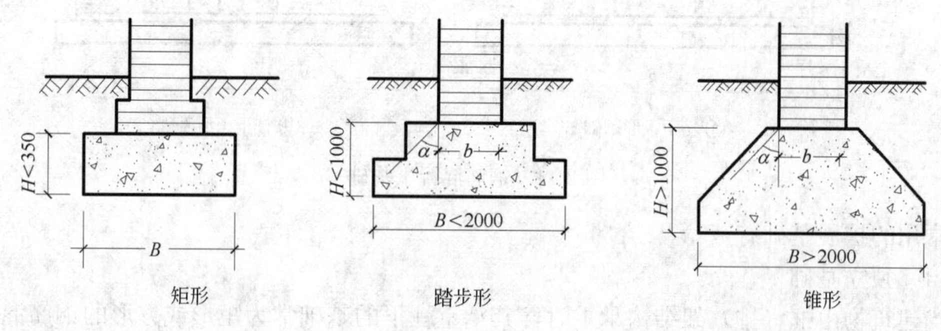

图2-13 混凝土基础

当基础的高度小于350mm时，常做成矩形。当基础高度大于350mm时，可做成踏步形，且每级踏步高为300～350mm；当基础踏步超过3级或基础宽度大于2000mm或高度大于1000mm时，基础可做成锥形。混凝土强度等级一般不小于C15。

(6) 毛石混凝土基础

为了节约水泥用量，对于体积较大的混凝土基础，可以在浇灌混凝土时加入25%～30%的毛石，这种基础叫毛石混凝土基础。毛石的尺寸不宜超过300mm。混凝土强度等级不应小于C15。当基础埋深较大时，也可用毛石混凝土做成台阶形，每阶宽度不宜小于400mm，高度不小于300mm。当地下水对普通水泥有侵蚀作用时，宜采用矿渣水泥或火山灰水泥拌制混凝土。

2) 柔性基础

柔性基础又称扩展基础。

当建筑物荷载较大时，如果仍采用刚性基础，势必会使基础的宽度和深度扩大，从而导致土方量增加，消耗建筑材料增多。为了减小基础的埋置深度并且在基础宽度不变的情况下均匀地传递上部荷载，常在混凝土基础中设置抗拉性能优良的钢筋，即采用钢筋混凝土基础。这样，基础不仅不受刚性角的限制，而且还可减小基础开挖深度，降低施工难度，这种基础称为柔性基础。

该基础适用于“宽基浅埋”的场合，例如当软土地基的表层具有一定厚度的所谓“硬壳层”并拟利用该层作为持力层时，可优先考虑采用这种基础形式。

钢筋混凝土的浇筑需在基础底下均匀浇灌一层素混凝土垫层作为保护层，目的是防止基础钢筋锈蚀，而且还可以作为绑扎钢筋的工作面。垫层一般采用C15混凝土，厚度100mm。垫层两边应各伸出底板70mm以上。扩展基础厚度和配筋数量均由计算来确定。基础底板的外形一般有锥形和阶梯形两种（图2-14）。

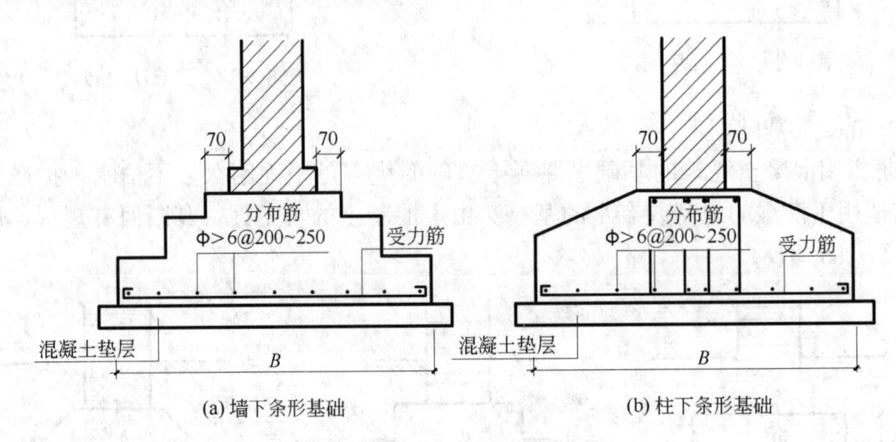

图2-14　钢筋混凝土基础

常用的扩展基础有：

（1）独立基础

当建筑物由框（排）架结构承重时，其承重柱下的基础常为矩形或方形的钢筋混凝土独立基础（图2-15）；当柱为预制构件时，往往将独立基础做成杯口形式，然后将预制柱插入预留的杯口内，故称杯形基础。

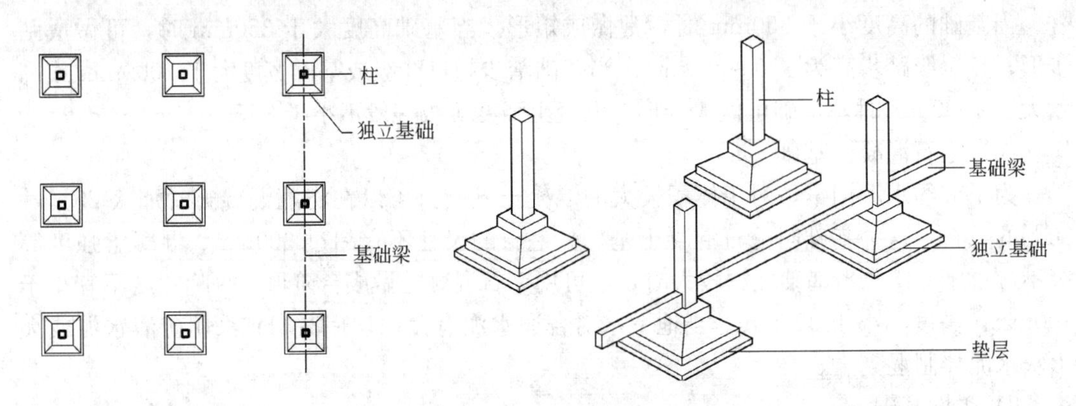

图2-15　独立基础

（2）条形基础

当建筑物上部系墙承重时，该建筑一般沿墙身设置条形基础。条形基础又分为墙下条形基础和柱下条形基础两种（图2-16）。柱下条形基础做成十字交叉时，此条形基础也称为井格式基础（图2-17）。

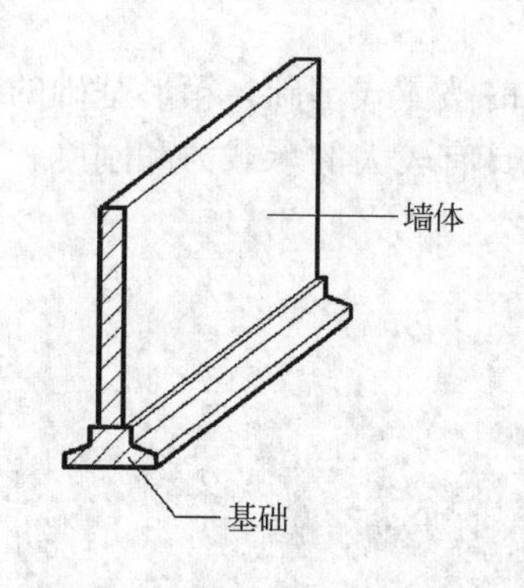

图 2-16　条形基础

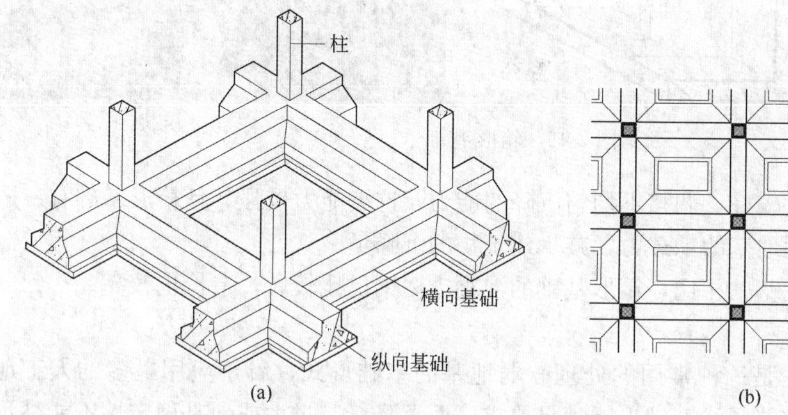

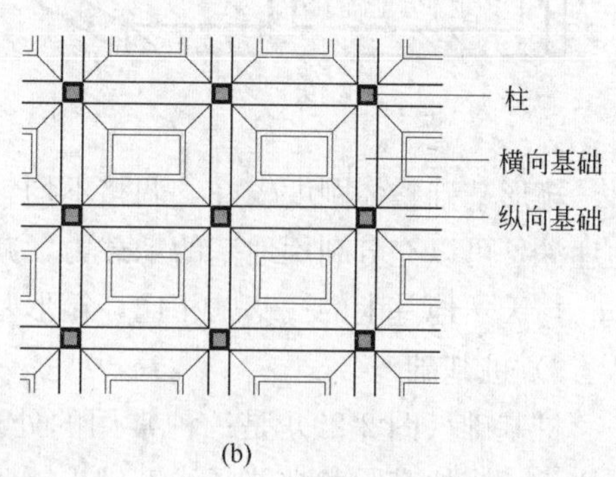

图 2-17　十字形基础

（3）筏形基础

筏形基础又称满堂基础，它是由成片的钢筋混凝土板或梁板作为基础来支承整个建筑物。当地基土质差，承载能力小，其上部荷载较大，采用其他类型基础不够经济时，可采用筏形基础。筏形基础分为梁板式和平板式两类。梁板式基础的受力状态类似倒置的钢筋混凝土楼板，框架柱位于地梁的交叉点上，将荷载传给地梁下的底板，底板再将荷载传给地基。

如图 2-18 所示。平板式基础的受力状态类似倒置的钢筋混凝土无梁楼板，建筑物上部荷载由柱或墙直接传递给底板，再由基础传给地基。

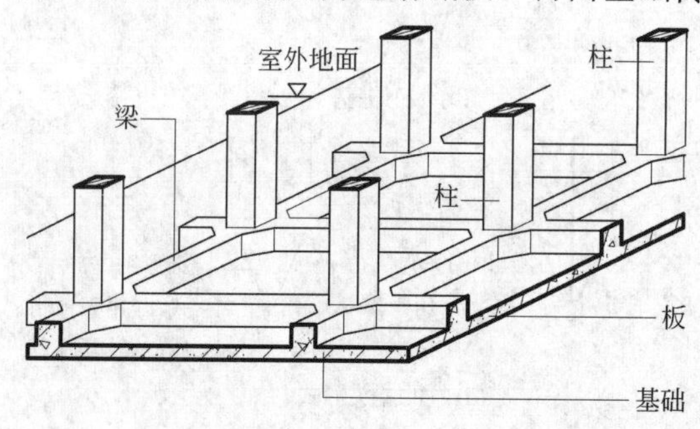

图 2-18　筏形基础

（4）箱形基础

钢筋混凝土箱形基础是由顶板、底板和隔墙板组成的整体式基础。箱形基础的封闭式内部空间经适当处理后，可作为地下室使用。箱形基础具有较大的承载力和刚度，多用于高层建筑（图 2-19）。

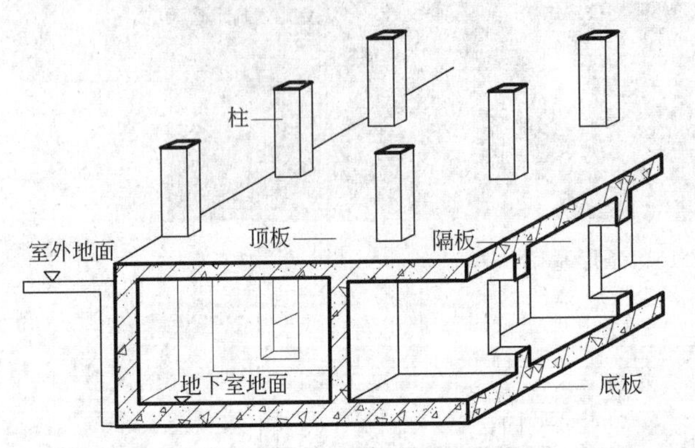

图 2-19　箱形基础

箱形基础整体刚度较好，调整不均匀沉降的能力及抗震能力较强，且箱形基础有一定的埋深，可以充分利用地基的承载力，减少建筑物的沉降量。

与天然地基上的浅基础相比，箱形基础的混凝土用钢量比较大，造价也较高。

3）桩基础

桩基础（图 2-20）是一种常用的处理软弱地基的基础形式，属于应用最多的人工地基之一。当地基承载力差，浅基础不能满足要求，而沉降量又过大或地基稳定性不能满足建筑物规定时，常采用桩基础。

桩基础具有承载力高，沉降速率低，沉降量小且均匀等特点。

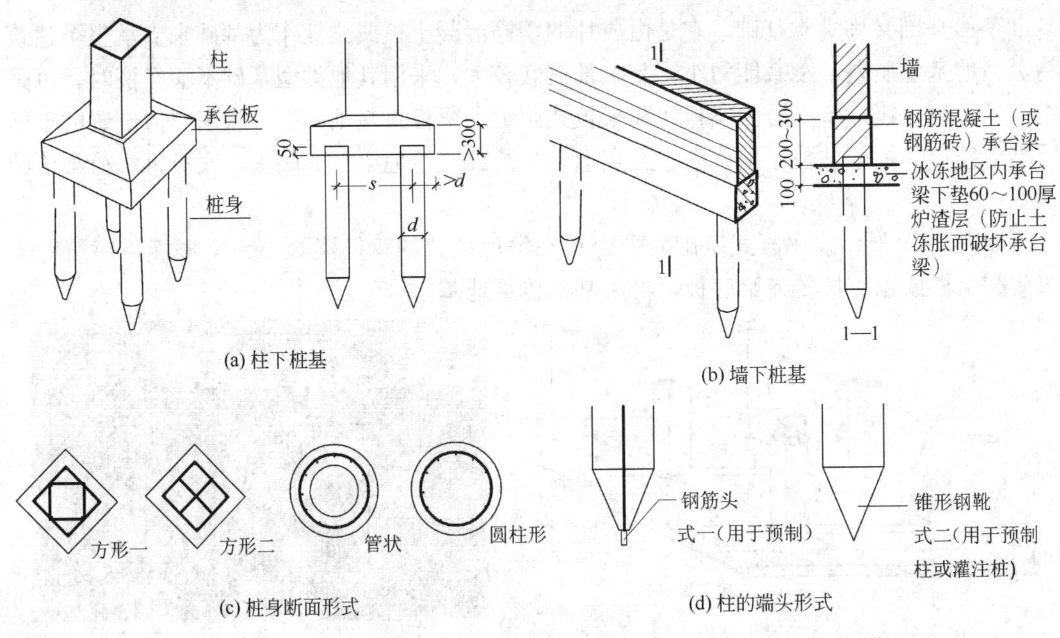

图 2-20　桩的构成

桩可以单独起作用，也可以是2根、3根或更多根组合在一起共同起作用。单独作用的桩称单桩，多根共同作用的桩称群桩。

桩的种类很多，可以从不同的角度对桩进行分类。

（1）按桩的受力状态分类，可分为端承桩和摩擦桩。端承桩的桩顶荷载主要是靠桩端阻力承受。摩擦桩的桩顶荷载主要是靠桩身摩擦阻力承受（图2-21）。

（2）按桩身材料分类，可以分为钢桩、钢筋混凝土桩、碎石桩、木桩等。

（3）按桩的形态分类，可分为方形桩、圆形桩等。

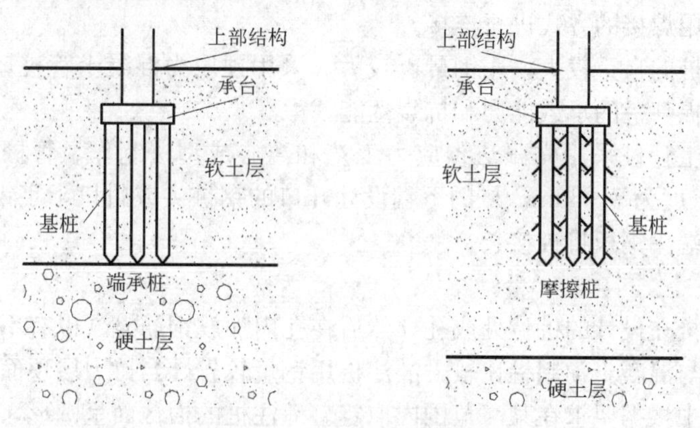

图2-21 端承桩与摩擦桩

（4）按桩的施工工艺分类，可分为锤击桩、沉管桩、钻孔桩、人工挖孔桩等。

（5）按桩的挤土效果分类，可分为非挤土桩、部分挤土桩和挤土桩。

（6）按桩径大小分类，可分为小桩、中等直径桩和大直径桩。小桩的直径一般不大于250mm，大直径桩的直径一般不小于800mm。

（7）按桩的成型方法分类，可分为预制桩和灌注桩。

桩的布置应符合下列要求（图2-22）：

（1）同一结构单元应避免采用不同类型的桩。

（2）排列桩基时宜使桩群合力中心与建筑物重心重合。

（3）应选择较硬的土层作为桩端持力层，且进入持力层深度$1d$～$3d$（d为桩径），进入硬质岩体的深度不宜小于0.5m。

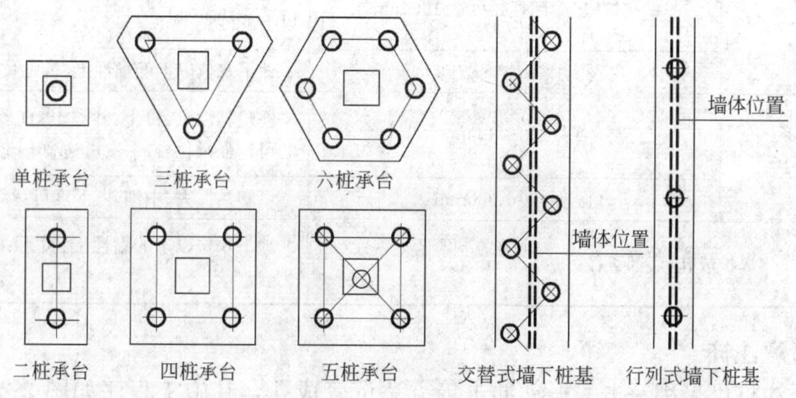

图2-22 桩的平面布置

（4）因挤土作用，桩的中心距离应符合规范的要求。

a. 预制桩

预制桩是在工厂或现场预制成型的钢筋混凝土桩。沉桩施工的方式有锤击或振动打入、静力压入等。

混凝土预制桩的截面形状、尺寸和长度可在一定范围内按需要选择，其横截面有方、圆等各种形状。普通实心方桩的截面边长一般为300～500mm。现场预制桩的长度一般在30m以内。工厂预制桩的分节长度一般不超过13m，需要长桩时可将桩与桩对接到需要的长度，节点处用焊接的方式进行连接。

大截面实心桩的自重较大，用钢量也较大。采用预应力混凝土管桩，则可减轻自重，节约钢材，从而提高桩的承载能力和抗裂性能。

预应力混凝土管桩采用先张法预应力工艺和离心成型法制作。管桩的外径为300～1200mm，分节长度为7～30m。桩的下端设计开口的钢桩尖或封口十字钢桩尖。施工时，桩节处通过焊接端头钢板将桩接长。

b. 灌注桩

灌注桩是直接在设计的桩位处成孔，然后在孔内加放钢筋笼（也有不放钢筋的）再浇灌混凝土而成。与混凝土预制桩比较，灌注桩用钢量较省。当持力层顶面起伏不平时，桩长可在施工过程中根据要求在某一范围内取定。灌注桩的横截面呈圆形，可以做成大直径和扩底桩。施工时对桩身的成型和混凝土质量要求较高。

灌注桩有很多品种，按施工方法可归纳为沉管灌注桩、钻（冲）孔灌注桩和挖孔灌注桩等。常用的灌注桩适用范围见表2-2。

各种灌注桩适用范围　　表2-2

成孔方法		适用范围
泥浆护壁成孔	冲钻	碎石类土、砂类土、粉土、黏性土及风化岩、冲击成孔的，进入中等风化和微风化岩层的速度比回转钻快，深度可达40m以上
	冲击直径800mm以上	
	潜水钻600mm、800mm	
单桩承台	螺旋钻400mm	地下水位以上的黏性土、粉土、砂类土及人工填土，深度在15m以内
	钻孔扩底，底部直径可达1000mm	地下水位以上的坚硬、硬塑的黏性土及中密以上的砂类土
	机动洛阳铲（人工）	地下水位以上的黏性土、黄土及人工填土
单桩承台	锤击340～800mm	硬塑黏性土、粉土、砂类土、直径600mm以上的可达强风化岩，深度可达20～30m
	振动400～500mm	可塑黏性大、中细砂、深度可达20m
爆扩成孔，底部直径可达800mm		地下水位以上的黏性土、黄土、碎石类土及风化岩

• 沉管灌注桩

沉管灌注桩可采用锤击、振动冲击等方法沉管成孔，其施工程序如图2-23所示。为了扩大桩径和防止缩径，可对沉管灌注桩加以“复打”。所谓复打，就是在浇灌混凝土并拔出钢管后，立即在原位重新放置预制桩尖再次沉管，并再次浇灌混凝土。复打后的桩，其横截面面积大，承载力提高，当然其造价也相应增加。

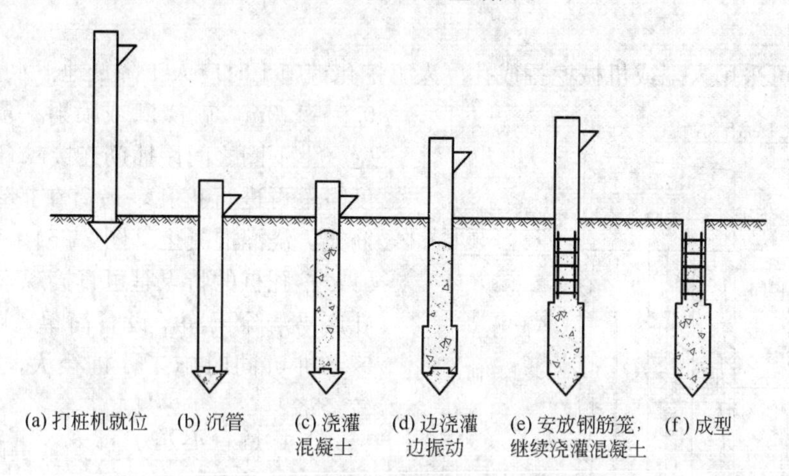

图 2-23 沉管灌注桩的施工程序

规范要求，沉管灌注桩的混凝土充盈系数不能小于 1。对于充盈系数小于 1 的桩，应全长复打，对可能断桩缩径的桩，应进行局部复打。

• 钻（冲）孔灌注桩

钻孔桩在施工时都要把桩孔位置处的土排出地面，然后清除孔底残渣，安放钢筋笼，最后浇灌混凝土。

目前国内的钻（冲）孔灌注桩在钻进时不下钢套筒，而是利用泥浆保护孔壁，以防坍孔，清孔（排走孔底沉渣）后，在水下浇灌混凝土，其施工程序见图 2-24。常见桩径为 800、1000、1200mm 等。更大直径（1500～2800mm）的钻孔一般用钢套筒护壁。所用钻机具有回旋钻进、冲击、磨碎岩石和扩大桩底等多种功能。钻进速度快，深度可达 60m，能克服流沙，消除孤石等障碍物，并能进入微风化硬质岩石。钻孔灌注桩的最大优点在于

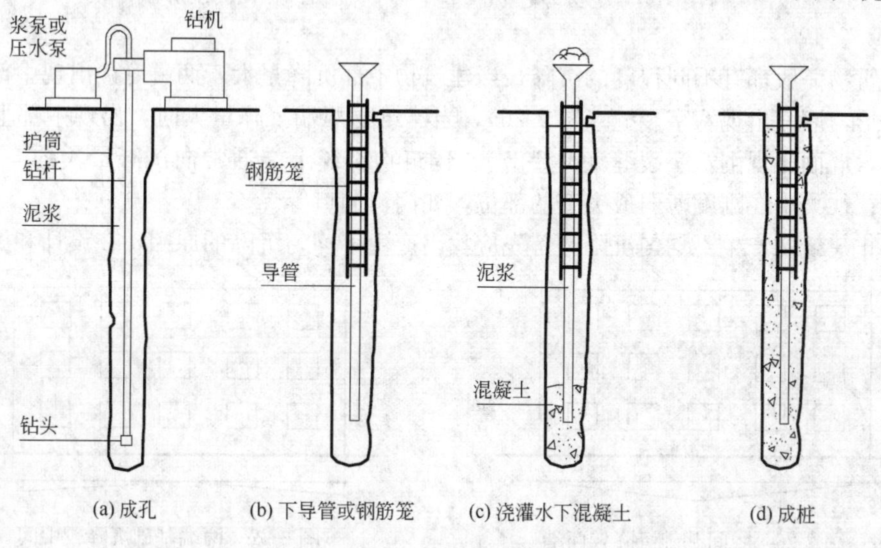

图 2-24 钻孔灌注桩施工程序

能确保桩尖抵达设计要求的持力层，施工质量容易得到保证，桩刚度大，承载力大而桩身变形又很小。

• 挖孔桩

挖孔桩可采用人工或机械挖掘成孔。人工挖孔桩施工时应人工降低地下水位，每挖深0.9～1.0m，就浇灌或喷射一圈混凝土护壁（上下圈之间用插筋连接）。达到设计深度时，再进行扩孔，最后在护壁内安装钢筋笼，浇灌混凝土（图2-25）。

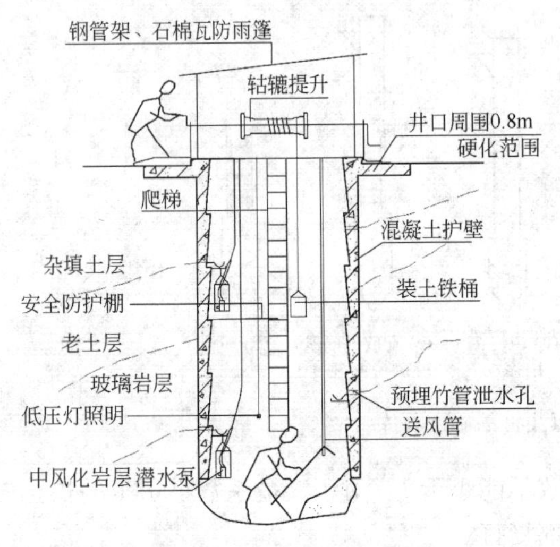

图2-25　人工挖孔桩示例

挖孔桩的特点是可直接观察地层情况，孔底易清除干净，设备简单，噪声小，场区各桩可同时施工，桩径大，适应性强，较经济。

人挖桩易发生人身安全事故。挖孔桩需要满足下列要求：

以中硬以上的黏土，中密以上的砂土，卵石层，岩层等作为持力层。

持力层在地下水位以上或地下水降水不很困难。人工降水的深度始终控制在桩底标高以下不小于500mm。

所穿越土层不含淤泥层、流沙层或淤泥层、流沙层很薄，且经降水后，对挖进不会造成影响。

人工挖孔桩的桩长不宜大于30m，桩径一般为800～1200mm。在桩端下3倍桩径范围内无软弱层，在6倍桩径范围内无岩体临空面。

2.4　防止建筑物不均匀沉降的措施

建筑物一般都有不同程度的沉降，当建筑物中部沉降量大于两端时，出现中部下凹的拱曲变形，墙面出现八字裂缝（图2-26），当建筑物两端沉降量大时，出现中部上凸的拱曲变形，墙面出现倒八字裂缝（图2-27）。建筑物裂缝上端通常向沉降量大的一边发展，且开裂往往集中在刚度薄弱或突变的部位，如门窗洞口等。

防止建筑物产生不均匀沉降，首先应找出产生不均匀沉降的原因，在设计和施工方面

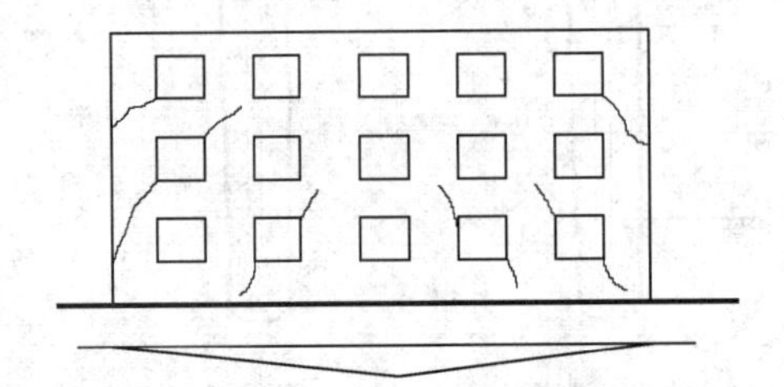

图2-26　中间基础沉降较两端大形成八字缝开裂

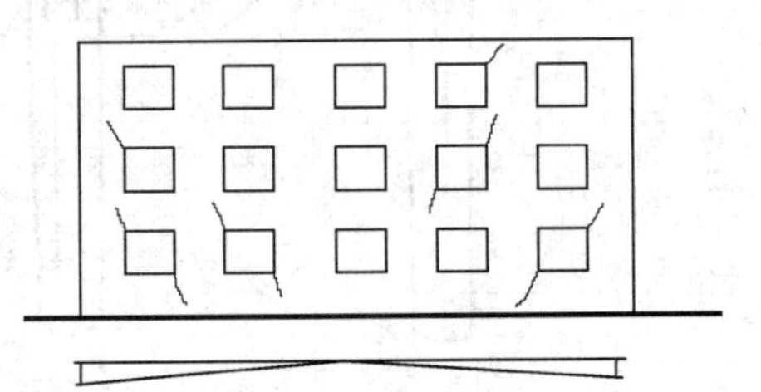

图2-27　两端基础沉降较中间大形成倒八字缝开裂

采取相应的措施。通常的方法有：

2.4.1 按地基容许变形来控制设计

为达到均匀沉降的目的，必须按地基变形来调整基础的宽度和深度，在软土层厚度较大的区域，将基础底面适当加宽或将基础埋置深度适当加大，为基础获得均匀沉降创造条件。

2.4.2 提高基层和上部结构的刚度

基础本身的刚度是整个建筑物刚度的重要组成部分。采用刚度好的基础材料并增设圈梁的基础形式是提高建筑物整体性、调节建筑物不均匀沉降的重要措施：

（1）选用轻型结构，减轻墙体自重，采用架空地坪的方法。

（2）设置地下室或半地下室，采用覆土少、自重轻的基础形式。

（3）对不均匀沉降要求严格的建筑物，可选用较小的基底压力或采用桩基，压缩层高。

2.4.3 设沉降缝

根据建筑物变形的情况设置沉降缝，可以避免由沉降而引起的上部建筑的裂缝。

2.4.4 地基局部处理

在开挖基坑（槽）后，可能会发现池塘、墓穴、河沟等，如深度不大，则可采用下列方法进行处理，以避免或减少局部沉降。

1）局部换土法

将坑中软土层挖除，通常挖成踏步形，踏步高宽比为 1：2，然后更换与地基土压缩性相近的天然土，也可以用砂石、灰土等材料回填，回填时应分层回填夯实。

2）跨越法与挑梁法

对地基中发现的废井等洞穴，除了可用局部换土法外，还可设基础梁、桩基或拱券基础。

3）调整基础的宽度

用不同的基础宽度调节沉降量。

本章参考文献

[1] 杨维菊. 建筑构造设计（上、下册）[M]. 北京：中国建筑工业出版社，2005.

[2] 杨维菊. 绿色建筑设计与技术 [M]. 南京：东南大学出版社，2011.

[3] 李必瑜，魏宏杨，覃琳. 建筑构造（上、下册） [M]. 第五版 . 北京：中国建筑工业出版社，2013.

[4] 民用建筑设计通则 GB 50352—2005. 北京：中国建筑工业出版社，2005.

[5] 建筑设计防火规范 GB 50016—2014. 北京：中国计划出版社，2015.

[6] 工程做法-国家标准建筑设计图集 05J909. 北京：中国计划出版社，2006.

第 3 章　墙　　体

3.1　墙体的类型及构造要求

墙体是建筑物的重要组成部分。它的作用是承重、围护或分隔空间。墙体构造取决于选用的结构形式以及它所处的位置。近年来，随着墙体材料的改革，人们正在寻求一种可以替代传统黏土砖的材料，它要能改善建筑室内热环境，降低建筑造价，能起到节能、环保、利废的效果。

3.1.1　墙体的构造要求

在砌体结构建筑中，墙的工程量占相当大的比重，因此，合理地选择墙体材料及其构造方案对降低建筑物的造价起着重要的作用。墙体在设计时要注意以下几个方面的因素：

1）具有足够的强度和稳定性

在多层砖混结构中，墙除承受自重外，还要承受屋顶和楼板的荷载，并将其垂直荷载传至基础和地基。在地震区，墙体还要考虑在发生地震时所引起的水平力作用的影响。所以，设计墙体时要根据荷载及所用材料的性能和情况，通过计算确定墙体的厚度和所具备的支承强度。在使用中，一般砖墙的强度与所采用的砖、砂浆的强度等级及施工技术有密切关系。

墙的稳定性与墙的高度、长度、厚度、承受的荷载等有很大的关系，而且墙本身必须具有抵抗风侧压力的能力。当墙身较高而长，并缺少横向墙体联系时，则需要考虑加厚墙身，提高砂浆强度等级，或采取加墙墩、墙内加筋等相关技术措施。

2）具有保温、隔热性能

墙体作为围护结构应具有保温、隔热的性能，以满足建筑热工要求，如寒冷地区冬季室内温度高于室外，热量易从高温一侧向低温一侧传递，因此围护结构需采取保温措施，以减少室内热损失，同时还应防止在围护结构内表面和保温材料内部出现冷凝水及空气渗透现象。构造上要在热桥部位采取局部保温措施。炎热地区和长江中下游及其过渡地区夏季太阳辐射强烈，室外热量通过外围护结构传入室内，使室内温度升高，产生过热现象。另外，过渡地区不但夏季炎热，而且冬季也非常寒冷，加之没有配置集中的供暖设备，影响了人们的工作和生活，为了改善住宅的居住环境，提高居住的质量以及室内舒适度，外墙还应具有一定的隔热性能并采取隔热措施。墙体的材料一般都不够密实，有较多微小的孔洞，墙上安装门窗构件时，因安装不严密或者材料收缩，会产生一些贯通性的缝隙，这些空隙的存在，使得在冬季室外冷风的压力下，冷空气从迎风墙面渗透到室内，为了防止这类空气渗透的产生，一般采取选择密实度高的墙体材料、墙体内外加抹灰层、加强构件间的缝隙处理等方式。

3）隔声性能

为了保证室内有一个良好的工作、生活环境，墙体必须具有足够的隔声能力，以避免噪声对室内环境的干扰。因此，在墙体构造设计中，要用不同材料和技术手段使不同性质的建筑满足建筑隔声标准的要求。

4）符合防火要求

墙体材料的选择和应用，都要符合国家建筑设计防火规范的规定，不同耐火等级的建筑物、不同性质的墙对其材料的燃烧性能和耐火极限有不同要求。

5）防潮、防水要求

为了保证墙体的坚固耐久性，对建筑物的外墙，尤其是勒脚部分以及卫生间、厨房、浴室等有水房间的内墙和地下室的墙都应采取防潮、防水的措施，选择良好的防水材料和构造做法，保证室内具有一个良好的卫生环境。

6）建筑工业化要求

随着建筑工业化的发展，墙体应用新材料、新技术是建筑技术的发展方向。由于墙体的重量约占建筑总重量的40%～65%（一般砖混结构），使得施工中劳动力消耗大，因此，应积极提倡采用轻质、高强的新型墙体材料，采用先进的预制加工措施，以减轻自重，提高墙体质量，缩短工期，降低成本。

3.1.2 墙体类型及材料

1）墙体各部分的名称

墙体按所处位置不同，一般分为内墙和外墙，建筑物与外界接触的墙称外墙，它的作用是分隔建筑的室内外空间。位于建筑内部的墙称内墙，内墙主要用于分隔（房间）室内空间，保证建筑各空间的正常使用。沿建筑物短轴方向布置的墙称横墙，横向外墙一般称山墙；而沿建筑物长轴方向布置的墙称纵墙，有内纵墙和外纵墙之分。另外，窗与窗之间或门与窗之间的墙称窗间墙，窗下的墙称窗下墙，平屋顶四周高出屋面部分的墙称为女儿墙（图3-1）。

2）按墙体受力情况分类

（1）承重墙

直接承受上部屋顶、楼板所传来荷载的墙称承重墙，同时它也承受着风力、地震力等荷载。由于承重墙所处位置不同，又有纵向承重墙和横向承重墙之分。常用的承重墙材料有：混凝土中小型砌块、粉煤灰中型砌块、页岩砖、灰砂砖、粉煤灰砖、淤泥砖、现浇钢筋混凝土及节能多孔砖等（图3-2）。

（2）非承重墙

① 不承受外来荷载，主要承受墙体自身重量的墙，称为承自重墙。承自重墙一般都直接落地并有基础。

常用的承自重砌块墙的材料有：加气混凝土砌块、陶粒空心砌块、混凝土空心砌块、黏土空心砖、灰砂砖等（图3-3）。

② 不承受外力，仅起分隔房间作用的墙，称为隔墙。隔墙一般支承在楼板或梁上。除现场砌筑或立筋隔墙外，还有各种板材隔墙，如混凝土板、蒸压加气混凝土隔墙板（ALC板）、GRC复合墙板、钢丝网抹水泥砂浆墙板、彩色钢板或铝板保温复合墙板、配

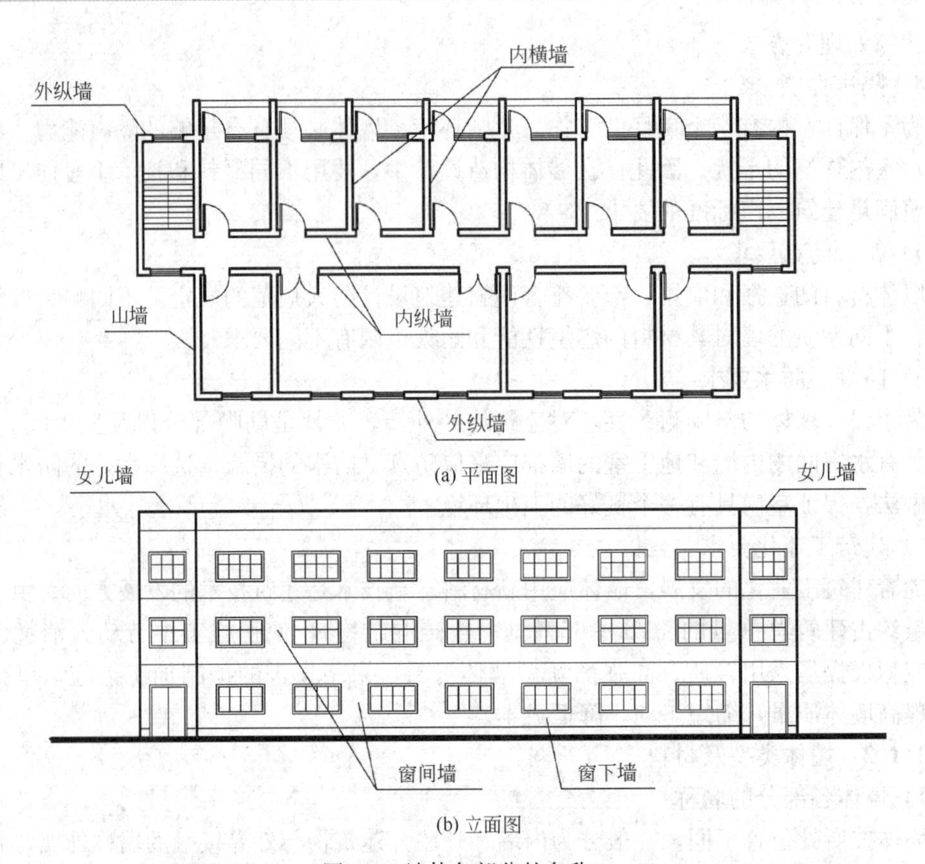

(a) 平面图

(b) 立面图

图 3-1　墙体各部分的名称

(a) 烧结多孔砖

(b) 空心砌块

(c) 页岩砖

图 3-2　承重墙材

(a) 混凝土砌块

(b) 轻骨料混凝土保温砌块

图 3-3 砌块

筋陶粒混凝土墙板、轻集料混凝土墙板、石膏圆孔墙板、轻钢龙骨石膏板或硅钙板墙等（图 3-4）。

图 3-4 隔墙板

③ 在框架结构中，填充在柱子之间的墙称填充墙，悬挂在建筑结构外部的轻而薄的墙称幕墙。

3）按墙体的材料及构造方式分类

墙体按照所用材料的不同，可分为砖墙、土墙、石墙、混凝土墙等，随着建筑行业的发展，墙体材料的来源也越来越广泛，出现了由石子、煤渣或工业废料等材料填充的砌体墙，这些新型墙体在建筑中的运用也越来越广泛。墙体按照构造方式主要分为实心墙、空心砖墙和复合墙三种（图 3-5），还有现在使用较少的空斗墙等。

（1）实心墙

由单一材料组砌而成，如普通黏土砖、石块、混凝土砌块等砌筑的不留空隙的墙体，它的承重效果好。

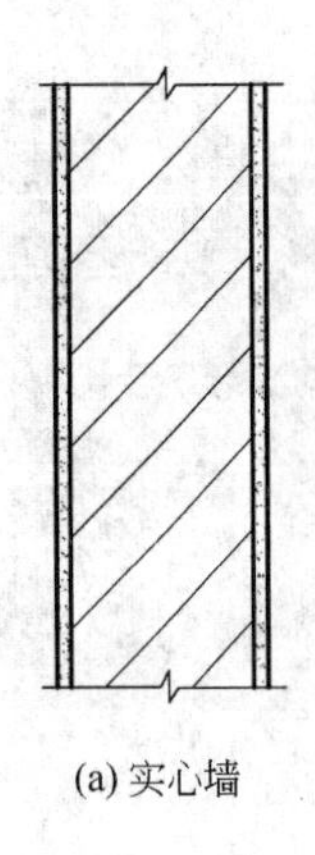
(a) 实心墙

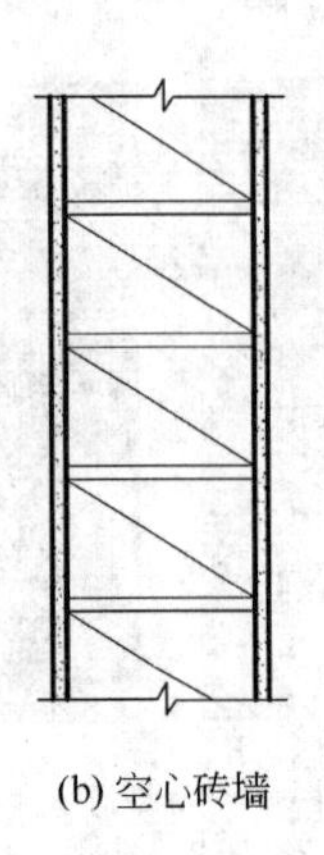
(b) 空心砖墙

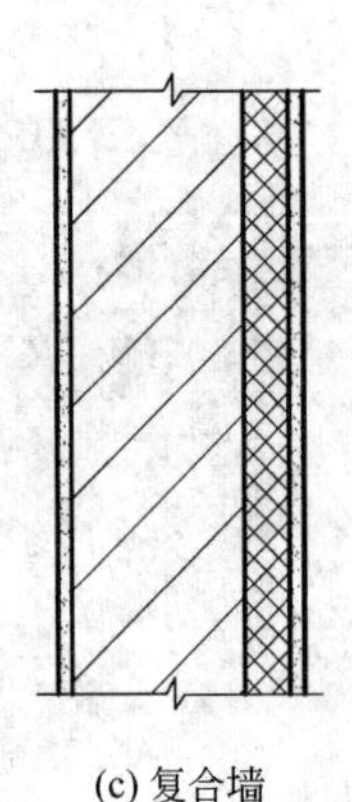
(c) 复合墙

图 3-5 墙体的几种构造做法

其中黏土砖墙是我国应用最早的传统墙体，由于生产黏土砖需占用大量农田，浪费资源，耗能，目前我国已严格限制使用黏土实心砖墙，提倡使用节能型的空心砖。

(2) 空心砖墙

空心砖有两种形式，一种是在 240mm×115mm×90mm 的砖块中间增加很多竖向孔洞，它既可以减轻重量，同时也可以增加砖的保温效果。另一种符合模数的空心砖规格为 190mm×190mm×90mm。

(3) 复合墙

这种墙体是主体结构与保温材料复合的墙体，这种复合墙可分为外保温复合墙、内保温复合墙和夹芯墙。

① 外保温墙：是将保温材料设置在室外低温一侧。常用于外侧的材料有聚苯颗粒的保温砂浆和其他保温砂浆，以及模塑型聚苯乙烯泡沫板，或聚氨酯保温板、水泥聚苯板等外加防碱网格布或钢筋网，表面采用饰面砂浆或者面砖的做法（图 3-6a）。下文对抹灰型外墙外保温进行介绍，其他类型的外保温墙做法请见下册“第 13 章 绿色建筑节能构造设计”。

外墙外保温抹灰，施工简便、造价低，适用于各地区基层为钢筋混凝土墙、混凝土空心砌块墙、砌体墙、烧结砖墙和非烧结砖墙的多层、高层建筑以及各类节能改造工程。一般采用的抹灰型外保温系统有：胶粉聚苯颗粒保温浆料外保温系统

胶粉聚苯颗粒保温浆料外保温包括基层墙体、界面砂浆；保温层材料为胶粉聚苯颗粒保温浆料，经现场拌合和后抹或喷涂在基层上；抹面层材料为抹面胶浆，在抹面胶浆中满铺增强网；饰面层可为涂料和面砖。当采用涂料饰面时，抹面层中应满铺耐碱玻纤网（图 3-7a）；当采用面砖饰面时，抹面层中应满铺热镀锌电焊网，并用锚栓与基层形成可靠固定（图 3-7b）。在施工中，胶粉聚苯颗粒保温浆料保温层设计厚度不宜超过 100mm。

② 内保温墙：是将保温材料设置在室内高温一侧，用于内侧的常用材料有充气石膏板、水泥聚苯板、纸面石膏聚苯复合板、纸面石膏岩棉复合板、挤压型聚苯乙烯泡沫板，聚氨酯保温板、也有珍珠岩保温砂浆和各种保温浆料等（图 3-6b）。内保温墙体施工简单，造价低，但室内的热稳定性差，墙体中的热桥不易消除。一般用于室内温度不高的原有建筑外墙保温改造。下文对抹灰、喷涂型外墙内保温进行介绍，其他类型的外保温墙做法请见下册“第 13 章 绿色建筑节能构造设计”。

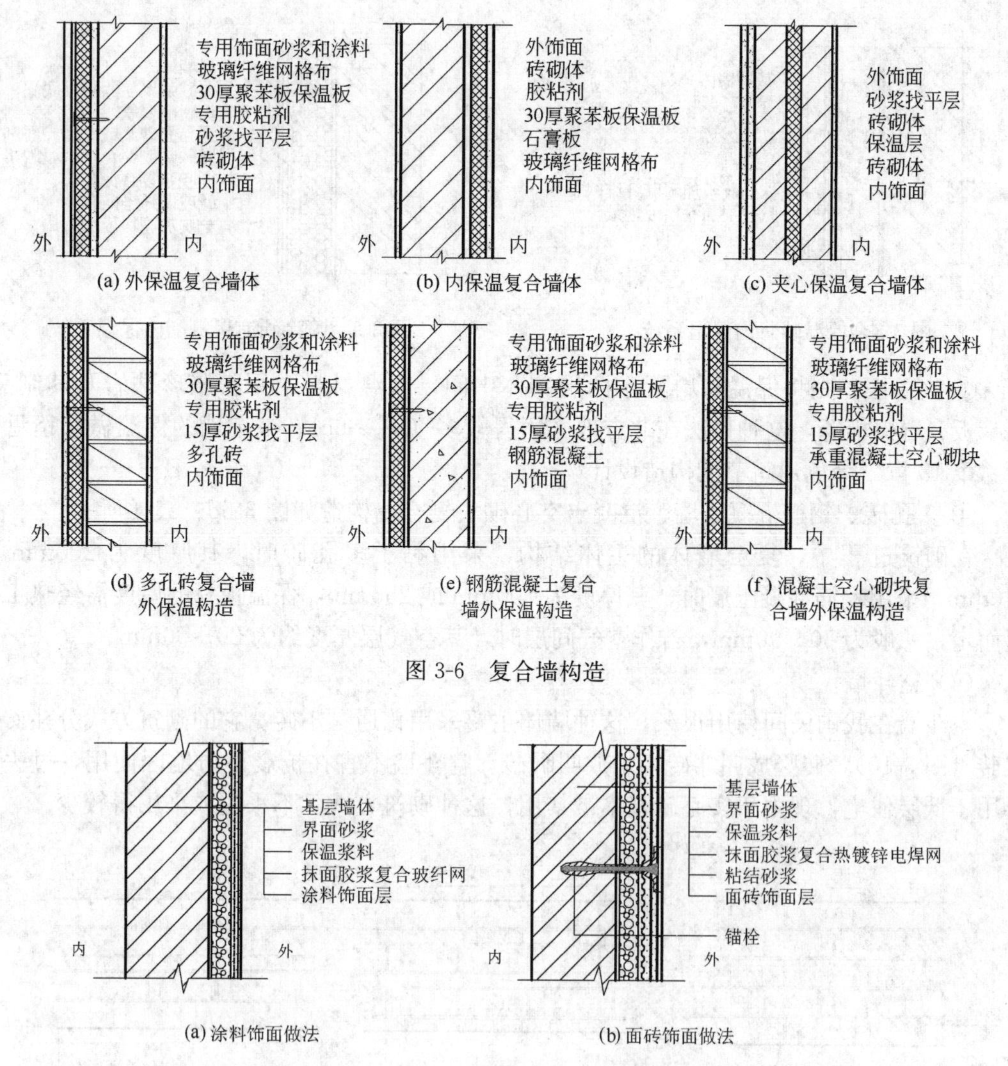

图 3-6 复合墙构造

图 3-7 胶粉聚苯颗粒保温浆料外保温系统

保温砂浆内保温系统

保温砂浆内保温是由基层墙体、界面层、保温层以及防护层（抹面层、饰面层）构成。基层墙体一般为混凝土墙体或节能砖砌体墙体。界面层采用界面砂浆，保温层可采用保温砂浆。防护层中的抹面层采用抹面胶浆加耐碱纤维网布，防护层中的饰面层采用腻子层加涂料或墙纸（布）、面砖。界面砂浆应均匀涂刷于基层墙体。抹面胶浆应预先均匀涂抹在保温层上，再将耐碱玻璃纤维网布埋入抹面胶浆层中（图 3-8）。

喷涂硬泡聚氨酯内保温系统由基层墙体、界面层（第一道）、保温层、界面层（第二道）、找平层以及防护层（抹面层、饰面层）构成。基层墙体一般为混凝土墙体或砌体墙体。第一道界面层采用水泥砂浆聚氨酯防潮底漆，保温层采用喷涂硬泡聚氨酯，第二道界面层采用专用界面砂浆或专用界面剂，找平层采用保温砂浆或聚合物水泥砂浆。防护层中的抹面层采用抹面胶浆复合涂塑中碱玻璃纤维网布，防护层中的饰面层采用腻子层加涂料或墙纸（布）（图 3-9）。

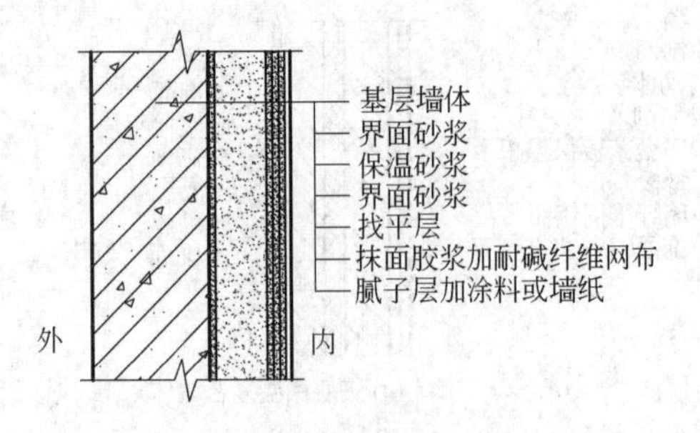

图3-8　保温砂浆内保温系统

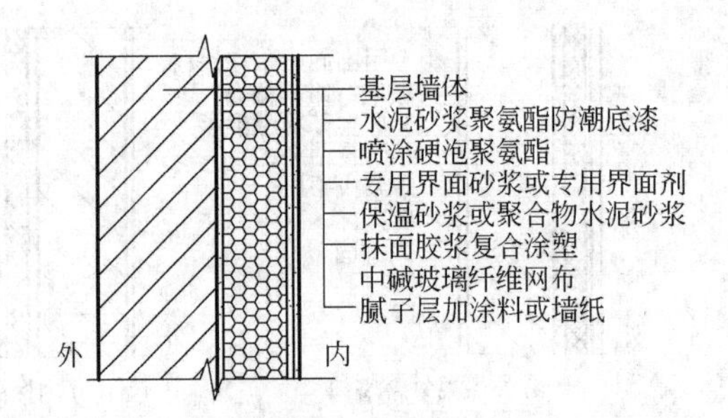

图3-9　喷涂硬泡聚氨酯内保温系统

③ 夹芯墙：是将保温材料置于两层砌体中间，保温材料常用膨胀珍珠岩及其制品、聚苯板、岩棉板等，这种做法在北方地区用得较多（图3-6c）。夹芯墙的保温做法请见下册“第13章　绿色建筑节能构造设计”。

④ 多孔砖、钢筋混凝土墙、混凝土空心砌块复合墙构造如图3-6d、e、f所示。

在砌筑过程中，复合墙体的主体结构，采用黏土多孔砖时，其厚度为200mm或240mm，采用钢筋混凝土墙时，其厚度为200mm或250mm，保温板材的厚度需经热工计算而定，一般为50～90mm，若作空气间层时，其空气层厚度约为20～50mm。

（4）空斗墙

空斗墙在我国民间使用很久，这种墙体主要采用普通黏土砖。它的砌筑方式分斗砖与眠砖（图3-10），砖竖放叫斗砖，平放叫眠砖。空斗墙不宜在抗震设防地区使用，过去主要用于低层住宅，现由于实心砖基本被禁用，这种砌筑方式已不采用或采用得较少。

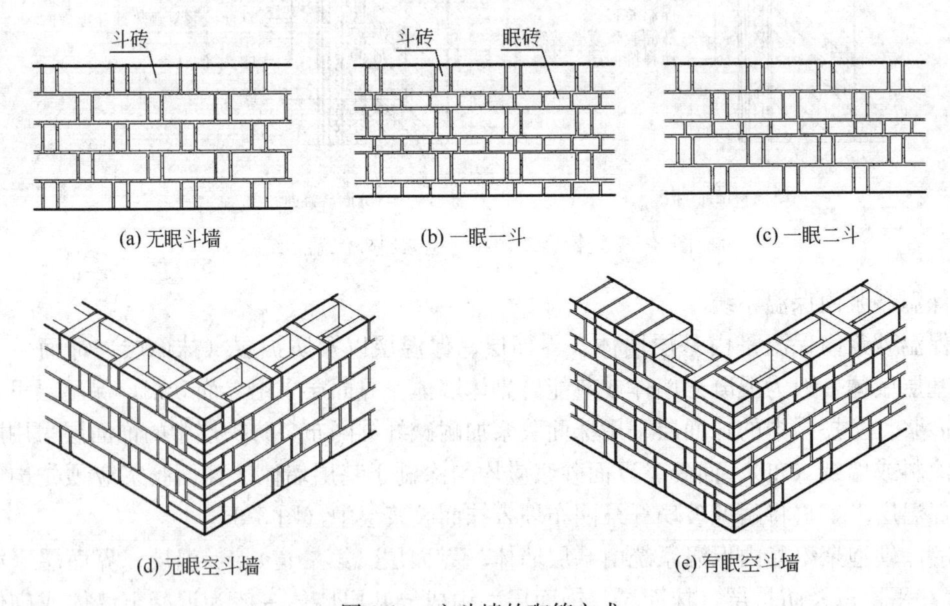

图3-10　空斗墙的砌筑方式

3.1.3　承重墙体的结构布置

1）横墙承重结构

以横墙起主要承重作用的称为横墙承重结构（图3-11a）。此时，楼板、屋顶上的荷载均由横墙承重，横墙间距即为楼板的跨度，一般在4.2m以内较为经济。纵墙只起纵向稳定和拉结以及承自重的作用。横墙承重的主要特点是建筑物的整体性好，横向刚度大，对抵抗风力、地震力和调整地基不均匀沉降有利。横墙承重方式的缺点是建筑空间组合不够灵活，墙的结构面积较大，材料耗费较多，但对纵墙上开门、窗的限制较小，这种结构布置方式适用于房间开间尺寸不大的住宅、宿舍、旅馆和病房楼等。

2）纵墙承重结构

由纵墙来承受楼板或屋面板荷载的称为纵墙承重结构（图3-11b）。此时，横墙只起分隔房间的作用和横向稳定作用，它的特点是房间的空间较大，开间的划分比较灵活，适用于较大空间，如阅览室、大活动室等。缺点是在纵墙承重方案中，由于横墙数量少，刚度较差，而且在纵墙上开窗受到一定的限制，为了达到建筑空间的刚度和整体性的要求，结构上应采取一些相应的措施。不在地震区，应优先采用横墙或纵横墙承重结构体系，纵横墙宜均匀对称布置。

3）纵横墙承重结构

由部分横向墙和部分纵向墙结构承受屋顶、楼层荷载的布置方式称纵横墙承重结构或混合承重结构（图3-11c）。优点是空间刚度好，建筑组合灵活，但墙体材料用量较大。此

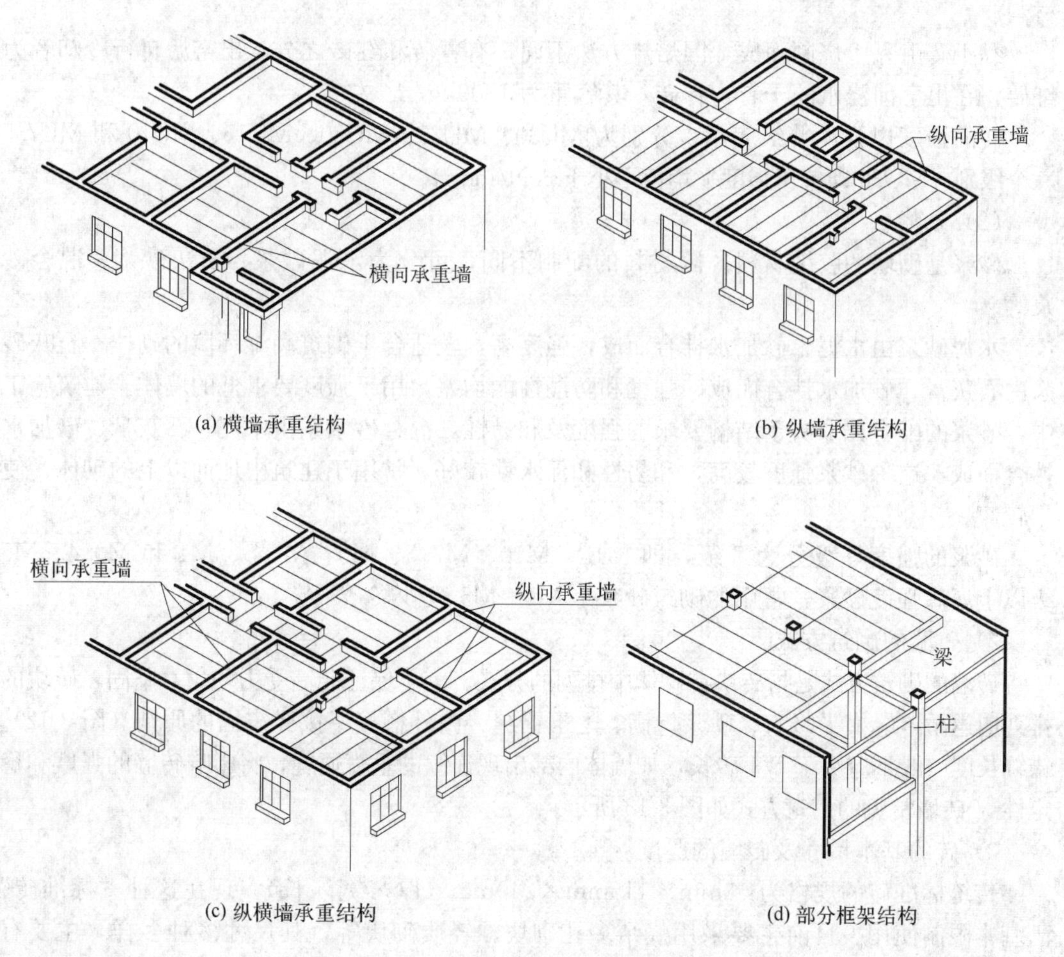

(a) 横墙承重结构　(b) 纵墙承重结构

(c) 纵横墙承重结构　(d) 部分框架结构

图3-11　承重墙体的结构布置方式

方式适用于房间的开间、进深尺寸较大，而且房间类型较多或平面复杂的建筑，如教学楼、医院、实验楼、点式住宅和幼儿园等建筑。

4）部分框架结构（图 3-11d）

建筑物内部采用框架承重而外墙采用墙体承重，或下部采用框架而上部采用墙体承重的结构称为部分框架结构。

3.2 砌 体 墙

3.2.1 砖砌体墙构造

1）砖墙材料

砖墙是以砂浆作为胶结料将一块块砖按一定规律和方式砌筑而成的构件，故又称为砌体，其主要材料是砖与砂浆。

（1）砖

砖的种类较多。经过烧制的黏土砖有实心砖、多孔砖、空心砖以及不经焙烧的黏土砖、炉渣砖、灰砂砖、煤矸石砖和水泥砖等。其中普通黏土砖是我国传统的墙体材料。

黏土砖由黏土烧制而成，因焙烧方法不同，有青砖和红砖之分。出窑后自行冷却者为红砖，在出窑前浇水闷干者为青砖，其容重为 1800kg/m^3 左右。

砖的强度以强度等级表示，分别为 MU30、MU25、MU20、MU15、MU10 和 MU7.5 六个级别（MU30 即抗压强度平均值不小于 30N/mm^2）。

（2）砂浆

砂浆是砌墙的胶结材料。因材料的配制不同，可分为水泥砂浆、石灰砂浆、混合砂浆等。

水泥砂浆由水泥、砂加水拌合而成，强度高，较适合于砌筑潮湿环境的砌体；石灰砂浆由石灰膏、砂加水拌合而成，强度和防潮性能均差，用于强度要求低的墙体。建筑施工中，砂浆的配合比取决于结构要求的强度及和易性，混合砂浆系由水泥、石灰膏、砂加水拌合而成，这种砂浆强度较高，和易性和保水性较好，常用于建筑中地面以上的砌体，使用较广。

砂浆的强度等级分为 7 级，即 M15、M10、M7.5、M5、M2.5、M1 和 M0.4。M5 级以上属高强度砂浆，常用的砌筑砂浆是 M1～M5 级砂浆。

2）砖墙的砌筑方式

砖墙的砌筑方式是指砖块在砌体中排列的方式。为了保证砖墙受力均匀、坚固，砖块的排列应遵循砖缝横平竖直、砂浆饱满、上下错缝、内外搭接、接槎牢固的原则（图 3-12）。错缝长度一般不应小于 1/4 砖长，如墙体内部出现连续的垂直通缝，将影响砖墙的强度和稳定性 。砖墙常见的砌筑方式如图 3-13 所示。

3）砖的基本尺寸及砖墙的厚度

传统标准砖的规格为 53mm×115mm×240mm（厚×宽×长），现在这种“标准砖”已基本限制使用。目前主要采用烧结多孔砌块、轻质砌块等，其尺寸多种多样，主要有 390mm×90mm×190mm，390mm×170mm×190mm，390mm×290mm×190mm 等规格

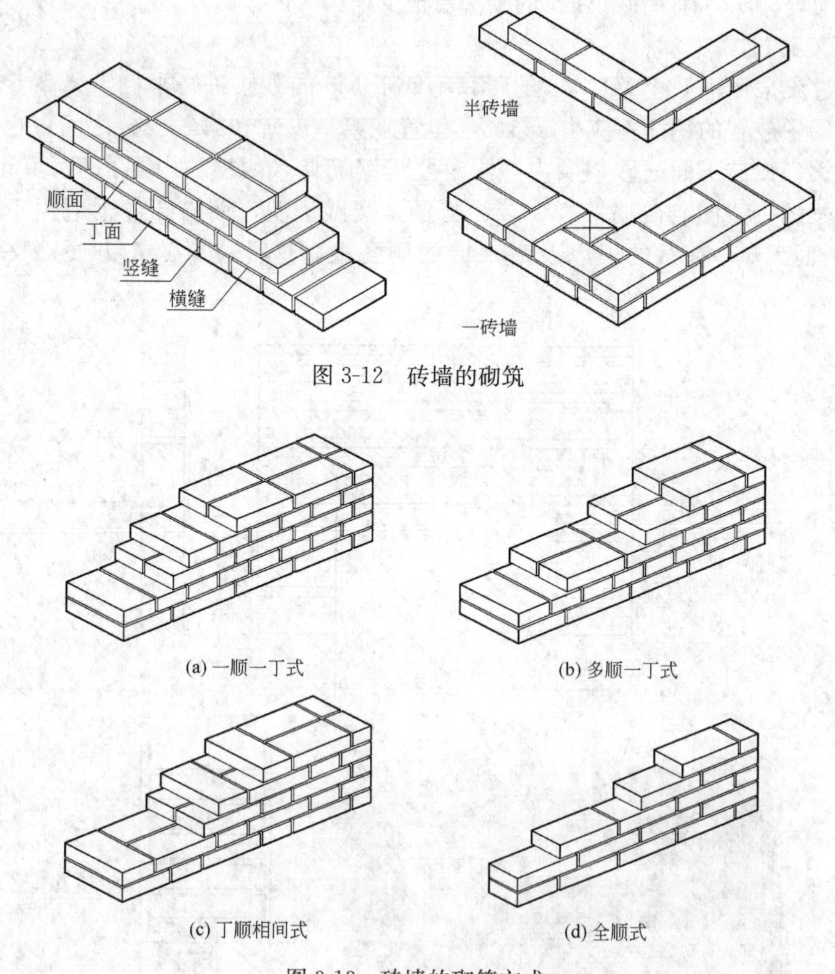

图 3-12 砖墙的砌筑

(a) 一顺一丁式
(b) 多顺一丁式
(c) 丁顺相间式
(d) 全顺式

图 3-13 砖墙的砌筑方式

（图 3-14）。1m 之内的砖墙长度应符合砖尺寸的模数，以免造成施工困难。

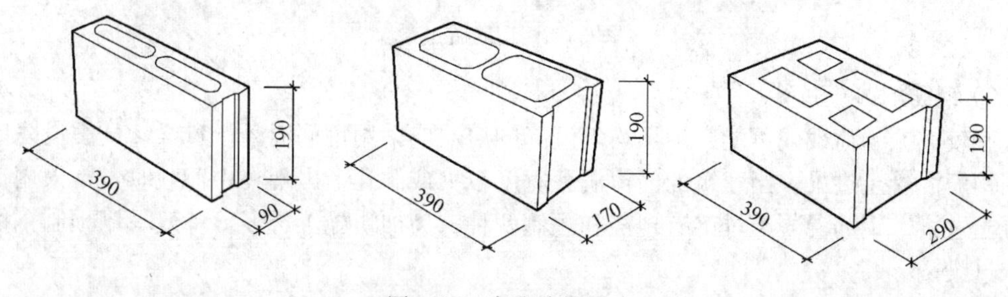

图 3-14 多孔砖的尺寸

4）砖砌墙体的细部构造

(1) 门窗过梁

当墙体上开设门窗洞孔时，为了支承门窗洞孔上的墙体重量并把它传递到两侧的墙上，常在门窗顶上设置梁，此梁称为过梁，过梁上无集中荷载时，一般承受高度接近于 1/3 洞口净宽的墙体的荷载。过去常用的过梁有砖砌平拱、砖砌弧拱、钢筋砖过梁及钢筋混凝土过梁等，现砖砌平拱和弧拱的砌法已很少采用。

① 钢筋砖过梁

这种过梁采用不低于 MU7.5 的砖和不低于 M5 的砂浆进行平砌，梁高 5～7 皮砖，底部砂浆层中放置的钢筋不应少于 3Φ6，位置在第一皮砖和第二皮砖之间，也可将钢筋直接放在第一皮砖下面的砂浆层内，同时要求钢筋伸入两端墙内不小于 240mm，并加弯钩。过梁的砌法同砌砖墙一样，较为方便。实践证明，钢筋砖过梁适用于跨度不大于 2m，上面无集中荷载的墙以及清水墙的洞孔上，这种过梁施工方便，整体性较好（图 3-15）。

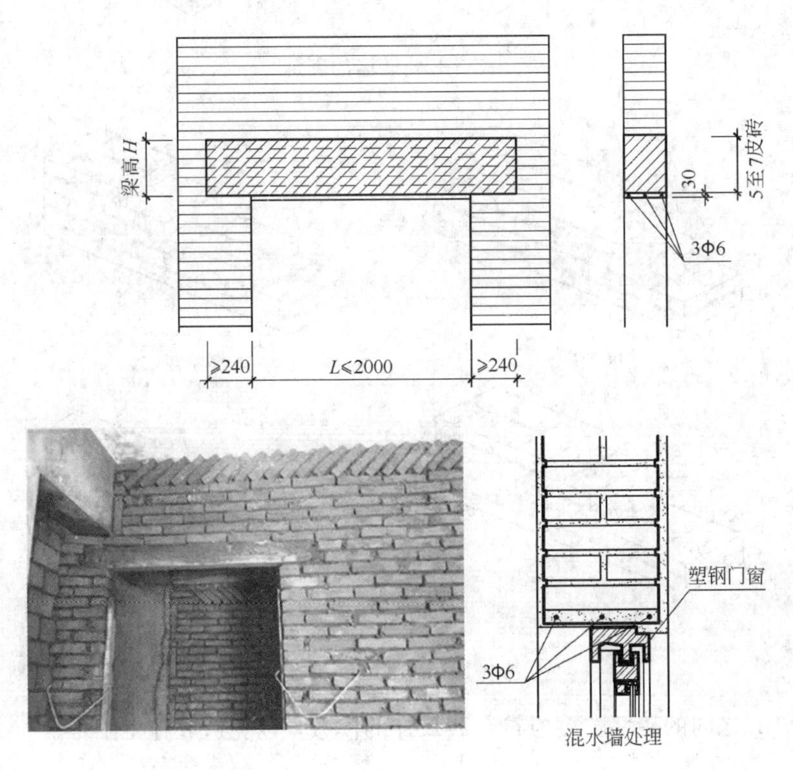

图 3-15　钢筋砖过梁

② 钢筋混凝土过梁

有较大振动荷载或可能产生不均匀沉降的房屋应采用钢筋混凝土过梁，抗震设防区宜采用钢筋混凝土过梁。当建筑的门窗洞孔宽度较大或洞孔上出现集中荷载时，常采用钢筋混凝土过梁。钢筋混凝土过梁有现浇和预制两种。为加快施工进度，一般采用预制钢筋混凝土过梁。

钢筋混凝土过梁断面尺寸，主要根据跨度、上部荷载的大小计算确定。在砖墙砌筑中，过梁的高度应与砖的皮数相配合，以便于墙体连续砌筑，宽度应与墙厚相当。常见的梁高为 60、90、120、180、270mm 等。过梁两端搁入墙内的长度不小于 240mm，以保证过梁在墙上有足够的承载面积。钢筋混凝土过梁有矩形截面和 L 形截面等几种形式（图 3-16）。矩形截面的过梁一般用于混水墙中，L 形截面的过梁可减少外露面积，多用于寒冷地区或清水外墙中。

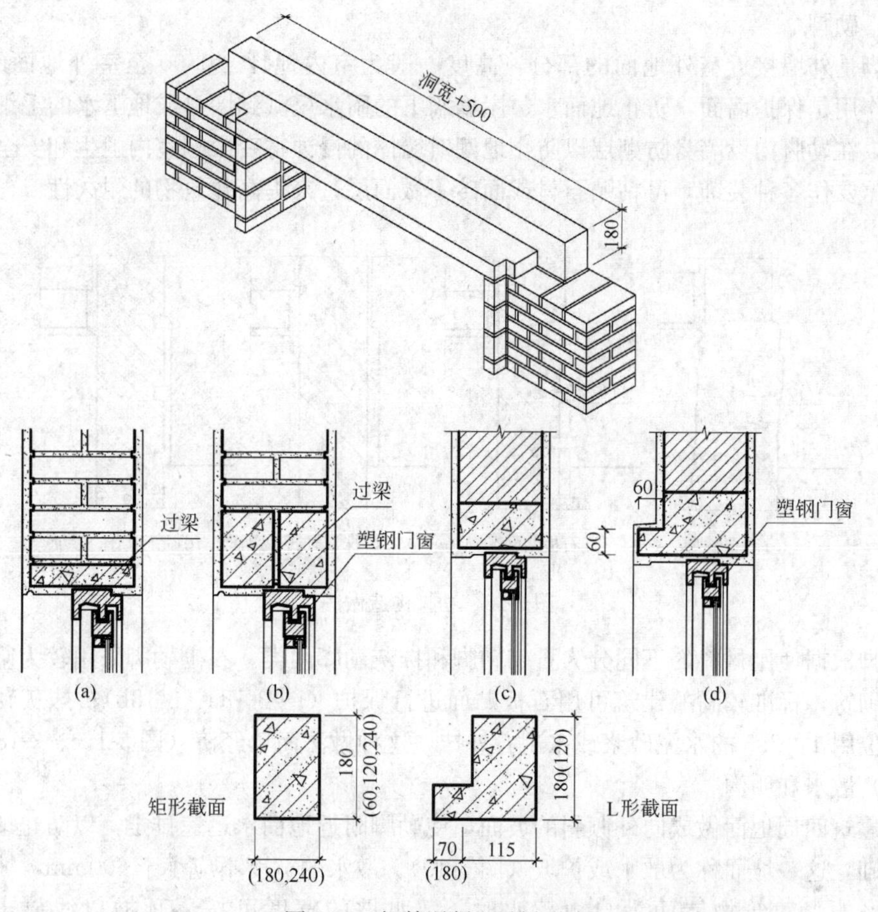

图 3-16 钢筋混凝土过梁形式

(2) 窗台

为了避免沿窗面流下的雨水渗入室内，应考虑设置窗台。窗台须向外形成一定坡度以利排水。做法是将砖或钢筋混凝土板挑出，坡度为 1/10 左右，挑出外墙面约 60mm（图 3-17），再用水泥砂浆抹成斜面排水。窗台下面抹滴水槽，避免雨水污染墙面。当窗框安装在墙的中间时，窗洞口常做内窗台，装修时常采用硬木板或天然石板做成窗台板。

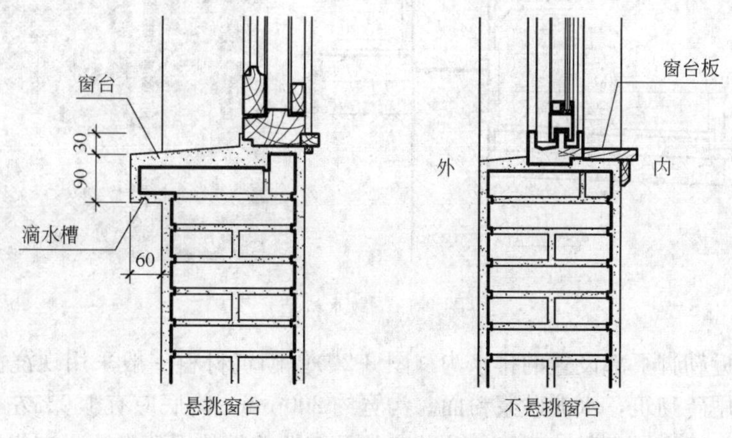

图 3-17 窗台防水构造

（3）勒脚

勒脚是外墙接近室外地面的部分，高度一般为室内地坪±0.00至室外地面的高差，勒脚的作用是保护墙面，防止地面水、屋檐滴下的雨水反溅到墙身或地下水的毛细管作用的侵蚀，在勒脚内设墙身防潮层以防止地潮对墙体的侵蚀霉变影响室内卫生和安全，结合设计的需要作各种装饰，可粘贴石材或面砖等做面层，来提高建筑物的耐久性。

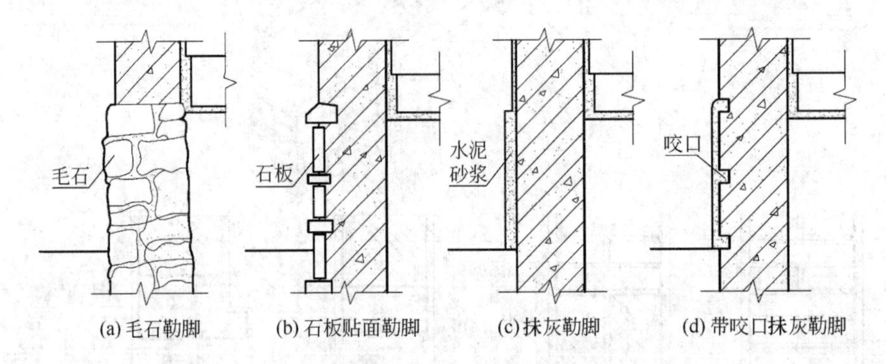

图3-18　勒脚构造做法

勒脚根据使用材料的不同分为石砌勒脚和抹灰勒脚两类。石砌勒脚采用较为坚固的材料进行砌筑，标准较高的建筑可用石板贴面进行保护（图3-18a、3-18b）；抹灰勒脚是在勒脚部位用1∶2.5的水泥砂浆或水刷石外抹，这种做法简单经济（图3-18c、3-18d）。

（4）散水和明沟

将建筑四周地面做成向外倾斜的坡面，使勒脚附近地面水迅速排走，以防止地面雨水浸入基础，这一坡面称为散水或护坡（图3-19）。散水的宽度不应小于600mm，坡度约为3%～5%。当建筑物屋面为自由落水时，散水坡的宽度可按屋顶檐口线放出200～300mm。为防止建筑沉陷及其他原因引起勒脚与散水交接处出现开裂，保护墙基不受雨水侵蚀，最好在此部位作分格缝处理。分格缝用弹性材料或密封防水胶料进行嵌缝处理，以防渗水。常用的散水面层材料有细石混凝土、卵石、块石、水泥砂浆等，垫层一般在素土夯实上铺三合土或混凝土。

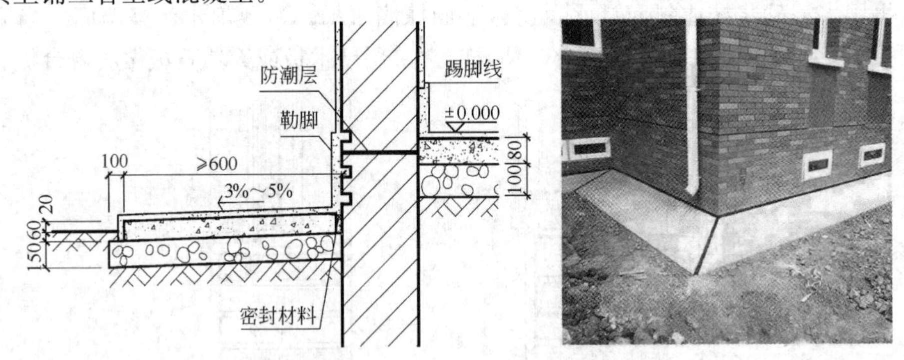

图3-19　散水构造

明沟是靠近勒脚下部设置的排水沟（图3-20）。砌筑材料一般采用现浇混凝土，外抹水泥砂浆；或用砖砌筑，水泥砂浆粉面。沟宽约200mm，沟底应有1.0%左右的纵坡，使雨水排向窨井。明沟易碰撞碎裂，故公共建筑及工业建筑均采用散水做有组织排水或散水

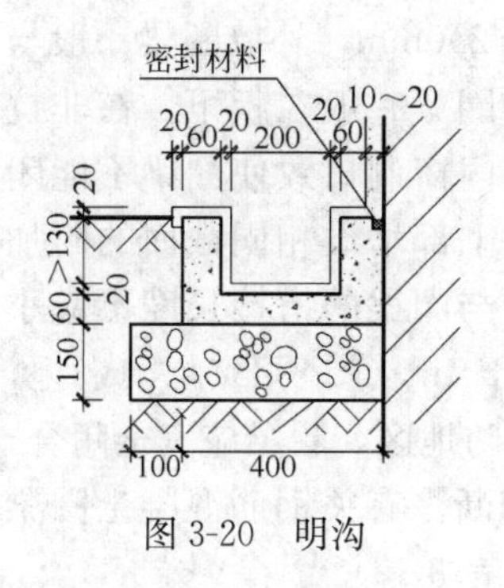

图 3-20 明沟

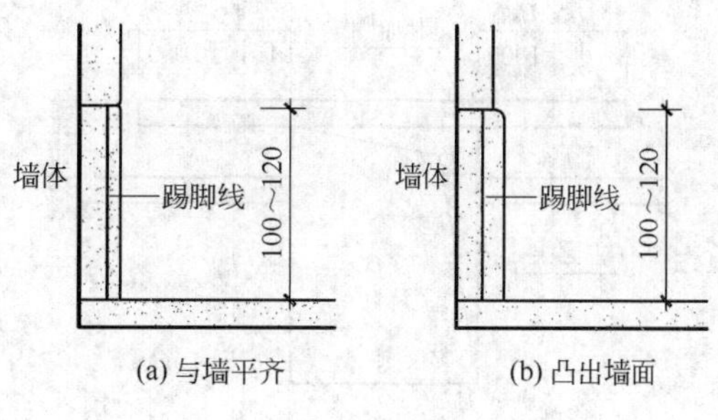

图 3-21 踢脚

与明沟结合。

（5）踢脚线

踢脚线，也称踢脚板，是室内墙面的下部与室内楼地面交接处的构造，作用是保护墙面，防止因外界碰撞而损坏墙体或清洁地面时弄脏墙身。踢脚线高度，过去一般为 120～150mm，现在也有 70～80mm。常用的踢脚线材料有水泥砂浆、水磨石、大理石、缸砖、木材和石板等，应根据室内地面材料而定（图 3-21）。

5）砖砌墙身的加固措施

由于砌体墙系脆性材料，整体性不强，抗震能力较差，特别是在多地震地区，在地震力作用下，极易遭到破坏，因此，为了增强多层砌体建筑物的整体刚度，常采取以下措施：

（1）设置圈梁（图 3-22）

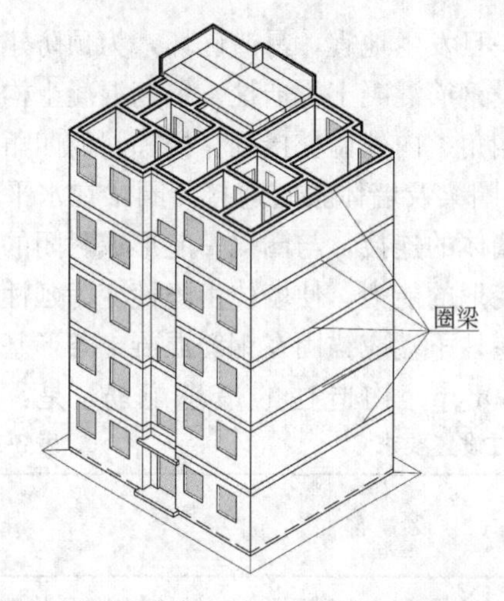

图 3-22 圈梁的设置位置

在砌体结构中，圈梁有钢筋砖圈梁和钢筋混凝土圈梁两种。

① 钢筋砖圈梁多用于非抗震地区，结合钢筋砖过梁使其沿外墙兜圈而成。钢筋砖圈梁，梁高 5～6 皮砖，砌筑砂浆强度等级不低于 M5。在圈梁高度内要设置通长钢筋，数量不宜少于 3Φ6，水平间距不宜大于 120mm，分上下两层布置，并嵌入砌体灰缝中。

② 钢筋混凝土圈梁的宽度与墙厚相同或不小于 180mm。高度一般不小于 120mm，常

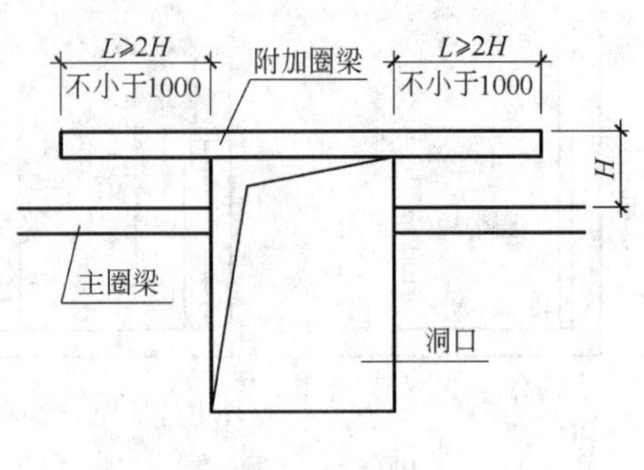

图 3-23 附加圈梁

见的为 180mm、240mm，外墙圈梁一般与楼板相平，内墙圈梁一般在板下。在非抗震地区，当遇到门窗洞口致使圈梁不能闭合时，应在洞口上部增设相同截面的附加圈梁。附加圈梁与圈梁的搭接长度不应小于 $2H$，或不小于 1m（图 3-23）。

但在抗震设防地区，圈梁应完全闭合，不得被洞口所切断。有关钢筋混凝土圈梁的设置原则，见表 3-1。

钢筋混凝土圈梁的设置原则　　表 3-1

圈梁设置及配筋		设计烈度		
		6 度、7 度	8 度	9 度
圈梁设置	外墙和内纵墙	屋盖处及每层楼盖处	屋盖处及每层楼板处	屋盖处及每层楼板处
	沿内横墙	同上；屋盖处间距不应大于 4.5m；楼盖处间距不应大于 7.2m；构造柱对应部位	同上；各层所有横墙，且间距不应大于 4.5m；构造柱对应部位	同上；各层所有横墙
配筋		4Φ10 250	4Φ12 200	4Φ14 150

资料来源：《抗震设计规范》GB 50003—2011。

（2）设置构造柱

在抗震设防地区，多层砖房整体刚度较弱，一旦发生地震，易遭破坏，为预防建筑物被破坏，在设计时，常采取整体加固措施，即增设钢筋混凝土构造柱。钢筋混凝土构造柱是从构造的角度考虑设置的，一般设在建筑物的四角、内外墙交接处、楼梯间的四角以及某些较长的墙体中部，详见表 3-2。构造柱必须与圈梁及墙体紧密连接。圈梁在水平方向将楼板和墙体箍紧，而构造柱则从竖向加强层间墙体的连接，与圈梁一起形成封闭的空间骨架，从而增加建筑物的整体刚度，提高墙体抗变形的能力，使墙体由脆性变为延性较好的结构，做到裂而不倒。为了提高抗震能力，构造柱下端应锚固在钢筋混凝土条形基础或基础梁内，构造柱的最小断面尺寸为 240mm×180mm，构造柱的最小配筋量是：主筋

多层砖砌体房屋构造柱设置要求　　表 3-2

房屋层数				设置部位	
6 度	7 度	8 度	9 度		
4、5	3、4	2、3		楼、电梯四角；楼梯斜梯段上下端对应的墙体处；外墙四角和对应转角；错层部位横墙与外纵墙交接处；大房间内外墙交接处；较大洞口两侧	隔 12m 或单元横墙与外纵墙交接处；楼梯间对应的另一侧内横墙与外纵墙交接处
6	5	4	2		隔开间横墙（轴线）与外墙交接处；山墙与内纵墙交接处
7	≥6	≥5	≥3		山墙（轴线）与外墙交接处；内墙的局部较小墙垛处；内纵墙与横墙（轴线）交接处

注：本表来自规范《抗震设计规范》GB 50003—2011；较大洞口：内墙，指宽度不小于 2.1m 的洞口；外墙，在内外墙交接处已设置构造柱时允许适当放宽，但洞两侧墙体应加强。

4Φ12，箍筋Φ6@250，设防7度时建筑超过6层，8度时建筑超过5层，9度设防时，主筋应采用4Φ14，箍筋用Φ6@200。为了增强墙体与柱之间的连接，应沿墙高每500mm在构造柱中设置2Φ6钢筋，水平拉结，每边伸入墙内不少于1m。钢筋伸入隔墙长度应不小于500mm。施工时先砌墙，后浇构造柱，并在先砌墙体内预留凸槎（每5皮砖留一块），伸出墙面60mm，随着墙体的上升而逐层现浇钢筋混凝土柱身（图3-24）。

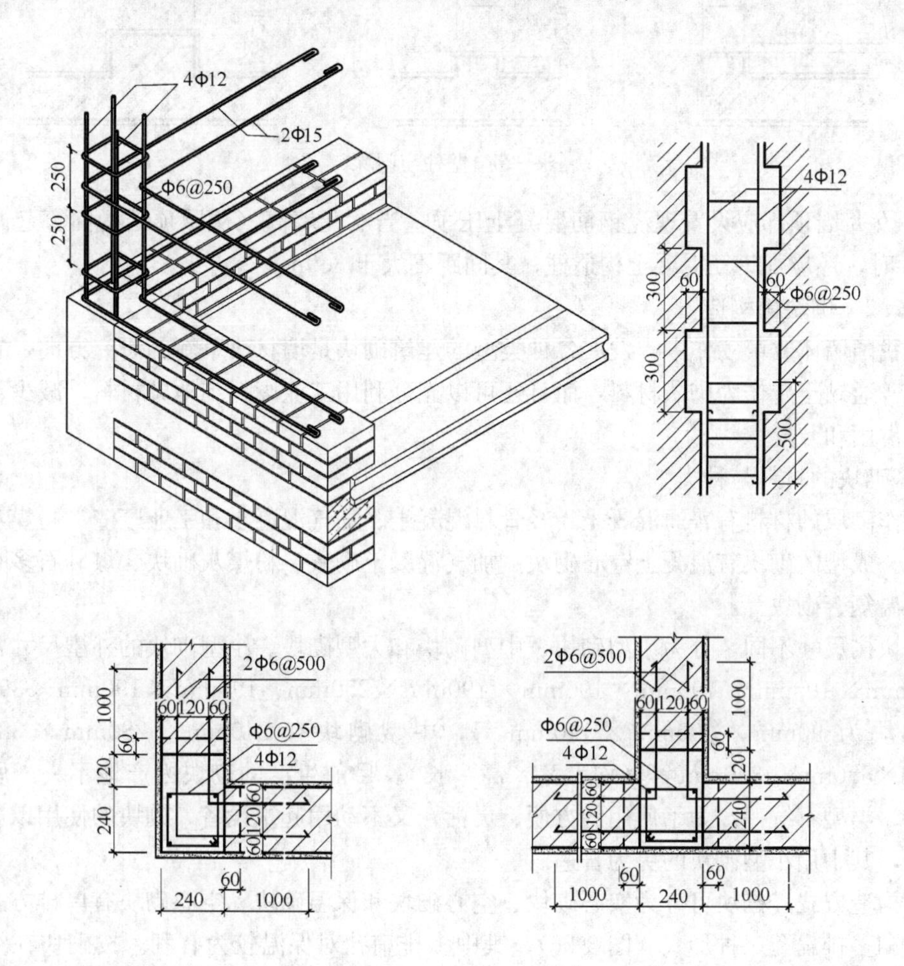

图3-24 构造柱做法

（3）设置壁柱和门垛

当墙体的窗间墙上出现集中荷载而墙厚又不足以承受其荷载，或当墙体的长度和高度超过一定限度并影响墙体的稳定性时，常在墙身局部适当位置增设凸出墙面的壁柱并一直到顶，用以提高墙体刚度。壁柱凸出墙面的尺寸一般为120mm×370mm、240mm×370mm、240mm×490mm等，如图3-25所示。为了便于门框的安置和保证墙体的稳定性，在墙上开设门洞而且门洞开在两墙转角处或丁字墙交接处时，须在门靠墙的转角部位或丁字交接的一边设置门垛，门垛凸出墙面60～240mm。

（4）抗震设防地区墙体其他加固措施

① 墙身拉结筋：在外墙转角处和内外墙交接处，未设构造柱时，应沿墙高每隔500mm高度设置2Φ6拉结筋，每边伸入墙内不小于1000mm。

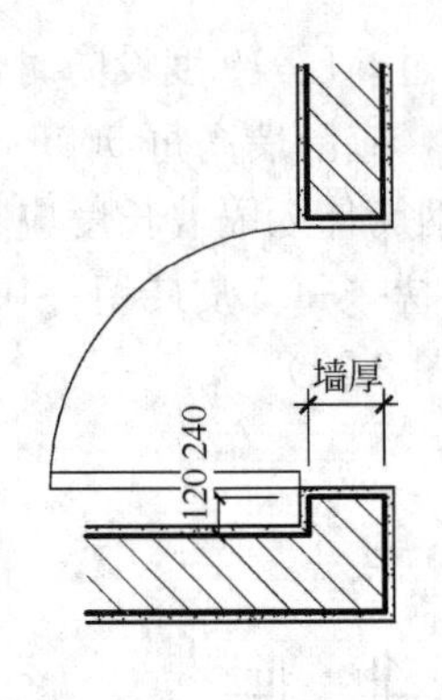

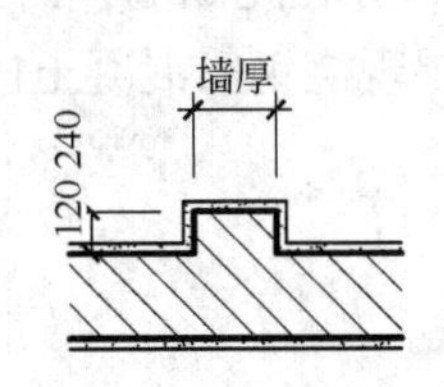

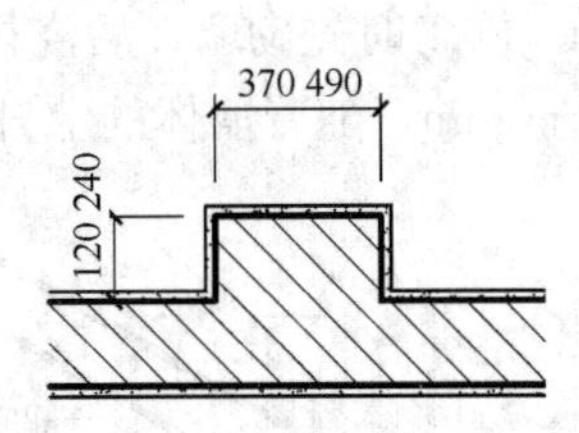

图 3-25 壁柱与门垛

② 女儿墙顶部应设置现浇钢筋混凝土压顶，当女儿墙高（从屋顶结构面算起）超过500mm时，还应加钢筋混凝土构造柱，其间距不大于3.9m。

3.2.2 砌块墙构造

在我国墙体改革工作中，发展各种类型的建筑砌块是墙材改革新的研究方向，它不但能替代普通黏土砖作为砌墙材料，而且还可以充分利用工业废料和地方材料，减少对耕地面积的占用和开挖。

1）砌块的材料与种类

制作砌块的材料有普通混凝土、轻骨料混凝土、加气混凝土和工业废渣、粉煤灰、煤矸石等。成型的砌块有混凝土空心砌块、加气混凝土砌块、粉煤灰砌块、煤矸石多孔砖砌块、保温复合砌块等。

砌块按尺寸不同，分为小型砌块、中型砌块和大型砌块。小型砌块的外型尺寸常见的有190mm×190mm×190mm、190mm×190mm×250mm、190mm×190mm×390mm，辅助砌块为90mm×190mm×190mm等，中型砌块有240mm×280mm×380mm、240mm×580mm×380mm等（均为宽×高×长）。目前生产的砌块因产地不一，所以规格大小、类型不统一。为了使用的方便、灵活，又不动用起重设备，砌块的使用以中、小型为多，其中用小型砌块的更为普遍。

按构造方式，砌块可分为实心砌块、空心砌块和保温砌块。空心砌块有单排方孔、单排圆孔和多排扁孔三种形式（图3-26），其中多排扁孔对保温较为有利。按砌块在组砌中的位置与作用，可分为主砌块和辅助砌块。

2）小型砌块墙的设计要点

(1) 墙体宜以100mm为模数。

(2) 用作外墙的砌块墙应符合保温、隔热、防水、防火、隔声、强度及稳定要求。

(3) 砌块的强度等级不宜低于MU5.0，轻集料砌块的强度等级不低于MU2.5，砌块砂浆一般不低于M5.0。

(4) 墙长大于5m，或大型门窗洞口两边应同梁板或楼板拉结或加构造柱；应在墙高的中部加设圈梁或钢筋混凝土配筋带；窗间墙宽不宜小于600mm。

(5) 墙与柱交接处应设拉结筋，沿高度每0.5m设2Φ6伸入墙内长1m。

(6) 砌体孔洞要预留，不得随意打凿，孔洞周边应做好防渗漏处理。

(7) 厨房、卫生间等用水房间隔墙下宜做高度不小于120mm的C20现浇混凝土

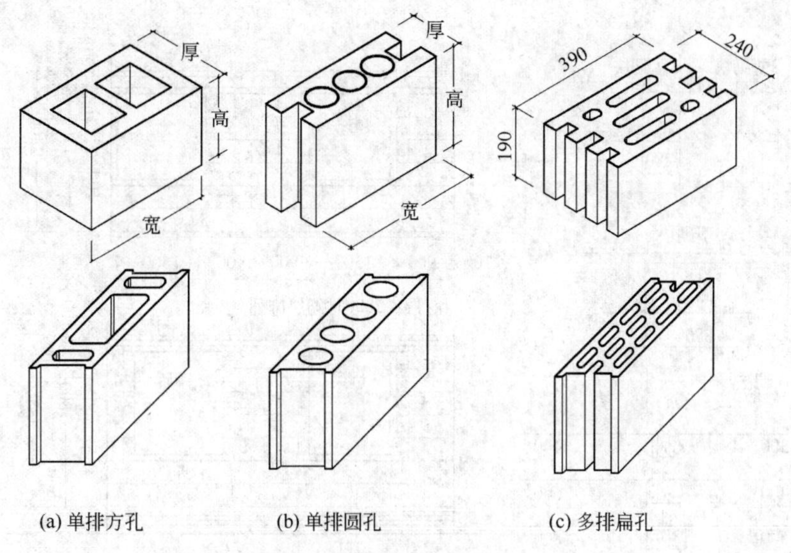

(a) 单排方孔　(b) 单排圆孔　(c) 多排扁孔

图 3-26　空心砌块的形式

条带；

(8) 女儿墙应设构造柱及现浇钢筋混凝土压顶。

3) 小型砌块墙的组砌与构造

小型砌块建筑在砌筑时应彼此交错搭接，以保证墙体的整体性。砌块的尺寸比砖块大，为减少砌块的砍断，要求事先对砌块进行排列设计，以下介绍砌块的构造特点：

(1) 砌块的排列设计

排列设计就是把不同规格的砌块在墙体中的安放位置用平面图和立面图加以配置（图3-27)。砌块的排列组合主要由三部分组成：

① 各种开间的窗下墙排列。

② 层高的剖面排列。

③ 窗间墙及阴阳角排列。

砌块排列设计还应满足下列要求：

① 上下皮砌块错缝搭接，做到排列整齐，有规律，尽量减少通缝，使砌块墙具有足够的整体性和稳定性。

② 在内外墙的交接处和转角处，应使砌块互相搭接，砌块不能搭接时，可采用 ϕ4～ϕ6 钢筋网拉结（图 3-28)。

(2) 砌块的缝型和通缝处理

在砌筑中，由于砌块的体积较大，因此对灰缝要求较高，一般用 M5 级砂浆砌筑，缝宽为 15～20mm。砌块之间的竖缝，采用平缝、高低缝或槽缝（图 3-29)。用得较多的是平缝，缝宽为 10～20mm，配筋或柔性拉结条的平缝为 20～25mm，个别竖缝超过 30mm 时，应采用细石混凝土填实。

(3) 砌块墙圈梁与构造柱设置

为了保证砌块墙的刚度，砌块墙体的高度和长度应有所限制，否则，应采取设置圈梁与构造柱的加固措施。在砌筑中通常将圈梁与窗过梁合并，可现浇，也可预制（图 3-30)。

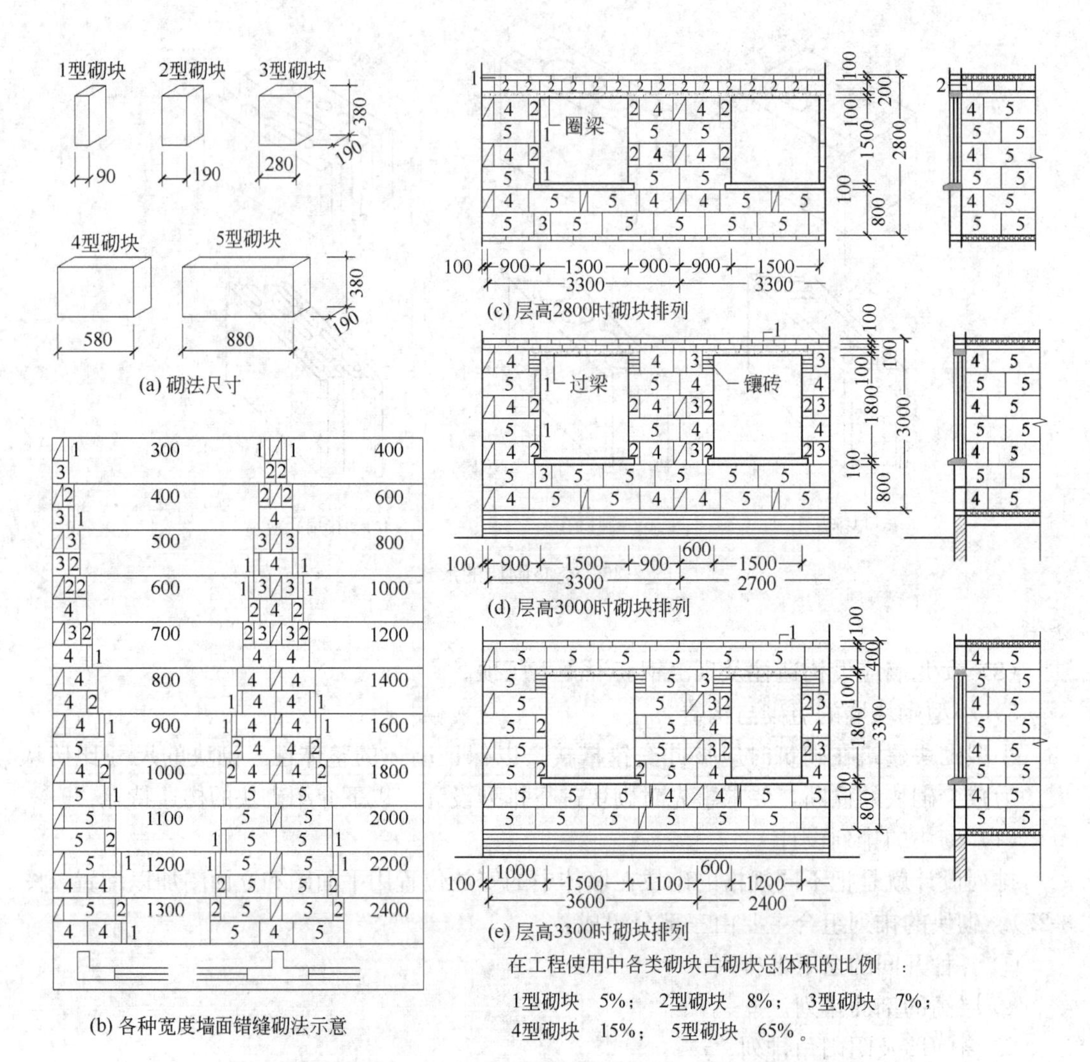

在工程使用中各类砌块占砌块总体积的比例：

1型砌块 5%； 2型砌块 8%； 3型砌块 7%；
4型砌块 15%； 5型砌块 65%。

(f) 砌块施工现场

图 3-27 砌块的排列设计

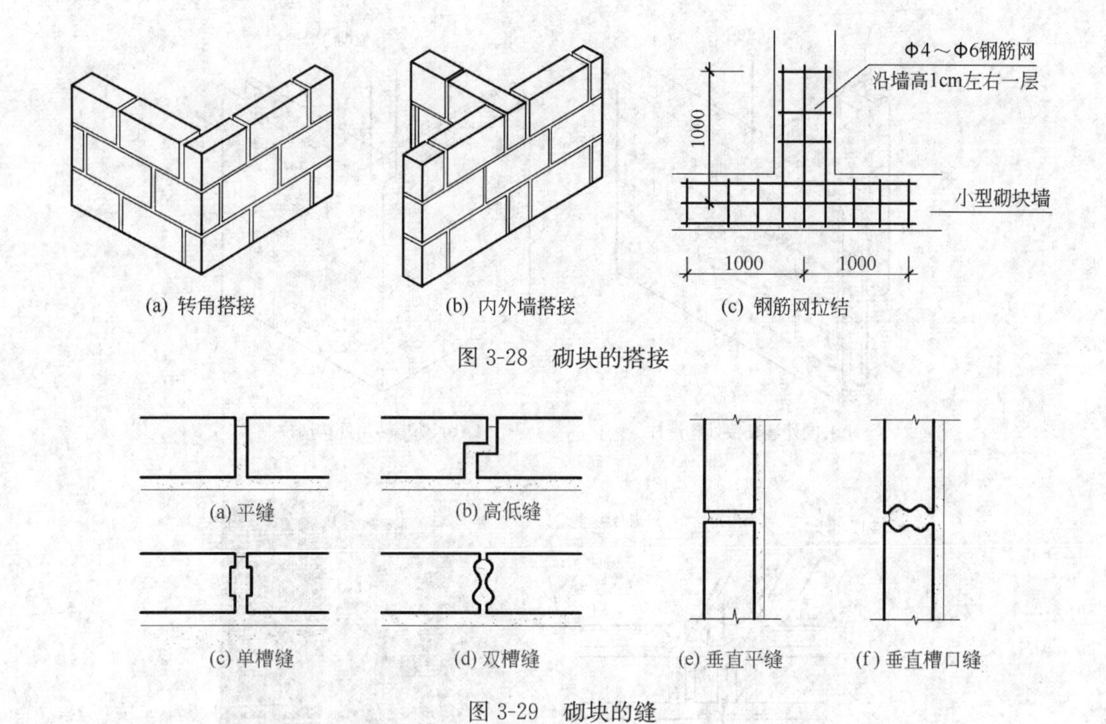

图 3-28 砌块的搭接

图 3-29 砌块的缝

另外，按照有关规定，为了提高设防能力，砌体墙必须按规定设置构造柱，或者在转角、丁字接头、十字接头的墙段中较长的适当部位设置混凝土芯柱，将 C15 细石混凝土填入砌块孔中，并在孔中插入通长钢筋，在水平灰缝中埋设拉结筋（图 3-31）。

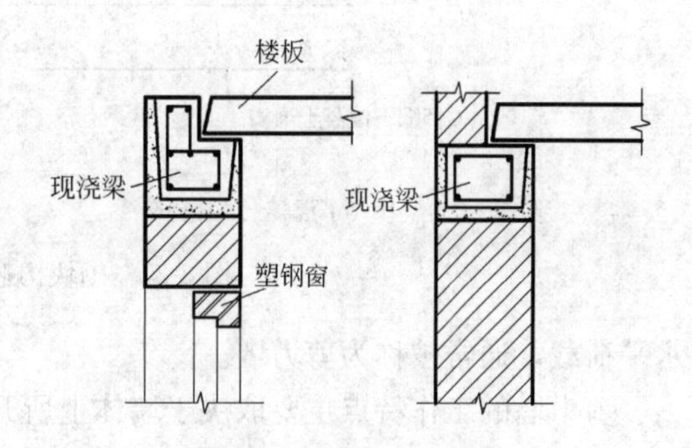

图 3-30 砌块墙的圈梁

（4）洞口、管道孔等处理

对于设计规定的洞口、管道、沟槽和预埋件等，应在砌筑时预留或预埋，严禁在砌筑好的墙体上打凿。

4）加气混凝土砌块墙设计要点

（1）一般用于非承重墙体。

（2）一般不得在下列部位使用：建筑物底层勒脚及其以下部位；受酸、碱等侵蚀的部位。

（3）墙外表面除湿贴面砖、湿挂石材外，必须抹水泥砂浆保护，外墙面必须做好防水、排水及滴水槽等处理。

（4）注意采取有效措施，防止墙面抹面层空鼓、开裂。

（5）应采取配套的砌筑砂浆和抹面砂浆。

3.2.3 浇筑墙构造

钢筋混凝土墙体在高层建筑中被广泛应用。这种墙体结构既能承受垂直荷载又能承受

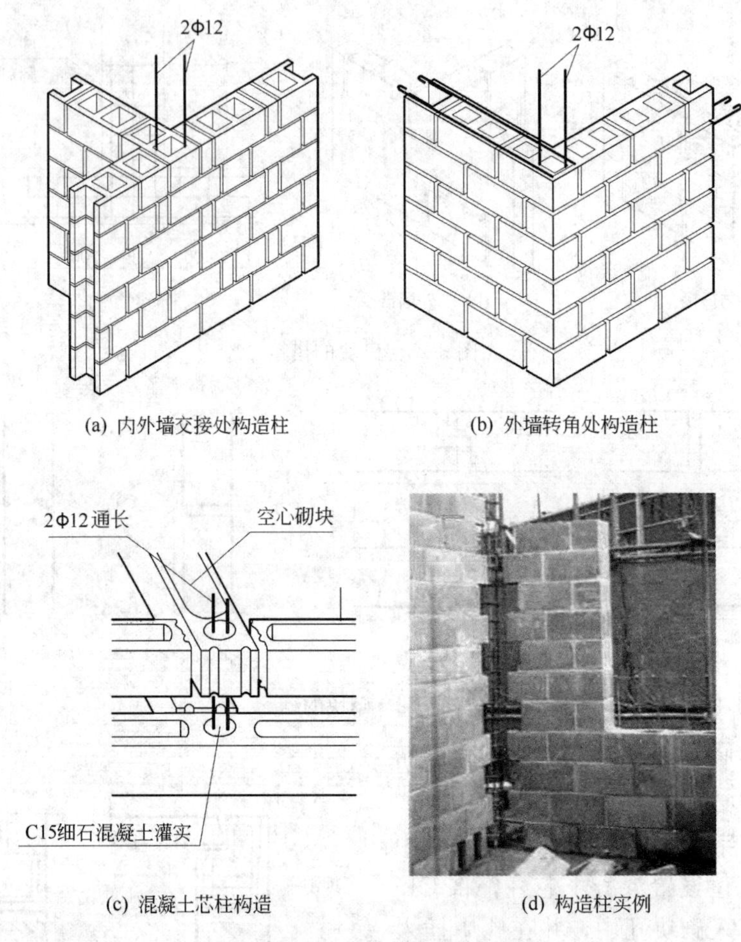

(a) 内外墙交接处构造柱　(b) 外墙转角处构造柱

(c) 混凝土芯柱构造　(d) 构造柱实例

图 3-31　砌块构造柱与混凝土芯柱

水平荷载，通常被称为剪力墙。

剪力墙的工作特点主要取决于墙体上所开洞口的大小。不开洞或开洞很小时的剪力墙被称为整体墙；其他的称为开洞剪力墙，其中联肢剪力墙较为常见。剪力墙中所开的门窗洞口要求上下对齐，尽量避免设置叠合错洞。剪力墙的混凝土强度等级根据建筑层数而有不同要求，但最低不宜低于C20。剪力墙的厚度最低不得小于140mm，应根据结构形式及其他构造要求取较大者。

3.3　隔　　墙

隔墙在建筑中不承重，它可直接置于楼板或梁上，有的也可作为自承重墙。按材料和构造的不同，隔墙可分为砌筑隔墙、立筋隔墙、板材隔墙等。选择时按具体情况和建筑类型、装饰效果及经济可能性加以选择。隔墙起分隔房间的作用，设计时要注意以下几方面要求：

（1）隔墙要求厚度薄，自重轻，尽量少占用房间使用面积，减少楼面承重结构荷载。

（2）要求隔声性能好，以避免相邻房间的互相干扰，并根据所处条件达到防水和防火的要求。

(3) 为了保证隔墙的稳定性，特别要注意隔墙与墙柱及楼板的拉接。

(4) 考虑到室内房间的分隔、布局会随着使用要求的改变而改变，隔墙常采用易于拆除而又不损坏主体结构的布置方式。

在大量性建筑中常用的隔墙，按其材料和构造方式的不同，分述如下：

3.3.1 砌筑类隔墙

1) 砖隔墙

用普通砖或多孔砖砌筑。隔墙的厚度为120mm，普通砖砌隔墙不能顺多孔板铺设长度方向砌筑，应与多孔板方向垂直。应满足隔声、防水、防火的要求。考虑到墙体的稳定性，在构造上应注意以下几点：

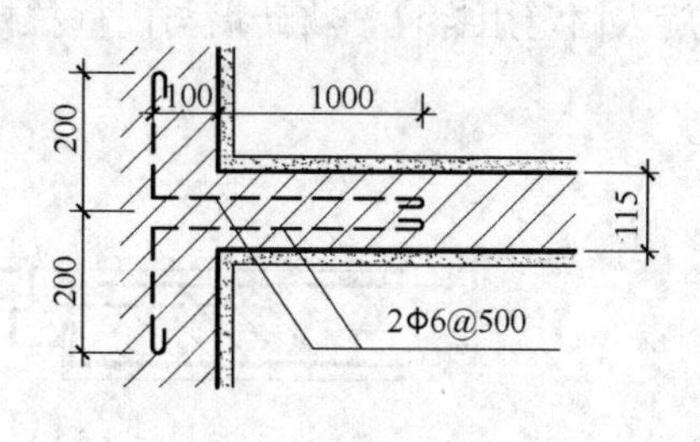

图 3-32 半砖隔墙

(1) 120mm 厚隔墙砌筑的砂浆强度等级应不低于 M2.5，砖的强度等级不低于 MU10。

(2) 为了使隔墙与墙柱进行很好的连接，在隔墙两端的墙柱中须沿高度每隔 500mm 预埋 2ϕ6 拉结筋，伸入墙体长度为 1m（图 3-32）。

(3) 隔墙砌到梁或板底时，砖应采用斜砌，或留出 30mm 空隙，每 1000mm 用木楔塞牢（图 3-33）。

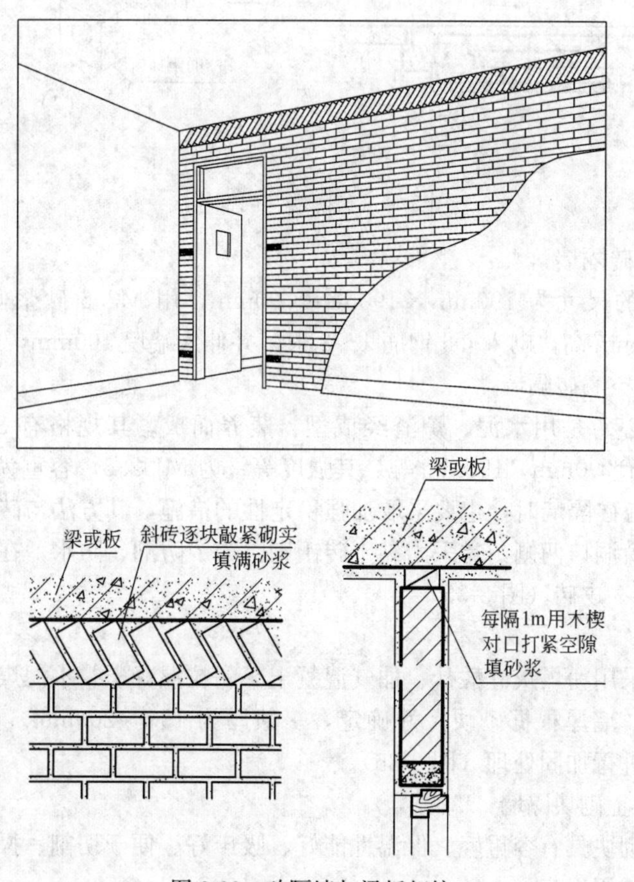

图 3-33 砖隔墙与梁板相接

（4）当隔墙净高大于 3m，或墙长大于 5m 时，需沿高度方向每隔 12～16 皮砖加设 1～2 根Φ6 的钢筋，并与墙柱拉接。

（5）长度过长（高度超过 5m）时则应加扶墙壁柱。

（6）在门窗洞口处，应预埋带有木楔的混凝土块，或预埋铁件，以方便装门窗框时打孔旋入固定用螺栓，将砖墙与门框拉接牢固（图 3-34）。

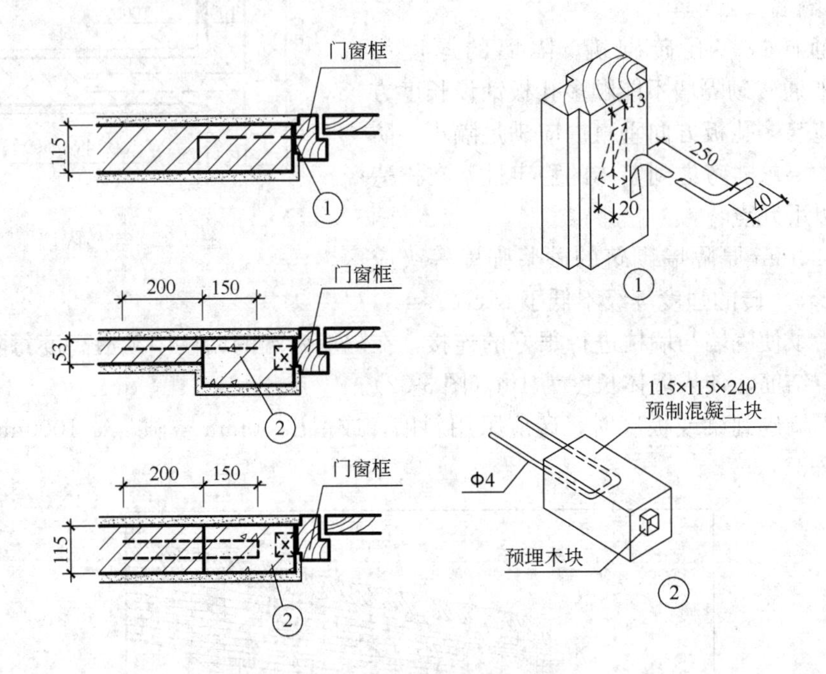

图 3-34 砖隔墙与门框连接

2）黏土多孔砖隔墙

黏土多孔砖的尺寸为 190mm×190mm×90mm，用 M2.5 砂浆侧立而砌，墙厚为 90mm。每隔 600mm 高，砌入 Φ6 钢筋 1～2 根，并伸入端墙 100mm，以加强其稳定性。

3）水泥炉渣空心砖隔墙

水泥炉渣空心砖是用水泥、炉渣经成型、蒸养而成。其规格有 390mm×115mm×190mm 及 390mm×90mm×190mm 等。其强度等级为 MU2.5，容重为 1200kg/m³。

砌筑炉渣空心砖隔墙时，也要采取加强稳定性的措施，其方法与砖隔墙类似。在靠近墙柱的地方和门窗洞口两侧，常采用黏土砖镶砌。为了防潮、防水，在靠近地面和楼板的部位应先砌筑 3～5 皮砖（图 3-35）。

4）砌块隔墙

砌块隔墙多采用粉煤灰硅酸盐、加气混凝土、陶粒混凝土、水泥煤渣制成的实心或空心砌块砌筑而成。墙厚根据砌块尺寸确定，一般厚为 150～200mm。由于墙体稳定性较差，需要对墙身进行加固处理（图 3-36）。

5）加气混凝土砌块隔墙

加气混凝土砌块具有容重轻、保温性能好、吸声好、便于切割、操作简单的特性，目前在隔墙工程中应用很广。

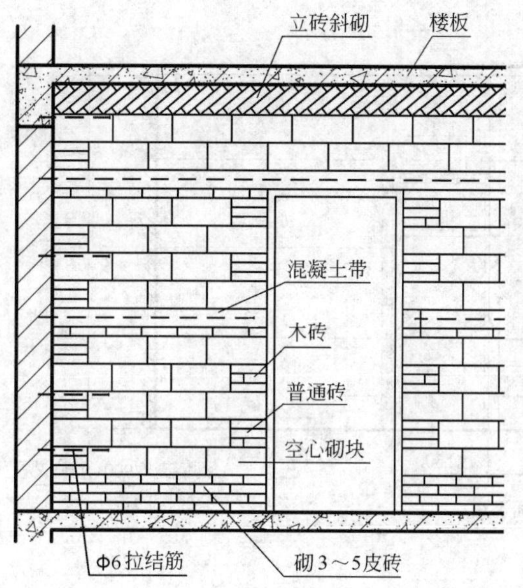

图 3-35 空心砖隔墙

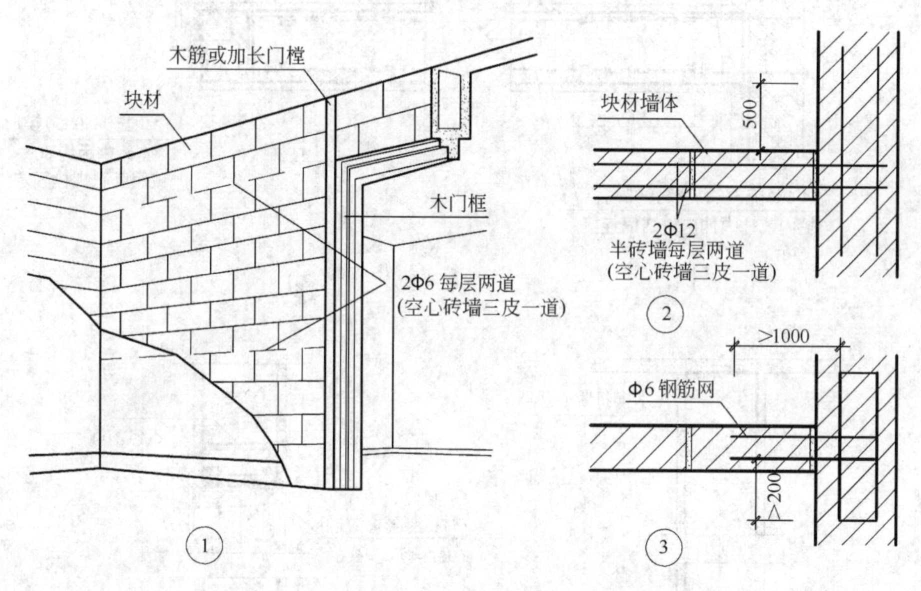

图 3-36 砌块隔墙

加气混凝土砌块的厚度为 75、100、125、150、200mm，长度多为 600mm。砌筑加气混凝土砌块时应采用 1∶3 水泥砂浆，并考虑错缝搭接。为保证加气混凝土砌块隔墙的稳定性，应沿墙高每 900～1000mm 设置配筋带 2Φ6，并与墙体或柱内预留的拉筋连接。门窗洞口上方也要加设 2Φ6 钢筋（图 3-37）。

加气混凝土隔墙上部必须与楼板或梁的底部有良好的连接，可采用加木楔的办法。

6）大孔轻集料空心砌块隔墙

大孔轻集料空心砌块是一种新型材料，以水泥为胶凝材料，加粉煤灰、浮石、炉渣、

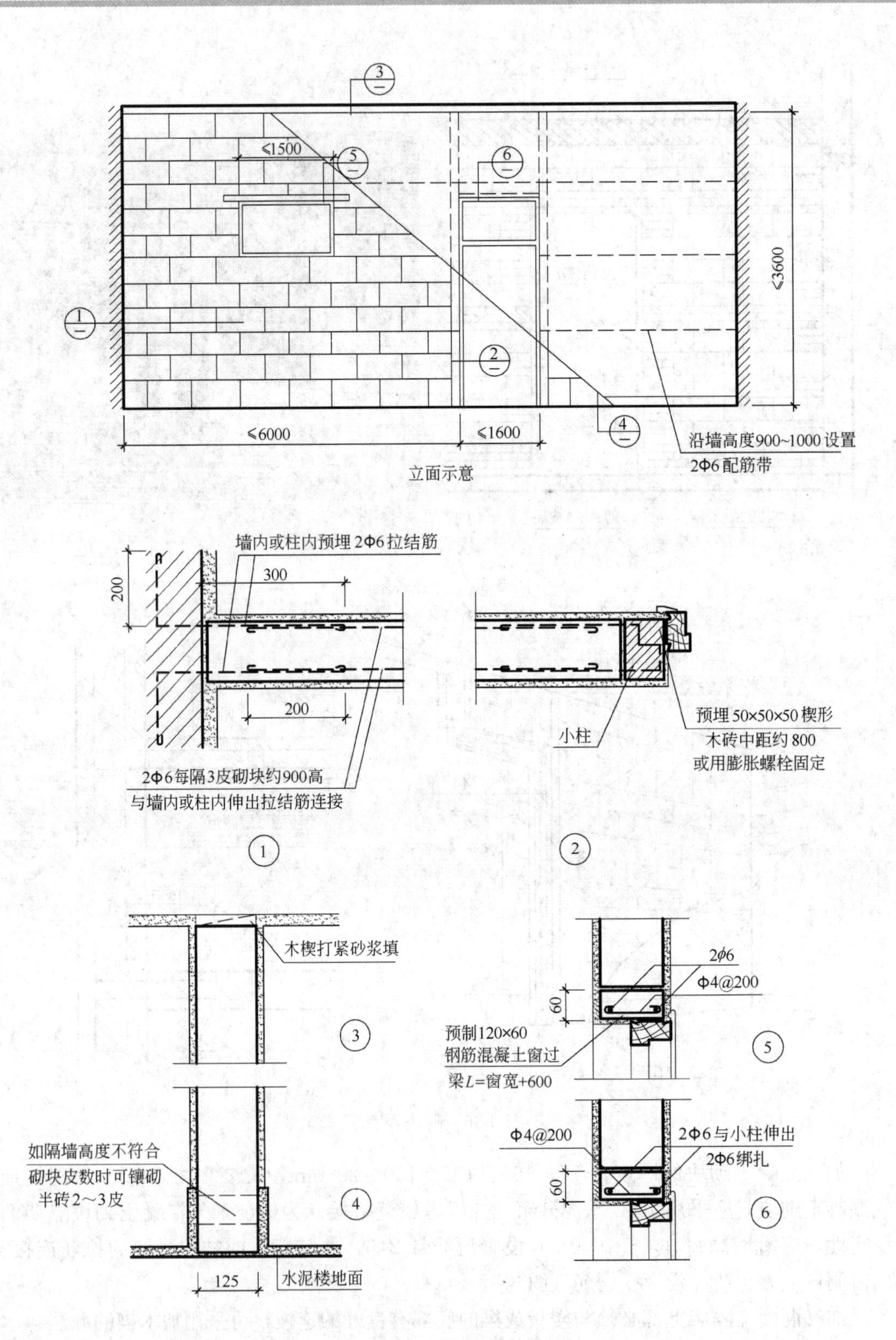

图 3-37　加气混凝土砌块隔墙

破碎陶粒等粗骨料制作的混凝土小型空心砌块，施工时采用砌块胶粘剂进行砌筑。大孔轻集料砌块外观平整，尺度准确，强度高，分为标准和异形两种规格。标准规格的尺寸为395mm×90mm×200mm、395mm×190mm×200mm、395mm×240mm×200mm；异形砌块主要用于过梁及模数调节，尺寸有195mm×90mm×200mm、195mm×190mm×200mm、195mm×240mm×200mm。大孔轻集料空心砌块隔墙摆脱了传统砌体隔墙工艺复杂、墙体抗裂性能差、成本高等缺点，但因符合工业化生产的特点，在当今隔墙中的应用越来越广泛。

3.3.2 骨架隔墙

骨架隔墙也称龙骨隔墙，或立筋隔墙主要用木料或钢材构成骨架，在两侧做面层。骨架分别由上槛、下槛、竖筋、横筋（又称横挡）、斜撑等组成（图3-38）。竖筋的间距取决于所用面层材料的规格，再用同样断面的材料，在竖筋间，沿高度方向，按板材规格而定设撑筋，两端撑紧、钉牢，以增加稳定性。常用的面层材料有纤维板、纸面石膏板、胶合板、钙塑板、塑铝板、纤维水泥板等轻质薄板。面板和骨架的固定，根据材料的不同，可采用钉子、膨胀铆钉、自攻螺栓或金属夹子等，将面板固定在骨架上。

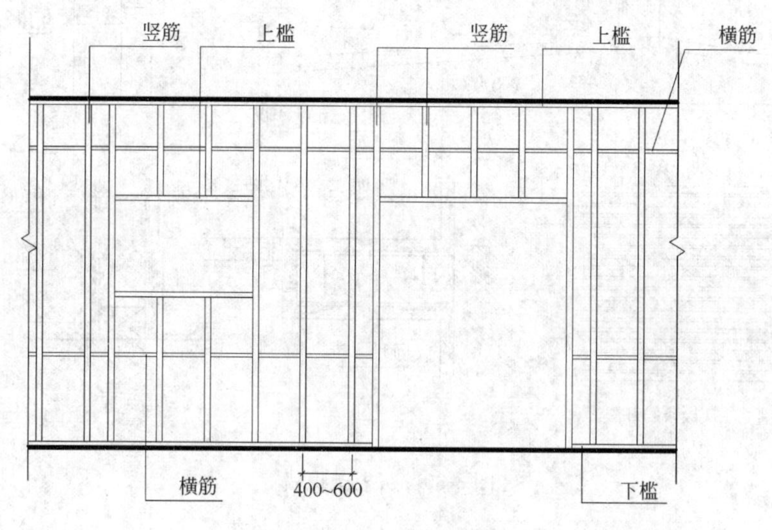

图3-38 骨架隔墙示意图

1）灰板条隔墙

灰板条隔墙又称板条抹灰隔墙，是一种传统做法，由木质上槛、下槛、墙筋、斜撑或横挡等部件组成木骨架（图3-39），并在木骨架的两侧钉灰板条，然后抹灰，形成隔墙。其构造做法为先立边框墙筋，撑住上、下槛，在上、下槛中每隔400mm立墙筋，墙筋之间沿高度方向每隔1～1.2m设一道横挡或斜撑。上、下槛和墙筋断面为50mm×75mm或50mm×100mm。横挡的断面可略小些，两端撑紧，钉牢，以增强骨架的坚固性。板条的厚×宽×长为6mm×30mm×1200mm，板条横钉在墙筋上，为了便于抹灰，保证拉结，板条之间应留有7～9mm的缝隙，使灰浆挤到板条缝的背面，咬住板条。钉板条时，通常一根板条搭接三个墙筋间距。考虑到板条有湿胀干缩的特点，在接头处要留出3～5mm的伸缩余地。板条与墙筋的拼接，要求在墙筋上每隔500mm左右错开一档墙筋，以避免板条接缝集中在一条墙筋上。为了便于制作水泥踢脚和达到防潮要求，板条隔墙的下槛下边可加砌2～3皮砖。板条墙与丁头承重墙的抹灰接触处容易产生裂缝，可在交接处加钉钢丝网片，然后抹灰。

板条隔墙的门窗框应固定在墙筋上，门框上须设置灰口或门头线（贴脸板），以防止灰皮脱落影响美观。

板条墙由于质轻、壁薄、拆除方便，可直接安装在钢筋混凝土空心楼板上而不需要采取加强措施，灵活性大。以往应用较广，但从节约木材的角度来看，应该少用或不用。

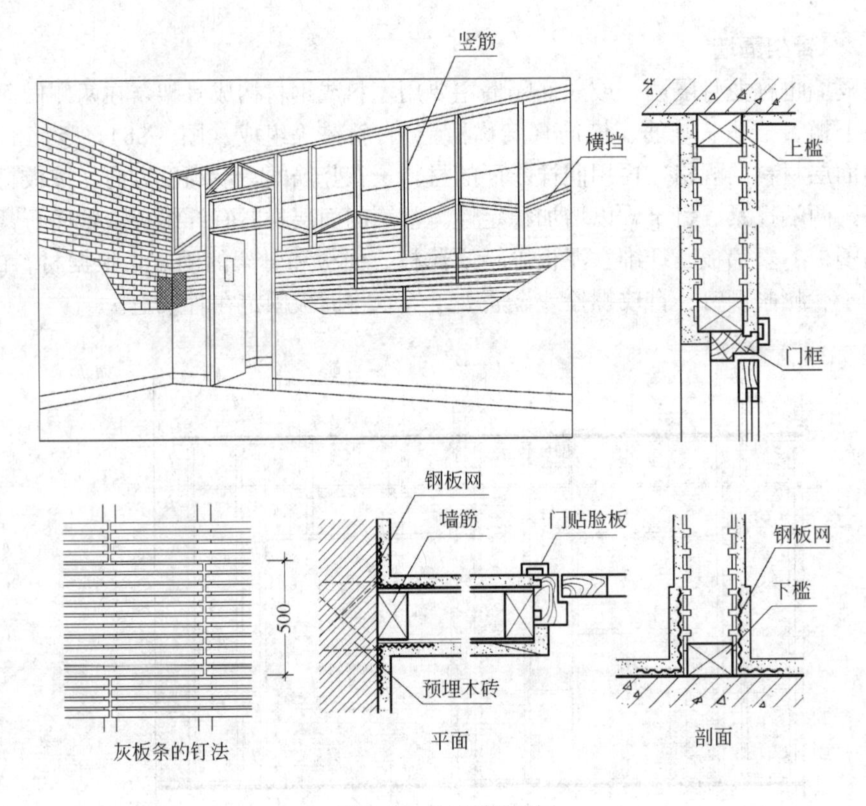

图3-39　灰板条隔墙

2）钢丝（板）网抹灰隔墙

这种在木质墙筋骨架上以钢丝网作抹灰基层构成的隔墙，构造与灰板墙一样，不同处为板条外加钉一层钢丝网或钢板网，灰板条起衬托作用，间距可放宽。钢板网墙面一般采用网孔为斜方形的拉花式钢板网，在钢板网上抹水泥砂浆或做其他面层。钢板网抹灰隔墙的强度、防火、防潮及隔声性能均高于灰板条抹灰隔墙（图3-40）。

3）木龙骨纸面石膏板隔墙

木龙骨由上槛、下槛、墙筋和横档等部件组成（图3-41）。墙筋靠上、下槛固定，上、下槛及墙筋断面为50mm×75mm或50 mm×100mm。墙筋之间沿高度方向每隔1.2m左右设一道横档。墙筋间距为450mm或600mm，用对锲挤牢。纸面石膏板的厚度为12mm，宽度为900～1200mm，长度为2000～3000mm。取用长度一般为房间净高尺寸，施工中，在龙骨上钉石膏板或用胶粘剂粘贴石膏板，板缝处用50mm宽的玻璃纤维接缝带封贴，面层可根据需要再贴壁纸或装饰板等。

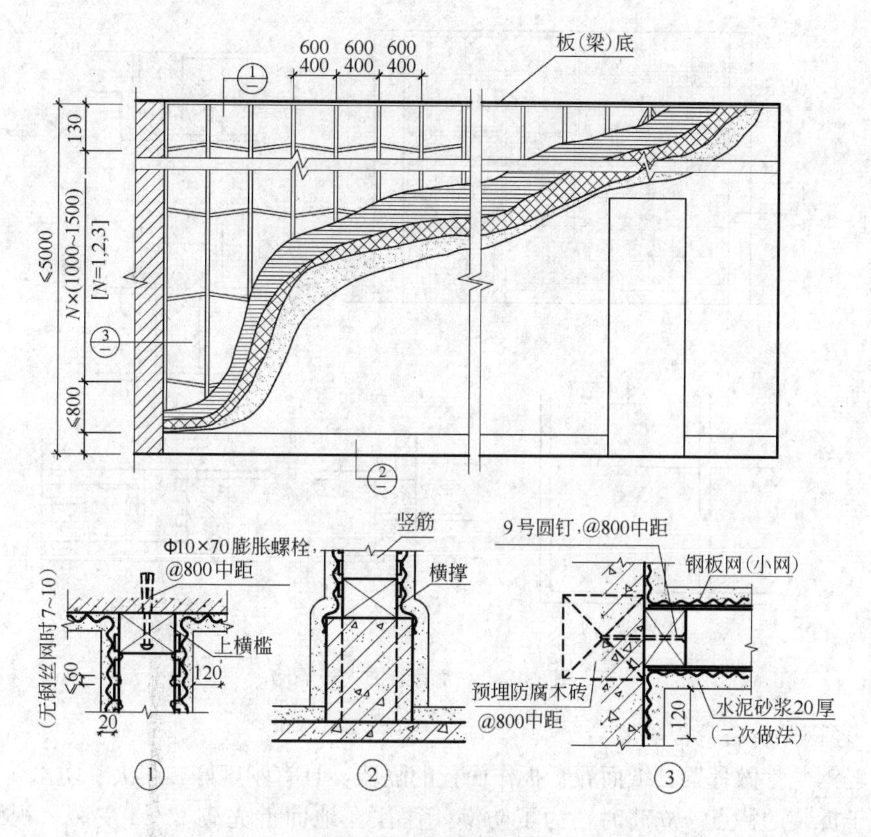

图 3-40 钢板网隔墙

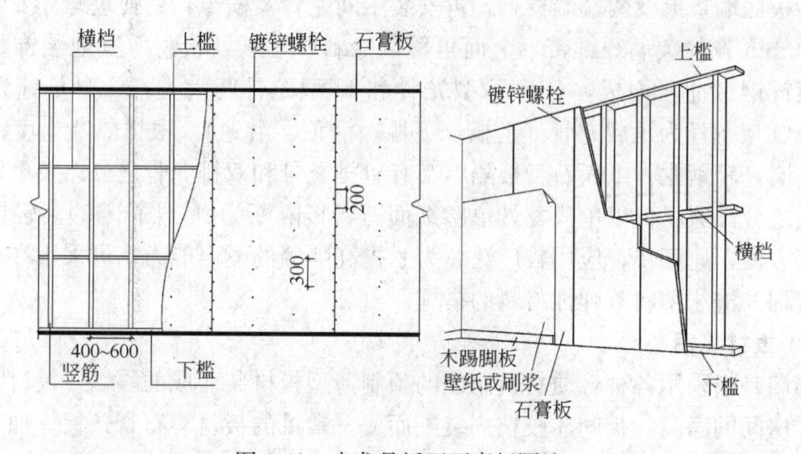

图 3-41 木龙骨纸面石膏板隔墙

通常石膏板隔墙采用单层板拼装，有隔声要求的隔墙采用双层板错缝拼装或在龙骨间填充隔声棉。木骨架做法具有自重轻、构造简单、便于装拆等优点，但防水、防潮、防火、隔声性能较差，并且耗费大量木材。

4）木龙骨装饰夹板隔墙

木龙骨装饰夹板隔墙是在木龙骨上安装装饰夹板，这种隔墙安装便捷，且有一定的装饰效果，如图 3-42 所示。

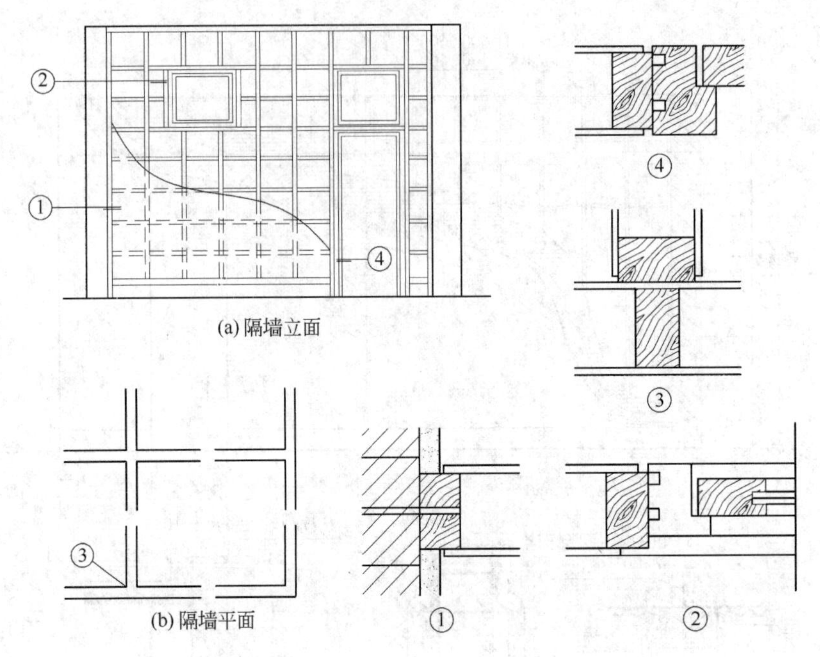

图 3-42 木龙骨装饰夹板隔墙

5）轻钢龙骨石膏板隔墙

用轻钢龙骨做骨架，纸面石膏板作面板的隔墙，具有刚度好，耐火、防水，质轻、灵活，便于拆装的特点。立筋时，为了防潮，往往在地面上先砌 2～3 皮砖（视踢脚线高低），或在楼板垫层上浇筑混凝土墙垫，然后用射钉将轻钢材料的上槛、下槛和边龙骨分别固定在梁板底墙垫上及两端墙柱上，再安装中间龙骨及横撑，用自攻螺栓安装面板，板缝处粘贴 50mm 宽的玻璃纤维带，上面再覆以涂料、墙纸及板材等其他装饰材料。轻钢龙骨是用镀锌钢带冲压而成，分为 C 型龙骨和 U 型龙骨两大类，C 型龙骨为覆面龙骨（竖龙骨），U 型龙骨为承载龙骨（上槛、下槛，沿顶、沿地）。根据隔断强度、隔声等使用要求的不同，轻钢龙骨纸面石膏板隔墙又有单排龙骨和双排龙骨之分以及单层石膏板和双层石膏板之分，这里仅以单排龙骨单层纸面石膏板隔断为例（图 3-43）。轻钢龙骨石膏板隔墙施工方便，速度快，应用较广泛。为了提高隔墙的隔声能力，可采用在龙骨间填以玻璃棉、岩棉、泡沫塑料等弹性材料的措施。

3.3.3 板材隔墙

板材隔墙是指采用各种轻质材料制成的预制薄型板拼装而成的隔墙。板材隔墙的单板高度相当于房间的净高，板间靠胶粘剂装配而成。常见的板材有石膏条板、加气混凝土条板、碳化石灰板、钢丝网泡沫塑料水泥砂浆复合板、水泥刨花板等。这类隔墙的工厂化生产程度较高，成品板材现场组装，施工速度较快，现场湿作业较少。

1）加气混凝土板隔墙

加气混凝土板规格为长 2700～6500mm，宽 600～800mm，厚 100～200mm（图 3-44），具有质量轻、保温效果好、切割方便、易于加工等优点。安装时，条板下部先用小木楔顶紧，然后用细石混凝土堵严。隔墙条板之间用水玻璃矿渣胶粘剂粘结，并用胶泥刮缝，平整后再作表面装修。

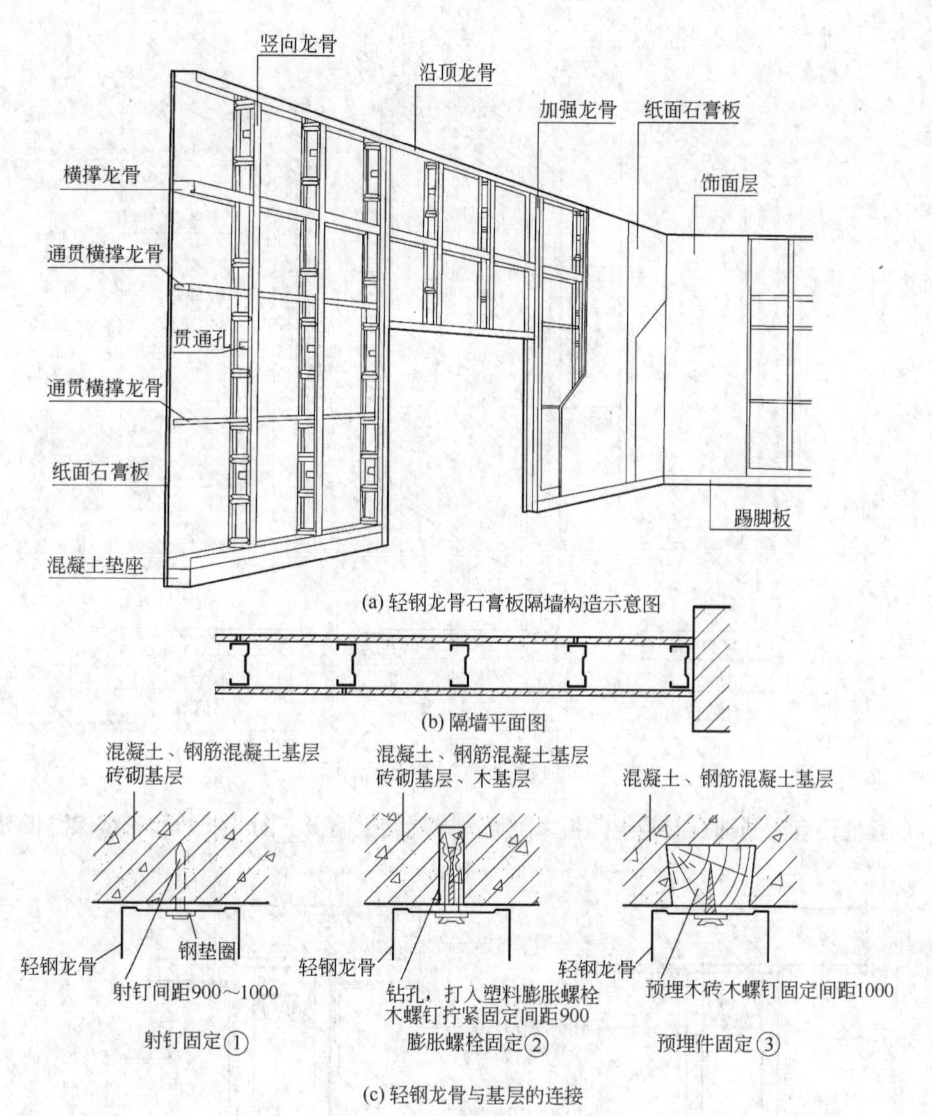

图 3-43 轻钢龙骨纸面石膏板隔墙

2）增强石膏空心条板隔墙

增强石膏空心条板有普通条板、钢木窗框条板及防水条板三种，在建筑中按各种功能要求配套使用。石膏空心条板规格为 600mm 宽，60mm 厚，2400～3000mm 长，9 个孔，孔径 38mm，空隙率 28%，具有防火、隔声及抗撞击的能力（图 3-45）。

3）碳化石灰空心板隔墙

碳化石灰空心板是以磨细生石灰为主要原料，掺入 3%～4%短玻璃纤维，加水搅拌，振动成型，利用石灰窑废气进行碳化，经干燥而成。其规格：长为 2700～3000mm，宽为 500～800mm，厚为 90～100mm。板的安装同加气混凝土条板隔墙。碳化石灰空心板隔墙可做成单层或双层，90mm 厚或 120mm 厚，用水玻璃矿渣胶粘剂粘结，安装以后用腻子刮平，表面粘贴塑料壁纸。碳化石灰空心板材料来源广泛，生产工艺简易，成本低廉，密度轻，隔声效果好。

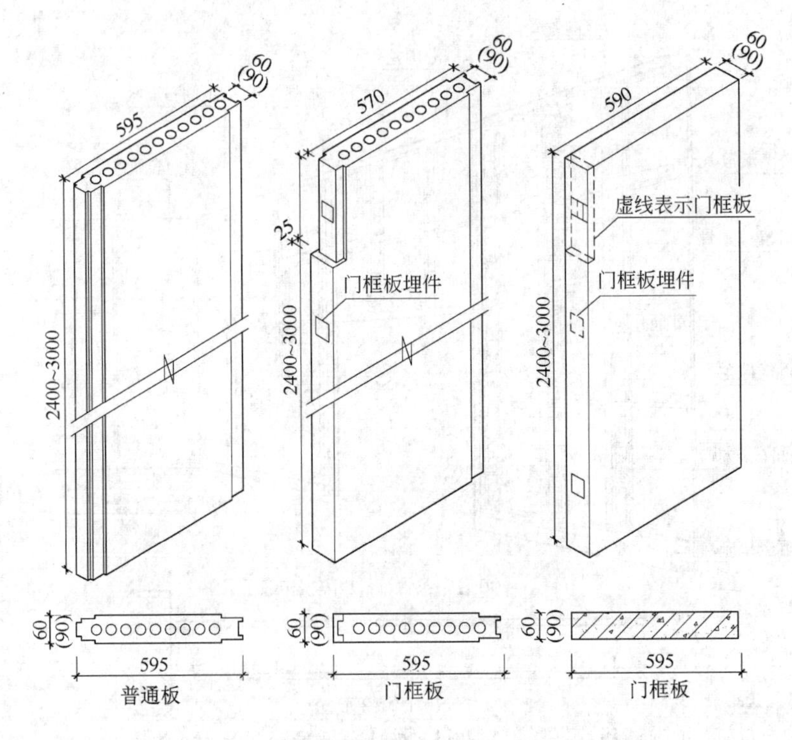

图 3-44 加气混凝土板隔墙

4）其他还有配筋细石混凝土薄板、配筋陶粒混凝土墙板（图 3-45）和彩钢保温板等。

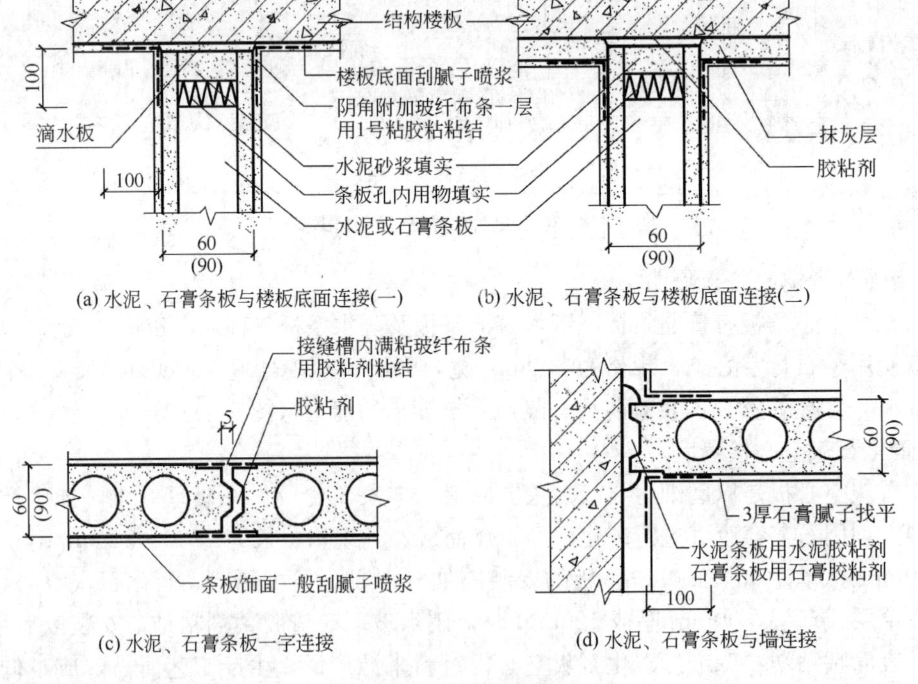

图 3-45 条板的连接

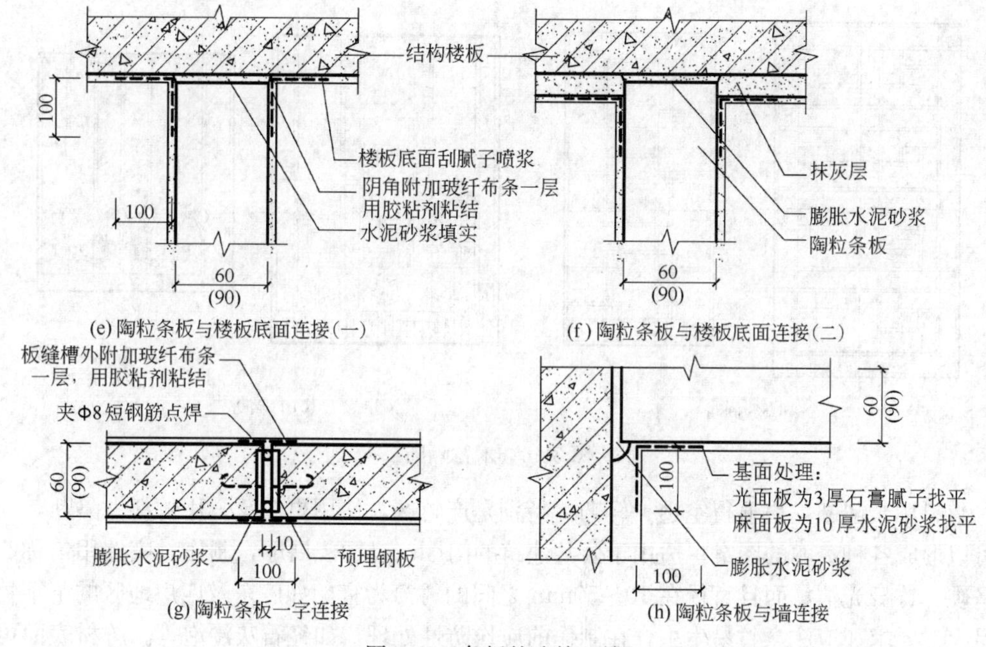

(e) 陶粒条板与楼板底面连接（一）

(f) 陶粒条板与楼板底面连接（二）

(g) 陶粒条板一字连接

(h) 陶粒条板与墙连接

图 3-45 条板的连接（续）

3.4 隔断

隔断是一种分隔空间的常用手段，它起到界定空间的作用，在满足不同分隔要求的基础上，增加空间的层次和深度，使空间既分又合，相互连通，可美化环境，从而创造出更加丰富的情趣和意境。隔断在设计中除自重外不考虑承受上部结构荷载的作用，它与隔墙有相似之处，所以具有类同的设计要求，由于它安装方便，又便于拆卸，所以用得较多。

隔断用材范围较广，造型和风格多样、灵活。按照固定方式，可以分为固定隔断和活动隔断。活动隔断又分为折叠式、直滑式、拼装式以及双面硬质折叠式、软质折叠式等。按照材料的不同，可以分为木隔断、竹隔断、玻璃和玻璃砖隔断、混凝土花格隔断以及金属隔断等。按照限定程度，分为透空式隔断和非透空式隔断。在造型上还可以分为传统隔断和现代隔断。另外还有家具式隔断与屏风式隔断等。

随着新材料、新技术的运用，隔断做法也有了一些创新和发展，多种多样的隔断由于其灵活分隔空间又兼具美学的性能，且易与环境绿化相互配合，目前在住宅、办公楼、旅馆、多功能厅、餐厅等室内空间设计中，运用得非常普遍。现在常常将新材料运用于传统的形式，或将多种材料形式进行组合运用等，使其形式和风格更加多样化。下面按照使用材料的不同，对一些常用隔断的构造做法进行详细的图示和说明。

3.4.1 木、竹隔断

木材是隔断中最古老而常用的材料，它自重轻，易于加工，并可雕刻各种花纹，做工精细，因此，木隔断得到广泛运用，由于它的直观感觉和手感好，也为人们所喜爱。加工时接合的方法以榫接为主，亦可有胶接、销接、钉接和螺栓连接等（图 3-46）。木质表面可根据造型需要进行油漆或雕花刻字等。

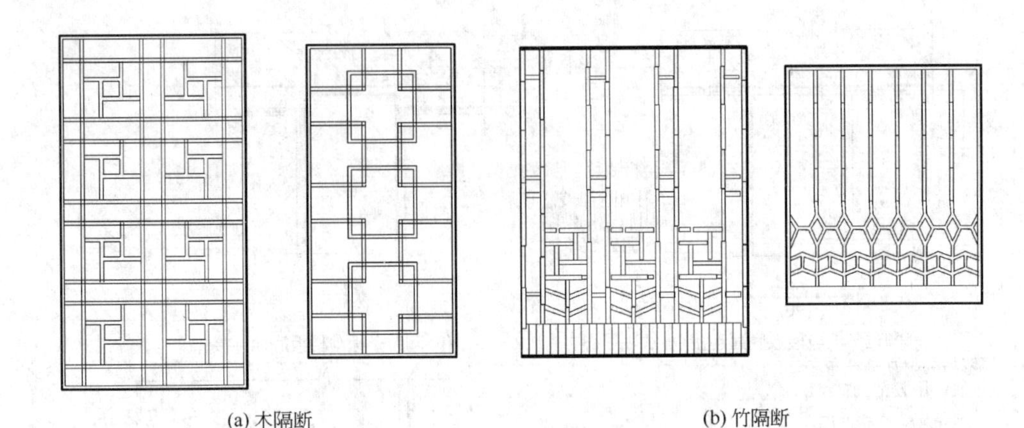

图 3-46 木竹隔断

竹材用于隔断，更显得空透、轻巧，特别是产竹区，使用更广泛。用竹料做隔断，经设计可以形成各种美丽的图案，适用于公共建筑的门厅、过厅、展厅，制作时应选用匀称、质地坚硬、竹身光洁，而且直径在 10～50mm 之间的竹竿为宜，如广东及四川地区的茶竿竹可满足上述要求。应注意竹易生虫，在制作前应作防蛀处理，如经石灰浸泡等。竹材表面可涂清漆，烧成斑纹斑点。竹的结合方法通常为竹销（或钢销）、竹钉及绑扎固定，也可采用烘弯结合、胶连接等。竹与木料结合有穿孔入榫或用竹钉（或镀锌钢丝）固定。

3.4.2 玻璃、玻璃砖隔断

图 3-47 玻璃隔断

用玻璃花格做成的隔断具有通透、明快、色彩艳丽等特点，并可间接达到采光效果，具有较强的装饰感，时代性强。玻璃花格材料，目前采用的有磨砂玻璃、刻花玻璃、彩色玻璃、压花玻璃、普通玻璃等，嵌入金属或木框中制成隔断(图 3-47)。

在写字楼等公共建筑中用得较为普遍。普通玻璃在使用中易破碎，所以在选择玻璃作为隔断材料时应注意根据使用场合和功能来确定玻璃的种类和厚度。玻璃隔断在构造上最主要的是其固定问题，一般有框架固定法、胶粘固定法、支架固定法等（图 3-48）。

玻璃砖隔断也是工程中常见的一种隔断，更显晶莹、光洁、明亮，既起隔断作用，又起采光作用，同时还可达到美观、装饰的效果。空心玻璃砖由两块分开压制的玻璃，在高温下封接加工而成，具有优良的隔声、隔热、抗压、耐磨、折光、透光不透明、避潮等性能，其厚度有 50、80、95、100mm 等。玻璃砖隔断是将单个的玻璃砖用玻璃胶或白水泥砂浆拼装在一起，玻璃砖之间的缝宽为 10～20mm，当玻璃砖隔断面积较大时，在侧面的槽中加入通长的钢筋，并将钢筋同隔断周围的墙柱连接起来，可提高它的强度和稳定性。玻璃砖隔断，为了防止移动和沉降，面积超过一定范围时，需适当加支撑，支撑柱可用木或各类金属材料制作。常用的玻璃砖尺寸有 152mm×152mm、203mm×203mm 等，构造细部详见图 3-49。

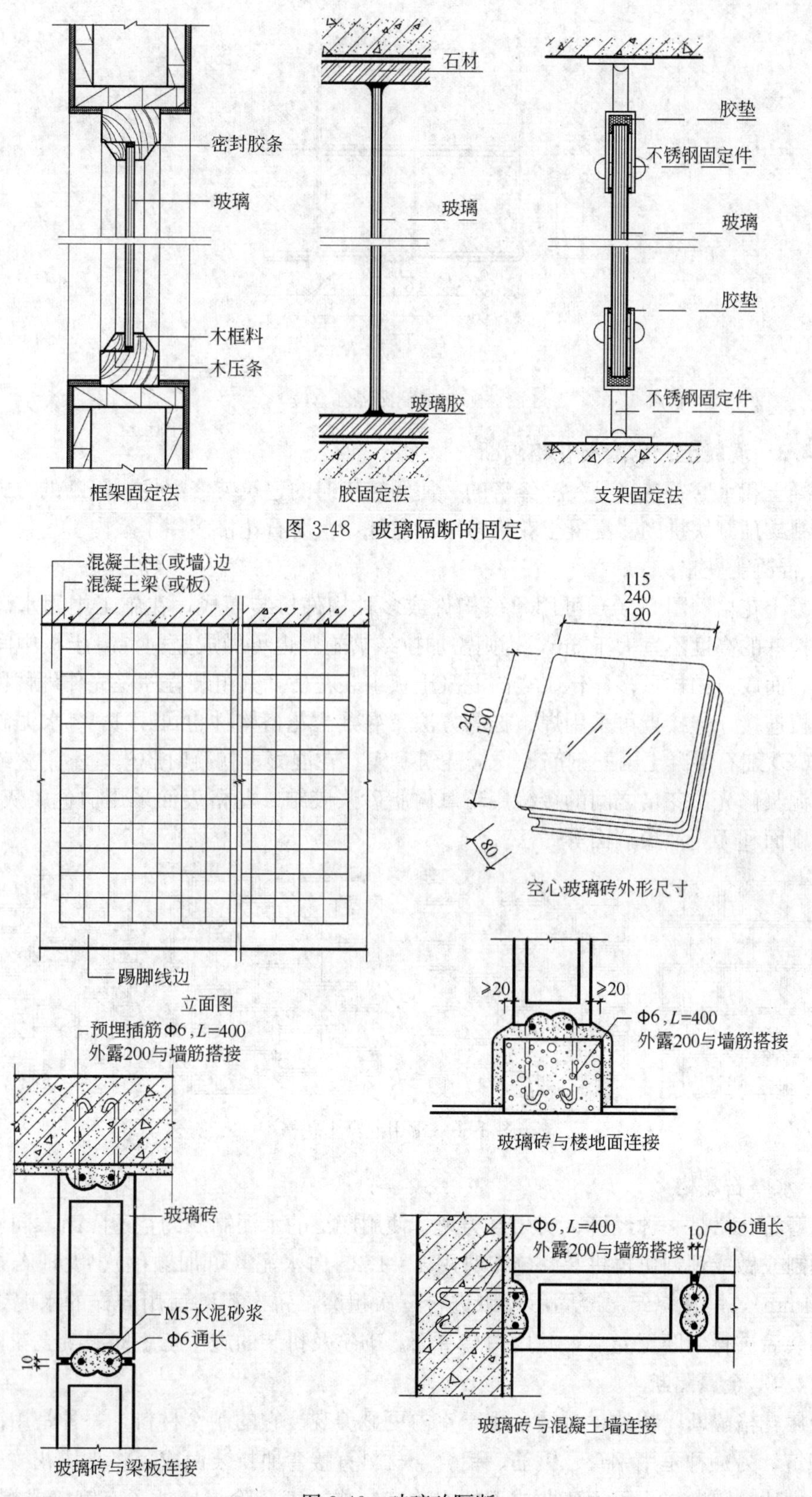

图 3-48 玻璃隔断的固定

图 3-49 玻璃砖隔断

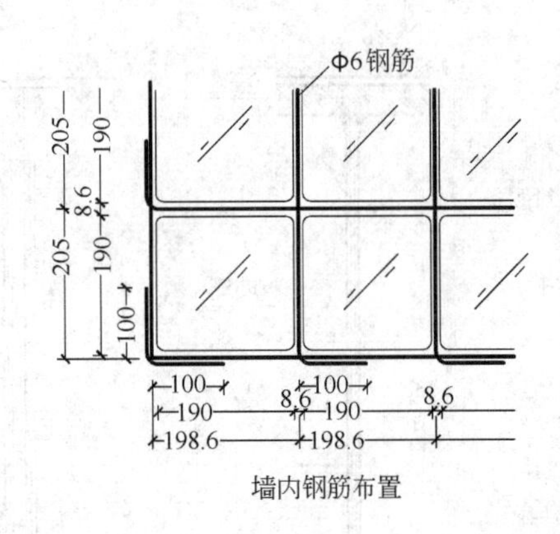

图 3-49 玻璃砖隔断（续）

3.4.3 混凝土、水磨石花格隔断

混凝土和水磨石花格是一种经济的、使用较普遍的建筑装修配件，隔断的方式可采用整体预制或预制块拼砌。混凝土花格多用于室外，水磨石花格多用于室内。

1）混凝土花格

混凝土花格（图 3-50）可用单一构件或多种构件拼装而成，在施工中用水泥砂浆拼砌花格构件的高度不宜大于 3m，否则需加拉结措施。也可做成竖向混凝土板中间加各种花格组装而成，图样可多样化。竖向混凝土板组装花格，其组装程序是先作埋件留槽，再进行立板连接，连接点可采用焊、拧等方法。混凝土花格构件也可用 1∶2 水泥砂浆一次浇成，C20 细石混凝土内配钢筋，均应浇筑密实。在混凝土初凝时脱模，不平整或有砂眼处用水泥浆修光。花格之间的接缝用环氧树脂砂浆胶结。花格表面采用白色胶灰水刷面、水泥色刷面和无光油漆刷面等做法。

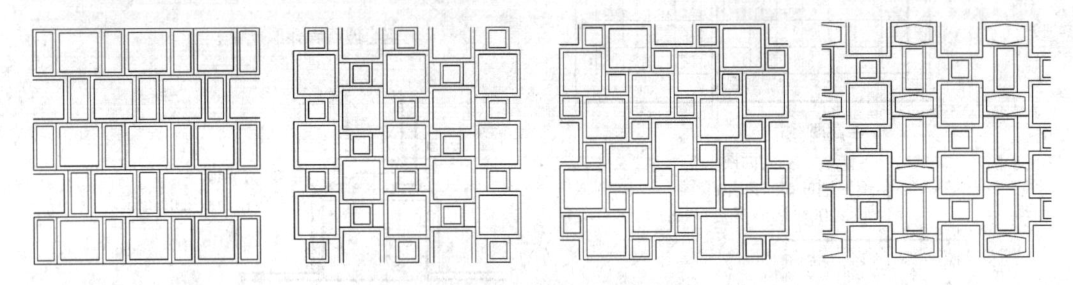

图 3-50 常用混凝土花格

2）水磨石花格

水磨石花格是一种经济、实用、美观、使用广泛的水泥制品的空透隔断，同样是可以整体预制或做成预制块再拼装。施工时用 1∶1.25 白水泥（可加颜色）、大理石石屑（粒径 2～4mm），一次浇筑。凝固后可以进行三次粗磨，每次粗磨后用同样的水泥浆满补麻面，拼装后进行细磨至光滑，并用白蜡罩面。砌筑及拼装的施工工序同混凝土花格。

3.4.4 金属隔断

金属花格隔断，精致、空透，用于室内更显美观。它的制作材料，一种是用铁、铜以模型浇筑，另一种是用钢管、钢筋、铝合金材料直接弯曲拼装而成，将小块花纹通过焊接而成为大块的隔断。也可用弯曲成型的方法来制作，工艺除焊接外还有铆接或螺栓连接，成品应涂防锈漆防锈，并通过与其他材料的灵活搭配使用，如玻璃、彩钢面板、木纹面板、布面料等。使整个空间显得更漂亮。

金属隔断与防火板材料或钢板结合使用，具有防火功能。金属隔断因拆装简便、污染少、富有现代感而被广泛使用。目前多用于办公室、银行、医院、旅馆、餐厅、会议厅、展览馆、淋浴间等（图 3-51）。

图 3-51　金属隔断

3.4.5　活动轨道隔断系统

相对于固定隔断的一成不变，活动轨道隔断在分割空间上相对灵活，具有良好的隔声、隔热效果，能调节、改变隔断大小。

隔断总厚度 100mm，上有悬吊滑轮，下有钢质或铝质滑轮，运行轻便灵活，广泛用于会议厅、展览厅、宴会厅及多功能厅中(图 3-52)。

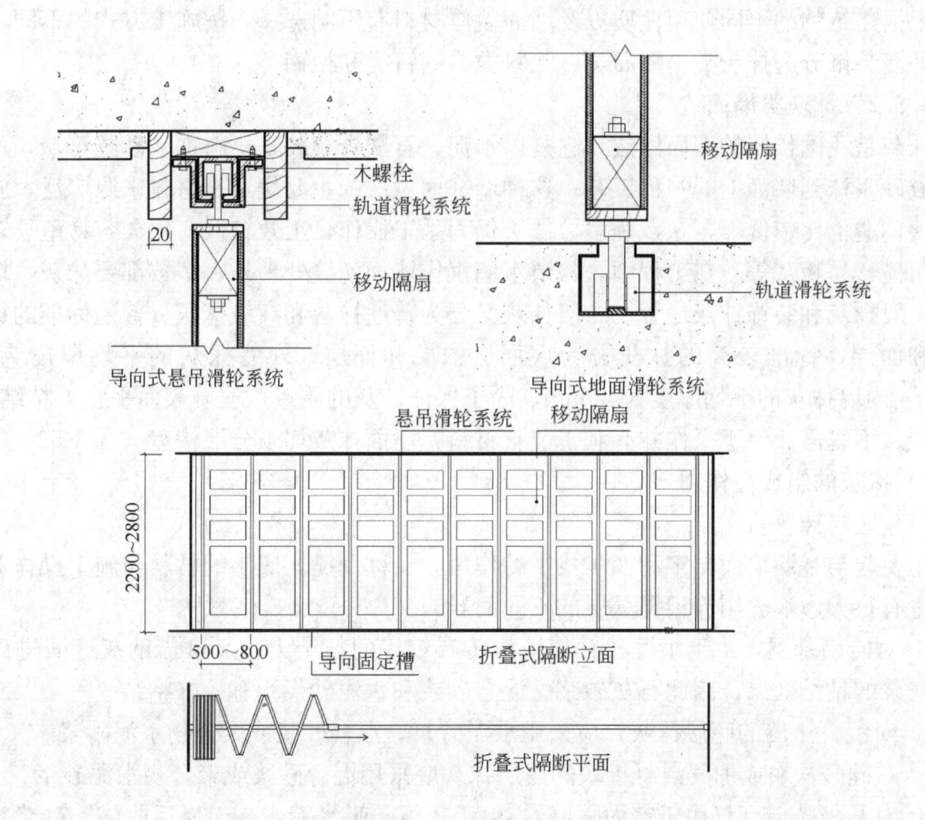

图 3-52　活动式隔断

3.4.6　家具隔断

采用固定家具与建筑结合可以将室内大空间巧妙地、自由地分割成几个小空间，可节省成本和合理使用空间，根据使用情况，可移动也可随意结合，流动感强，使空间组合具有灵活性，又使家具与室内空间相协调。

家具隔断应注意高度和视觉效果，要与楼板或梁保持正确的关系，同时应照顾到互相之间的协调，使整个空间布置有序，空间感好，又不拥挤，使用方便，在空间使用功能发生变化时，不需更多的拆装、动迁，仅用移动的方法就可解决问题，无形中让使用者参与了空间的设计，使得多个使用者的不同意图达到满足和协调。

3.5 墙面装修

3.5.1 墙面装修的作用

墙面装修是建筑工程的一个重要环节。它对延长建筑的使用年限和提高建筑的整体艺术效果起着重要的作用。墙面装修的作用主要为两方面：一是保护墙体不直接受到自然因素和人为因素的破坏，提高墙体的防潮、防风化、保温、隔热和耐污染的能力，增强墙体的坚固性和耐久性。二是起装饰作用，通过对墙面材料的色彩、质感、纹理、线形等的处理，丰富建筑的造型艺术，增加室内光线反射，改善室内亮度，使室内变得更加温馨，富有一定的艺术魅力。

根据建筑物的不同使用性质以及墙面装修材料有不同选择，按施工方式的不同，常见的内外墙装修分为抹灰类、贴面类、涂料类、铺钉类和裱糊类。

3.5.2 抹灰类墙面

抹灰是我国传统的墙面做法，它是以水泥、石灰膏等胶粘材料加入砂或石粉，再与水拌合成砂浆抹到墙面上的一种工艺。这种墙饰面做法的主要优点是材料来源广泛，施工操作简便，造价比较低廉，缺点是多数做法仍为手工操作，工效较低，年久容易龟裂，同时表面粗糙，易积灰等。在工程中，除清水墙仅作墙面勾缝处理外，多数都要抹灰。墙面抹灰有一般抹灰和装饰抹灰之分。一般抹灰又分为普通抹灰和高级抹灰。普通标准的抹灰分底层和面层，标准较高的抹灰分为底层、中层和面层。外墙抹灰的平均厚度为 20～25mm，内墙抹灰的平均厚度为 20mm，为了保证抹灰的质量，使墙表面平整、粘结牢固、不开裂、不脱落、便于操作并有利于节省材料，墙面抹灰均须分层构造（图 3-53）。

1）抹灰的组成与作用

（1）底层抹灰

主要起与基层墙面粘牢和初步找平的作用，又称刮糙。底层的材料与施工操作对抹灰的质量有很大影响。用料根据基层的不同而异。

a. 对砖墙基层，由于水泥和石灰均与砖有较好的粘结力，又可借助灰缝凹进砌体而加强灰浆的粘结效果，因此石灰砂浆、混合砂浆和水泥砂浆均有较好粘结。

b. 对混凝土墙的底层抹灰，应采用水泥砂浆、混合砂浆或聚合物水泥砂浆。

c. 对硅酸盐块或加气混凝土块的底层抹灰应采用混合砂浆或聚合物水泥砂浆。

d. 对灰板条墙（仅用于室内隔墙），由于灰板条吸水膨胀，干燥后收缩，砂浆容易脱落，故在底层灰浆中应掺入适量的麻刀或玻璃纤维起增强作用，并在操作时将灰浆挤入基层的缝隙内以加强拉结。

（2）中层抹灰

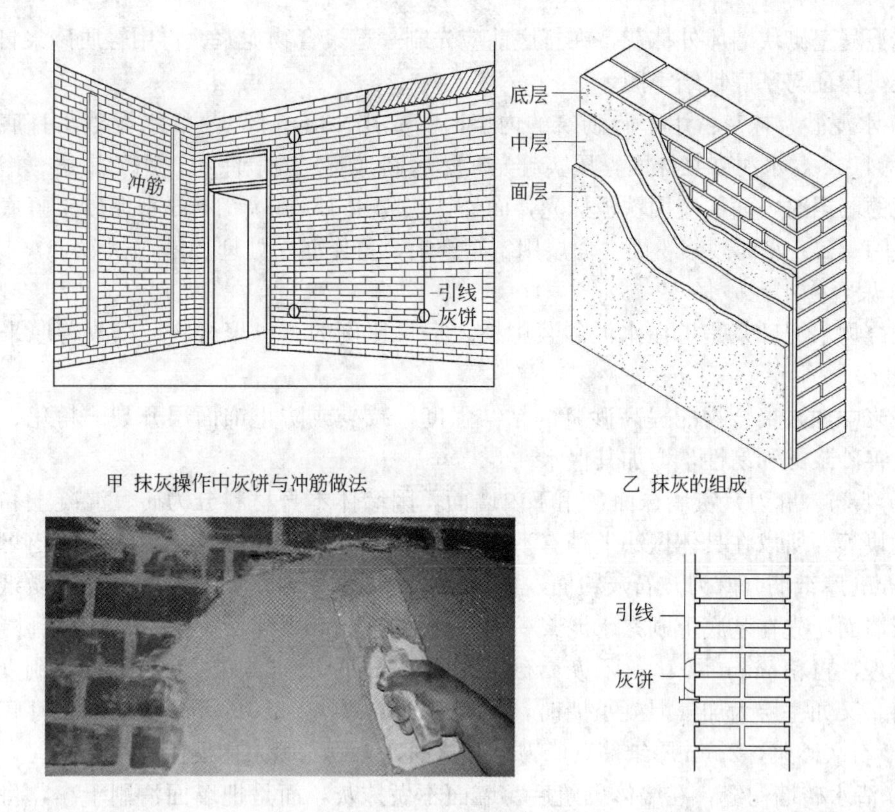

图 3-53　墙面抹灰

主要起找平作用，弥补底层因灰浆干燥后收缩出现的裂缝。材料基本与底层相同。

（3）面层抹灰

主要起装饰作用，要求表面平整、无裂痕、均匀。面层不包括在面层上的刷浆、喷浆或涂料。

施工时，应先清理基层，除去浮尘，并洒水湿润，以保证底层灰浆与基层粘结牢固。对于吸水性较大的墙体，如加气混凝土墙，在抹灰前须将墙面浇湿，以免抹灰后过多吸收砂浆中水分而影响粘结。

抹灰砂浆强度较差时，阳角很容易碰坏，通常在抹灰前，先在内墙阳角用 1∶2 水泥砂浆抹成护角（图 3-54），护角高度从地面起不低于 2m，然后再作底层及面层抹灰。

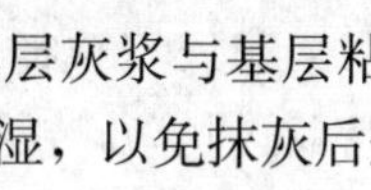

1:1:4 水泥石灰砂浆
1:2 水泥砂浆

图 3-54　护角

2）常用抹灰的种类及做法

（1）一般抹灰构造做法

一般外墙抹灰有混合砂浆抹灰、水泥砂浆抹灰等，内墙抹灰有纸筋（麻刀）石灰抹面、混合砂浆抹灰、水泥砂浆抹灰等。具体施工做法如下：

① 混合砂浆抹灰：用于内墙时，先用 15mm 厚 1∶1∶6 水泥石灰砂浆打底，5mm 厚 1∶0.3∶3 水泥石灰砂浆粉面，表面可加涂内墙涂料。用于外墙时，先采用 12mm 厚 1∶1∶6 水泥石灰砂浆打底，后再用 8mm 厚 1∶1∶6 水泥石灰砂浆抹面，面层可用木蟹磨毛。施工时，如是混凝土基层，先刷素水泥浆一道，如用硅酸

盐加气混凝土砌块墙体外抹灰，在打底前应先刷一道聚合物泥浆，再用轻质砂浆打底，压实抹光，保证与基底粘结牢固。

② 水泥砂浆抹灰：用于砖砌筑的内墙时，先用 13mm 厚 1∶3 水泥砂浆打底，再用 5mm 厚 1∶2.5 水泥砂浆抹面，压实赶光，然后刷（喷）内墙涂料；用于厨房、浴厕等受潮房间的墙裙时，面层应用铁板抹光，而外抹灰先用 12mm 厚 1∶3 水泥砂浆打底，再用 8mm 厚 1∶2.5 水泥砂浆粉面。面层用木蟹磨毛，再作面层处理。

③ 聚合物水泥砂浆

聚合物水泥砂浆是指在水泥砂浆中掺入适量比例的有机聚合物，以改善原来材性的不足。

砂浆中加入聚合物能提高砂浆的粘结强度，减少或防止饰面层开裂、粉化、脱落现象，改善砂浆的和易性，增加其保水性。

④ 纸筋（麻刀）灰墙抹面：用于内墙面，因墙体本身材料分为砖、混凝土和加气混凝土砌块等，所以在具体做法上稍有不同。在砖墙上，先用 15mm 厚 1∶3 石灰砂浆打底，再用 2mm 厚纸筋（麻刀）石灰粉面，再刷（喷）内墙涂料；如在混凝土墙上做纸筋（麻刀）灰墙面，先在基底上刷素水泥浆一道，然后用 7mm 厚 1∶3∶9 水泥石灰砂浆打底，划出纹理，再粉 7mm 厚 1∶3 石灰膏砂浆，用 2mm 厚纸筋（麻刀）灰抹面，刷（喷）内墙涂料。又如基层为加气混凝土墙时，先用 10mm 厚 1∶3∶9 水泥石灰砂浆打底，6mm 厚 1∶3 石灰砂浆，2mm 厚纸筋（麻刀）灰抹面，上刷（喷）内墙涂料。

⑤ 清水砖墙勾缝：在墙体砌筑后，墙面不做抹灰，而是把墙面清刷干净，将砖缝砂浆用钢钩钩出整齐的缝隙。凹入应不小于 2mm，然后用 1∶1 水泥细砂砂浆粉成斜面。

（2）装饰抹灰构造做法

外墙装饰抹灰有水刷石饰面、斩假石饰面等。

① 水刷石及干粘石饰面

水刷石又称洗石子，采用 15mm 厚 1 ∶ 3 水泥砂浆打底，刷素水泥浆一道，然后再用 10mm 厚 1 ∶ 1.5（粒径 4mm）水泥、石屑或彩色石子抹面（石屑多用石英石屑、白云石屑或大理石石屑等），铁抹子压光。当面层初凝而未完全结硬时（约达 70%干时），用硬毛刷蘸水或用喷枪、水壶喷水将面层中部分水泥浆刷掉，使石屑露出 1/3（图 3-55a）。

施工时也可在石屑中掺入少量的煤棱黑石或颜色不同的玻璃屑，粘上去使墙面闪烁发亮；又如在白水泥中掺入颜料，则可得到理想的不同色彩。这种抹灰表面粗糙，宜用于外墙面及勒脚。水刷石的耐久性和装饰效果都较好，因此被广泛采用。其不足之处是操作技术要求较高，费工费料，而且湿作业量大，劳动条件较差，易受粉尘污染，不能适应墙体改革和装修力量不足的现状。

由于水刷石费水及水泥，且对环境有污染，现在较少采用，为了取得水刷石的饰面效果，才采用干粘石抹面。

干粘石抹面有单色和彩色两类。

② 斩假石饰面

它是仿制天然石墙的一种饰面，又称剁斧石。采用 12mm 厚 1∶3 水泥砂浆打底，然后刷素水泥浆一道，面层采用 10mm 厚 1∶1.5 水泥白石屑浆，待凝结硬化面层硬度达到 60%～70%时进行试剁，以石子不脱落为准。用剁斧和各种凿子等工具在面层上剁斩（图 3-55b）。

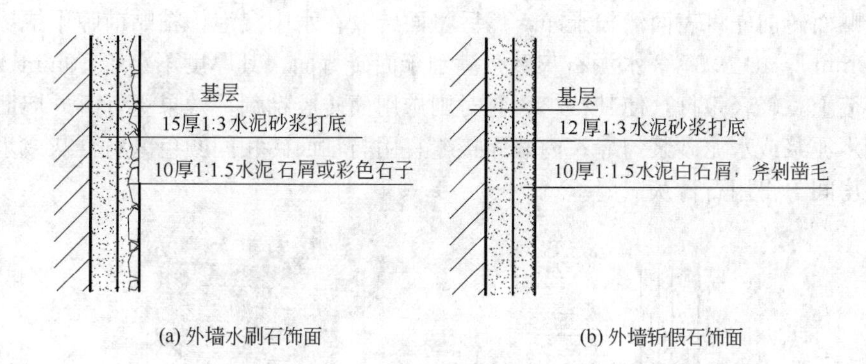

(a) 外墙水刷石饰面　　(b) 外墙斩假石饰面

图 3-55　外墙抹灰类饰面

斩假石饰面坚硬、耐久、耐水，饰面可取得石材效果，可用于外墙面、勒脚、室外台阶等。由于人工斩剁工效低，劳动强度大，造价高，现常用于建筑局部装饰，如门厅、入口、台阶等。

3）抹灰类的分格缝做法

由于外墙面抹灰面积较大，为防止因材料干缩和温度变化引起面层开裂，可对抹灰面层作分格处理，称为引条线，即在外墙面层抹灰前，先按设计要求弹线分格，用素水泥浆将浸过水的小木条临时固定在分格线上，待面层抹灰完成再取出，形成所需要的凹线，在凹线中加上一些颜色，以增加装饰效果。为了提高其抗渗透能力，通常利用防水砂浆或其他防水材料进行勾缝处理。

3.5.3　贴面类

主要指采用各种面砖、瓷砖、陶瓷锦砖，预制的水磨石饰面板、块以及各种人造石板和天然石板如大理石板、花岗石板、青石板等粘贴于墙面的一种饰面装修。这些材料内外墙均可用。有的材料质感细腻，用于室内，如瓷砖、大理石等；而有的材料则因质感粗放而适用于外墙，如面砖、花岗石等。

贴面类墙面装修材料，经加工可做成大小不等的板块，用胶结料镶贴或用铁件通过构造连接，贴附于墙上。贴面类墙面具有耐久性强、施工方便、质量高、易于清洗、装饰效果好、美观等优点，目前被广泛地用于内外墙的装饰和潮湿房间的墙壁装修。

1）面砖、锦砖、瓷砖

（1）面砖

陶瓷面砖多数是以陶土为原料，制成坯块，压制成型后经焙烧而成。常见的面砖有釉面砖、无釉面砖、劈离砖等。正面光滑平整或带凸出花纹，背面有凹槽，以利于与墙体粘贴。釉面有白色和其他各种颜色。面砖适用于外墙饰面。为了能与基层粘结牢固，面砖的背面常制成一定的凹凸纹样并有一定的吸水率，目前大多数墙面砖选用的材质类似陶质，吸水率为4%～8%。正面为防止污染则吸水率越低越好。面砖常用的规格有150mm×150mm、75mm × 150mm、113mm × 77mm、145mm × 113mm、233mm × 113mm、265mm×113mm等，厚度约为5～17mm（陶土无釉面砖较厚，为13～17mm，瓷土釉面砖较薄的为5～7mm）。面砖质地坚固、耐磨、耐污染，装饰效果较好，用于装饰等级要求较高的工程。

外墙粘贴面砖构造见图3-56。施工时，先在墙体基层上抹10mm厚1∶3水泥砂浆打底扫毛，贴面砖前先将表面清扫干净，然后将面砖放在水中浸泡，粘贴前晾干或擦干。粘结层用10mm厚1∶0.3∶3水泥石灰砂浆满刮于面砖背面，其厚度不小于10mm，然后将面砖贴于墙上，轻轻敲打，使其粘牢。有时则选用面砖胶粘剂，效果更好。外墙面釉面砖接缝应用水泥浆或水泥砂浆勾缝；内墙面接缝宜用与釉面砖相同颜色的石膏灰或水泥浆嵌缝。潮湿房间不得用石膏灰嵌缝。

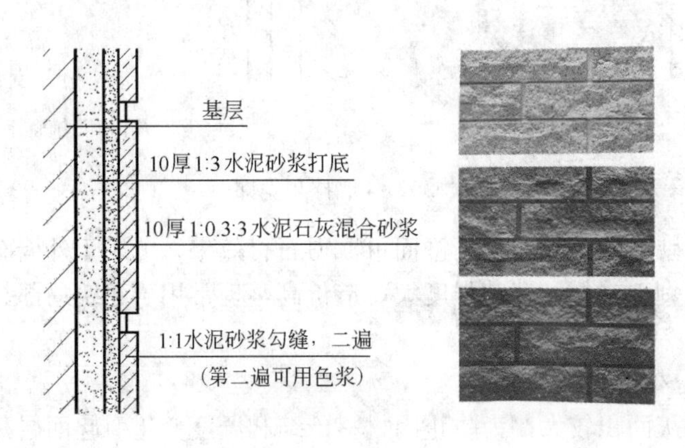

图3-56　外墙面粘贴面砖

（2）陶瓷锦砖

陶瓷锦砖又称马赛克，以优质瓷土为原料，经加工烧制而成，色彩艳丽、装饰性强，有白、蓝、黄、棕、咖啡等颜色，厚度一般为4～5mm。规格有19mm×19mm、39mm×39mm的小方块或39mm×19mm的长方形以及边长25mm六角形等。为了便于施工、简化操作过程，工厂生产时，将小瓷片事先粘贴在一张尺寸为300～500mm见方的牛皮纸上，瓷片间隙为1mm，故又称纸皮砖。装饰锦砖有多种图案，有拼花和不拼花的，色彩较多，有几种色彩或单一色彩的，形式各异，可根据需求去挑选、搭配。陶瓷锦砖又分为挂釉和不挂釉两种。它具有防水、防潮、不吸水、易清洗的特点，与面砖相比，具有造价略低、面层薄、自重较轻的优点。陶瓷锦砖用于外墙面的较多见（图3-57）。

粘贴陶瓷锦砖的构造做法为在墙体上抹10mm厚1∶3水泥砂浆打底、找平、扫毛，在底层上根据墙体高度弹若干水平黑线，按设计要求与陶瓷锦砖的规格确定分格缝的宽度，然后用10mm厚1∶2水泥砂浆粘结层粘贴陶瓷锦砖。粘贴后12小时左右揭去护面纸，再用1∶1水泥砂浆擦缝，如彩色锦砖需用白水泥浆擦缝。完工后，锦砖表面如有污迹，应用浓度为10%的盐酸刷洗并随即用清水洗净。

近来，陶瓷锦砖的墙面用得较少。

（3）玻璃锦砖

玻璃锦砖又称玻璃马赛克，是一种小规格的半透明玻璃质饰面材料。与陶瓷锦砖一样，生产时将小玻璃瓷片贴在牛皮纸上（图3-58）。一般尺寸为20mm×20mm、30mm×30mm、40mm×40mm、厚4mm～6mm。

它质地坚硬，色调柔和，朴实、典雅，美观、大方，性能稳定，具有耐热、耐寒、抗腐蚀、不龟裂、表面光滑的性质，此外还有不积尘、雨天自洁、经久常新、容重轻、与水泥粘结性能好等特点，且背面带有槽纹，利于砂浆粘接，因此便于施工。

玻璃锦砖适用于宾馆、医院、办公楼、礼堂、住宅等建筑的内外墙装饰。

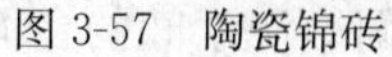

图 3-57 陶瓷锦砖

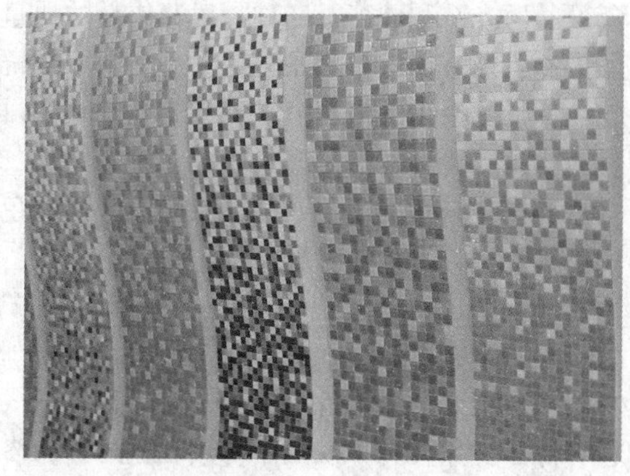

图 3-58 玻璃锦砖

(4) 瓷砖

瓷砖也是用优质陶土烧制而成的薄板状的内墙贴面材料，表面挂釉，釉面有白色和其他各种颜色，也有各种花纹图案，规格有 100mm×100mm、150mm×150mm，厚度为 5～6mm，还有各种配套的边角制品。其质地坚硬，色彩柔和，具有吸水率低、表面光洁美观、易于清洗等特点，多用于厨房、卫生间、医院手术室等处的墙裙、墙面和池槽面层。

瓷砖的墙面构造做法，亦采用 10～15mm 厚 1∶3 水泥砂浆打底；以 5mm 厚 1∶1 水泥砂浆粘结层，或选用专用胶粘剂铺贴。

2) 天然石板、人造石板贴面

用于墙面装修的天然石板，常见的有大理石板、花岗石板和青石板等，材料的优点是强度高、结构致密、色彩丰富而不易被污染、易清洗。其中大理石板主要用于室内，花岗石板主要用于室外。墙面的装饰性主要通过石材的质感、色彩、纹理和艺术处理来表现，而且石材密实坚硬，耐久性、耐磨性等均比较好，但由于材料的品种、来源的局限性，加工复杂且价格昂贵，因而多用于公共建筑和装饰等级要求高的建筑工程。

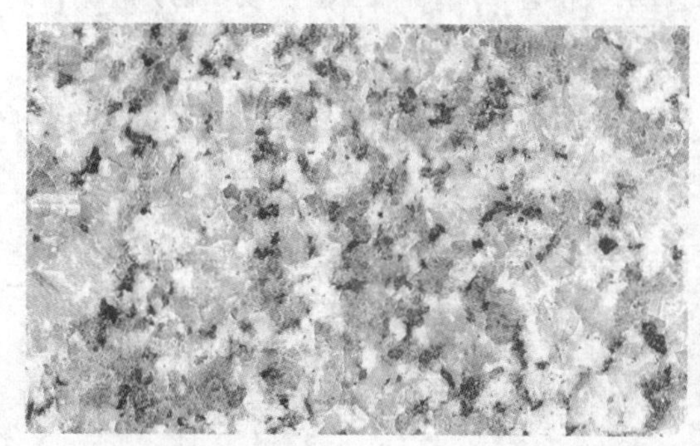

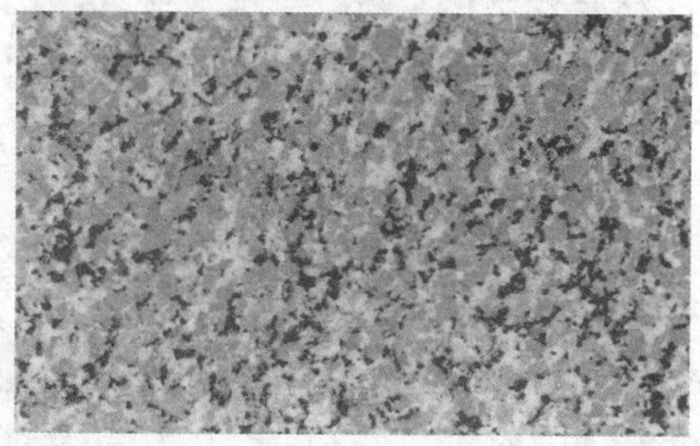

图 3-59 花岗石板

(1) 花岗石板

花岗石有不同的色彩，如黑色、灰色、粉红色等，纹理多呈斑点状（图 3-59）。其结构密实，强度和硬度极高，吸水率较小，抗冻性和耐磨性能均好，同时抗酸碱和抗风化能力较强，耐用期可达百年以上。外饰面构造做法根据对石板表面加工方式的不同可分为剁斧石、磨光石和蘑菇石三种。对花岗石的质量要求是棱角方正，光亮如镜，色感丰富，有华丽高贵的装饰效果，不应有色差，达到无裂纹、隐伤和缺角现象。花岗石板多用于宾馆、商场、银行等大型公共建筑的室内外墙面和柱面的装饰，也适用于地面、台阶、楼梯、水池等造型面的装修。

我国花岗石的产地几乎遍及全国。按颜色可分为红色系列、黄色系列、青色系列、花白系列、黑色系列等多种。

(2) 大理石板

又称云石，表面经磨光加工后，纹理清晰、色彩绚丽，有美丽的斑纹或条纹，色泽好，具有很好的装饰性（图3-60），但由于大理石比花岗石质地软，而且不耐酸碱，所以，除了少数几种如汉白玉等用在室外，大多数大理石均用于室内装饰等级要求较高的工程，如墙裙和柱子装饰、地面、楼梯的踏步面以及高档卫生间、洗手间的台面等。大理石饰面的品种很多，一般按大理石产地、颜色的特征以及其研磨抛光后所显现的花纹来命名，诸如杭灰、苏黑、云南大理、宜兴咖啡、东北绿等。

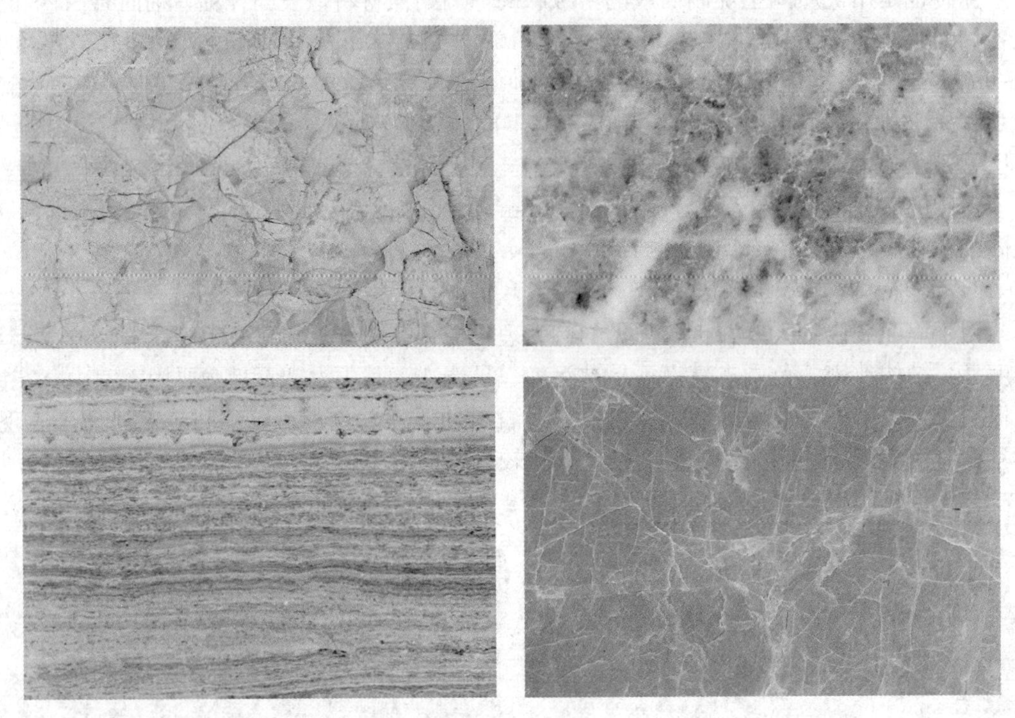

图3-60　大理石板

大理石板和花岗石板的形状有正方形和长方形两种，常用的尺寸有600mm×600mm、600mm×800mm、800mm×1000mm，一般厚度为20～30mm。也可根据需要，加工成所需的各种规格。

对大理石的质量要求是：光洁度高、石质细密、无腐蚀斑点、棱角齐全、底面整齐、色泽美观。

(3) 人造石板

人造石板具有天然石板的花纹和质感，表面光洁度较高，重量轻，强度高，耐酸碱，而且造价低，构造与天然石板相同。人造石材的色泽和纹理不及天然石材自然柔和，但其花纹和色彩可根据设计意图进行加工。

预制水磨石板，常用的尺寸为 400mm×400mm 或 500mm×500mm，板厚在 20～25mm 之间。

人造大理石板，品种主要是聚酯型人造石材，花纹易设计，但不宜大面积用于室外装饰（图 3-61）。由于受温差的影响，色彩变化大、老化快、易变形，所以一般选用复合型的板材。人造大理石板的厚度一般为 8～20mm，常用于室内墙面、柱面、门套等部位的装修。

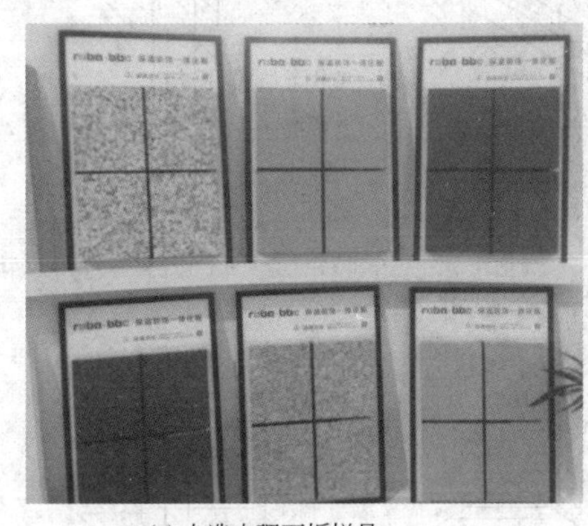
(a) 人造大理石板样品

(b) 砂岩外墙装饰板

图 3-61　人造板材

（4）石板的安装

石板墙面，在施工前必须对饰面板在墙面和柱面上的分布进行排列设计，应将石板的接缝宽度包括在内，计算板块的排列，并按安装顺序编号，按分块的大样详图加工订货及安装。

石板的安装构造有“湿贴”和“干挂”两种。

由于石板尺寸大，重量重，仅靠砂浆粘贴是不安全的，因此，在构造上是先在墙面或柱子上设置钢筋网（钢筋为Φ6～Φ9），并且将钢筋网与墙上的锚固件连接牢固，然后将石板用铜丝或镀锌铅丝绑扎在钢筋网上（图 3-62）。钢筋的水平间距与石板高度尺寸一致。石板靠木楔校正，以石膏作临时固定，最后在石板与墙或柱间灌注 1∶3 水泥砂浆或细石混凝土，饰面块材应与结构墙间隔 30mm 左右作灌注缝，要分层灌注，将石膏敲掉，继续灌注上一层板。另外，安装白色或浅色大理石饰面板时，灌注应用白水泥。

（5）灰缝的宽度与形式

板材类饰面，根据饰面板表面凿琢的效果确定灰缝的宽度，对于光面、镜面的天然石，只需 1mm 即可，粗磨面、麻面、条纹面的天然石约为 5mm，自然面的灰缝宽为 10mm。灰缝，可做成凸形、凹形、圆弧形等各种各样的形式。

3.5.4　涂料类

涂料类饰面是指将建筑涂料刷在基层表面，以达到保护、装饰建筑物的目的。涂料类饰面具有工效高、工期短、材料用量少、自重轻、造价低、维修方便、更新快等优点，但涂料类饰面的耐久性略差。另外，它不但能与基层很好地粘结，而且可根据需要配成多种色彩的墙面效果。有些高级涂料还具有很好的防水功能，表面可擦洗，因而目前在建筑上已得到广泛应用。

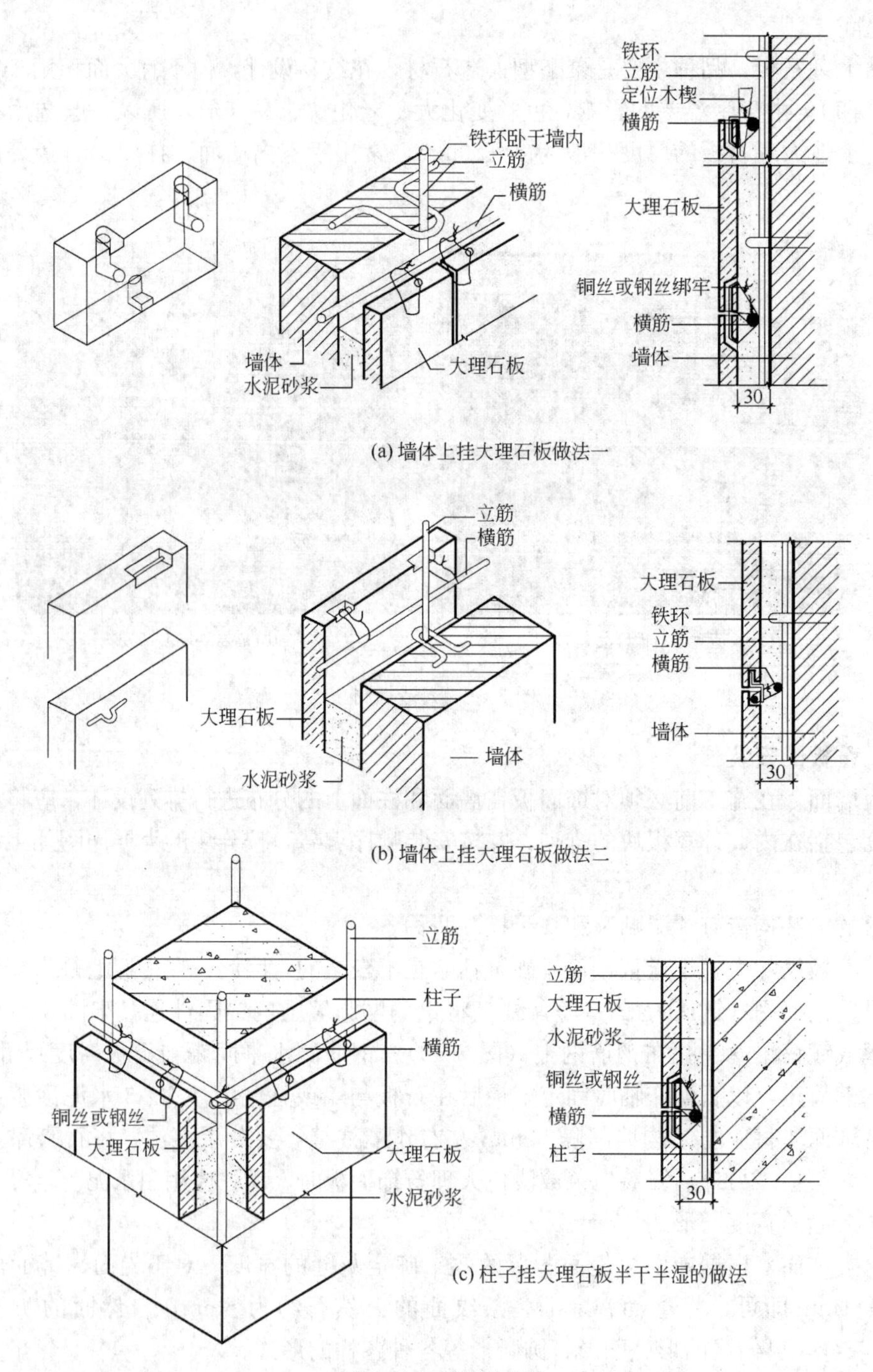

图 3-62　石材绑扎法

涂料可分为有机涂料和无机涂料两大类。

1）有机涂料

图 3-63 墙面涂料做法

根据其主要成膜物质与稀释方式的不同，分为水溶性涂料、溶剂型涂料和乳液型涂料三类。

(1) 水溶性涂料

水溶性涂料是以合成树脂为主要成膜物质，以水为稀释剂，加入填料、辅料研磨而成的涂料，它的耐水性差，耐候性不强，一般适于作内墙涂料。常见的有聚乙烯醇系列内墙涂料和多彩内墙涂料等。它们无毒、无味，涂层干燥快，表面光洁平滑，能配成多种色彩，与墙面基层有一定的粘结力，能达到一定的装饰效果。近年开发的新型高级涂料——多彩立体涂料，色彩比较柔和，质感独特，具有良好的透气性能，被广泛地用于宾馆、办公、商场和住宅建筑的内墙面。

(2) 溶剂型涂料

溶剂型涂料是以高分子合成树脂为主要成膜物质，以有机溶剂为稀释剂，加入适量的颜料、填料及辅料，经研磨、搅拌、溶解配制而成的一种挥发性涂料。这种涂料一般都有较好的硬度、光泽、耐水性、耐蚀性以及耐老化性。一般来说，它与类似树脂的乳液型外墙涂料相比，由于其涂膜比较致密，在耐大气污染、耐水和耐酸碱性方面都比较有利，但其成分包括有机溶剂，易挥发污染环境，涂膜透气性差，又有疏水性，使用此类型涂料一般涂刷两遍，间隔 24 小时。溶剂型涂料一般能在 5～8 年内保持良好的装饰效果。

溶剂型外墙涂料主要有过氯乙烯涂料、苯乙烯焦油涂料、聚乙烯醇缩丁醛涂料和氯化橡胶涂料。这类涂料主要用于外墙饰面。

(3) 乳液型涂料

各种有机物单体经乳液聚合反应后生成的聚合物，以非常细小的颗粒分散在水中，形成乳状液，将这种乳状液作为主要成膜物质配成的涂料称为乳胶涂料，又称乳胶漆。较多地用于室内墙面装饰。掺有云母粉、粗砂粒等粗填料所配得的涂料，能形成有一定粗糙感的涂层，称之为乳液厚质涂料，通常用于建筑外墙装饰。

乳胶涂料以水为分散介质，完全不用油脂和有机溶剂，因此，在生产和施工过程中不污染空气，不危害人体，性能和耐久效果都比油漆好。乳胶漆和乳液厚涂料的涂膜有一定的透气性和耐碱性。乳胶涂料主要有乙—丙乳胶涂料、氯—醋—丙乳胶漆和砂胶厚质涂料等。这些涂料都适用于建筑内外墙饰面，可以洗刷，易于保持清洁，装饰效果好，除可以做成平滑的涂层外，与油漆一样，也可做成各种拉毛的凹凸涂层。涂料采用喷枪喷涂施工，工效高，装饰质感强，所以乳胶涂料是住宅建筑和公共建筑的一种较好的内外墙饰面材料。

基层为墙体，如砖墙、混凝土墙、加气砌块墙、石膏板墙、胶合板墙等。涂料层分为面层和涂层。根据内墙墙体的不同，其基本构造也各有所异。具体构造参见表3-3。

墙体涂料装修饰面构造　　　　**表3-3**

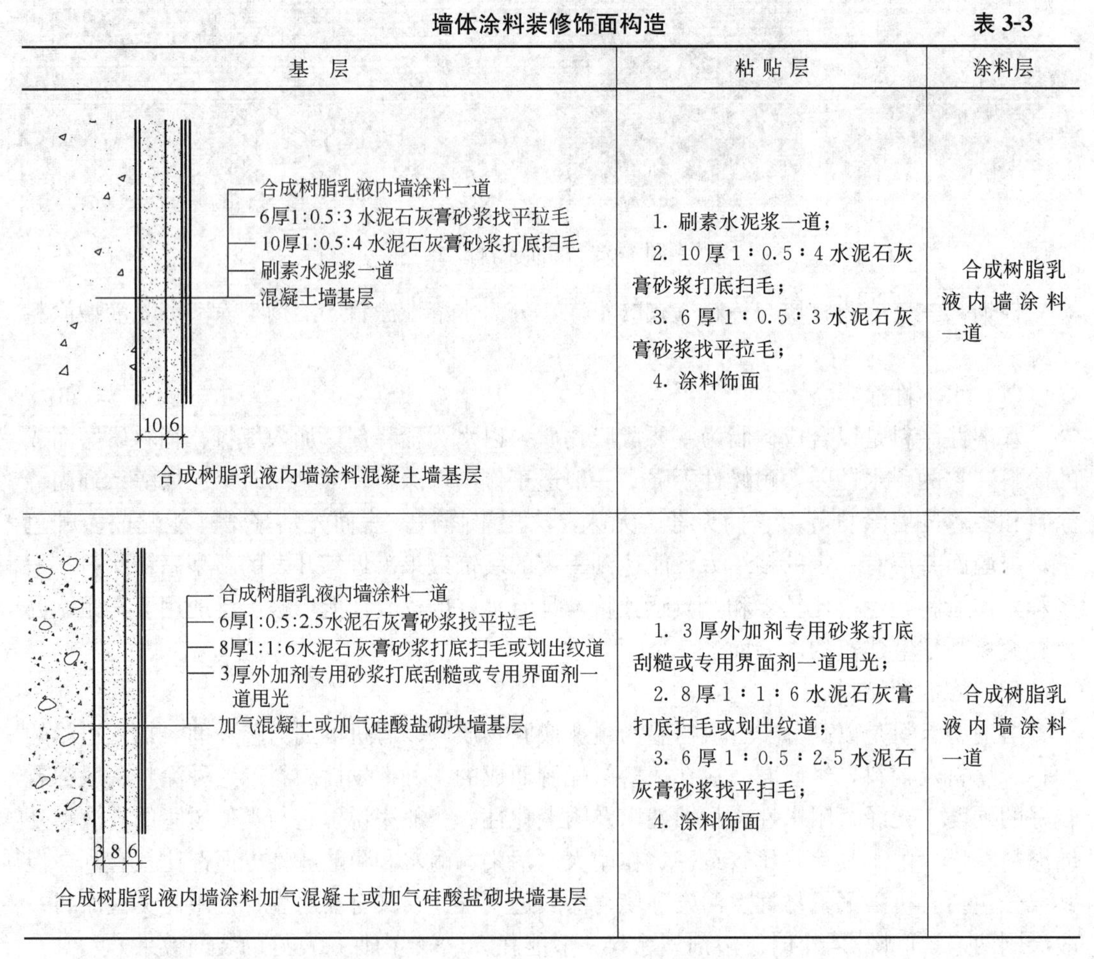

基　层	粘贴层	涂料层
合成树脂乳液内墙涂料一道 6厚1:0.5:3水泥石灰膏砂浆找平拉毛 10厚1:0.5:4水泥石灰膏砂浆打底扫毛 刷素水泥浆一道 混凝土墙基层 10　6 合成树脂乳液内墙涂料混凝土墙基层	1. 刷素水泥浆一道； 2. 10厚1：0.5：4水泥石灰膏砂浆打底扫毛； 3. 6厚1：0.5：3水泥石灰膏砂浆找平拉毛； 4. 涂料饰面	合成树脂乳液内墙涂料一道
合成树脂乳液内墙涂料一道 6厚1:0.5:2.5水泥石灰膏砂浆找平拉毛 8厚1:1:6水泥石灰膏砂浆打底扫毛或划出纹道 3厚外加剂专用砂浆打底刮糙或专用界面剂一道甩光 加气混凝土或加气硅酸盐砌块墙基层 3　8　6 合成树脂乳液内墙涂料加气混凝土或加气硅酸盐砌块墙基层	1. 3厚外加剂专用砂浆打底刮糙或专用界面剂一道甩光； 2. 8厚1：1：6水泥石灰膏打底扫毛或划出纹道； 3. 6厚1：0.5：2.5水泥石灰膏砂浆找平扫毛； 4. 涂料饰面	合成树脂乳液内墙涂料一道

乳胶涂料喷涂前必须先清除基层表面的灰浆、浮土和附着物等，对基层表面的油污、隔离剂等要用相应的洗涤剂洗净，然后用水冲干净。对基层表面凸凹不平的部分应进行剔平或修补填平，也可用腻子刮平。

涂料在使用前应放在较大的容器内不断搅拌，防止涂料中添加剂沉底，搅拌均匀后方可使用，中途不得随意加水稀释，以免影响颜色的一致性。

涂料表面装饰，也可采用喷涂、滚涂和用刷子涂刷，工序分为底涂、骨料和面层三次喷涂效果更好。施工时可按具体情况选择。

(4) 油漆类饰面

油漆是以各种天然干性或半干性植物油脂为基本原料，加入胶粘剂、颜料、溶剂和催干剂组成的涂料。油漆涂料在材料表面干结成漆膜，与外界空气、水分隔绝，从而达到防潮、防锈、防腐等保护作用。

油漆墙面可以做成各种色彩，耐水，易于清洗。它可做成平涂漆，也可做成各种图案、纹理和拉毛。油漆墙面的一般构造做法是：先在墙面上用水泥石灰砂浆打底，再用水泥、石灰膏、细黄砂粉面两层，总厚度为 20mm 左右，最后刷光油漆或调和漆，一般情况下，油漆均涂刷一底二度。

油漆拉毛分为石膏拉毛和油拉毛两种。石膏拉毛的一般做法是在石膏粉中加入适量水，不断地搅拌，待过水硬期后用刮刀平整地刮在墙面垫层上，然后拉毛，干后涂油漆。

油拉毛是在石膏粉中加入适量水不停地搅拌，待水硬期过后注入油料（如光油）搅拌均匀，刮在墙面垫层上，然后拉毛，干透后涂油漆。

用油漆作墙面装饰时，要求基层平整，充分干燥，而且无任何细小裂纹。

建筑墙面装饰用的油漆一般都为调和漆。所谓调和漆，就是用基料、填料、颜料及其他辅料调制成的漆。它不同于无色透明的清漆，分油性调和漆和磁性调和漆。磁性调和漆漆膜的光泽、硬度和强度都比油性调和漆好。

油漆用于室内有较好的装饰效果，可改善卫生条件，常用于高级建筑、医院、实验室等的内墙饰面或内墙裙。但油漆涂层的耐久性差，同时对墙面基层要求较高，工期长，随着涂料工业的发展，油漆将被更合理的墙面装饰涂料所代替。

2) 无机涂料

分为普通无机涂料和无机高分子涂料。普通无机涂料如白灰浆、大白浆、可赛银浆等，多用于一般标准的室内装修。无机高分子涂料有 JH80-1 型、JH80-2 型、JHN84-1 型、F832 型等。无机高分子涂料有耐水、耐酸碱、耐冻融、装修效果好等优点，但价格高，多用于外墙面装修和有擦洗要求的内墙面装修。

本章参考文献

[1] 杨维菊．建筑构造设计（上、下册）[M]．北京：中国建筑工业出版社，2005.
[2] 杨维菊．绿色建筑设计与技术 [M]．南京：东南大学出版社，2011.
[3] 李必瑜，魏宏杨，覃琳．建筑构造（上、下册）第五版 [M]．北京：中国建筑工业出版社，2013.
[4] 民用建筑设计通则 GB 50352—2005. 北京：中国建筑工业出版社，2005.
[5] 建筑设计防火规范 GB 50016—2014. 北京：中国计划出版社，2015.
[6] 工程做法-国家标准建筑设计图集 05J909. 北京：中国计划出版社，2006.
[7] 外墙内保温工程技术规程 J GJ/T 261—2011. 北京：中国建筑工业出版社，2011.
[8] 挤塑聚苯乙烯泡沫塑料板保温系统建筑构造 10CJ16. 北京：中国计划出版社，2010.

第 4 章　楼板层、地坪及阳台雨篷

4.1　概　　述

本章主要叙述楼板层、地坪、阳台及雨篷等的类型、使用功能、设计要求、构造措施等。

楼板层是建筑物的主要水平承重构件，它把荷载传到墙、柱及基础上，同时它对墙、柱起着水平约束作用，在水平荷载（风、地震）作用下，协调各竖向构件（柱、墙）的水平位移，增强建筑物的刚度和整体性，楼板层把建筑物沿高度方向分成若干楼层，同时也发挥了相关的物理性能，如隔声、防火、防水、美观等。建筑物最底层与土壤相交接处的水平构件称地坪，它承受着地面上的荷载，并均匀直接地传给地坪以下的土壤，所有地面都应起到隔潮、防水、美观等作用。

4.2　楼　板　层

4.2.1　楼板层的设计要求

楼板层是分隔楼层空间的构件。

1）楼板层的结构设计要求

楼板层均应有足够的承载能力，能承受自重（称静荷载）和不同使用条件下的使用荷载（也称活荷载，如人群、家具、设备等）而不损坏，在风或地震作用下，楼板应能有效地将水平力传递到结构的竖向构件（柱或剪力墙）上，使结构最大位移和层向位移角控制在规范的许可范围内，同时还应具有足够的刚度，在一定的荷载下，满足容许挠度值以及人走动和设备动力作用下不发生显著的振动而影响人的正常工作和舒适度，不产生影响耐久性的裂缝等。楼板构件的容许挠度，通常控制在 $L/200 \sim L/300$，L 为板、梁的跨度。

2）隔声要求

楼板层设计应考虑隔声问题，避免上下层空间相互干扰。

楼层隔声包括隔绝空气传声和固体传声两个方面。不同使用性质的房间对隔声的要求不同，如我国的住宅楼板隔声标准中规定：一级隔声标准为 65dB，二级隔声标准为 75dB 等。对一些特殊性质的房间如广播室、录音室、演播室等的隔声要求则更高。

空气传声的隔绝方法，首先是避免有裂缝、孔洞，或采用附加层结构，增设吊顶等隔声措施。至于隔绝固体传声，首先应防止在楼板上有太多的冲击声源，在特殊要求的公共建筑里，可用富有弹性的铺面材料做面层，如橡胶毡、地毯、软木等，使它吸收一定的冲击能量，同时在构造上采用各种方式来隔绝固体传声。

3）热工要求

根据所处地区和建筑使用要求，楼面应采取相应的保温、隔热措施，以减少热损失。

北方严寒地区，楼板搁入外墙部分如果没有足够的保温、隔热措施，会形成"热桥"，不仅会使热量散失，且易产生凝结水，影响卫生及构件的耐久性。所以，必须重视该部分的保温、隔热构造设计，防止产生"热桥"现象。

4）防火要求

为了防火安全，作为承重的构件，应满足建筑防火规范对楼面材料燃烧性能与耐火极限的要求，如钢筋混凝土就是理想的耐火材料。在烟囱及暖炉等与楼面接触处，应用耐火材料隔离。压型钢板、钢梁等钢结构构件，因钢构件的耐火性能低，火灾时会丧失强度而发生倒塌，所以这些构件表面必须做好防火措施，如外包混凝土，或涂刷防火涂料，以满足防火规范对耐火极限的要求。

5）防水要求

用水较多的房间如卫生间、盥洗室、浴室、实验室等，需满足防水要求，选用密实不透水的材料，适当做排水坡并设置地漏。有水房间的地面还应设置防水层。

6）敷设管道的要求

对于管道较多的公共建筑，楼面设计中应考虑到管道对建筑物层高的影响。如防火规范要求暗敷消防设施，应敷设在不燃烧的结构层内，使其能满足暗敷管线的要求。

7）室内装饰要求

根据房间的使用功能和装饰要求的不同，楼板层的面层常选用不同的面层材料和相应的构造做法。

8）舒适度要求

现在设计中经常遇到跨度较大特别是钢结构楼板，如果楼板上的自振频率（亦称固有频率）与人们的活动频率接近，就会发生共振而使人感觉不舒服，因此，新的混凝土结构设计规范和高层建筑混凝土结构技术规程对混凝土楼板的竖向自振频率提出了要求：

（1）住宅和公寓不宜低于 5Hz；

（2）办公楼旅馆不宜低于 4Hz；

（3）大跨度公共建筑不宜低于 3Hz。

9）经济方面要求

经济方面，楼板层造价约占建筑物总造价的 20%～30%。面层装饰材料对建筑造价影响较大。面层选材时，应综合考虑建筑的使用功能、建筑材料、经济条件和施工技术等因素。

4.2.2 楼板层的组成

楼板层由面层、结构层和顶棚三部分组成。有特殊要求时，面层下另设管道层、防水层等（图 4-1）。

1）面层

面层是楼板层上面的铺筑层，也是室内空间下部的装修层，俗称地面或楼面。地面种类很多，如实木地面、复合木地面、橡胶地面、地毯、地砖、大理石（或花岗石）、水磨石、普通水泥地面等，根据房间使用功能的不同选用不同的面层。

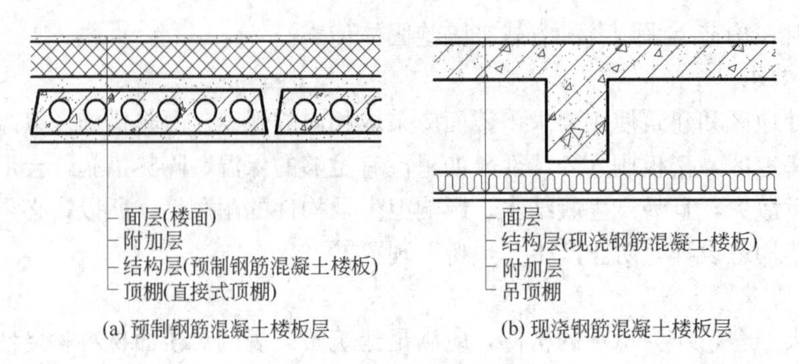

图4-1　楼板层的组成

2）结合层

结合层是将地面的表面层与结构层（楼板）牢固结合的部分，同时又起找平作用，故又称找平层。

3）结构层

结构层位于面层和顶棚之间，是楼板层的承重构件，它由楼板或楼板与梁组成，承受着整个楼层的荷载，并将其传至柱、墙及基础上。结构层也对隔声、防火起重要作用。

4）附加层

附加层通常设置在面层和结构层之间，或结构层和顶棚之间，根据不同的要求而增设的层次，主要有保温隔热层、隔声层、防水层、防潮层、防静电层和管线敷设层等。

5）顶棚

顶棚是楼板下部的装修层，有直接式顶棚和吊顶棚之分。

本段1～5中除结构层外，建筑设计图中必须明确各层所用的材料及其厚度，以便正确计算荷载，为设备设计人员敷设管线和节能计算提供正确的条件。

4.2.3　楼板的类型

根据使用材料的不同，楼板可分为木楼板、钢筋混凝土楼板和钢衬板组合楼板等几种类型。

1）木楼板

该种楼板就是将木龙骨架在主梁或墙上，上铺木板形成的楼板（图4-2a）。

木楼板的优点：构造简单，自重轻，保温和抗震性能好等，缺点是耐火性和耐久性较差，消耗木材量大。木材是自然生态资源，是一种十分重要的工业及民用原材料，目前除在产木区或特殊要求的建筑外，较少采用木楼板。

2）钢筋混凝土楼板

目前，最常用的是钢筋混凝土楼板（图4-2b），它具有强度高、刚度大、耐久性和耐火性好等优点，且具有良好的可塑性，缺点是自重较大。在多高层建筑中，各层的楼地面自重约占整个荷载的40%左右，自重大，基础费用就大，目前许多工程中基础的费用约占到工程直接费用的20%以上，因此，建筑结构设计中，如条件许可，应尽可能采用轻质楼板。

3）钢衬板混凝土组合楼板

钢衬板组合楼板是利用压型钢板作为衬板与现浇混凝土组合而成的楼板，钢衬板既是楼板受拉部分，也是现浇混凝土的衬模（图4-2c）。这种楼板的优点是强度和刚度较高，

(a) 木楼板 (b) 钢筋混凝土楼板 (c) 压型钢板与混凝土组合楼板

图 4-2 楼板的类型

自重较轻，利于加快施工进度，缺点是普通钢衬板混凝土组合楼板的板底要进行防火处理（现在已有一种燕尾式钢衬板混凝土楼板可满足规范的防火要求，不用再另加防火设计），用钢量较多，造价高。目前普通民用建筑中应用较少，高层建筑和标准厂房中应用较多。

4.2.4 钢筋混凝土楼板

1）钢筋混凝土楼板的类型和特点

钢筋混凝土楼板有现浇式、预制装配式、装配整体式三种，根据建筑物的使用功能、楼面使用荷载的大小、平面规则性、楼板跨度、经济性及施工条件等因素来选用。

（1）现浇式

现浇式钢筋混凝土楼板指在现场支模、绑扎钢筋、浇筑混凝土形成的楼板结构。它具有结构整体性好，对抗震、防水有利，且在使用时不受房间尺寸、形状限制等特点，适用于对整体性要求较高的形体复杂的建筑。

（2）预制装配式

预制装配式钢筋混凝土楼板系指预制构件在现场进行安装的钢筋混凝土楼板。这种楼板使现场施工工期大为缩短，且可节省材料、保证质量，唯一的问题是在建筑设计中要求平面形状规则，尺寸符合建筑模数要求。但该楼板的整体性、防水性、抗震性较差。现在我国在抗震设防区，特别是在城市中，基本已不采用预制装配式楼板体系。

（3）装配整体式

装配整体式楼板，是先以预制楼板作底模，然后在上面灌注现浇层，形成装配整体式楼板。它具有现浇式楼板的整体性好和装配式楼板的施工简单、工期较短、省模板的优点，但其预制板加上板面整浇层总厚度偏厚、偏重。

2）钢筋混凝土楼板构造

（1）现浇钢筋混凝土楼板

现浇式钢筋混凝土楼板具有整体性好、抗震、防水、不受房间尺寸形状限制等特点。现浇钢筋混凝土楼板根据受力和传力情况不同，分为板式楼板、梁板式楼板、无梁楼板和钢与混凝土组合楼板等。

① 板式楼板

直接搁在承重墙体上的楼板称为板式楼板，多用于开间较小的宿舍楼、办公楼及普通民用建筑中的厨房、卫生间、走廊等。有些场合，由于建筑功能的需要，一些房间跨度较大而不允许在中间设置梁柱（如门厅、接待厅），为满足楼板刚度、抗裂度要求，常常采用现浇预应力楼板，预应力楼板的厚度约为跨度的 1/50～1/40。楼板一般是四边支承，根据其受力特点和支承情况，分为单向板和双向板。在板的受力和传力过程中，板的长边

尺寸 L_2 与短边尺寸 L_1 的比值大小，决定了板的受力情况。当 $L_2/L_1>2$ 时，在荷载作用下，板基本上只有 L_1 方向产生变形，而在 L_2 方向变形很小，这表明荷载主要向 L_1 方向即短边方向传递，即单向受力，故称为单向板（图 4-3a）。当 $L_2/L_1\leqslant 2$ 时，板在两个方向都发生变形，说明板在两个方向都受力，故称为双向板（图 4-3b）。双向板比单向板受力合理，构件的材料更能充分发挥作用。

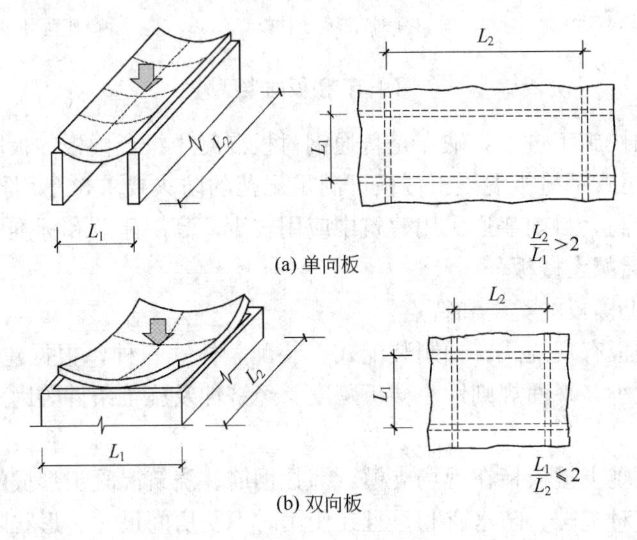

图 4-3　楼板的受力方式和传力

② 梁板式楼板

跨度较大的房间，为使楼板的受力与传力较为合理，在楼板下设梁以减小楼板的跨度和厚度。这样，板上的荷载由楼板传给梁，再由梁传给墙或柱而组成的楼板为梁板式楼板（图 4-4）。

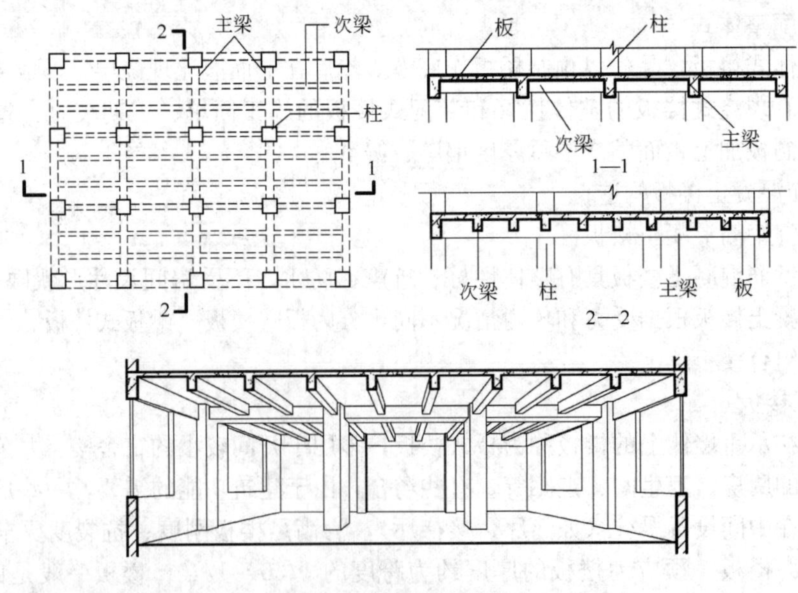

图 4-4　梁板式楼板

当房间尺寸更大，梁板式楼板有时在纵横两个方向都设置梁，这时梁有主梁和次梁之分。主梁和次梁的布置应考虑建筑物的使用要求、房间的大小、隔墙的布置等。一般主梁沿房间短跨方向布置，次梁则垂直于主梁布置。对于大跨度的主梁，为减少梁高，减轻梁的自重，常采用预应力混凝土梁或钢骨混凝土梁，甚至型钢梁等。

在进行梁、板布置时应遵循以下原则：

a. 承重构件，如柱、墙应上下对齐，使结构传力直接，受力合理。

b. 主梁不宜搁置在门窗洞上；当板上有自重较大的隔墙和设备时板下应布置梁。

c. 在满足功能的前提下，合理选择梁、板的经济跨度和截面尺寸。一般单向板的经济跨度宜小于 3.0m，板厚为跨度的 1/30，连续板为 1/40；双向板短边的长度宜小于 4.0m，板厚为短边跨度的 1/40，连续板为 1/50，现浇板的板厚不应小于 60mm。主梁的经济跨度为 5～9m，梁高为跨度的 1/12～1/8；次梁的经济跨度为 4～6m，梁高为跨度的 1/18～1/12，悬臂梁的高为跨度的 1/6～1/5，梁的宽高比为 1/3～1/2，梁宽度不应小于 120mm，高度不应小于 150mm。现浇板板厚包括在梁高之内。梁高的选择应综合考虑层高、房间净高、设备管道、吊顶及面层等因素，当梁高受限制时，可考虑用宽扁梁、预应力梁或钢骨混凝土梁等。

③ 井字形楼板

当房间的形状为方形或近于方形且跨度在 8m 或 8m 以上时，可采用双向井格形布置梁，这种楼板称为井字形楼板。井式楼板可与墙体正交放置或斜交放置，见图 4-5。由于井式楼板可以用于较大的无柱空间，而且楼板底部的井格整齐划一，具有较好的装饰效果，常用在门厅、大厅、会议室、餐厅、小型礼堂、舞厅等处，如北京政协礼堂、南京金

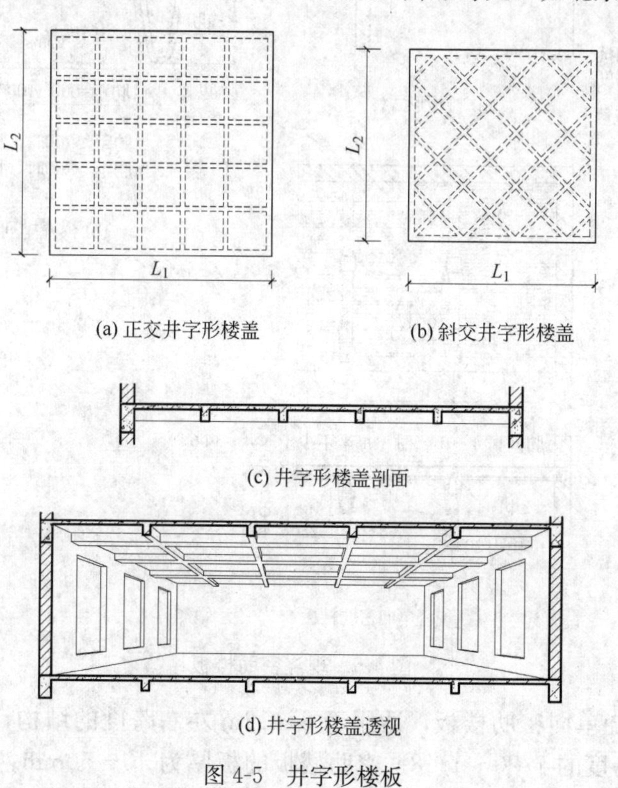

(a) 正交井字形楼盖　(b) 斜交井字形楼盖

(c) 井字形楼盖剖面

(d) 井字形楼盖透视

图 4-5 井字形楼板

陵饭店门厅及宴会厅等均采用井式楼板，其跨度达30～40m，梁的间距为3.0m左右。井字梁断面高度可取跨度的1/20～1/15。

④ 现浇密肋楼板

现浇密肋楼板有两种形式：

a. 双向密肋楼板也称带肋楼板。它与井字形楼板一样，要求房间接近方形（长短之比$L_2/L_1 \leqslant 1.5$，图4-6a）。一般肋距（梁距）为600mm×600mm～1000mm×1000mm，肋高为180～500mm，楼板的适用跨度为6～18m，其肋高一般为跨度的1/30～1/20。这种楼板采用可重复使用的定型塑料模壳作为肋板的模板，然后配筋浇捣混凝土而成（图4-6b）。

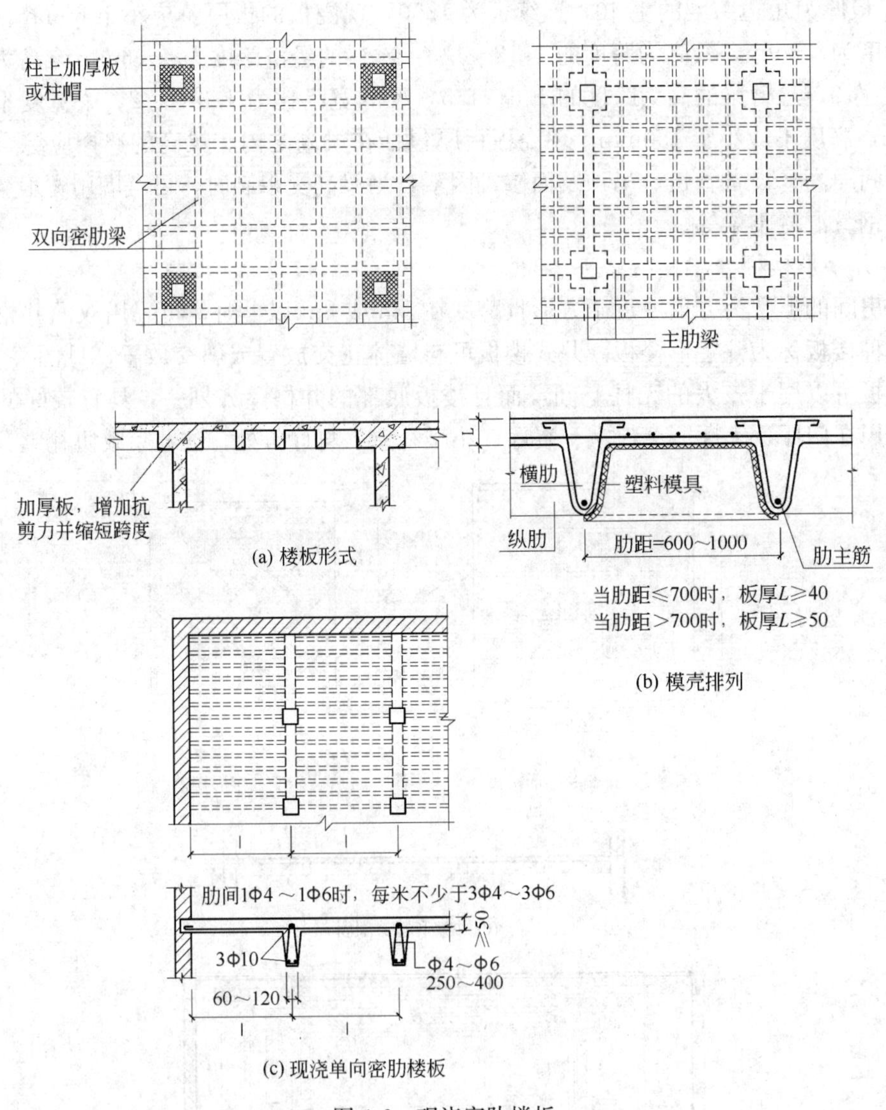

图4-6 现浇密肋楼板

b. 普通的现浇单向密肋楼板，适用于8～12m左右跨度的结构，一般肋距为500～700mm，肋高为跨度的1/20～1/18。密肋楼板的板厚为40～50mm。密肋楼板具有施工速度快、自重轻的优点，一般用于梁高受限的楼板中（图 4-6c）。

⑤ 板柱结构

板柱结构为等厚的平板直接支承在柱上，楼板的四周支承在边梁上，边梁支承在墙上或边柱上。板柱结构分为有柱帽和无柱帽两种。柱帽有锥形、圆形和折线形等（图 4-7）。当荷载较大时，为避免楼板太厚，应采用有柱帽板柱结构。板柱结构的柱网一般布置为正方形或矩形，间距在 6m 左右较经济，板的厚度不小于 150mm，一般取柱网短边尺寸的 1/30～1/25。板柱结构的板柱体系适用于非抗震区的多高层建筑（按现行建筑抗震设计规范，在抗震设防区，应改用板柱剪力墙体系）。如用于商店、书库、仓库、车库等荷载大、空间较大、层高受限制的建筑中，对于板跨大或大面积、超大面积的楼板、屋顶，为降低板厚，控制挠度和避免楼板上出现裂缝，近年来在板柱结构中常采用现浇空心板或部分预应力技术。

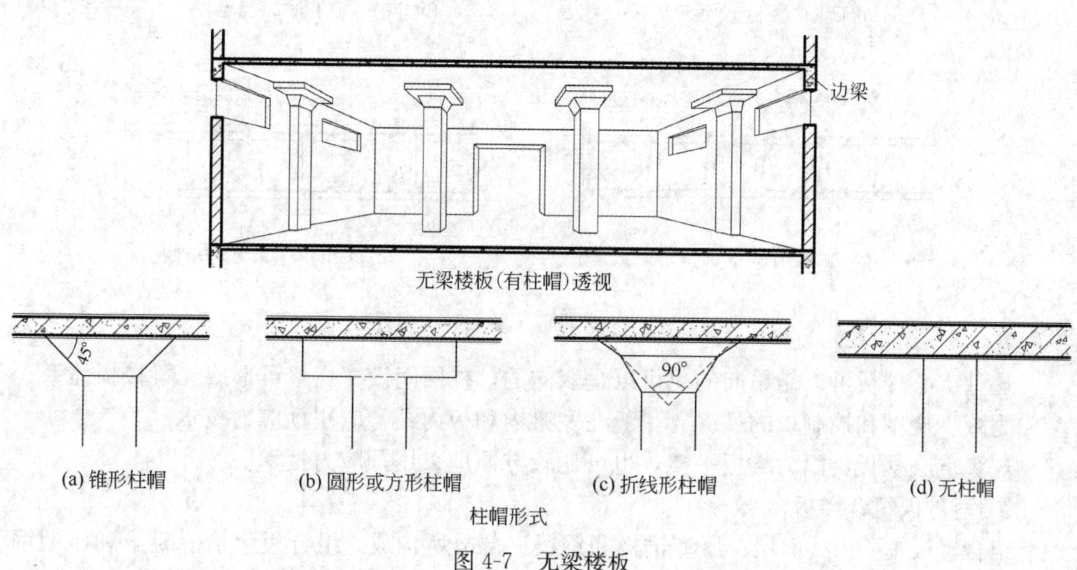

无梁楼板(有柱帽)透视

(a) 锥形柱帽　(b) 圆形或方形柱帽　(c) 折线形柱帽　(d) 无柱帽

柱帽形式

图 4-7　无梁楼板

板柱结构具有顶棚平整、净空高度大、采光通风条件较好、施工简便等优点，但楼板较厚，用钢量较大，相对造价较高。

⑥ 现浇钢筋混凝土空心楼板（又称 GBF 板）

因建筑功能需要，往往在一较大空间（6～9m）内不允许设置次梁，以增加房间净高，所以在这个空间内设置一整块现浇楼板，其板厚一般为 200～400mm。当层数较多时自重大，为减轻自重，板内可预埋塑料管或箱体，管径为 100～250mm，间距为 150～250mm，单向排列，管子两端用泡沫塑料塞紧，防止混凝土挤入管内，箱体或模盒一般为正方形，边长为 400～1200mm，高度为 120～500mm，筒心和箱体的空心率控制在 25％～50％之间。该楼盖体系适用于大跨度、大荷载、大空间建筑，如大跨度住宅楼、办公楼、医院、教学楼、商场等，尤其适用于地下车库、人防以及规划要求限高的建筑（图 4-8）。亦可填充其他轻质材料，使楼板形成空腔。现浇空心楼板的优点是：在楼房中无主、次梁，可降低层高，节省模板和人工，对抗震有利；因无主、次梁，板底平整，可节省吊顶及装饰费用；因板厚、刚度大且空心率大，相应可节省混凝土和钢材用量，也可减少基础的材料和费用；施工中便于管线穿越，使用上也可灵活分隔，给用户带来极大方便。

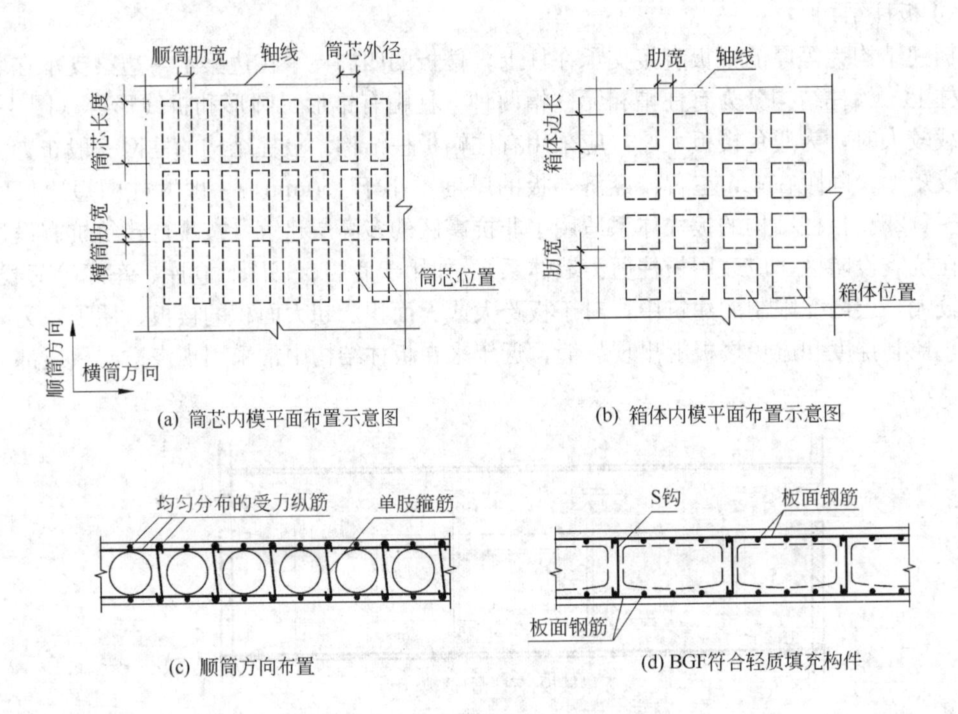

(a) 筒芯内模平面布置示意图　(b) 箱体内模平面布置示意图

(c) 顺筒方向布置　(d) BGF符合轻质填充构件

图 4-8　现浇钢筋混凝土空心楼板

这种空心楼板可以是单向的也可以是双向的，柱网间设宽扁梁可形成无梁楼板体系。

为减少挠度和控制板的裂缝，一般在宽梁内和板内结合应用预应力技术。

现浇空心楼板，因为楼板平整，也可比较方便地采用预应力技术。

⑦ 钢衬板组合楼板

组合楼板主要由楼面层、压型钢板和钢梁三部分所构成。组合板包括混凝土和压型钢板，压型钢板有多种形式，如图 4-9（a）所示。此外，可根据需要设吊顶棚（图 4-9b）。组合楼板是由混凝土和钢板共同受力，即混凝土承受剪应力与压应力，压型钢板承受拉应力，也是混凝土的永久模板。利用压型钢板肋间的空隙还可敷设室内电力管线，亦可在钢衬板底部焊接架设悬吊管道、通风管道和吊顶棚的支托。一般采用镀锌压型钢板。压型钢板在钢梁上的支承长度不得小于 50mm，并用栓钉使压型钢板、混凝土和钢梁连成整体（图 4-9c）。

组合楼板的构造根据压型钢板形式分为单层板组合楼板和双层板组合楼板两种类型。单层板组合楼板构造（图 4-10）。其中，图 4-10（a）所示为采用上宽下窄的压型钢板，使钢板和混凝土牢固结合；图 4-10（b）所示系组合楼板在混凝土上部配有构造钢筋，可加强混凝土面层的抗裂性，并可承受板端负弯矩；图 4-10（c）所示系在压型钢板上加肋条或压出凹槽，形成抗剪连接，这时压型钢板对混凝土起到加强的作用；图 4-10（d）所示系在钢梁上焊有抗剪栓钉，以保证组合楼板和钢梁能共同工作。在高层建筑中，为进一步减轻楼板重量，常用轻混凝土组合楼板。

双层钢板组合楼板构造如图 4-11 所示。图 4-11（a）所示为压型钢板与钢板组成的孔格式组合楼板，这种压型钢板高为 40mm 和 80mm。在较高的压型钢衬板中，可形成较宽的空腔，它具有较大的承载力，腔内可放置设备管线；图 4-11（b）所示为双层压型钢板

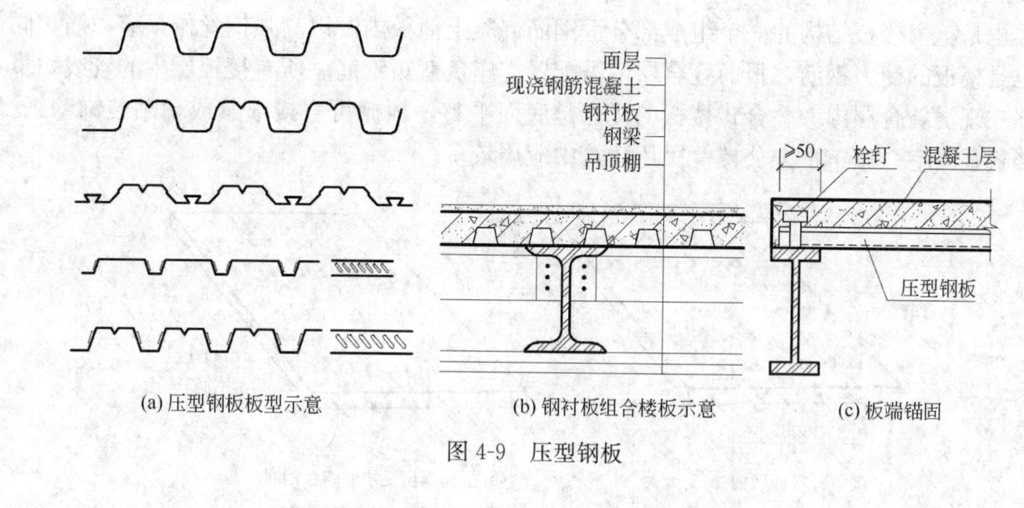

(a) 压型钢板板型示意　　(b) 钢衬板组合楼板示意　　(c) 板端锚固

图 4-9　压型钢板

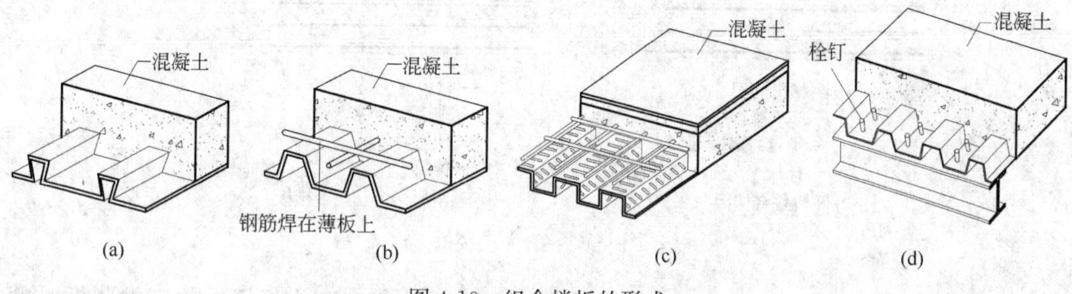

(a)　　(b)　　(c)　　(d)

图 4-10　组合楼板的形式

孔格式组合楼板，腔内甚至可直接用作空调管道，用于承载力更大的楼板结构中，其板跨度可达 6m 或更大。

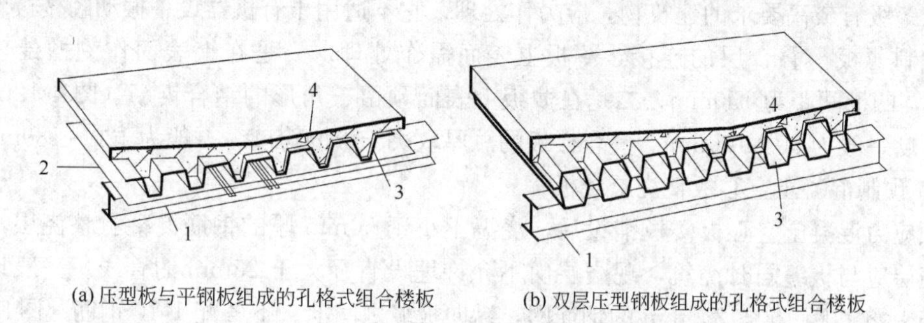

(a) 压型板与平钢板组成的孔格式组合楼板　　(b) 双层压型钢板组成的孔格式组合楼板

图 4-11　孔格式钢衬板组合楼板

1—钢梁；2—平钢板；3—压型钢板；4—现浇混凝土

钢衬板组合楼板充分利用了材料性能，简化了施工程序，加快了施工进度。楼板的整体性、耐久性、强度和刚度都很好，在国际上已普遍采用。但其耐火性和耐锈蚀性不如钢筋混凝土楼板，且用钢量较大、造价较高，适用于大空间建筑和高层建筑。

（2）装配整体式钢筋混凝土楼板

① 叠合式楼板

预制薄板与现浇混凝土面层叠合而成的楼板称为叠合式楼板，它既省模板，又有较好的整体性（图 4-12）。叠合式楼板的预制钢筋混凝土薄板既是永久性模板，承受施工荷载，也是整个楼板结构的一个组成部分。钢筋混凝土薄板内配以高强钢丝作预应力筋，同时也是楼板的受力钢筋，板面叠合层内需配置支座负弯矩钢筋。所有楼板层中的管线均事先埋在现浇叠合层内。叠合式楼板的优点是底面平整，顶棚可直接喷浆或粘贴装饰壁纸。此楼板在住宅、旅馆、办公楼等民用建筑中应用较多。

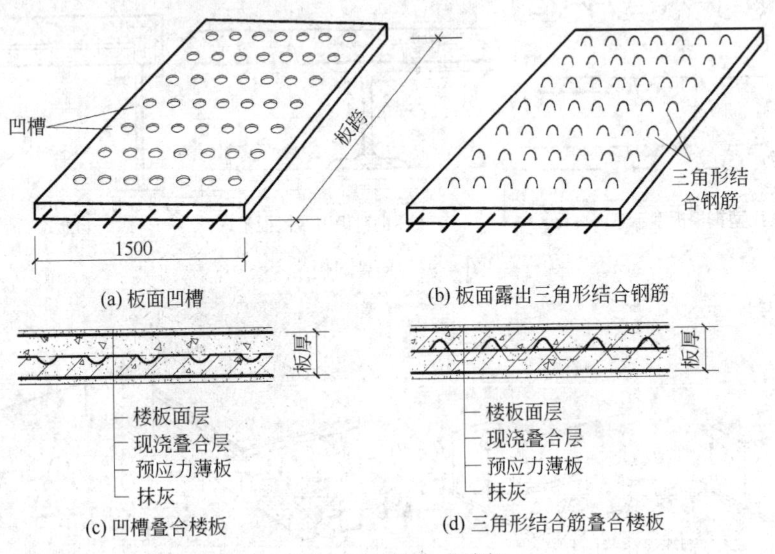

图 4-12　叠合式楼板

叠合式楼板跨度一般为 3～6m，最大可达 9m，5m 左右较为经济。预应力薄板厚度通常为 50～70mm，板宽 1.1～1.8m，板间应留缝 10～20mm。叠合式楼板运用于抗震设防烈度小于 9 度地区的民用建筑，但对于处于侵蚀性环境、结构表面温度经常高于 60℃和耐火等级有较高要求的建筑物，应另作处理，它不适用于有机器设备振动的楼板。为了加强预制薄板与叠合层的连接，薄板上表面需作处理。一是在上表面作刻槽处理（图 4-12a），凹槽间距为 150mm；二是在薄板上表面预留三角形的结合钢筋（图 4-12b）。现浇层厚度一般为 50～100mm。叠合楼板的总厚取决于板的跨度，一般为 120～180mm。

② 预制混凝土空心板整浇层楼板

预应力混凝土空心板楼板铺设后，浇捣不小于 50mm 厚的钢筋混凝土整浇层，混凝土现浇层应与板缝同时浇筑，现浇层内不允许埋设直径大于 25mm 的管线。一般现浇层中配Φ6～Φ8 间距 150～200mm 的钢筋网，纵向板缝之间上、下各配 1Φ10 钢筋（图4-13a）；

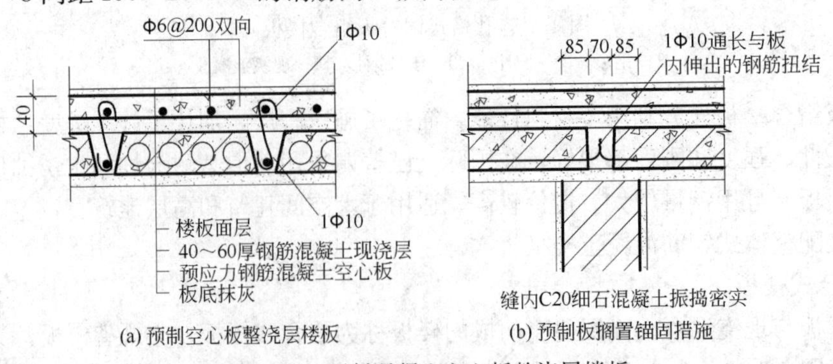

图 4-13　预制混凝土空心板整浇层楼板

预制板搁置端将两预制板的钢筋头绞在一起，并通长配置 1Φ10 钢筋（图 4-13b）。这种楼板克服了装配式楼板沿纵向板缝容易开裂的缺点，又具有现浇板平面刚度大、整体性好的优点。它适用于建筑高度小于 50m，7 度抗震设防的框架结构、剪力墙结构和框架-剪力墙结构。

4.3 地坪构造

地坪的基本组成有面层、结构层、垫层三部分，对于有特殊要求的地坪，常在面层和结构层或结构层与垫层之间增设一些附加层，如结合层、隔离层、填充层、保温层等其他构造层（图 4-14）。

（1）面层

地坪的面层也称地面，和楼面一样，是直接承受各种物理作用和化学作用的表面层，起着保护结构层和美化室内的作用。根据使用和装修要求的不同，有各种不同的面层和相应的做法。

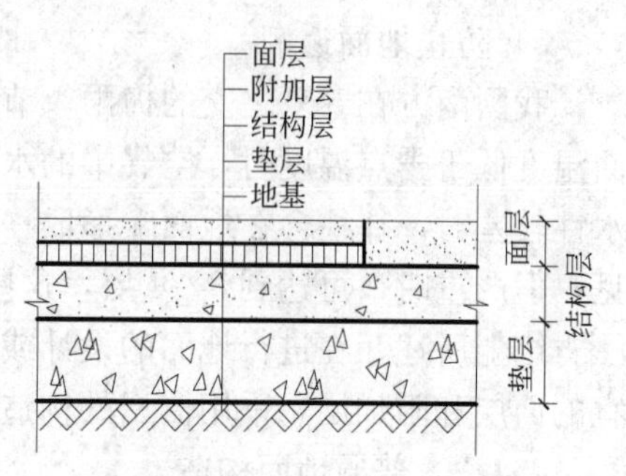

图 4-14 地坪构造组成

（2）结构层

结构层为地坪的承重部分，承受着由地面传来的荷载，并传给地基。一般采用混凝土，厚度为 60～80mm。

（3）垫层

垫层为结构层与地基之间的找平层和填充层，主要起加强地基、帮助传递荷载的作用。

垫层材料的选择决定于地面的主要荷载。当上部荷载较大且结构层为现浇混凝土时，垫层多采用碎砖或碎石；荷载较小时也可用灰土或三合土等做垫层（当地基条件很好时，可直接素土夯实，不做垫层）。

地坪垫层应铺设在均匀密实的地基上。针对不同的土体情况和使用条件采用不同的处理办法。对于淤泥、淤泥质土、冲填土等软弱地基，应根据结构的受力特征、使用要求、土质情况按现行国家标准的规定利用和处理，使其满足使用的要求。

（4）附加层

附加层主要是为满足某些特殊使用要求而在面层与结构层间或垫层与结构层间设置的构造层次，如防水层、防潮层、保温层和管道敷设层等。

4.4 地面构造

4.4.1 地面要求

地面是楼板层或地坪的面层，是人们日常生活、工作和生产时直接接触的部分，属装修范畴。也是建筑中直接承受荷载，经常受到摩擦、清扫和冲洗的部分。因此，对地面有一定的功能要求：

1）具有足够的坚固性

要求在各种外力作用下不易磨损破坏，且要求表面平整、光洁、易清洁和不起灰。

2）保温性能好

地面材料的导热系数要小，给人以温暖舒适的感觉，冬季时走在上面不至于感到寒冷。

3）具有一定的弹性

当人们行走时，不至于有地面过硬的感受，同时还能起隔声作用。

4）满足某些特殊要求

对有水作用的房间，地面应防潮防水；对有火灾隐患的房间，应防火阻燃；对有化学物质作用的房间，应耐腐蚀；对食品和药品存放的房间，地面应无害虫、易清洁；对经常有油污染的房间，地面应防油渗且易清扫等。

5）防止地面返潮

我国南方在春夏之交的梅雨季节，由于雨水多，气温高，空气相对湿度较大。当地表面温度低于露点温度时，空气中的水蒸气遇冷便凝聚成小水珠附在地表面上，当地面的吸水性较差时，往往会在地面上形成一层水珠，这种现象称为地面返潮。一般以底层较为常见，但严重时，可达到3～4层，这些地区应选择不易返潮的面层材料。

综上所述，在进行地面的设计或施工时，应根据房间的使用功能和装修标准，选择适宜的面层和附加层，采用恰当的构造措施。

4.4.2　普通地面构造

地面由面层和找平层（或结合层）两部分组成。

地面按其材料和做法可分为四大类型，即整体地面、块料地面、塑料地面和木地面。

1）整体地面

整体地面包括水泥砂浆地面、水泥石屑地面、水磨石地面等现浇地面。

（1）水泥砂浆地面

即在混凝土结构层上抹水泥砂浆，一般有单层和双层两种做法。单层做法只抹一层15～20mm厚1∶2或1∶2.5水泥砂浆；双层做法是先在结构层上抹10～20mm厚1∶3水泥砂浆找平层，再在表面层抹5～10mm厚1∶2水泥砂浆。双层做法平整不易开裂。

水泥砂浆地面通常用作对地面要求不高的房间或需进行二次装修的商品房地面。原因在于水泥砂浆地面构造简单、坚固，能防潮、防水而造价又较低。但水泥砂浆地面导热系数大，冬天时感觉冷，而且表面易起灰，不易清洁。

（2）水泥石屑地面

以石屑替代砂的一种水泥地面，亦称豆石地面或瓜米石地面。这种地面性能近似水磨石，表面光洁，不易起尘，易清洁，造价仅为水磨石地面的50%。水泥石屑地面构造也有一层和两层做法之别，一层做法是在结构层上直接以25mm厚1∶2水泥石屑提浆抹光，两层做法是增加一层15～20mm厚1∶3水泥砂浆找平层，面层铺15mm厚1∶2水泥石屑，提浆抹光即成。

（3）水磨石地面

水磨石地面一般分两层构造。在结构层上用15～20mm厚的1∶3水泥砂浆找平，面层铺约12mm厚1∶1.5～1∶2水泥石子浆，待面层达到一定强度后加水用磨石机多次磨光，达到分格条高度，然后打蜡保护。所用水泥为普通水泥或白水泥，所用石子可为中等硬度的方解石、大理石、白云石屑等。

为适应地面变形可能引起的面层开裂以及维修方便，在做好找平层后，用嵌条把地面分成若干小块，尺寸约300～1000mm见方。分块作用：其一，可以设计成各种图案；其二，在使用时，一旦损坏，便于修补。分格条采用玻璃、塑料或金属条（铜条、铝条），分格条高度与水磨石厚度都是10mm，用1∶1水泥砂浆固定。嵌固砂浆不宜过高，否则会造成面层在分格条两侧仅有水泥而无石子，影响美观（图4-15）。当做彩色面层时，则将普通水泥换成白水泥，并掺入不同颜料做成各种彩色地面，但颜料用量不得超过水泥量的5%，以免影响地面强度，亦可用彩色石子或彩色水泥做成美术水磨石地面。

水磨石地面具有良好的耐磨性、耐久性、防水性，并具有质地美观、表面光洁、不起尘、易清洁等优点，缺点是导热系数大，冬天时感觉冷，遇水、油时地面较滑。通常应用于居住建筑的浴室、厨房和公共建筑门厅、走道及主要房间地面等部位。水磨石由于施工工序多，操作麻烦，应用正在逐步减少。

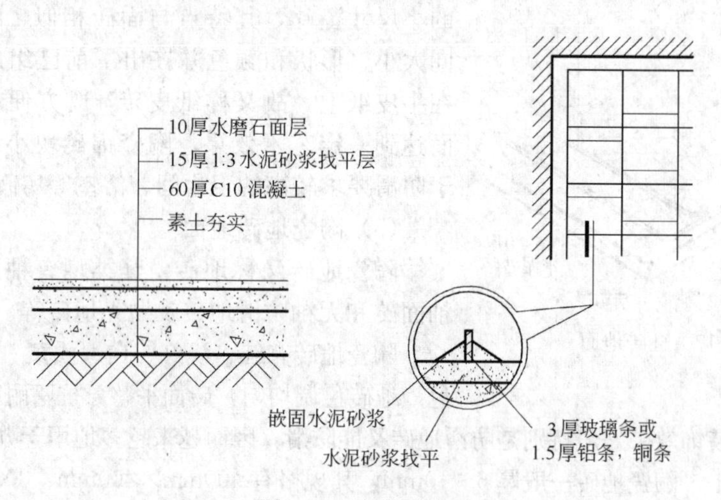

图4-15　水磨石地面

2）块材地面

块材地面是把地面材料加工成块状，然后借助胶结材料粘贴或铺砌在结构层上。胶结材料既起胶结作用又起找平作用，也有先做找平层再做胶结层的。常用的胶结材料有水泥砂浆或各种胶粘剂等。块料地面种类很多，常用的有水泥砖、混凝土块、水磨石块、缸砖、陶瓷锦砖、陶瓷地砖等。

（1）水泥制品块地面

用20～40mm厚水泥砂浆做结合层铺砌。这种地面施工方便，造价低廉，适用于外部地面以及庭园小道等（图4-16）。

（2）缸砖及陶瓷锦砖地面

缸砖是用陶土焙烧而成的一种无釉砖块。形状有正方形（尺寸为100mm×100mm和150mm×150mm，厚10～19mm）、六边形、八角形等。颜色也有多种，但以红棕色和深米黄色居多，由不同形状和色彩组合成各种图案。缸砖背面有凹槽，使砖块和基层胶粘牢固，要求平整，横平竖直（图4-17）。缸砖具有质地坚硬、耐磨、耐水、耐酸碱、易清洁等优点。

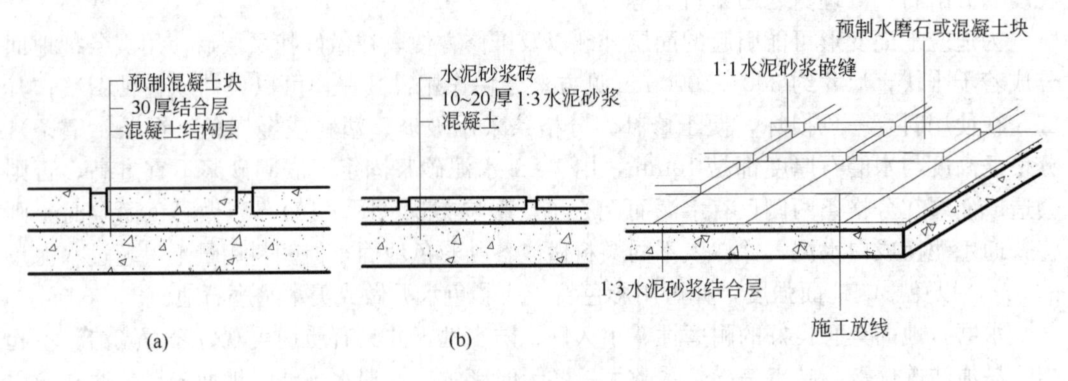

图4-16　水泥制品块地面

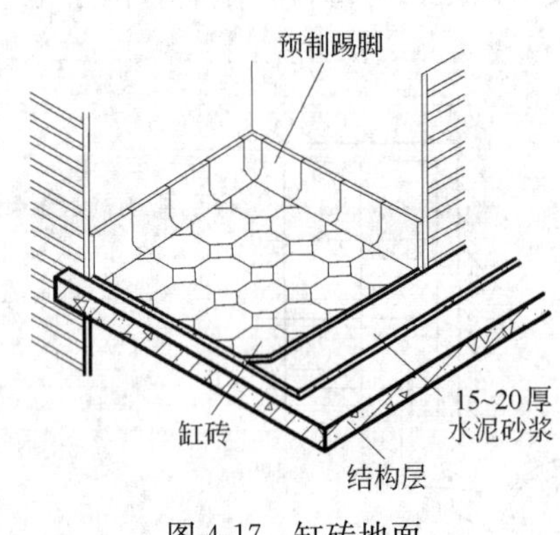

图4-17　缸砖地面

陶瓷锦砖又称马赛克，是以优质瓷土烧制而成的小尺寸瓷片，其特点与面砖相似。陶瓷锦砖有不同大小、形状和颜色并在出厂前已组成各种图案贴在牛皮纸上，故又称纸皮砖，既方便施工又可使饰面达到一定艺术效果。陶瓷锦砖块小缝多，主要用于防滑要求较高的卫生间、浴室等房间的地面。

（3）陶瓷地砖地面

陶瓷地砖又称地砖，其类型有釉面地砖、无光釉面砖和无釉防滑地砖及抛光地砖等。

陶瓷地砖有红、浅红、白、浅黄、浅蓝等各种颜色。地砖色调均匀，砖面平整，抗腐耐磨，施工方便，且块大缝少，装饰效果好，特别是防滑地砖又能防滑，因而越来越多地用于办公、商店、旅馆和住宅建筑中。陶瓷地砖一般厚6～10mm，其规格有400mm×400mm、300mm×300mm、250mm×250mm、200mm×200mm。块越大，价格越高，装饰效果越好。

常用地面做法见表4-1。

常用地面做法　　**表4-1**

名　称	材料及做法
水泥砂浆地面	25厚1：2水泥砂浆面层，铁板赶光，水泥浆结合层一道，结构层
水泥石屑地面	30厚1：2水泥豆石（瓜米石）面层，铁板赶光，水泥浆结合层一道，结构层
水磨石地面	15厚1：2水泥白石子面层，表面磨光并用草酸处理后打蜡上光，水泥浆结合层一道，25厚1：2.5水泥砂浆找平层，水泥浆结合层一道，结构层
油漆（聚乙烯醇缩丁醛）地面	面漆三道，清漆二道，填嵌并满抹腻子，清漆一道，25厚1：2.5水泥砂浆找平层，结构层
陶瓷锦砖（马赛克）地面	陶瓷锦砖面层，白水泥浆擦缝，25厚1：2.5干硬性水泥砂浆结合层，水泥浆结合层一道，结构层
缸砖地面	缸砖（防潮砖、地红砖）面层，配色白水泥浆擦缝，25厚1：2.5干硬性水泥砂浆结合层，上洒1～2厚干水泥并洒清水适量，水泥浆结合层一道，结构层
陶瓷地砖地面	10厚陶瓷地砖面层，白水泥浆擦缝，25厚1：2.5干硬性水泥砂浆结合层，上洒1～2厚干水泥并洒清水适量，水泥浆结合层一道，结构层

3）塑料地面

从广义上讲，塑料地面包括一切以有机物质为主制成的地面覆盖材料。如有一定厚度的平面状的块材或卷材形式的油地毡、橡胶地毡、涂饰地面。

塑料地面装饰效果好，色彩鲜艳，施工简单，维修保养方便，有一定弹性，脚感舒适，步行时噪声小，但它有易老化，日久失去光泽，受压后产生凹陷，不耐高热，硬物刻画易留痕等缺点。

常用的有乙烯类塑料地面以及涂料地面等。

（1）乙烯类塑料及橡胶地面

塑料地面是以乙烯类树脂为主要胶结材料，配以增塑剂、填充料、稳定剂、润滑剂和颜料，经高速混合、塑化、辊压或层压成型。塑料地面品种繁多，就外形看，有块材和卷材之分；就材质看，有软质和半硬质之分；就结构看，有单层和多层复合之分；就颜色看，有单色和复色之分。塑料地面所用胶粘剂也有多种，如溶剂性氯丁橡胶胶粘剂、聚酯酸乙烯胶粘剂、环氧树脂胶粘剂、水乳型氯丁橡胶胶粘剂等。

下面介绍两种常用的聚氯乙烯地面。

聚氯乙烯地砖：聚氯乙烯地砖一般含有 20%～40%的聚氯乙烯树脂及其共聚物和 60%～80%的填料及添加剂。聚氯乙烯地砖质地较硬，常做成块状，规格常为 300mm 见方，厚 1.5～3mm，另外还有三角形、长方形等形状。

其施工方法是在清理基层后，根据房间大小设计图案排料编号，在基层上弹线定位，由中心向四周铺贴。

软质及半硬质塑料地面：软质塑料地面，由于增塑剂较多而填料较少，故较柔软，有一定弹性，耐凹陷性能好，但不耐热，尺寸稳定性差，主要用于医院、住宅等。这类地面规格为：宽 800～1240mm，长 12～20m，厚 1～6mm。施工是在清理基层后按设计弹线，在塑料板底满涂氯丁橡胶胶粘剂 1～2mm 后进行铺贴。地面的拼接方法是将板缝先切割成“V”形，然后用三角形塑料焊条、电热焊枪焊接，并均匀加热（图 4-18）。

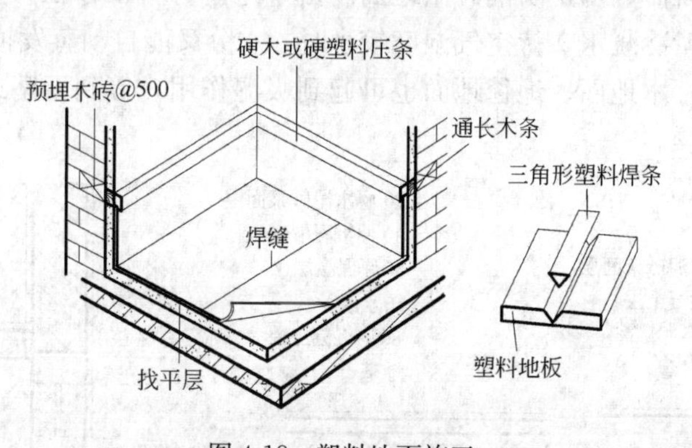

图 4-18　塑料地面施工

半硬质塑料地板规格为 100mm×100mm～700mm×700mm，厚 1.5～1.7mm，胶粘剂与软质地面相同。施工时，先将胶粘剂均匀地刮涂在地面上，几分钟后，将塑料地板按设计图案贴在地面上，并用抹布擦去缝中多余的胶粘剂。尺寸较大者如 700mm×700mm 的，可不用胶粘剂，铺平后即可使用。

（2）涂饰地面

涂饰地面通常是在地面面层完成后所做的装饰层。

用于地面的涂料有地板漆及溶剂型涂料等。这些涂料施工方便，造价较低，可以提高地面的韧性，减小其透水性，适用于民用建筑中的住宅、医院等。由于涂层较薄，耐磨性差，故不适于人流量大或物件进出频繁的公共场所。

4）木地面

木地面的主要特点是有弹性、不起灰、不返潮、导热系数小，常用于住宅、宾馆、体育馆比赛厅、剧院舞台等建筑中。

木地面按其构造方法有空铺、实铺两种。空铺式木地面又称架空木地面，架空木地面的木龙骨固定在地垄墙的垫木上或结构层上。实铺式木地面是直接在实体基层上铺设木地板。实铺式木地面省去了龙骨，构造简单，但应注意保证粘贴质量和基层平整。木地板必须注意防虫、防腐等。

木地板的详细构造见本书“建筑装修构造”章节。

5）避免地面返潮构造

克服返潮现象主要是防止表面结露，要解决这个问题：一是解决围护结构内表面与室内空气温差过大问题，使围护结构内表面温度在露点温度以上即可，可采取构造措施改善地坪返潮；二是降低空气相对湿度，这个问题可用机械设备（如采用排风机、除湿机）等手段来解决。

防止地面结露可采取以下措施：

（1）保温地面

对地下水位低、地基土壤干燥的地区，可在垫层下面铺设保温层，以改善地面与室内空气温度相差过大的矛盾（图 4-19a）。在地下水位较高地区，可将保温层设在面层与结构层之间，并在保温层下铺防水层（图 4-19b）。

（2）吸湿地面

用黏土砖、大阶砖、陶土防潮砖做地面。由于这些材料中存在大量孔隙，在返潮时，面层会暂时吸附少量冷凝水，待空气湿度较小时，水分又能自动蒸发掉，因此地面不会出现明显的潮湿现象。木地面、地毯地面也可起到吸湿作用，等到天晴或加强通风措施后，则地面仍可保持干燥。

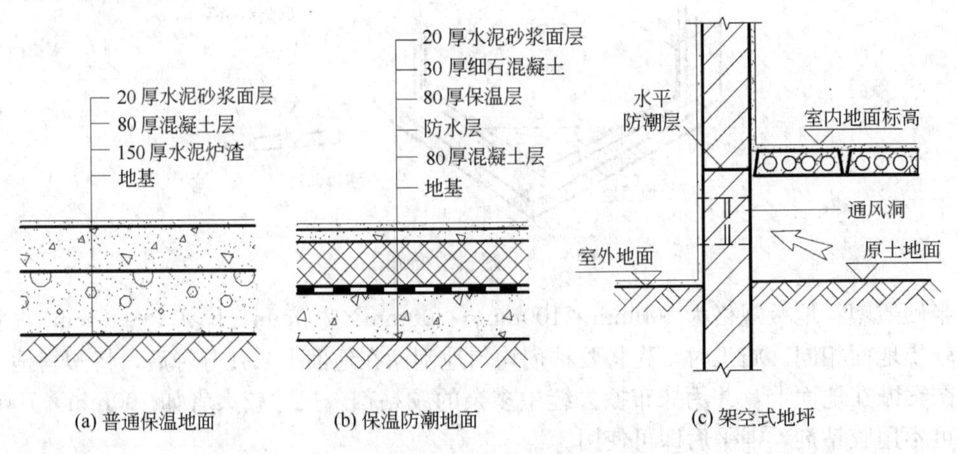

图 4-19　改善地面返潮的构造措施

(3) 架空式地坪

在底层地坪下设通风隔层，使底层地坪不接触土壤，以改变地表面的温度状况，从而减少冷凝水的产生，使返潮现象得到明显的改善。但由于增加了一层楼板，使得造价增加(图 4-19c)。

对于一般的地坪和地面构造，国家及各地方都有现成的标准图集，建筑师只要根据平面施工图中各部位、各房间的使用功能地面做法直接选用图集便可，对于有特殊要求的部位，可补充详图或做法说明。

4.5 阳台与雨篷构造

4.5.1 阳台

阳台是连接室内外空间的平台，起到观景、纳凉、晒衣、养花等多种作用，是住宅和旅馆等建筑中不可缺少的一部分（图 4-20）。

图 4-20 各种形式阳台

阳台的支承方式有悬挑式、支承式、吊挂式，以悬挑式为多。悬挑式又有板式悬挑和梁板式悬挑之分。

1) 阳台的类型

阳台按其与外墙面的关系可分为挑阳台、凹阳台、半挑半凹阳台和转角阳台等（图 4-21）。

2) 阳台的设计要求

阳台应满足下列设计要求：

(1) 安全适用

悬挑阳台的挑出长度不宜过大，以 1.0～1.8m 为宜，常用 1.5m 左右，应保证在荷载作用下不发生倾覆现象。按规范，多层住宅阳台栏杆净高不低于 1.05m，高层住宅阳台栏杆净高不低于 1.1m。阳台垂直栏杆间净距不应大于 110mm。为防攀爬，不在栏杆间设水

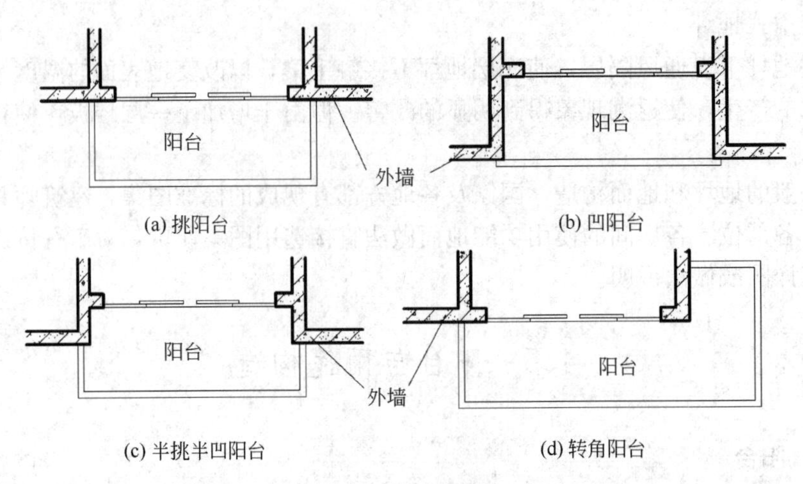

图 4-21 阳台的类型

平杆件以免造成恶果。放置花盆处也应采取防坠落措施。

(2) 坚固耐久

阳台悬于室外，所用材料和构造措施应经久耐用。承重结构应采用钢筋混凝土，金属构件应做防锈处理，表面装修应注意色彩的耐久性和抗污染性。

(3) 排水通畅

为防止阳台上的雨水流入室内，要求阳台地面标高低于室内地面标高 30～50mm，空透栏杆下做 100mm 高挡水带，并将地面抹出 1%的排水坡，使雨水能有组织地外排。

(4) 立面要求美观

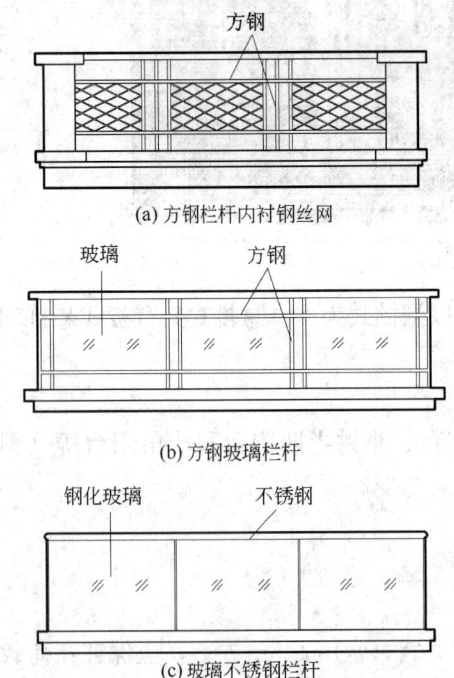

图 4-22 金属和玻璃栏杆的形成

阳台的美观是指可以利用阳台的形状、排列方式、色彩图案，给建筑物带来一种韵律感，为建筑物的形象增添风采。

3) 阳台细部的构造

(1) 阳台栏杆与扶手

阳台栏杆是在阳台板外围设置的垂直围护构件，主要是承担人们扶倚的侧向推力，以保障人身安全，还可以对整个建筑物起装饰美化作用。栏杆的形式有实体、空花和混合式，材料可用砖、钢筋混凝土板、金属和钢化玻璃等（图 4-22）。

实体栏杆又称栏板。砖砌栏板一般为 120mm 厚，采取在栏板顶部现浇钢筋混凝土扶手，或在栏板中配置通长钢筋加固，阳台角部设小立柱等加强其整体性（图 4-23e）。

钢筋混凝土栏板为现浇和预制两种。现浇栏板通常与阳台板或边梁、挑梁整浇在一起（图 4-23d）。

金属栏杆一般采用方钢、圆钢、扁钢和钢管等焊接成各种形式的漏花栏杆，须作防锈处理。金属栏杆与边梁上的预埋铁件焊接（图 4-23a～图 4-23c）。

玻璃栏杆一般采用 10mm 厚钢化玻璃，上下与不锈钢管扶手和面梁用结构密封胶固结（图 4-23b）。

扶手有金属和钢筋混凝土两种。金属扶手一般为钢管与金属栏杆焊接（图 4-23d、图 4-23e）。钢筋混凝土扶手直接用作栏杆压顶，宽度有 120、160、180mm 等（图 4-23）。

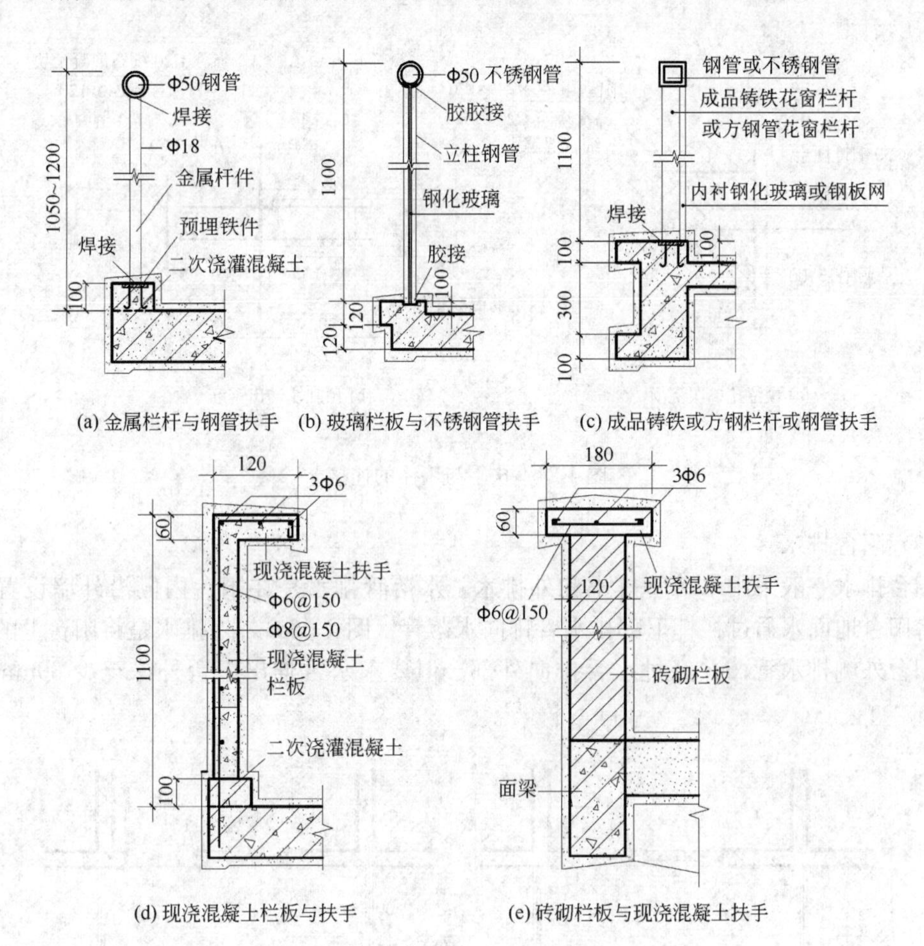

图 4-23　阳台栏杆与扶手构造

（2）节点构造

阳台节点构造主要包括栏杆与扶手、栏杆与面梁（或挡水带）、栏杆与墙体的连接等。

栏杆与扶手的连接方式通常有焊接、胶接玻璃、整体现浇等多种方式（图 4-23）。预制钢筋混凝土扶手和栏杆上预埋铁件，安装时焊接在一起，这种连接方法施工简单，坚固安全。

栏杆与面梁或阳台板的连接方式有焊接、预留钢筋二次现浇、整体现浇等。当阳台板为现浇板时，必须在板边现浇 100mm 高混凝土挡水带（图 4-23），以防积水顺板边流淌，污染表面。金属栏杆可直接与面梁上预埋铁件焊接（图 4-23a）；现浇钢筋混凝土栏板可直接从阳台板或面梁内伸出锚固筋（图4-23d）；砖砌栏板可直接砌筑在面梁上（图4-23e）。

扶手与墙的连接，应将扶手或扶手中的钢筋伸入外墙的预留洞中，用细石混凝土或水泥砂浆填实牢固（图4-24a）。现浇钢筋混凝土扶手与墙连接时，应在墙体内预埋C20细石混凝土块，从中伸出两根钢筋，长300mm，与扶手中的钢筋绑扎后进行现浇（图4-24b）。当扶手与外墙构造柱相连时，可先在构造柱内预留钢筋，与扶手中的钢筋焊接，或构造柱边的预埋件与扶手中的钢筋焊接。

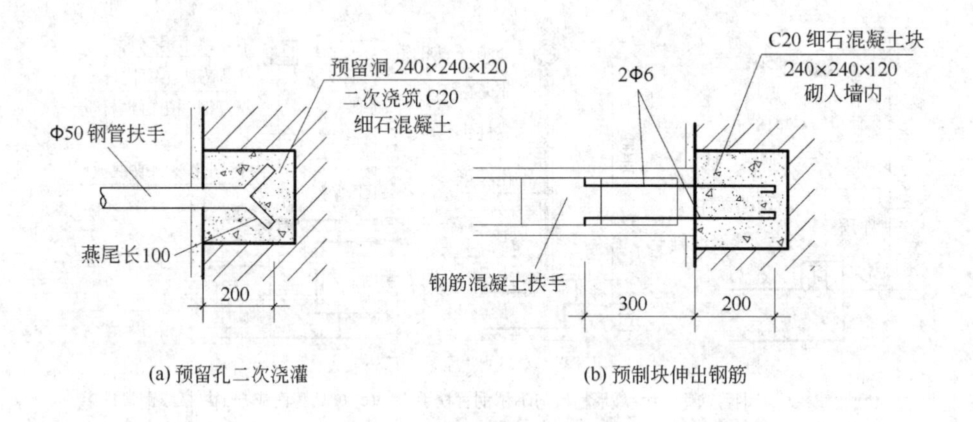

图4-24　扶手与墙体的连接

（3）阳台排水

阳台排水一般采用水落管排水和外排水。水落管排水是在阳台内侧沿外墙设置水落管，将阳台地面水通过栏杆下部排水管排向水落管（图4-25a）。外排水是将阳台上的雨水引向阳台外侧排水管，并经过水舌排向外部。但要求水舌伸出阳台外缘至少60mm（图4-25b）。

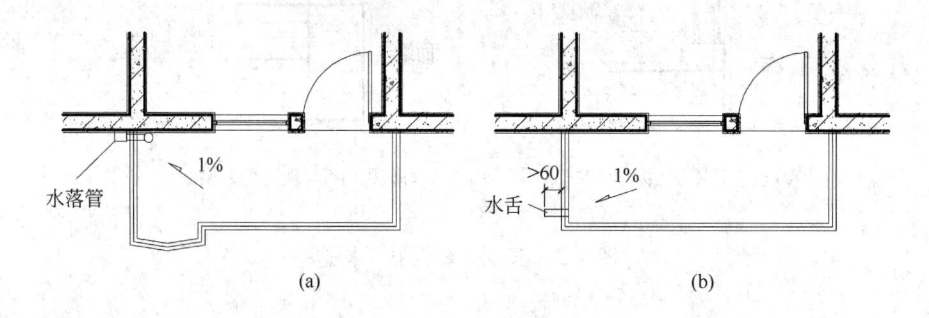

图4-25　阳台排水处理

4.5.2　雨篷

雨篷位于建筑物出入口的上方，用来遮雨雪，提供一个从室外到室内的过渡空间。

雨篷根据建筑造型要求，可采用钢筋混凝土雨篷、钢构架金属雨篷或钢与玻璃组合的雨篷。本章主要叙述常用的钢筋混凝土雨篷构造。钢筋混凝土雨篷有悬板式和悬挑梁板式两种，钢构架雨篷和钢与玻璃组合的雨篷可做成悬挑式，亦有做成吊挂式的。为防止雨篷产生倾覆，常将雨篷与入口处门上过梁或圈梁现浇在一起，雨篷的常见形式见图4-26。

1）悬板式

悬板式雨篷外挑长度一般为 0.8～1.5m，板根部厚度不小于挑出长度的 1/12，雨篷宽度比门洞每边宽 250mm。悬板式雨篷设计与施工时务必注意控制板面钢筋的保护层厚度，防止施工时将板面钢筋下压而降低结构安全甚至出现安全事故。雨篷排水方式可采用无组织排水和有组织排水两种（图 4-26a、图 4-26c）。雨篷顶面抹 20mm 厚 1：2 水泥砂浆内掺 5％防水剂，雨篷与墙体相接处应抹防水砂浆，泛水高不少于 250mm，且不少于雨篷翻边。板底抹灰可采用纸筋灰或水泥砂浆。采用有组织排水时，板边应做翻边，如反梁，高度不小于 200mm，并在雨篷边设泄水管，小型雨篷常用水舌排水。

2）悬挑梁板式

悬挑梁板式雨篷多用在挑出长度较大的入口处，如影剧院、商场、办公楼等。为使板底平整，多做成反梁式（图 4-26b）。

3）吊挂式雨篷

对于钢构架金属雨篷和钢与玻璃组合雨篷，常用钢斜拉杆以抵抗雨篷的倾覆。有时为了建筑立面效果的需要，立面挑出跨度大，也用钢构架带钢斜拉杆组成的雨篷（图 4-26d）。

对于此类出挑较大的钢雨篷，有时需要考虑风荷载的向上吸力作用，特别是对于沿海风荷载较大的地区。另外，对于玻璃雨篷，还要考虑雨篷上方偶然掉落杂物造成安全事故的因素，一般该雨篷的玻璃应采用夹丝玻璃或夹膜玻璃。

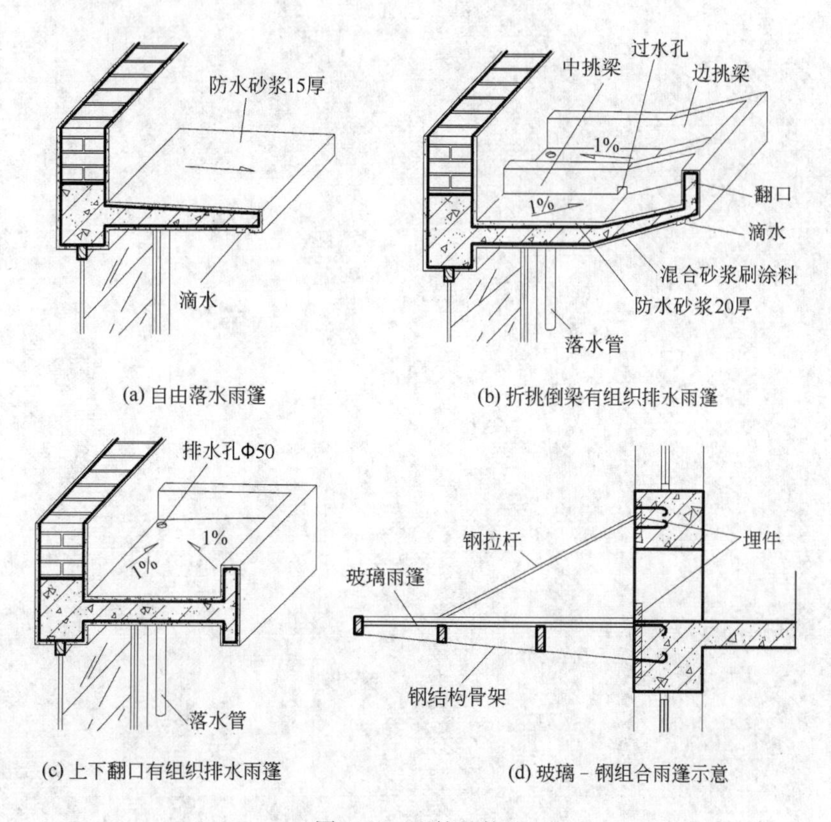

图 4-26　雨篷的构造

本章参考文献

[1]　混凝土结构设计规范 GB 50010—2010. 北京：中国建筑工业出版社，2010.
[2]　JGJ/T 268—2012 现浇混凝土空心楼盖结构技术规程. 北京：中国计划出版社，2004.
[3]　江苏省工程建设标准设计图集（施工说明）苏 J01-2005. 北京：中国建筑工业出版社，2005.
[4]　国家建筑标准设计图集：住宅建筑构造 11J930. 北京：中国计划出版社，2011.

第 5 章　楼梯、台阶与坡道、电梯及自动扶梯

5.1 概　　述

建筑中联系建筑物室内外高差以及不同标高楼层的垂直交通设施有台阶、坡道、楼梯、爬梯、电梯和自动扶梯等。此外，建筑物同一层的水平交通设施还有自动步道。其中，楼梯使用的范围最广，它是多层、高层建筑竖向交通和人员紧急疏散的主要交通设施。楼梯包括连续行走的梯段、休息平台、栏杆和扶手及相应的支撑结构，所以也称为扶梯。爬梯一般是指楼梯梯段的坡度超过 45°，且上下行需借助双手帮助，才能使用的垂直通行设施。

台阶：用于室内外地坪高差之间以及室内不同标高处的阶梯形踏级，供人上下使用。

坡道：建筑物在有高差的楼、地面处供人行或轮式交通工具（车辆、轮椅、推车等）通行的斜坡式交通通道。

电梯：通过电力带动轿厢运行于垂直方向，运送乘客或货物的交通设备。

自动扶梯：又称自动楼梯，外形与普通楼梯相仿，是通过链式输送机自动运送人员的竖向交通设备，适用于具有大量连续人流的大型公共建筑，如超级市场、火车站、地铁站、航空港、展览中心、体育中心、社区服务中心等。

自动步道：依靠电动机械自动运送人员的水平交通设备，一般坡度小于 12°，适用于大型公共建筑（图 5-1）。

(a) 室外台阶

(b) 坡道与台阶

(c) 室外楼梯

图 5-1　各种楼梯、坡道、电梯及自动扶梯

(d) 铁艺楼梯

(e) 旋转楼梯

(f) 观光电梯

(g) 电梯厅

(h) 自动扶梯

(i) 自动步道

图 5-1　各种楼梯、坡道、电梯及自动扶梯（续）

5.1.1　楼梯的种类和组成

1）楼梯的种类

按位置分，有室内楼梯和室外楼梯。

按使用性质分，可分为交通楼梯、辅助楼梯、疏散楼梯等。

按防烟、防火作用分，有敞开式楼梯、封闭楼梯、防烟楼梯、室外防火楼梯等。

按结构材料分，有木楼梯、钢筋混凝土楼梯、金属楼梯及混合式楼梯等（图 5-2）：

（1）木楼梯——全部或主体结构为木制的楼梯，常用于住宅建筑的室内。木楼梯典雅古朴，但其防火性较差，需作防火处理。

（2）钢筋混凝土楼梯——有现浇和装配式两种。钢筋混凝土楼梯强度高，耐久和防火性能好，可塑性强，可满足各种建筑使用要求，被普遍采用。

（3）金属楼梯——最常用的为钢质楼梯。金属楼梯强度大，有独特的美感，也要作防腐、防火处理。

（4）混合式楼梯——主体结构由两种或多种材料组成，如钢木楼梯等，它兼有各种楼梯的优点。

按组合形式分，有直行单跑楼梯、直行双跑楼梯、平行双跑楼梯、平行双分楼梯、平行双合楼梯、转角双跑楼梯、折形三跑楼梯、剪刀楼梯、交叉双跑楼梯、螺旋形楼梯、弧形楼梯等（图 5-3）。

(a) 木楼梯 (b) 钢筋混凝土楼梯 (c) 金属楼梯

(d) 混合式钢玻璃楼梯 (e) 混合式钢木楼梯 (f) 混合式钢木悬持楼梯

(g) 墙承重单侧悬挑板式楼梯 (h) 折板吊索楼梯 (i) 单梁悬臂钢楼梯

图 5-2 各种结构材料的楼梯

按结构形式分，有梁式楼梯、板式楼梯、悬臂式楼梯、悬挂式楼梯和墙承式楼梯：

(1) 梁式楼梯——以楼梯梁作支承体的楼梯，有双梁式、单梁式和扭梁式等，适用于

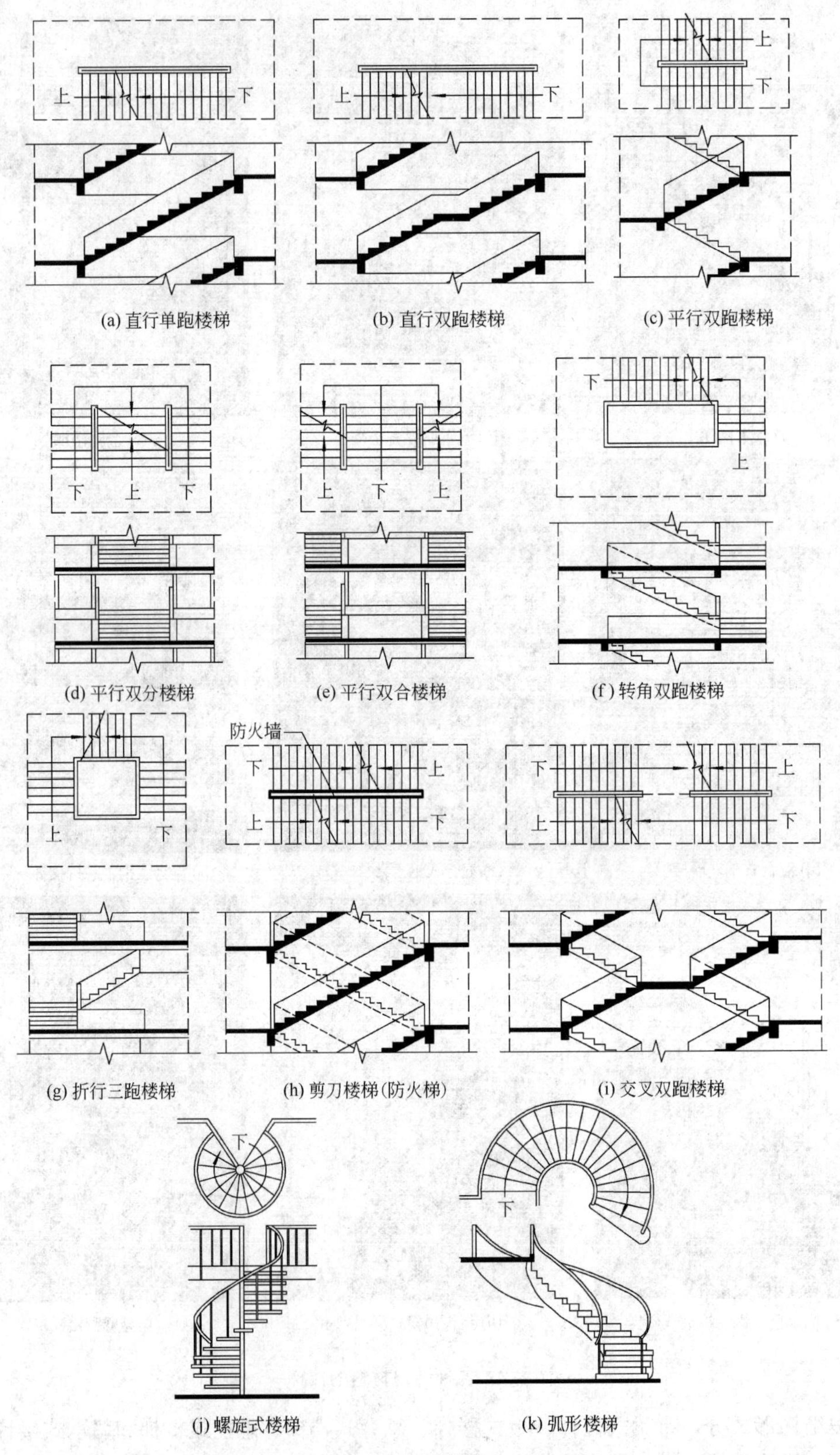

(a) 直行单跑楼梯　(b) 直行双跑楼梯　(c) 平行双跑楼梯
(d) 平行双分楼梯　(e) 平行双合楼梯　(f) 转角双跑楼梯
(g) 折行三跑楼梯　(h) 剪刀楼梯(防火梯)　(i) 交叉双跑楼梯
(j) 螺旋式楼梯　(k) 弧形楼梯

图 5-3　楼梯形式

层高较高和荷载较大的场合。当梁和踏板分开制作时，可采用木、钢、钢筋混凝土等材料组合。

(2) 板式楼梯——以板作支承体的楼梯。支承板有搁板、平板、折板、扭板。这种楼梯自重较大，用于层高不高的钢筋混凝土楼梯。

(3) 悬臂式楼梯——踏步悬臂的楼梯，有墙身悬臂和中柱悬臂两种形式。此种楼梯占用空间少，适用于住户或用作辅助楼梯。

(4) 悬挂式楼梯——将踏步用金属拉杆悬挂在主体结构上的楼梯。

2) 楼梯的组成

楼梯一般由梯段、平台、栏杆扶手三部分组成（图 5-4）。

(1) 梯段

梯段俗称梯跑，按结构形式有板式和梁板式之分。梯段宽度通常由疏散人流股数和所在位置决定。为了保证人流通行的安全、舒适和美观，每个梯段的踏步数不应少于 3 级，也不应多于 18 级。

(2) 楼梯平台

连接两个梯段的水平构件称为平台。按平台所处位置和高度不同，有中间平台和楼层平台之分。两楼层之间的平台称为中间平台，又叫休息平台，供人们上下行时暂停休息并改变行进方向。与楼层地面齐平的平台称为楼层平台，其标高与楼层标高相同。除起中间平台的作用外，楼层平台还用来分配人流。

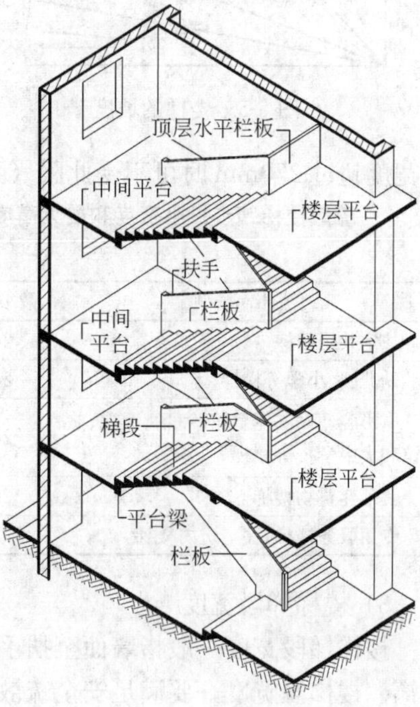

图 5-4　楼梯的组成

(3) 栏杆与扶手

考虑到楼梯上下行人的安全，应在临空一侧设置栏杆或栏板，栏杆高度在人体胸腹腔之间，是用来保护临空安全并分隔属性不同的空间所采用的防护构件；栏杆或栏板顶部供行人倚扶用的连续构件称为扶手。当梯段净宽度达 3 股人流时，应两侧设扶手，当一侧靠墙时，称靠墙扶手；净宽达 4 股人流时，应设置中间扶手，每股人流宽度按 550mm＋(0～150mm) 计算。

5.1.2　楼梯的尺度

1) 楼梯的坡度

楼梯坡度根据建筑物的使用性质和层高确定。对使用频繁、人流密集的公共建筑，其坡度宜平缓些；对使用人数较少的居住建筑或辅助性楼梯、室外消防楼梯，其坡度可适当陡些。楼梯的坡度一般在 20°～45°之间。坡度小时，行走舒适，但占地面积大；反之，坡度越大，行走就越疲劳。当坡度小于 10°时，可采用坡道；大于 45°时，则应采用爬梯（图 5-5）。

2) 踏步的尺寸

踏步尺寸的大小与人行步幅有关，同时还与不同类型建筑的使用功能有关。踏步的尺

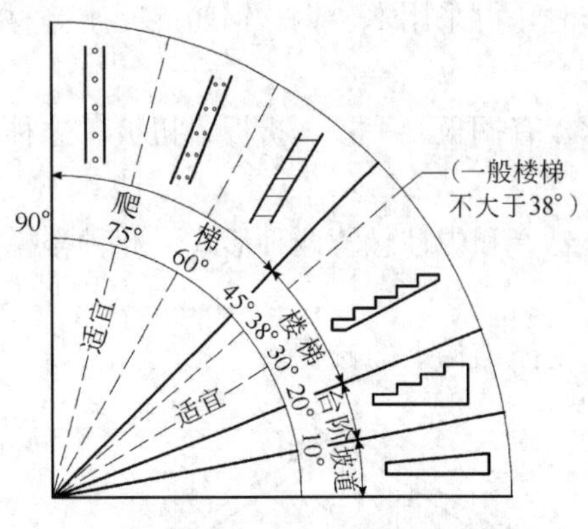

图 5-5　楼梯的坡度

寸包括高度（又称踢面）和宽度（又称踏面），通常用下列经验公式表示：

$$2h+b=600\sim620(\mathrm{mm})\text{或}h+b\approx450(\mathrm{mm})$$

其中：h——踏步高度；

b——踏步宽度。

民用建筑中，楼梯踏步最小宽度与最大高度的限制值见表 5-1。

主要疏散楼梯和疏散通道上的阶梯，不宜采用螺旋楼梯和扇形踏步；当采用螺旋楼梯和扇形踏步时，踏步上下两级所形成的平面角度不应大于 10°，每级离扶手中心 250mm 处的踏步宽度超过 220mm 时可不受此限（图 5-6）。

疏散楼梯踏步最小宽度和最大高度（mm）

表 5-1

楼梯类型	最小宽度	最大高度
住宅共用楼梯	260	175
幼儿园、小学等楼梯	260	150
电影院、剧场、体育馆、商场、医院、旅馆和大中学校等楼梯	280	160
其他建筑物楼梯	260	170
专用服务楼梯、住宅房内楼梯	220	200

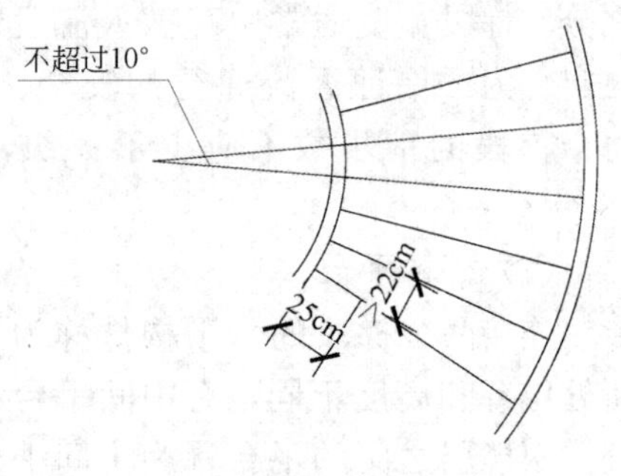

图 5-6　扇形踏步

3）楼梯梯段宽度

楼梯梯段宽度一般指墙面至扶手中心的水平距离或同一梯段两侧扶手中心之间的水平距离。楼梯段宽度，要满足安全疏散要求，各类建筑疏散楼梯的最小宽度应根据建筑的类型、建筑类型、耐火等级、层数以及所需的疏散人流量通过计算而定。

4）梯井宽度

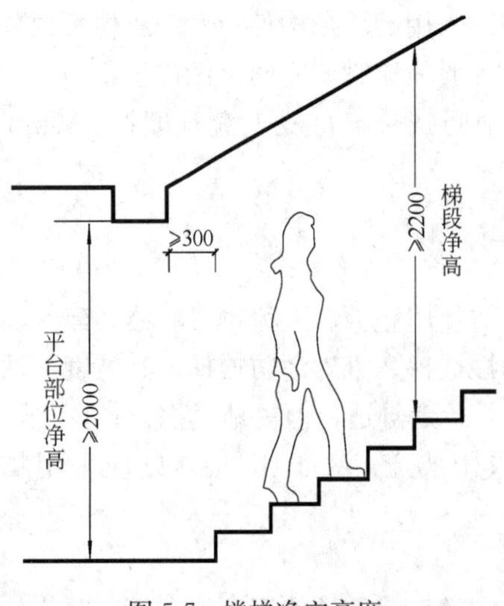

图 5-7　楼梯净空高度

梯井指梯段之间的空当。对于多层公共建筑的疏散楼梯，根据消防的要求，其两梯段之间的梯井水平净距不宜小于 150mm。当梯井宽大于 500mm 时，常在平台处设水平保护栏杆或其他防坠落措施；有儿童经常使用的楼梯，必须采用安全措施。

5）平台宽度

为保证疏散通畅，便于搬运家具设备等，楼梯平台净宽度应不小于楼梯段宽，且应大于 1200mm。

6）楼梯的净空高度

楼梯的净空高度指上下两梯段之间和平台上部的垂直高度（图 5-7）。要求平台下部过道处净高不小于 2000mm，楼梯梯段间的净高不小于 2200mm。

在设计时，为保证底层入口楼梯平台下的通行高度，可采取以下几种办法来解决：

(1) 降低入口平台下局部地坪的标高（图 5-8a）；

(2) 提高底层平台标高，采用长短跑梯段（图 5-8b）；

(3) 以上两种方法结合使用，综合效果较好（图 5-8c）；

(4) 底层采用直跑梯段（图 5-8d）。

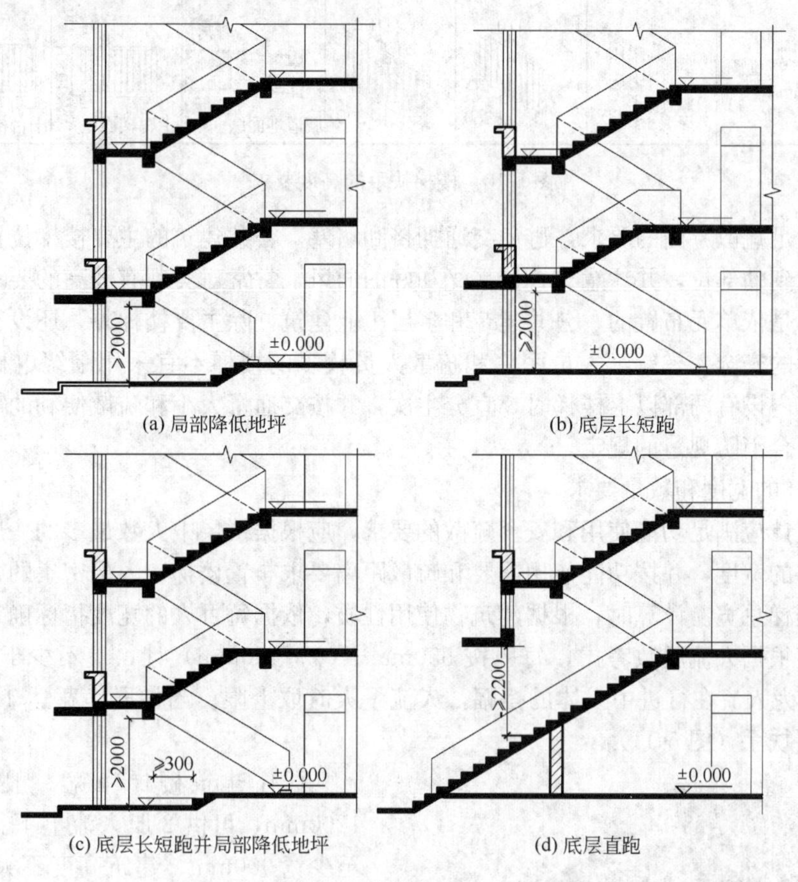

图 5-8 楼梯间底层作为入口时的处理方式

7) 栏杆扶手的高度

栏杆的高度是指从踏步前缘到扶手表面的距离。室内楼梯栏杆扶手高度，应不小于 900mm。当梯井一侧水平扶手长度大于 500mm 时，其栏杆高度不应小于 1000mm，但住宅楼梯扶手高度不应小于 1050mm。幼儿园建筑的楼梯应增设幼儿扶手，其高度不应大于 600mm（图 5-9、图 5-10）。

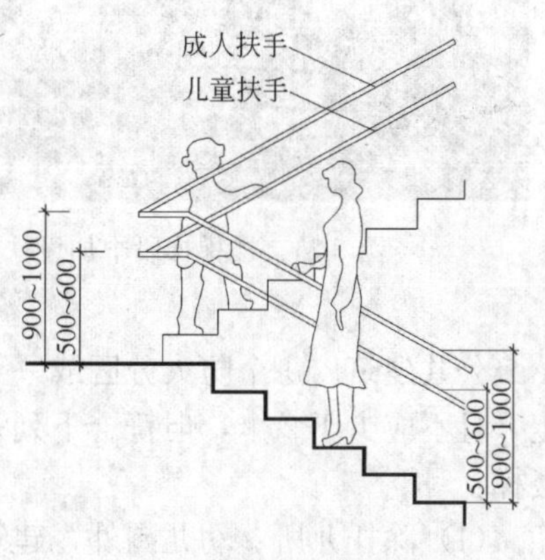

图 5-9 扶手高度位置

5.1.3 楼梯设计的要求

1) 建筑设计的一般要求

楼梯主要是解决垂直交通功能要求。楼梯数量、平面形式、踏步宽度与高度尺寸、栏杆细部做法等

栏杆、扶手名称 图例及高度	办公楼楼梯栏杆、扶手	多层住宅楼梯栏杆、扶手	供儿童使用的室内楼梯栏杆、扶手	供残疾人、老年人轮椅使用的坡道栏杆、扶手	中、小学外走廊栏杆、扶手	高层住宅阳台栏杆、扶手
栏杆扶手示意图						
扶手高度(mm)	900	900	900 600	850 650	1050	1100
栏杆扶手立面图(mm)	300	110 260	110 300	200 600 850 50 坡道地面线 300	110 950 1050 100 走廊楼面线	110 100 1100 100 阳台楼面线

图5-10 楼梯扶手的高度要求

均应保证满足疏散方面的要求，避免交通拥挤和堵塞。公共建筑的主要楼梯位置应设在明显和易于找到的部位，并注意有直接采光和好的通风，常常对美观有较高的要求。居住建筑中的楼梯是依单元布置的；公共建筑和多层工业建筑，除主要楼梯外，还设有辅助楼梯以及疏散用的安全楼梯等。人员密集和疏散人员较多的楼梯不宜采用围绕电梯的布置方式。当建筑内设有两部以上楼梯时，宜分主次，并按交通量大小和疏散便利的需要合理布置，并应符合消防规范的规定。

2）楼梯的宽度和数量要求

楼梯设计应满足功能使用和安全疏散的要求，应根据楼层中人数最多的一层，计算楼梯梯段所需的宽度，并按功能使用需要和疏散距离要求布置楼梯。人员密集的建筑，应按规范计算楼梯总宽。计算时，根据建筑物使用性质，依据每百人的宽度指标确定。对每部楼梯，则应根据人流股数考虑，每股按550mm＋(0～150mm）计，且不少于2股人流，0～150mm为人流在行进中人体的摆幅，人流量大时取上限。当梯段净宽达4股人流时，宜加设中间扶手（图5-11)。

图5-11 楼梯梯段中加设扶手

居住建筑楼梯净宽一般为1100～1200mm，可供2股人流上下。辅助楼梯至少宽900mm。建筑高度不大于18m的住宅中，一边设置栏杆的疏散楼梯，其净宽度不应小于1000mm。高层居住建筑楼梯梯段的最小净宽度不应小于1100mm。住宅户内楼梯的梯段净宽，当一边临空时，不应小于750mm；当两边为墙时，不应小于900mm。公共建筑的楼梯净宽一般为1200～2000mm。

公共建筑内每个防火分区或一个防火分区的每个楼层，其安全出口的数量应经计算确定，且不应少于2个，但符合下列条件之一的公共建筑，可设置1个安全出口或1部疏散楼梯：

(1) 除托儿所、幼儿园外，建筑面积不大于200m^{2}且人数不超过50人的单层公共建筑或多层公共建筑的首层；

（2）除医疗建筑，老年人建筑，托儿所、幼儿园的儿童用房，儿童游乐厅等儿童活动场所和歌舞娱乐放映游艺场所等外，符合表 5-2 规定的公共建筑。

可设置一部疏散楼梯的公共建筑 **表 5-2**

耐火等级	最多层数	每层最大建筑面积(m^2)	人数
一、二级	3 层	200	第二、三层人数之和不应超过 50 人
三级	3 层	200	第二、三层人数之和不应超过 25 人
四级	2 层	200	第二层人数不应超过 15 人

住宅建筑安全出口的设置应符合下列规定：

（1）建筑高度不大于 27m 的建筑，当每个单元任一层的建筑面积大于 650m^2，或任一户门至最近安全出口的距离大于 15m 时，每个单元每层的安全出口不应少于 2 个；

（2）建筑高度大于 27m、不大于 54m 的建筑，当每个单元任一层的建筑面积大于 650m^2，或任一户门至最近安全出口的距离大于 10m 时，每个单元每层的安全出口不应少于 2 个；

（3）建筑高度大于 54m 的建筑，每个单元每层的安全出口不应少于 2 个。

3）楼梯的位置要求

楼梯间宜在各层的同一位置，以便于使用和紧急疏散，也不致因移位而浪费面积。特殊情况需要错位的必须有直接的衔接，不允许出现因寻找和不便而造成对紧急疏散的危害、影响。为保证高层住宅建筑的安全疏散，常考虑设置剪刀梯（图 5-3h）。剪刀式楼梯不但具有相当于两部楼梯的疏散能力，也能在发生火宅的情况下形成互不干扰的双向疏散。地下室、半地下室的楼梯间，在首层应采用耐火极限不低于 2.00h 的隔墙与其他部位隔开并应直通室外；当必须在隔墙上开门时，应采用耐火极限不低于乙级的防火门。地下室或半地下室与地上层不应共用楼梯间，当必须共用楼梯间时，应在首层与地下或半地下的出入口处，用耐火极限不低于 2.00h 的隔墙和耐火极限不低于乙级的防火门隔开，并应有明显标志。

5.2 钢筋混凝土楼梯

钢筋混凝土楼梯按施工方式的不同，分为现浇式和预制装配式两大类。

1）现浇钢筋混凝土楼梯

现浇钢筋混凝土楼梯是指在施工现场支模板，绑扎钢筋，将楼梯段、楼梯平台等整浇在一起的楼梯。优点为整体性强，刚度大，能适应各种楼梯形式，对防火、抗震较为有利。但施工周期长，自重较大。

现浇钢筋混凝土楼梯结构形式根据梯段的传力特点不同，分为板式楼梯和梁板式楼梯。

板式楼梯：板式楼梯将楼梯梯段设计成为一块整板，板的两端支承在楼梯的平台梁上，平台支承在墙上（图 5-12a）。特点是结构简单，施工方便，底面平整，但板式楼梯板厚，自重大，跨度在 3000mm 以内时较经济。

梁板式楼梯：楼梯的踏步板支承在斜梁上，斜梁支承在平台梁上，平台梁再支承在墙上。梁板式梯段在结构布置上有双梁和单梁之分。梁板式踏步分为明步和暗步。

楼梯斜梁又称楼梯基。斜梁在踏步板以下时，踏步显露，称为明步（图 5-12b）。斜梁位于踏步之侧面，形成反梁（图 5-13），踏步包在里面，称之为暗步（图 5-12c）。

单梁布置的方式有两种：一种是踏步从梁的一侧悬臂挑出（图 5-14）；另一种是踏步从梁的两侧悬挑且使用较多（图 5-15、图 5-16）。

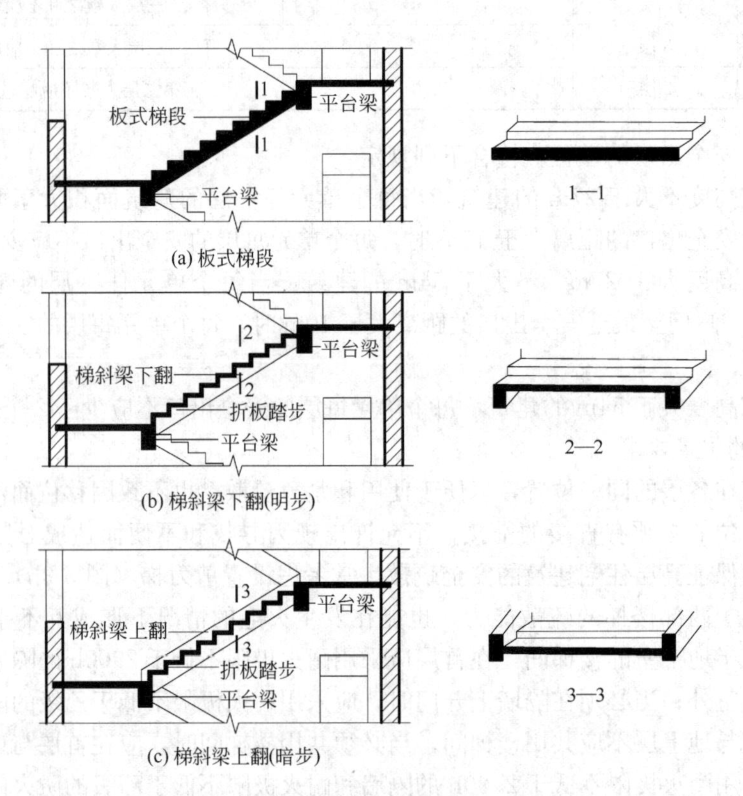

图 5-12　现浇梁板式钢筋混凝土楼梯

图 5-13　暗步斜梁楼梯

图 5-14　梁单侧悬挑楼梯

图 5-15　梁两侧悬挑楼梯

2）预制装配式钢筋混凝土楼梯

预制装配式钢筋混凝土楼梯将楼梯分为平台板、楼梯梁、楼梯段三个组成部分。这些

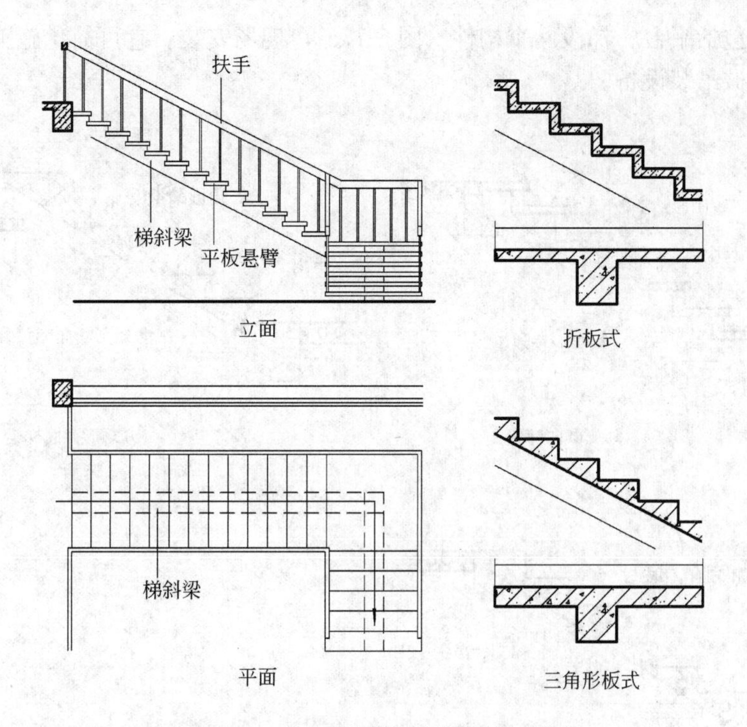

图 5-16　现浇梁悬臂式钢筋混凝土楼梯

构件在预制厂或施工现场进行预制，施工时将预制构件进行焊接、装配。优点是施工速度快，但与现浇式钢筋混凝土楼梯相比，其刚度、稳定性较差，在抗震设防地区少用。

预制装配式钢筋混凝土楼梯各组成部分可划分为小型和大型构件。

（1）小型构件装配式楼梯

小型构件装配式楼梯是将梯段、平台等构件划分为更小的部件，以利于制作、运输和安装。主要特点是构件小，安装方便。支承结构分为梁承式和墙承式两种。

① 预制装配梁承式楼梯

预制构件由斜梁、踏步板、平台梁组成。踏步板断面常见形式有L形、一字形（即平板形）和三角形。安装时将平台梁搁置在两边的墙或柱上（图 5-17）。平台可用空心板或槽形板，也可用小型的平台板铺在平台梁上。斜梁搁在平台梁上，斜梁上搁置踏步。斜梁有变截面即做成锯齿形和矩形截面两种，踏步板与斜梁相配套。斜梁与平台用钢板焊接牢固。预制踏步安装时，一般用水泥砂浆固结，L形踏步及平板形踏步搁置在锯齿形斜梁上（图 5-17a），三角形踏步搁置在矩形截面斜梁上（图 5-17b）。

② 预制墙承式楼梯

预制墙承式楼梯分为两种形式：一种是L形踏步或平板形踏步直接搁置在两边墙上（墙砌成踏步形）；另一种采用悬挑式，即预制钢筋混凝土踏步板和平台板一端嵌固于楼梯间侧墙上，而另一端悬挑的楼梯形式。在施工中将以一个踏步为一个预制构件，埋入砖墙中。这种小型装配式构件的特点是构造简单，用料节省，施工时可不用任何起重机械，不需平台梁和梯段梁，造价较低，但楼梯间整体刚度较差，不宜用于抗震设防区。由于在施工过程中踏步易受损，现较少用。

（2）大型构件装配式楼梯

整个楼梯包括平台、梯段两个构件（图5-17c），现场安装。它可简化施工，加快施工速度，但需机械吊装设备。

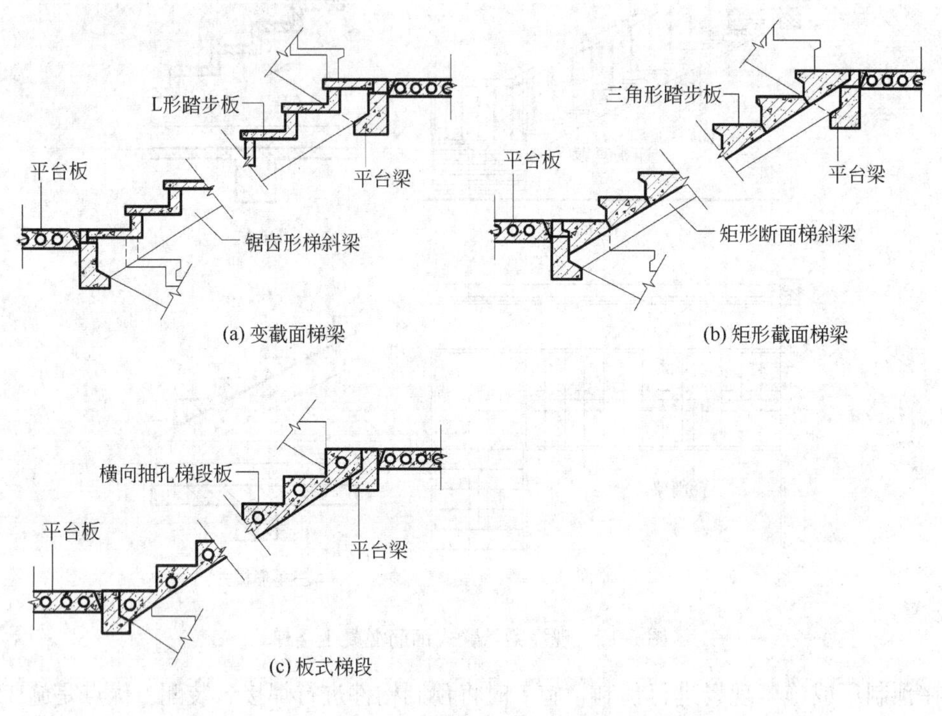

图5-17　预制装配梁承式楼梯

5.3　钢　楼　梯

钢结构楼梯产生于工业时代，以钢型材为主要材料，具有用材少、重量轻、占地少、强度大、施工简单等优点，常被应用于民用建筑中。高技派建筑风格的出现，将钢结构楼梯的装饰作用提到了一个新的高度，与建筑立面形成了完美的组合，工业化的形态中蕴含着复杂的感性之美。钢楼梯不仅能够像传统楼梯那样起到转换空间的作用，而且其轻盈、通透、复杂多变的形态还能够直接参与室内空间构成。在室内设计中成功地设计和运用钢楼梯已经成为一种常用的设计手法。钢材优秀的力学性能还使钢楼梯本身具有一个相对独立的结构体系，既可以依附于建筑结构也能够脱离建筑结构独立存在，这就赋予了钢楼梯设计极大的独立性和灵活性，可以不占据空间而是划分了空间，楼梯的空间感明显超越体积感。

钢楼梯的结构支承体系以楼梯钢斜梁为主要结构构件，楼梯梯段以踏步板为主，其栏杆形式一般采用与楼梯斜梁相平行的斜线形式（图5-18、图5-19）。钢楼梯通常分为普通钢梯、屋面检修钢梯、中柱式钢螺旋梯、板式钢螺旋梯、住宅户内钢梯等几种形式。普通钢梯包括直钢梯和斜钢梯，按坡度分为35.5°、45°、59°、73°、90°五种类型。常用宽度为600、700、900、1200mm等。踏步板常见有花纹钢板、钢板上贴装饰面层及钢格栅板三种类型（图5-20、图5-21）。

图 5-18 疏散钢楼梯

图 5-19 室内钢楼梯

图 5-20 室外钢楼梯

图 5-21 镂空钢网饰面楼梯

5.4 其他类型的楼梯

5.4.1 安全梯

供人们安全疏散的室外楼梯称安全梯，宽度根据疏散人数确定，坡度不大于45°，栏杆高度不小于1100mm。安全梯应采用不燃烧体材料制作，平台的耐火极限不应低于1.00h。门必须向疏散方向开启，开启时亦不得阻碍交通。

安全梯采用钢筋混凝土现浇式的为多，也可用型钢作柱和梁及楼梯斜梁，梁上架镂空的钢板，通过螺栓固定。

5.4.2　消防梯

供消防人员使用的室外楼梯，需直接到达屋面，并应根据有关防火规范，结合建筑物的使用性质、层数进行设计。高层建筑及工业建筑设置有消防梯。

消防梯依构造的类型可分为直上式和倾斜式两种，楼高 6000mm 以上应设有平台，设在每层窗外。消防梯的最下一级须离地 2000～2500mm，以防平时闲人攀登。宽度规定不少于 600mm。

1）垂直式消防梯

垂直消防梯分为两种：第一种是有楼梯斜梁，用（40～50)mm×(50～60)mm×5mm 角钢做成，逐段用预埋开脚螺栓固定在墙中，踏级采用Φ20 左右的圆钢，每级上下间距为 350～400mm；第二种由钢筋做成踏级，成为爬梯，钢筋逐步埋入墙内，两端开脚，埋入深度至少 200mm，用水泥砂浆浇牢。消防梯可沿墙面垂直布置，宽 600mm（图 5-22）。

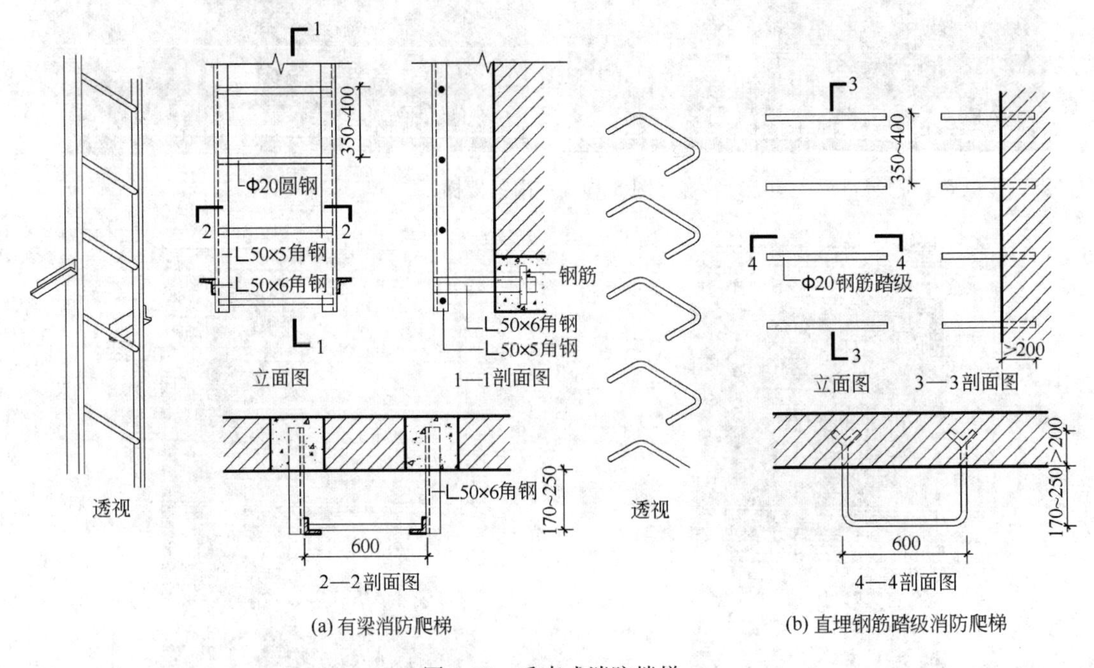

图 5-22　垂直式消防楼梯

2）倾斜式消防梯

倾斜式消防梯的楼梯可用 80mm×100mm×6mm 角钢或槽钢，踏步可用两个Φ18～Φ20 的圆钢，间距为 300～350mm。倾斜度为 60°～80°时，旁须另设扶手及栏杆。楼梯平台以槽钢作悬臂支承构件，上铺钢板或镂空钢条，中留升降口至少 600mm×700mm，三面设栏杆。这种消防梯安全、便利，适用于高层建筑（图 5-23）。

5.4.3　木楼梯

木楼梯是指以木材为主体构造的楼梯，具有制作方便、造价较低、施工便利的特点。木楼梯是民间使用时间最久的楼梯类型之一，木材独特清晰的纹理、自然温馨的色调给人以亲切、舒适的视觉感受，而且具有很好的触感，受到很多设计师的青睐。在居住空间中，木楼梯常常与木地板配合使用，既能达到材质的完美衔接，更能营造出温馨舒适的居家环境。木材的可塑性强，不仅可以表现大自然的亲切，还可以通过塑形、雕刻、打磨等方法，表现出特殊的艺术效果。木楼梯常用的造型有直梯、弧梯及旋转梯。直梯是最传统的一种木质楼梯形式，占地面积小，造型简单，给人一种刚柔并济和洗练的感觉，直梯也有结合空间设计为L形、U形等类型的（图5-24）。弧梯与直梯恰好相反，它是由曲线来实现上下楼的连接。这种木质楼梯形状优美，摒弃了直线型楼梯拐角的生硬感觉，使用起来宽敞舒适。旋转梯，是大多数复式房设计的首选。它的主要特点是空间占用面积小，而具有很强的动态美，常与钢材结合设计成盘旋而上的蜿蜒趋势让整个空间都充满了灵动的感觉（图5-25）。

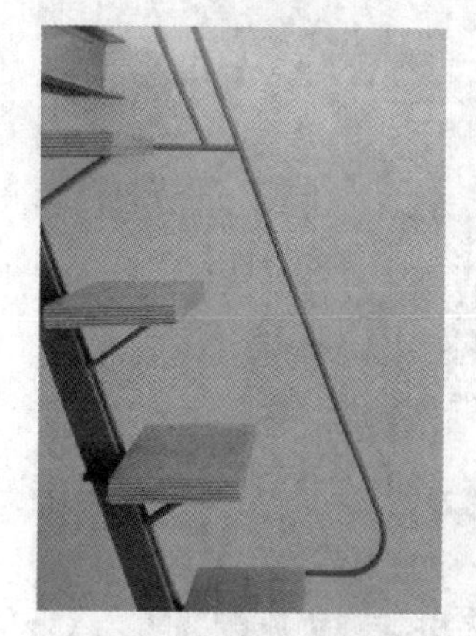

图5-23 倾斜式消防梯

图5-24 直梯

图5-25 弧梯

5.4.4 钢木楼梯

钢木楼梯，即不同部位结构构件采用钢、木两种材料组合，最大限度地发挥各种材料的属性，弥补各自的力学缺陷。钢木楼梯中的木材主要起到配合周围环境空间的形式表现，钢构件往往作为辅助结构穿插于楼梯中，保证主体结构的稳定性和节点的衔接。钢木楼梯的表现形式多样，材料、技术工艺的不同带来不同的造型效果（图5-26、图5-27）。

图5-26 旋转的钢木楼梯

图5-27 钢木楼梯的其他表现形式

5.4.5 玻璃楼梯

玻璃在建筑中长期被当作门窗等立面材料或者是装饰元素，但随着工艺水平的提高，玻璃的各种性能都得到了不断提高，耐火、防碎、防爆，玻璃的强度达到了很高的极限。这使设计师开始尝试把玻璃用在连接空间的楼梯上，楼梯的主要结构元素——踏板可用玻璃制成，透明的玻璃楼梯在空间中显得非常轻盈。透明的质感、易于造型是大部分建筑材料所不能比拟的，而且玻璃可以根据设计需要进行色彩或是图样的改良，这使玻璃楼梯具有极强的可塑性（图 5-28～图 5-31）。

图 5-28 玻璃楼梯的形式（一）

图 5-29 玻璃楼梯的形式（二）

图 5-30 玻璃楼梯的形式（三）

图 5-31 玻璃楼梯的形式（四）

5.5 楼梯的细部构造

楼梯的细部构造涉及踏步面层及防滑处理、栏杆与扶手的连接、栏杆与踏步的连接。它们之间的构造处理，直接影响楼梯的安全与美观，设计中应给予足够的重视。

5.5.1 踏步与防滑构造

踏步由踏面和踢面构成。起步的处理形式多样（图 5-32a）。面层应便于行走、耐磨、防滑并易于清洁以及美观，与楼地面基本相同。常见的有水泥砂浆面层、水磨石面层、地砖面层、石材面层、地毯面层、橡胶复合面层、木材面层、安全玻璃面层等（图 5-33、

图 5-34）。地毯面层须设置卡压地毯用的地毯棍装置（图 5-32b）。

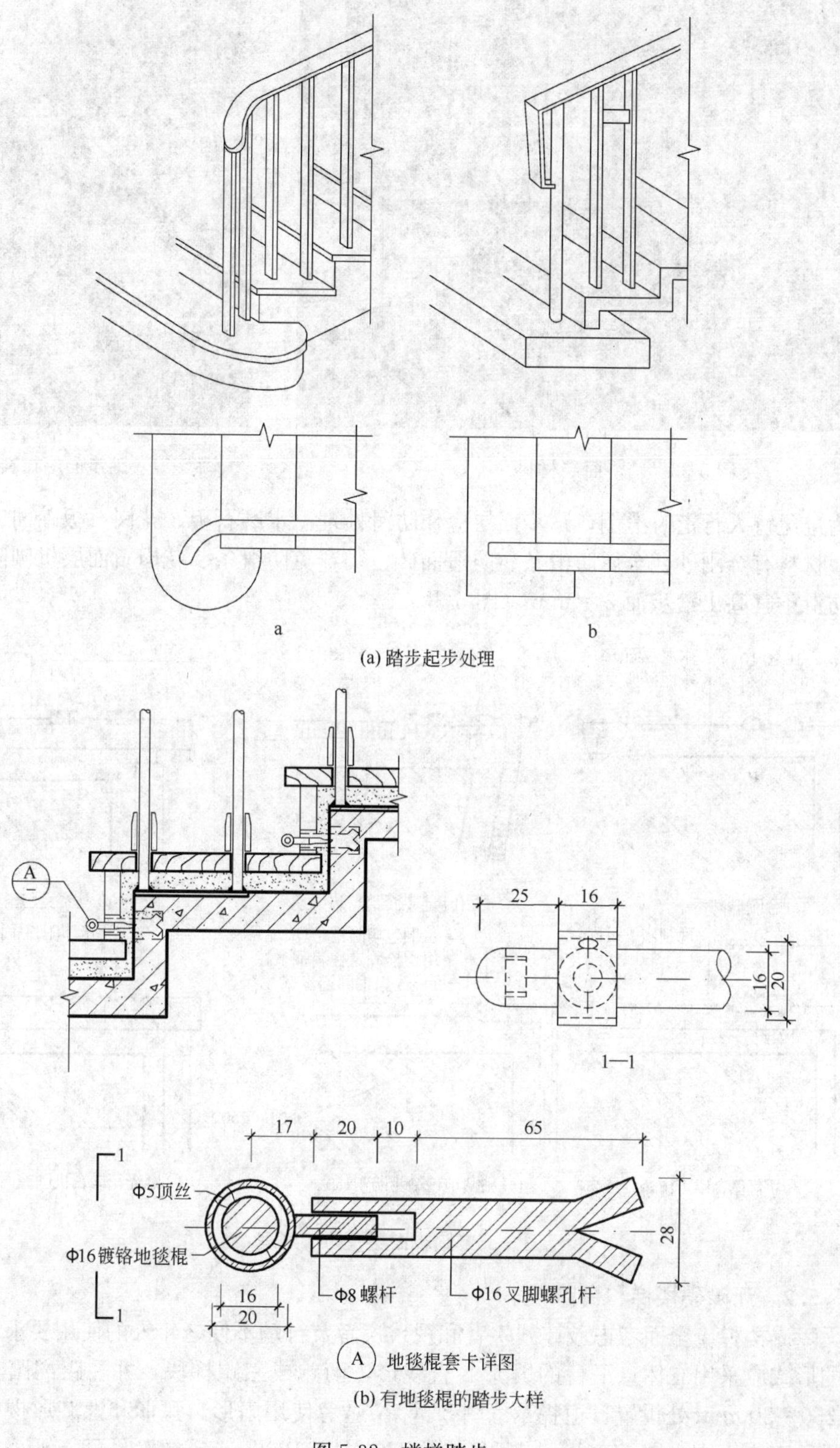

图 5-32　楼梯踏步

图 5-33　踏步面层材料（一）

图 5-34　踏步面层材料（二）

为避免行人行走时滑倒，踏步面层应作防滑处理。水磨石板、花岗石板踏面应设置防滑条。材料有金刚砂、金属防滑条、防滑面砖、马赛克防滑条、花岗石面层机刨防滑凹槽等。防滑条宜高出踏步面 2～3mm（图 5-35）。

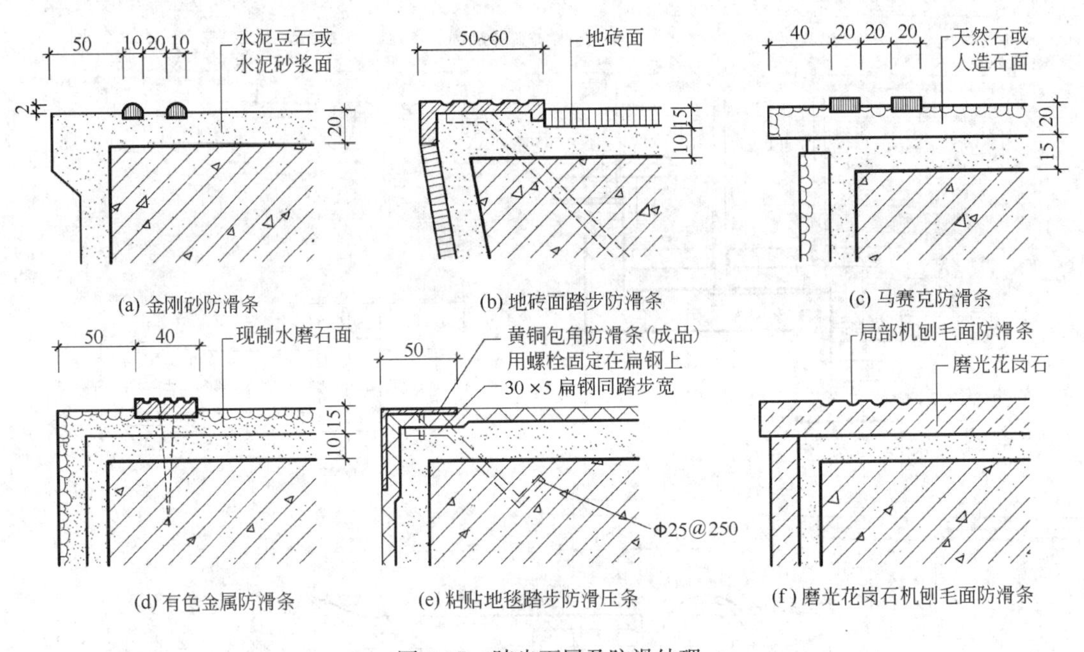

图 5-35　踏步面层及防滑处理

5.5.2　无障碍楼梯和台阶

无障碍楼梯应全面考虑肢体残疾者和视残疾者及行动不便老年人的使用要求，楼梯与台阶的形式应采用有休息平台的 L 形、直线形，两跑或三跑梯段，并在距离踏步起点和终点 250～300mm 处设置盲道提示（图 5-36）。避免使用扇形、弧形和螺旋形楼梯。公共建筑梯段宽度不应小于 1500mm，居住建筑不应小于 1200mm。梯段尽可能平缓，同一部楼梯的踏步高宽一致，满足表 5-3 的要求。

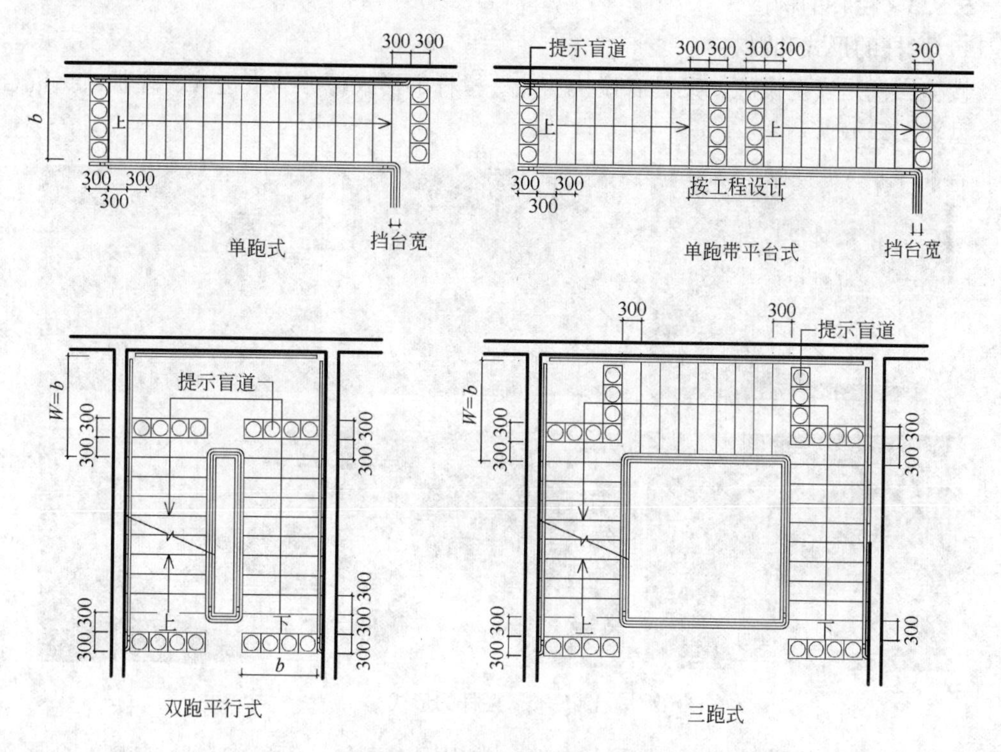

图 5-36 无障碍楼梯和台阶形式

无障碍楼梯、台阶踏步的高度和宽度 **表 5-3**

建筑类别	最小宽度(mm)	最大高度(mm)
公共建筑楼梯	280	160
住宅、公寓建筑的公用楼梯	260	160
幼儿园、小学校楼梯	260	140
室外台阶	300	140

踏步的形式应当是踏踢面完整，不得选用无踢面的镂空踏步（图 5-37）。踏面的前缘如有凸出部分，应当设计成圆弧形状，直角凸缘会绊落拐杖头并伤到鞋面（图 5-38）。在前缘部分设防滑条，防滑条向上凸出不得超过 2mm。梯段临空一侧的踏步尽端应设高度不小于 50mm 的安全挡台、踢脚板或栏板，防止拐杖向侧面滑出造成摔伤（图 5-39）。

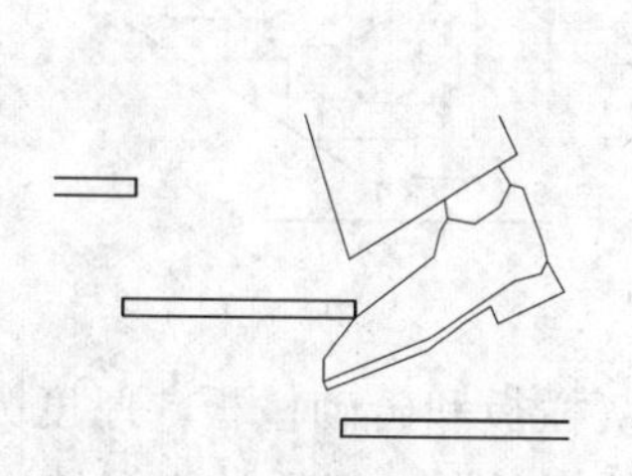

图 5-37 无踢面的镂空踏步

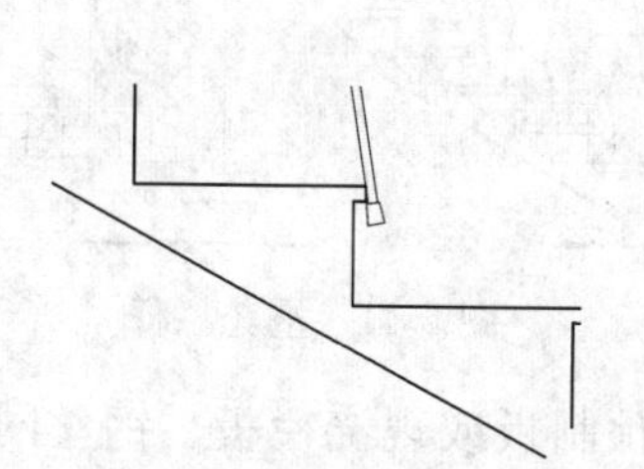

图 5-38 踏步前缘直角形

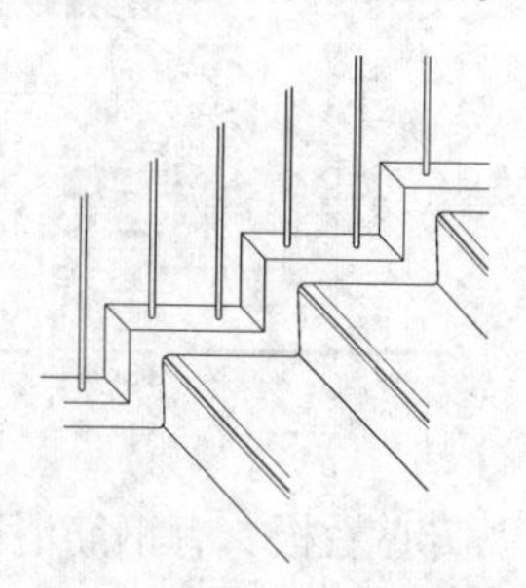

图 5-39 踏步安全挡台

5.5.3 栏杆的构造

1）栏杆的形式和材料

楼梯栏杆是安全设施，又具有拉扶功能。栏杆的形式可分为空透式、栏板式、混合式等类型（图5-40）。

图5-40 栏杆的形式

空透式栏杆以竖杆作为主要受力构件，常用钢、木材、钢筋混凝土或其他金属等制作。方钢的断面一般在16mm×16mm～20mm×20mm之间，圆钢采用ϕ16～ϕ18为宜。还可采用钢化玻璃、穿孔金属板或金属网等装饰性材料（图5-41）。

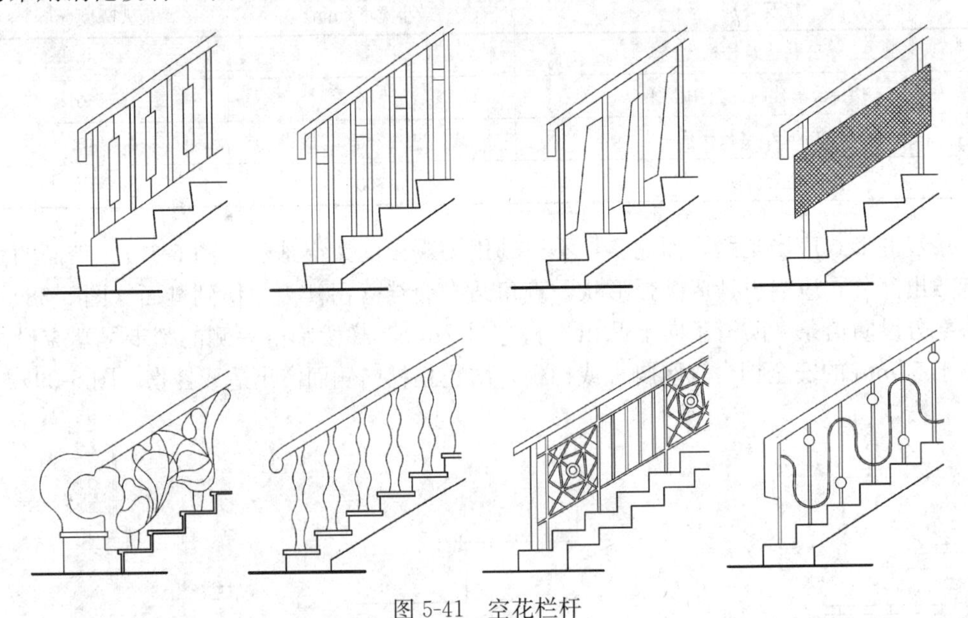

图5-41 空花栏杆

实心栏板，有钢筋混凝土预制板或现浇栏板、钢丝网抹灰栏板和砖砌栏板，厚度为80～100mm。钢丝网抹灰栏板是在钢筋骨架的两侧焊接或绑扎钢丝网，然后抹水泥砂浆而成。砖砌栏板是用黏土砖砌成 60mm 厚的矮墙，为增加其牢固性和整体性，一般需在砖的两侧增加钢筋网片，然后抹水泥砂浆，顶部现浇钢筋混凝土扶手以增加牢固性（图 5-42a、图 5-42b）。组合式栏杆是以上两种的组合，通常是上部用空花栏杆，下部用实心栏板（图 5-42c）。

2）栏杆的设计要求

楼梯栏杆设计要坚固安全，栏杆过长时可在两端和中部采取加强措施，栏杆与踏步的连接必须可靠。栏杆间距大小的选用要特别注意防范儿童攀爬时不慎将头嵌入栏杆之间发生危险，按规范规定的距离设计儿童使用的栏杆。垂直杆件间的净距不应大于 110mm，而且不得做易于攀爬的横向花格、花饰。

3）栏杆和踏步的连接

栏杆与踏步的连接有多种方法。若采用镂空的钢栏杆，可采用以下方法：

锚固连接：把栏杆端部做成开脚或倒刺插入踏步事先预留的孔中，然后用水泥砂浆或细石混凝土嵌牢（图 5-43a、图 5-43b）。

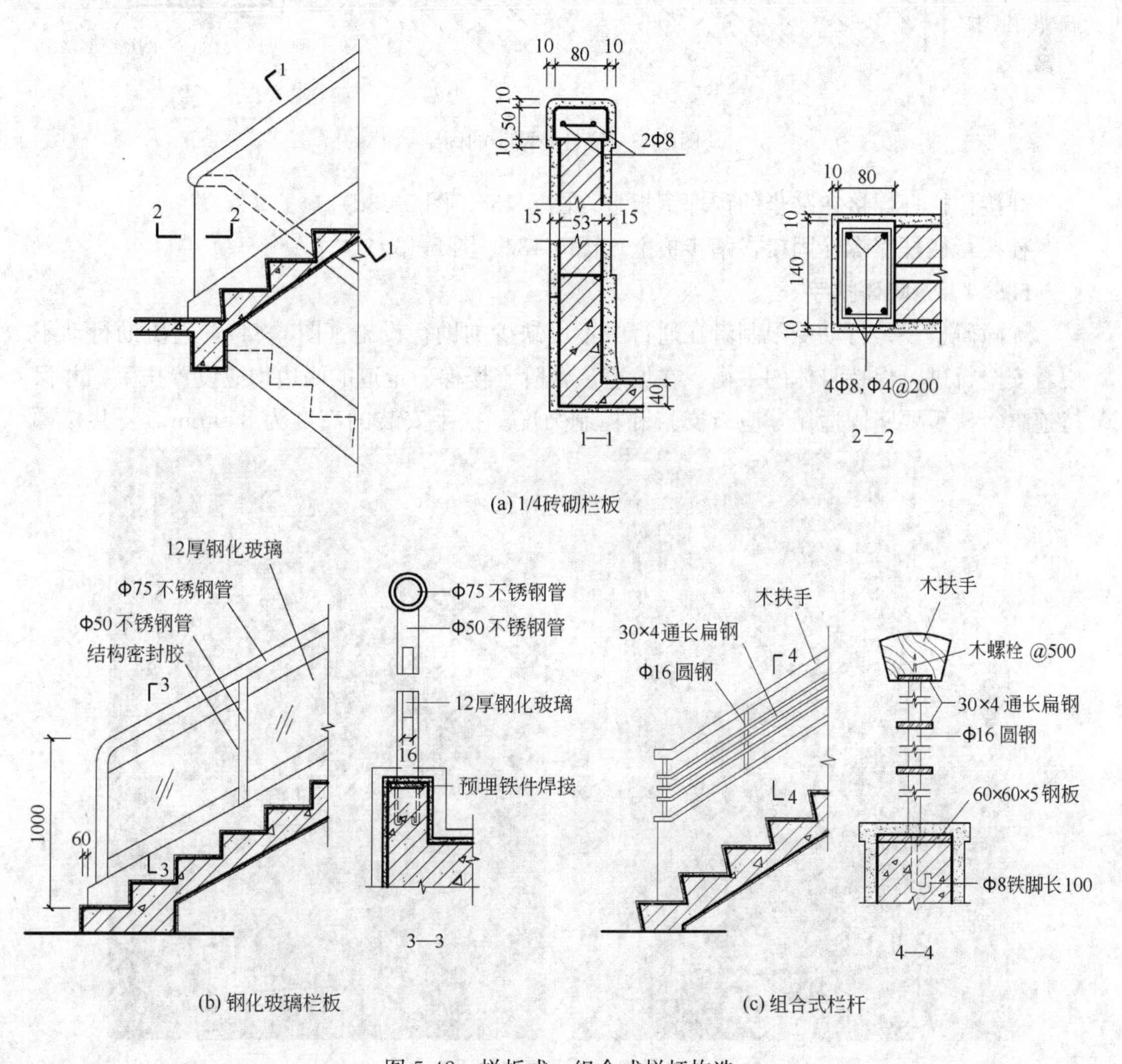

图 5-42 栏板式、组合式栏杆构造

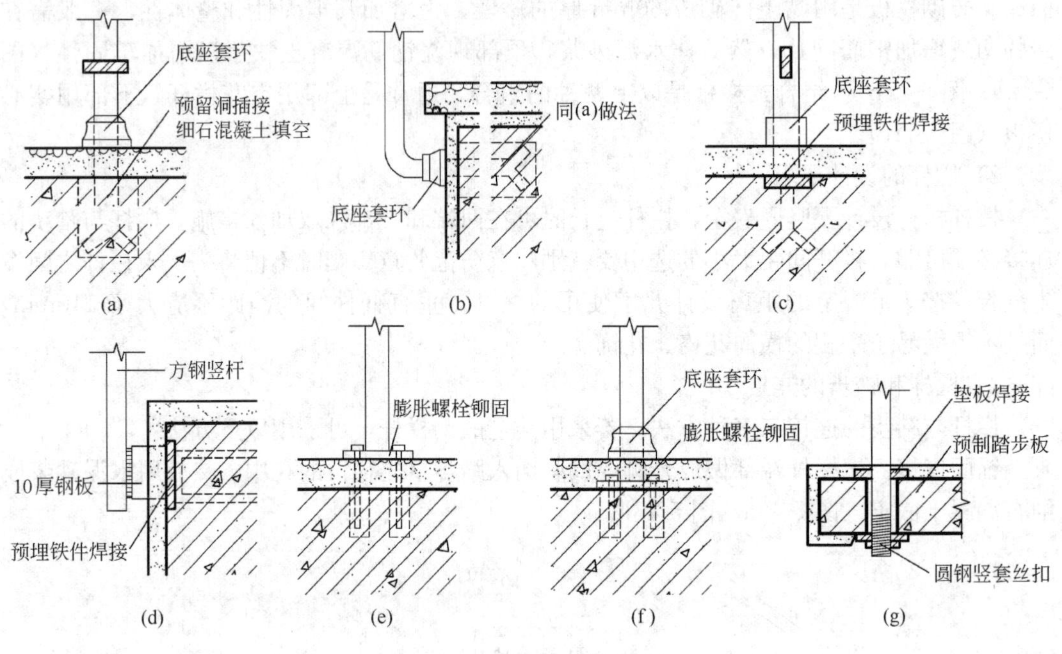

图 5-43　栏杆与踏步的固结

焊接：栏杆焊接在踏步的预埋钢板上（图 5-43c、图 5-43d）。

栓接：栏杆靠螺栓固接在踏步板上（图 5-43e～图 5-43g）。

5.5.4　无障碍扶手

无障碍扶手是行动受限制者在通行中不可缺少的助行设施（图 5-44），它协助行动不便者安全行进，保持身体的平衡。在坡道、台阶、楼梯、走道的两边均应设置扶手，并保持连贯。扶手要坚固适用，应有支持和控制力度。扶手安装的高度为 850mm，公共楼梯

图 5-44　无障碍扶手

应设置上下两层扶手，下层扶手高度为650mm。为了确保通行安全和平稳，扶手在楼梯的起步和终步处均要朝水平方向延伸300mm，并在扶手靠近末端处设置盲文标志牌，告知视残者楼层和其目前所在位置等信息（图5-45）。

扶手截面宽度为35～50mm，当扶手靠墙安装时，扶手内侧离墙的净距应不小于40mm。靠墙扶手的起点和终点处均要水平延伸不小于300mm，扶手末端应向内拐向墙面或向下延伸100mm，栏杆式扶手末端向下成弧形或延伸到地面固定（图5-46）。

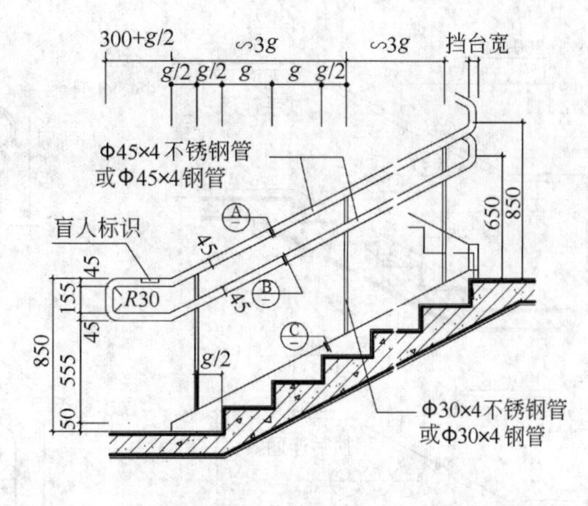

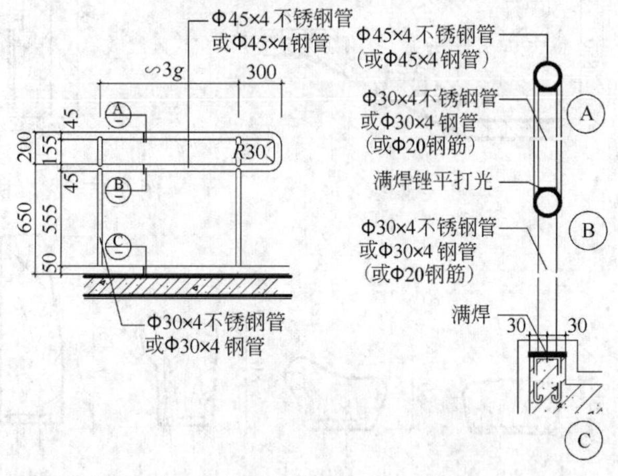

图5-45　扶手

5.5.5　扶手的构造

1）扶手材料及尺寸

栏杆扶手供行人倚扶。扶手的常用材料有木材、钢管、塑料等。扶手的断面应考虑到手掌尺寸，以舒适为主，并注意断面的美观（图5-47）。木料扶手宽度应在60～80mm之间，高度视设计而定，常为80～120mm。以塑代木的扶手尺寸可参考木材料。从手感方面考虑，以木扶手居多。

2）扶手与栏杆的连接

木扶手与栏杆的固定方式常常是将木螺栓穿过金属栏杆顶部焊好的通长扁钢上的单排错位小孔拧入木扶手内；塑料扶手是将塑料接口处掰开，然后卡住栏杆上的通长扁钢；圆钢管扶手则是直接焊接在栏杆上（图5-48）。

3）扶手与墙面的连接

靠墙扶手与墙的固结是预先在墙上留洞口，然后安装开脚螺栓，并用细石混凝土填实，或在混凝土墙中预埋扁钢，锚接固定（图5-49、图5-50a、图5-50c）。对于施工质量要求高的工程，铁件与墙面或地面相连处，设有镀铬钢套或不锈钢套封盖。靠墙扶手与墙面之间应留有不小于45mm的空隙，以便扶握。

顶层楼梯平台应加设水平栏杆，以保证安全。顶层栏杆端部与墙的固结是将铁板伸入墙内，并弯成燕尾形，然后浇灌混凝土，也可以将铁板焊于预埋的铁件上（图5-50b、图5-50d）。

4）栏杆、扶手的转弯处理

在双折式楼梯的平台转弯处，当上、下行楼梯的第一个踏步口平齐时，两段扶手在此不能方便地连接，需延伸一段后再连接，或做成“鹤颈”扶手（图5-51b），这种扶手使用不便且制作麻烦，应尽量避免。

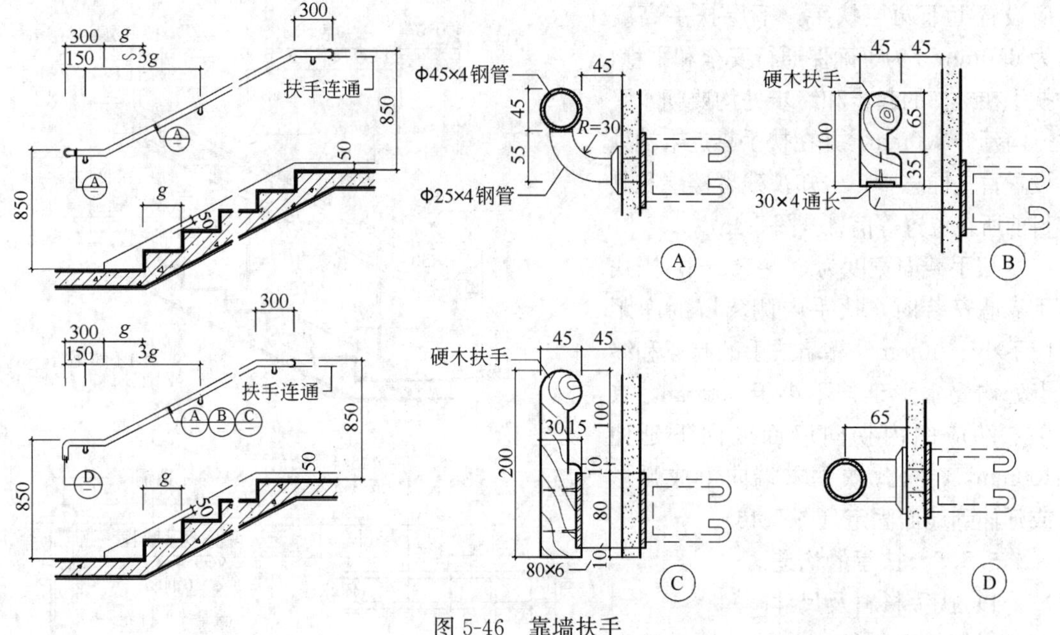

图 5-46　靠墙扶手

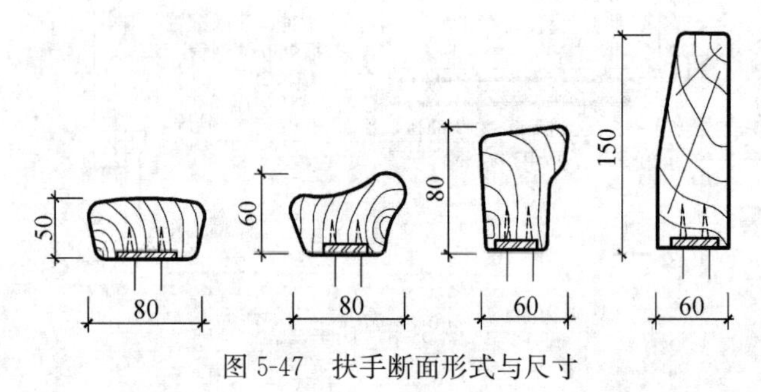

图 5-47　扶手断面形式与尺寸

常用的改进方法有：

(1) 将平台处栏杆向里缩进半个踏步距离，可顺当连接。其特点是连接简便，易于制作，省工省料，但是由于栏杆扶手伸入平台，使平台净宽度变小（图5-51a）。

(2) 将上、下行的楼梯段的第一个踏步相互错开，扶手可顺当连接。其特点是简便易行，但是必须增加楼梯间的进深（图 5-51e、图 5-51f）。

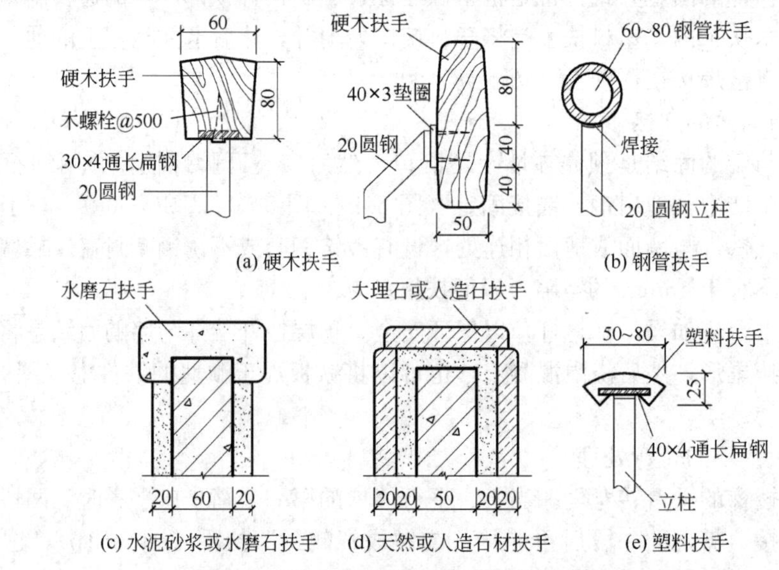

图 5-48　扶手形式及扶手与栏杆的连接构造

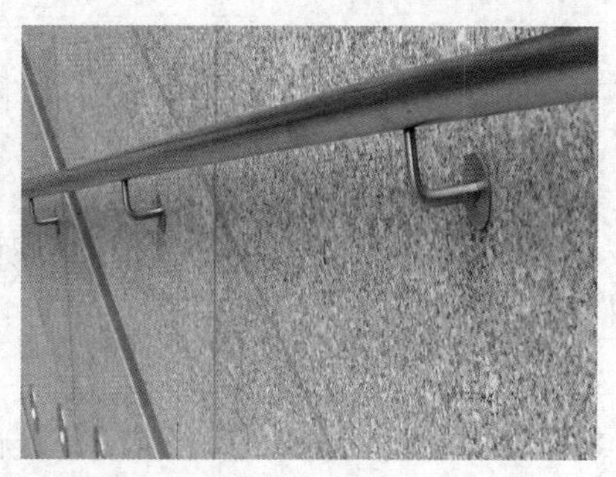

图 5-49　扶手与墙面连接（一）

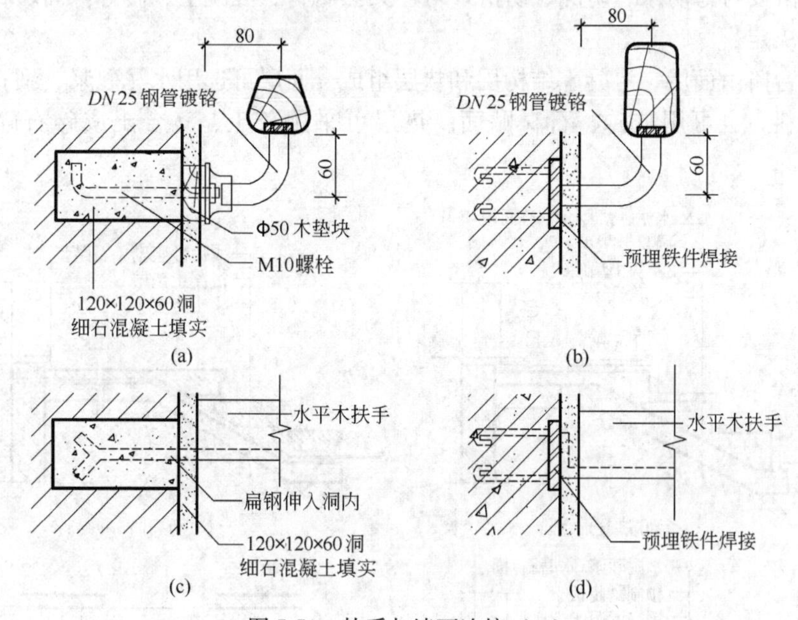

图 5-50　扶手与墙面连接（二）

（3）将上、下行扶手在转折处断开，各自收头。因扶手断开，栏杆的整体性受到影响，需在结构上互相连牢（图 5-51d）。

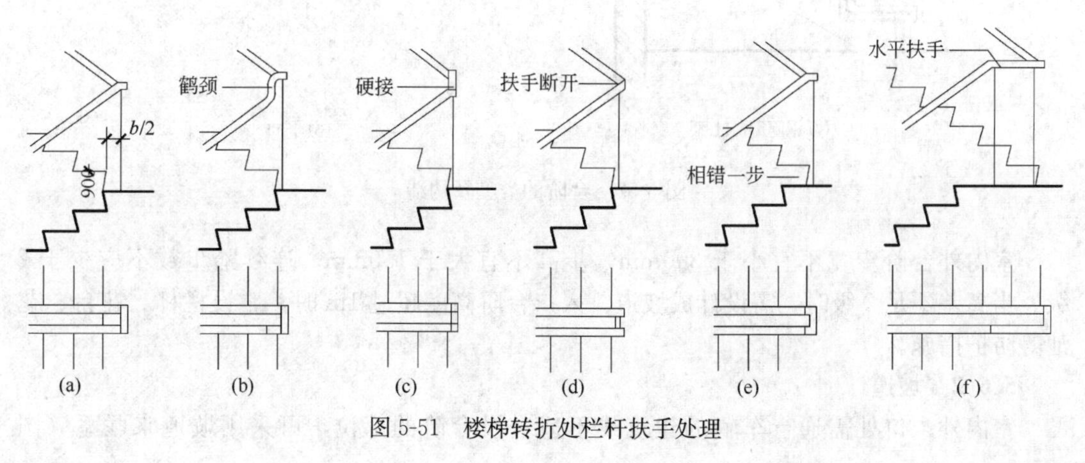

图 5-51　楼梯转折处栏杆扶手处理

5.6　台阶和坡道

5.6.1　台阶

建筑物出入口处的台阶是联系室内外地坪的交通联系部件，主要包括踏步和平台两个部分。

台阶踏步级数根据室内外地坪高差决定。台阶踏步一般比室内楼梯踏步坡度缓，每级踏步高度为100～150mm，宽度常取300～350mm。在台阶与建筑大门之间，需设一级缓冲平台，平台宽度一般不小于门扇的宽度，尤其是当采用弹簧门时，平台宽度应不小于门扇宽度加500mm，以增加安全性。平台表面应向外倾斜1%～4%的坡度，以利于排除雨水。室外台阶要考虑防水、防冻、防滑，可用天然石材、混凝土、砖等，面层材料应根据建筑设计来决定。

混凝土台阶由面层、混凝土结构层和垫层组成。面层可选用水泥砂浆、细石混凝土或水磨石等材料，也可用缸砖、石材贴面。垫层可采用灰土、三合土或碎石碎砖等（图5-52）。

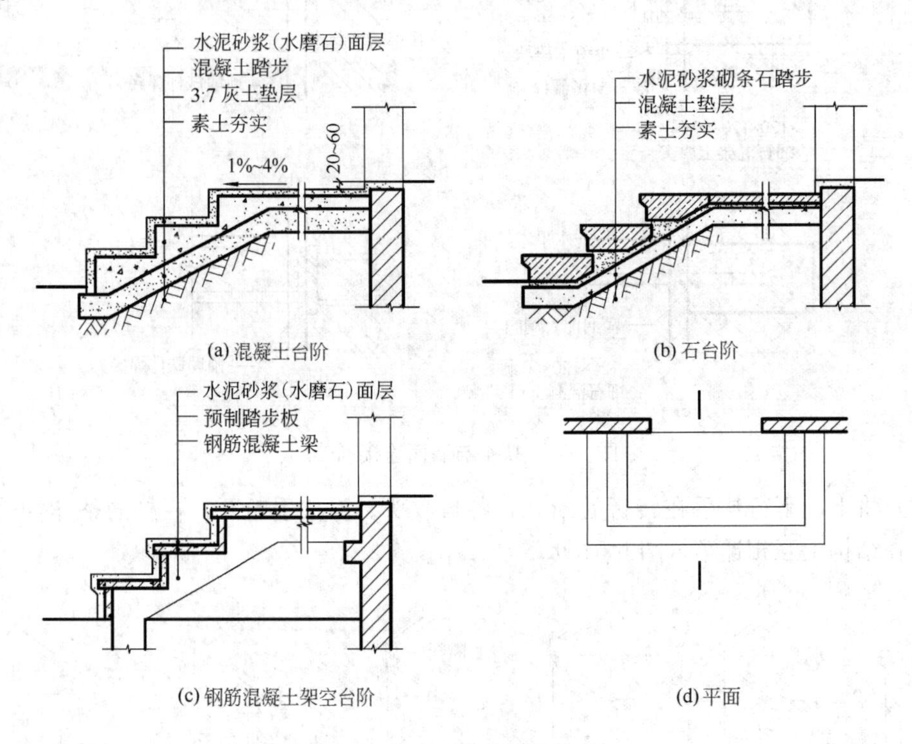

图5-52　台阶的类型及构造

室内外台阶步宽不宜小于300mm，步高不宜大于150mm，连续踏步数不应少于2级。当高差不足2级时，需设计成坡道。入口台阶高度超过1m时，常设栏杆、花台、花池等防护措施。

5.6.2　坡道

室内外入口处需通行车辆的建筑或不适宜设台阶的部位，可采用坡道来联系（图

5-53)。安全疏散出口如剧场太平门的外面必须设坡道；医院、疗养院、宾馆或有轮椅通行的建筑，室内外除用台阶连接外，均须设置专用坡道（图5-54a、图5-54c)。

图5-53 坡道

坡道的坡度用高度与长度之比来表示，一般为1∶8～1∶12。室内坡道坡度（高/长）不宜大于1∶8，室外坡道不宜大于1∶10。室内坡道水平投影长度超过15m时，宜设休息平台，平台宽度应根据所需缓冲空间而定。

坡道要考虑防滑，尤其当坡度较大时，建议坡道面每隔一段距离设防滑条，或做成锯齿形，或做细波浪式横条，达到防滑的效果（图5-54b)。

汽车库内通车道的最大纵向坡度应符合表5-4的规定。

汽车库内，当通车道纵向坡度大于10%时，坡道上、下端均应设缓坡，以免底盘低的汽车在坡道顶部刮伤车底。其直线缓坡段的水平长度不应小于3600mm，缓坡坡度为坡道坡度的1/2。曲线缓坡段的水平长度不应小于2400mm，曲线半径不应小于2000mm，缓坡段的中点为坡道起点或止点（图5-54d)。汽车坡道应采用耐磨材料，必要时采取防滑措施。

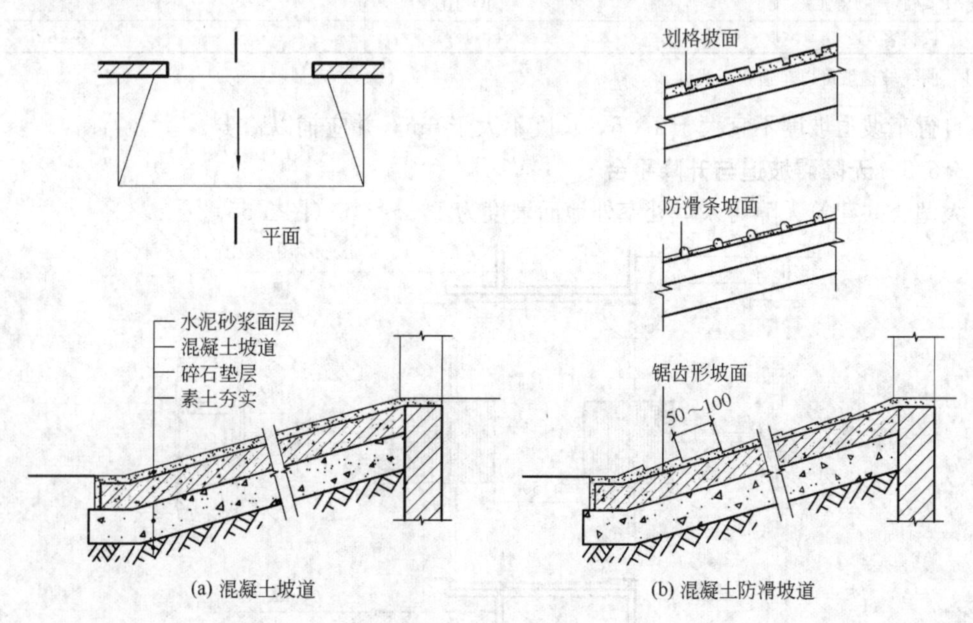

图5-54 坡道的构造

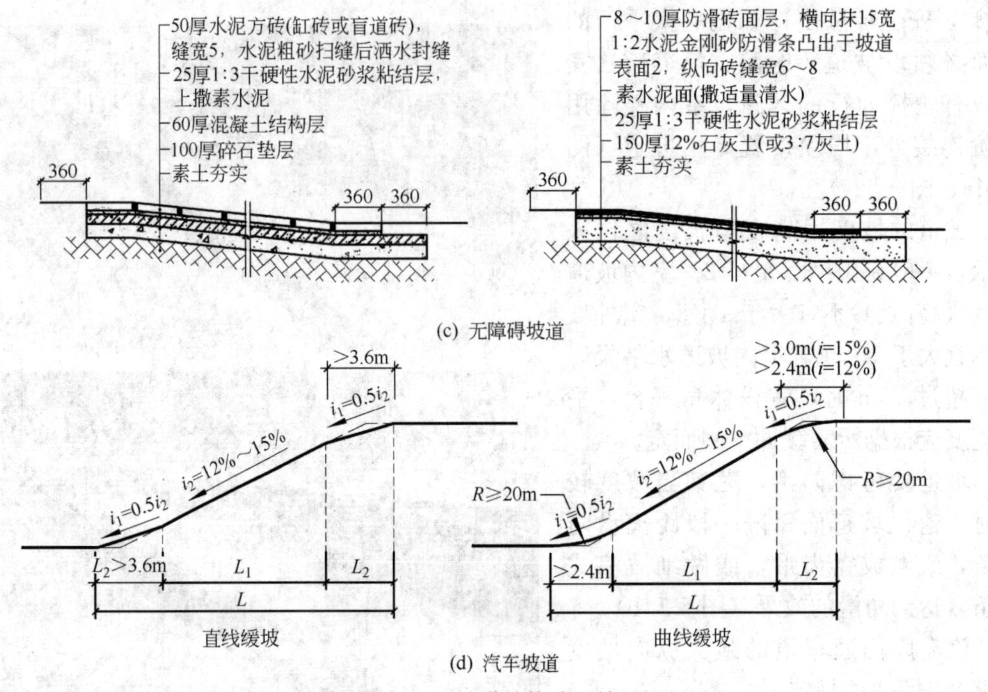

(c) 无障碍坡道

(d) 汽车坡道

图 5-54　坡道的构造（续）

汽车库内通车道的最大坡度　　　　**表 5-4**

	直线坡道		曲线坡道	
	百分比(%)	比值(高∶长)	百分比(%)	比值(高∶长)
微型车小型车	15	1∶6.67	12	1∶8.3
轻型车	13.3	1∶7.50	10	1∶10
中型车	12	1∶8.3		
大型客车、大型货车	10	1∶10	8	1∶12.5
铰接客车	8	1∶12.5	6	1∶16.7

注：曲线坡道坡度以车道中心线计。

自行车坡道坡度不宜大于1∶5，长度不大于6m，并应辅以踏步。

5.6.3　无障碍坡道与升降平台

大型公共建筑无障碍入口处室外地面坡度为1%～2%（图5-55）。

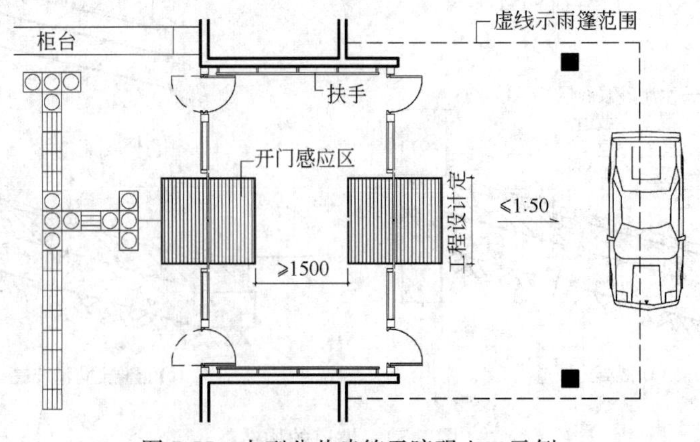

图 5-55　大型公共建筑无障碍入口示例

公共建筑、居住建筑入口均须设置专用轮椅坡道和扶手（图 5-56），实例见图 5-57、图 5-58。

不同位置的无障碍坡道坡度和宽度 **表 5-5**

坡道位置	最大坡度	最小宽度(mm)
有台阶的建筑入口	1∶12	≥1200
只设坡道的建筑入口	1∶20	≥1500
室内走道	1∶12	≥1000
室外通道	1∶20	≥1500
困难地段(特殊情况者)	1∶10～1∶8	≥1200

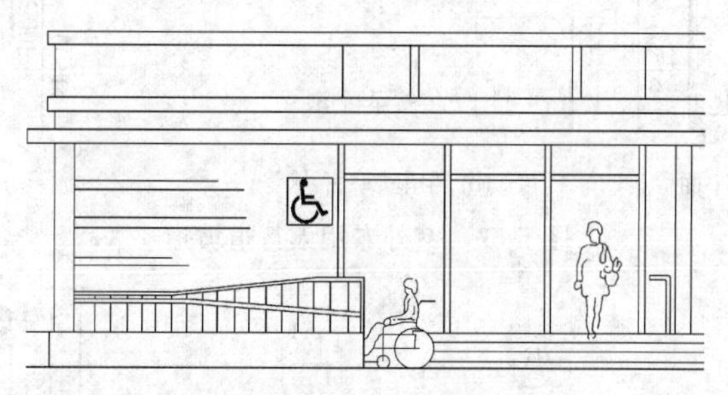

图 5-56 坡道、台阶结合处

图 5-57 入口的轮椅坡道和扶手

供轮椅通行的坡道应设计成直线形、“L”形或“U”形等，不应设计成圆形和弧形。在直坡道两端的水平段和“L”形、“U”形坡道转向处的中间平台水平段，应设有深度不小于 1500mm 的轮椅缓冲带（图 5-59）。

在坡道及平台的两侧应设置扶手，扶手要保持连贯（图 5-60）。坡道侧面临空时在栏杆下须设置不低于 50mm 的坡道安全挡台，防止拐杖头和轮椅前面的小轮滑出栏杆间的空当（图 5-60 中的 B）。

图 5-58 入口的轮椅与坡道

轮椅坡道的净宽度不应小于 1.0m，无障碍出入口的轮椅坡道净宽度不应小于 1.20m（图 5-61）。

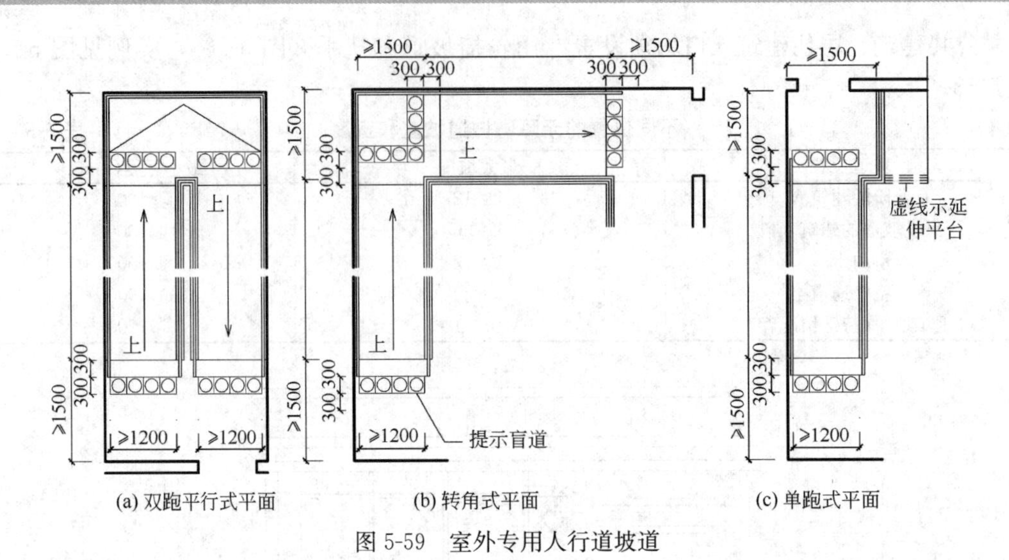

图 5-59 室外专用人行道坡道

300 900
300
200
850
50
A
B
ϕ45×3钢管
或不锈钢管
200
满焊
850
50 50
满焊
安全挡台
3020
坡道地面

图 5-60 坡道栏杆

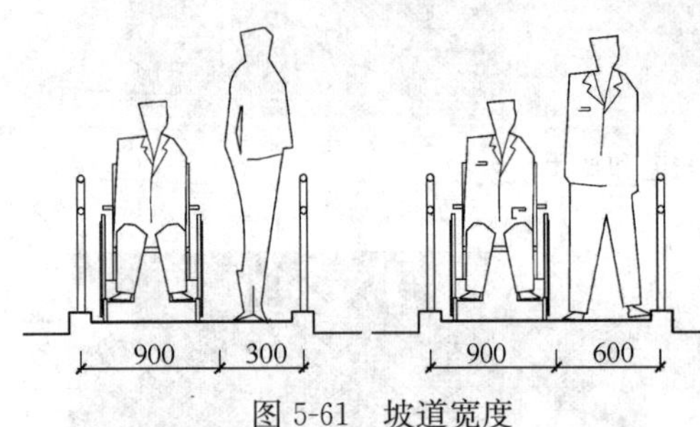

图 5-61 坡道宽度

不同位置的无障碍坡道坡度及宽度详见表 5-5。

旧建筑物改造时受场地的限制，其坡道和室外通道达不到 1∶12 时允许做到 1∶10、1∶8。建筑入口和大厅在进行无障碍设计和改建有困难时，可采用占地面积小的升降平台来取代坡道，升降平台系自助安全装置，面积不应小于 1200mm×900mm（图 5-62）。

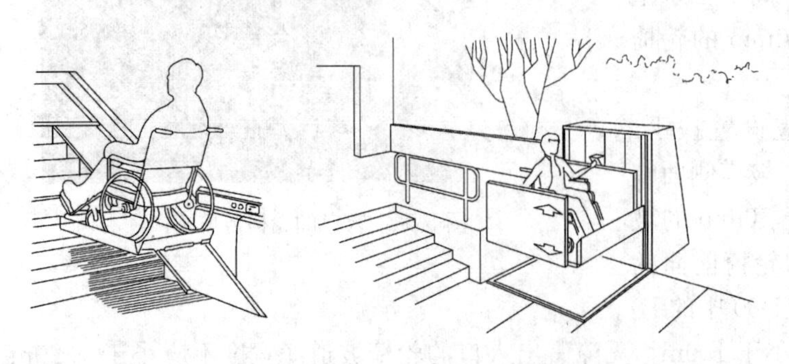

图 5-62 无障碍升降平台

5.7　电梯、自动扶梯及自动人行步道

5.7.1　电梯

电梯是建筑物中的垂直交通设施。以下情况应设置电梯：住宅7层及以上（含底层为商店或架空层）或住户入口楼面距室外地面的高度超过16m；6层及以上的办公建筑；4层及以上的医疗建筑和老年人建筑、图书馆建筑、档案馆建筑；宿舍最高层楼面距入口层楼面高度超过20m；一、二级旅馆3层及以上，三级旅馆4层及以上，四级旅馆6层及以上，五、六级旅馆7层及以上；高层建筑。另外，有些建筑如商店、多层仓库、厂房，经常有较重的货物要运送，也需设置电梯（图5-63）。

1）电梯的类型

按使用性质分，电梯可分为乘客电梯、客货电梯、医用电梯、载货电梯、杂物电梯、消防电梯等（图5-64）。每栋建筑需按其使用功能、要求和电梯性质、特点合理选用与配置电梯系统。各类电梯的性质、特点见表5-6。

（1）按电梯行驶速度分类

高速电梯：速度大于2m/s，梯速随层数增加而提高。

中速电梯：速度在2m/s以内，一般货梯按中速考虑。

低速电梯：运送食物的电梯常用低速，速度在1.5m/s以内。

（2）其他特殊类型

随着技术的进步，还出现了很多具有独特性质或功能的电梯，如观景电梯、无机房电梯、液压电梯、无障碍电梯等。

① 观景电梯具有垂直运输和观景双重功能，适用于高层旅馆、商业建筑、机场、火车站、游乐场等公共建筑，它的观景面是透明的。观景电梯在建筑物中的位置应选择使乘客获得广阔视野、优美景色的方位。其造型与平面形式多样，具体工程设计按电梯厂提供的技术参数和土建条件确定。

电梯类别和性质、特点　　**表5-6**

类别	名　称	性质、特点	备　注
Ⅰ类	乘客电梯	运送乘客的电梯	简称客梯
Ⅱ类	客货电梯	主要为运送乘客，同时亦可运送货物的电梯	简称客货梯
Ⅲ类	医用电梯	运送病床（包括病人）和医疗设备的电梯	简称病床梯
Ⅳ类	载货电梯	运送通常有人伴随的货物的电梯	简称货梯
Ⅴ类	杂物电梯	运送图书、资料、文件、杂物、食品等的提升装置，由于结构形式和尺寸的关系，轿厢内人不能进入	简称杂物梯
Ⅵ类	消防电梯	发生火灾时使用的电梯，平时可与客货梯或工作电梯兼用	简称消防梯

注：1. Ⅰ类、Ⅲ类电梯与Ⅱ类电梯的主要区别在于轿厢内的装修。

2. 住宅与非住宅用电梯都是乘客电梯，住宅用电梯宜采用Ⅱ类电梯。

资料来源：电梯主参数及轿厢、井道、机房的型式与尺寸GB/T 7025—2008. 北京：中国标准出版社，2009.

② 无机房电梯无须设置专业机房，其特点是将驱动主机安装在井道侧墙或轿厢上，控制柜放在维护人员能接近的位置。

图 5-63 电梯

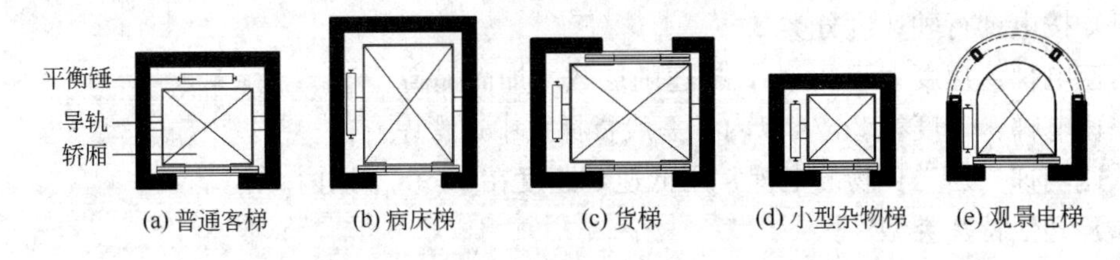

图 5-64 电梯类型与井道平面

③ 液压电梯是以液压传动的垂直运输设备，适用于行程高度小（一般不大于 12m）、机房不设在顶部的建筑物。货梯、客梯、住宅梯和病床梯均可采用液压电梯。

2）电梯设计的要求

客梯宜设在主要入口、明显易找的位置，且不应在转角处紧邻布置。单侧并列成排的电梯不宜超过 4 台，双侧排列的电梯不宜超过 8 台（4 台×2）。电梯附近宜设有安全疏散楼梯，以便就近上下楼。

设置电梯的建筑，楼梯仍按常规做法设置。高层民用建筑除了设普通客梯以外，还必须按规定设置消防电梯。

3）电梯的组成

电梯由轿厢、电梯井道及控制设备系统三大部分构成。电梯轿厢直接供载人或载货之用，其内部用材应考虑美观、耐用、易于清洗。轿厢常采用金属框架结构，内部采用光洁的有色金属板壁面或金属穿孔板壁面、花格钢板地面等内饰材料。入口处采用钢板或铝材制成的电梯门槛。电梯井道是电梯运行的垂直通道。机械及控制设备系统由平衡锤、垂直导轨、提升机械、升降控制系统、安全系统等部件组成，从建筑的角度来说，包括电梯井道、机房、地坑、门套、缓冲层、隔声层等设置。

4）电梯设计及有关细部构造

一般而言，电梯主要技术参数和规格尺寸，各国标准和电梯生产厂有所不同，具体工程设计时，应按供货厂家土建技术条件来确定（图 5-65）。

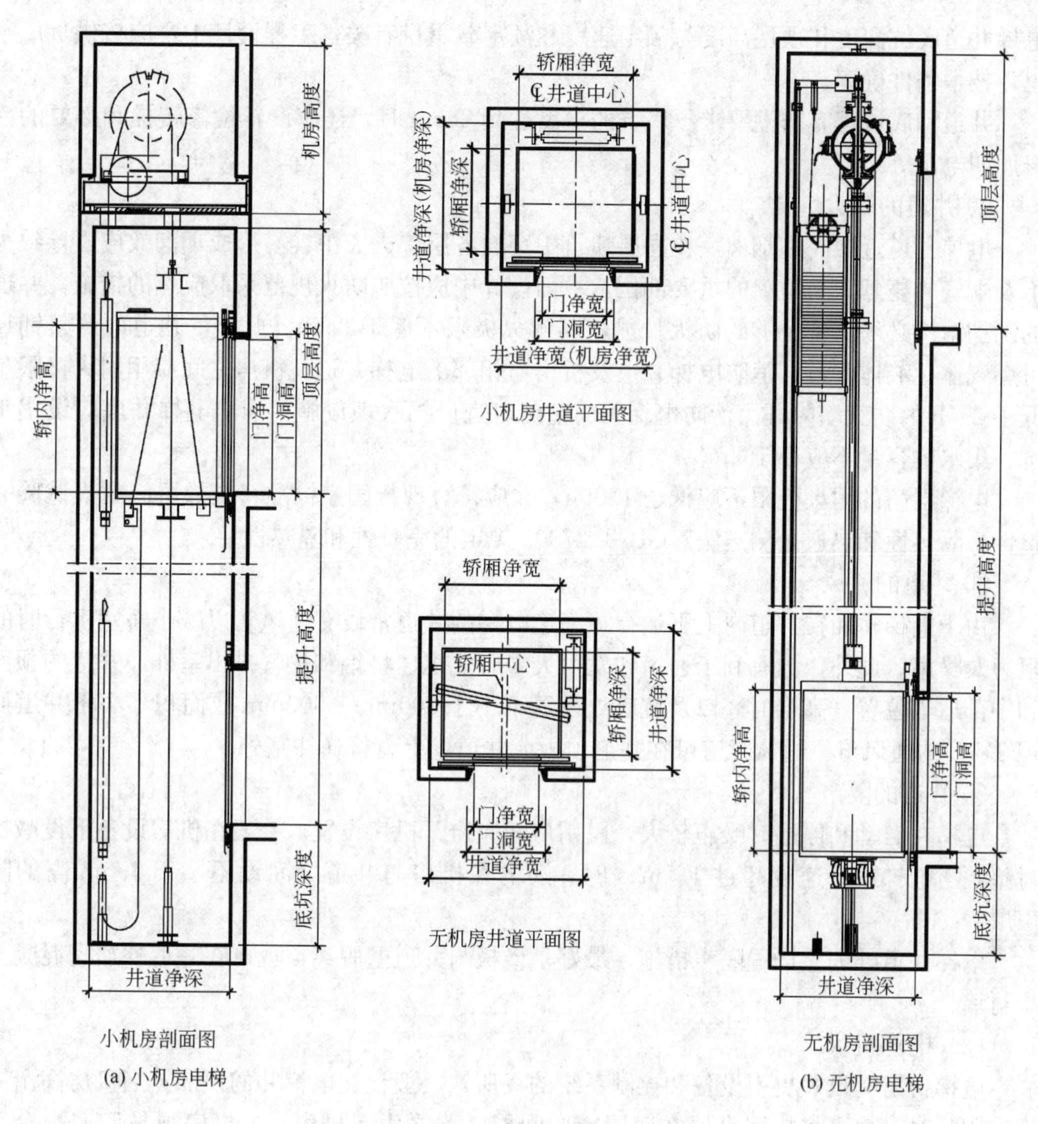

图 5-65 电梯井道构造

(1) 电梯井道

电梯井道内设有电梯轿厢、电梯出入口以及导轨、导轨撑架、平衡锤和缓冲器等。

① 井道的技术要求

电梯井道的技术要求主要是井道的垂直度和规定的空间尺寸。观光电梯的井道还必须美观且与建筑外观和谐。一般高层建筑的电梯井道可采用整体现浇钢筋混凝土，导轨依靠导轨支架固定在井道内壁上。多层和小高层的电梯井道，除了现浇之外，也有采用框架结构的，在这种情况下，井道的设计要与结构设计相配合，既要保证电梯井道的空间尺寸，又要满足结构的刚度，还要与平面布置相协调。

电梯轿厢在井道中运行，上下都需要一定的空间供吊缆牵引和检修需要，因此规定电梯井道在顶层停靠层必须有 4.5m 以上的高度，电梯底层以下也需要留有深度不小于 1.4m 的地坑，供电梯缓冲之用。地坑中轿厢和平衡锤下部均设有减振器，又称缓冲器。

电梯井道底坑深度和顶层高度与额定速度和额定载重量有关，工程设计中，应按供货厂家土建技术条件确定。

井道和底坑都有防潮要求。底坑的深度达到 2.5m 时，还应设置检修爬梯和必要的检修照明电源等。

② 井道的防火

电梯井道近似一座烟囱，在高层建筑中穿通各层，火灾中容易形成烟囱效应，导致火焰及烟气的蔓延，是防火的重要部位。平面设计中应按照防火规范采取应有的措施，井道的围护结构必须具备足够的防火性能，其耐火极限不低于 2.5h。此外，井道内严禁铺设可燃气体、液体管道。消防电梯井道及机房与相邻的电梯井道及机房之间应用耐火极限不低于 2.0h 的防火墙隔开。消防电梯间前室门口宜设挡水坝设施。消防电梯井底应设集水坑，集水坑容量不应小于 $2m^3$。

电梯层门的耐火极限不应低于 1.00h，并应符合现行国家标准《电梯层门耐火试验完整性、隔热性和热通量测定法》GB/T 27903 规定的完整性和隔热性要求。

③ 井道的通风

由于电梯轿厢在井道内上下运行，高速电梯的井道常设有通风管以减小轿厢运行时的阻力及噪声。此外，为有利于通风和发生火警时能迅速将烟和热气排出室外，井道的顶部和中部适当位置（高层时）以及坑底处设置不小于 300mm×600mm 或面积不小于井道面积 3.5%的通风口。通风管道可在井道顶板或井道壁上直接通往室外。

④ 井道的隔声

电梯在启动和停层时噪声较大，民用房间应避开机房设置。一般在机房设备下设减振衬垫，当电梯运行速度超过 1.5m/s 时，还需在机房与井道之间设不小于 1.5m 高的隔声层。

电梯井道外侧应设置隔声措施，最好是楼板与井道壁脱离，也可在井道外加砌混凝土块衬墙。

（2）电梯机房

电梯机房是设置曳引设备和控制系统的场所，一般设在电梯井的顶部。当机房高出屋面有困难时，也可将机房设置在底层或中间层，称之为下机房。下机房须与厂家配合采用。电梯机房的尺寸，需根据机械设备的安排和管理维修的需要来确定，不同品牌和生产厂家的设备以及不同安装要求的尺寸有所不同。

电梯机房顶部应在电梯吊缆正上方设置受力梁或吊钩，以便起吊轿厢和重物。在机房地板适当位置设一吊孔，其尺寸根据生产厂家的具体型号而定。

（3）电梯厅门构造

电梯井道在停靠的每一层都留有门洞，称电梯厅门，要求坚固、适用、美观。厅门洞口上部和两侧应装上门套。门套可采用水磨石、硬木板或金属板饰面（图 5-66）。土建预留的电梯厅门洞高与宽通常比电梯门各放宽 100mm。

在出入口处的地面，通常在电梯门洞下缘的位置向井道内挑出一牛腿，用于支承厅门门框，同时也是客人进入轿厢的踏板。牛腿一般为钢筋混凝土现浇或预制构件，出挑长度随电梯规格而定，牛腿也可用型钢支托（图 5-67）。

5）消防电梯

消防电梯设置：建筑高度大于 33m 的住宅建筑；一类高层公共建筑和建筑高度大于 32m 的二类高层公共建筑；埋深大于 10m 且总建筑面积大于 $3000m^2$ 的其他地下或半地下建筑（室）。消防电梯应分别设置在不同防火分区内，且每个防火分区不应少于 1 台。

消防电梯间应设前室，其面积：居住建筑，不应小于 $4.50m^2$；公共建筑、高层厂房（仓库），不应小于 $6m^2$。当与防烟楼梯间合用前室时，其面积：居住建筑，不应小于 $6m^2$；公共建筑、高层厂房（仓库），不应小于 $10m^2$。

消防电梯的行驶速度，应按从首层到顶层的运行时间不超过 60s 计算。消防电梯的载重量不应小于 800kg。消防电梯应从地下室直通顶层，且应每层停靠。

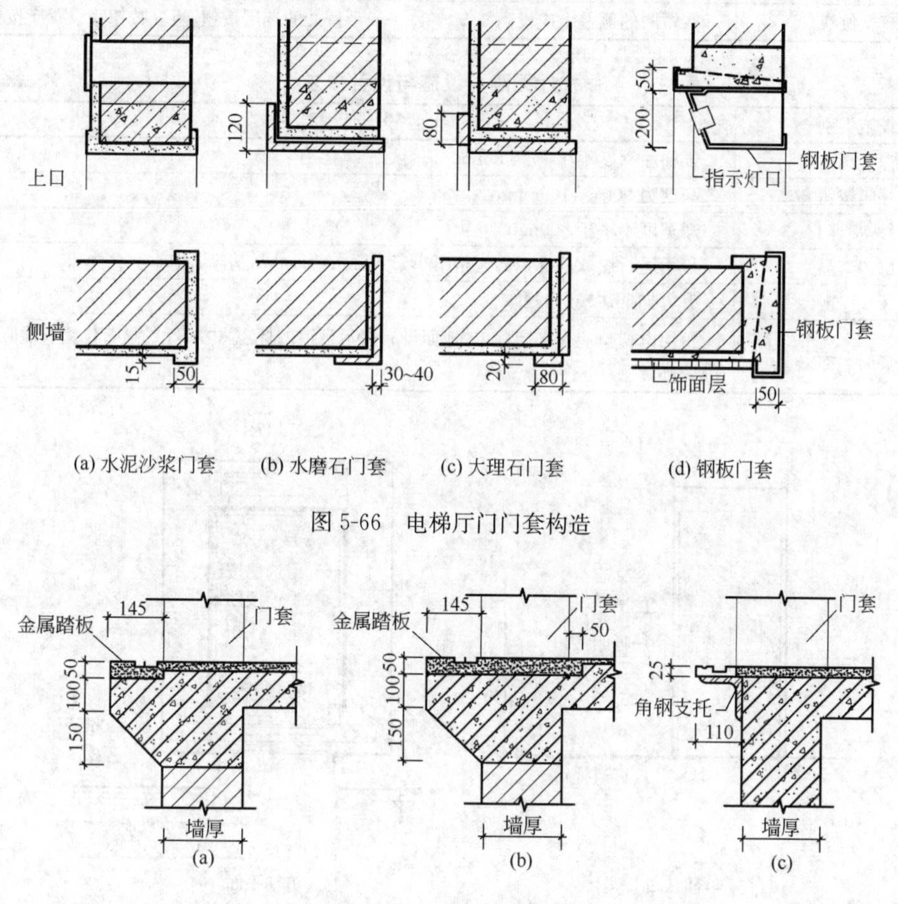

(a) 水泥沙浆门套　(b) 水磨石门套　(c) 大理石门套　(d) 钢板门套

图 5-66　电梯厅门门套构造

(a)　(b)　(c)

图 5-67　厅门牛腿构造

6）无障碍电梯

在大型公共建筑、医疗建筑、高层建筑和高层居住建筑中，无障碍电梯是残疾人最理想的垂直交通设施（图 5-68）。

肢体残疾者及视残疾者自行操作的电梯应采用残疾人专配的标准无障碍电梯，电梯轿厢无障碍设施与设计要求应符合表 5-7 的规定。

高层居住建筑设置电梯，应有一台急救担架可进入的电梯，紧急情况下可起到重要作用。为满足残疾人到达电梯厅候梯或转乘的要求，候梯厅的设计应满足表 5-8 的规定。

电梯轿厢无障碍设施与设计要求 表5-7

设施类别	设计要求
电梯门	梯门开启后的净宽度不应小于800mm
面　积	(1)轮椅在轿厢里为正进倒出时，轿厢深度不小于1400mm，宽度不小于1100mm； (2)轮椅在轿厢里可回转180°时，轿厢深度不小于1700mm，宽度不小于1400mm
扶手、护壁板	轿厢内三面均设距地高850～900mm的扶手，厢里四面距地350mm以下均设护壁板
选层按钮	轿厢内侧高900～1100mm处设带盲文的选层按钮
显示与音响	清晰显示轿厢运行方向及层数，有报层音响
镜　子	轿厢正面扶手上方距地高900mm处至吊顶部应安装镜子
盲文按钮	在轿厢的侧壁上应设高0.90～1.10m带盲文的选层按钮，盲文按钮宜设置于按钮旁

候梯厅无障碍设施与设计要求 表5-8

设施类别	设计要求
深　度	候梯厅深度不小于1800mm
呼叫按钮	高度为900～1100mm
厅　门	净宽度不小于900mm
层　显	显示运行层数的标识的规格不小于50mm×50mm，清晰、明确
音　响	有电梯抵达楼层的音响
标　志	每层电梯口应有楼层标志，地面设有提示盲道的标志，电梯厅的显著位置有国际通用无障碍标志

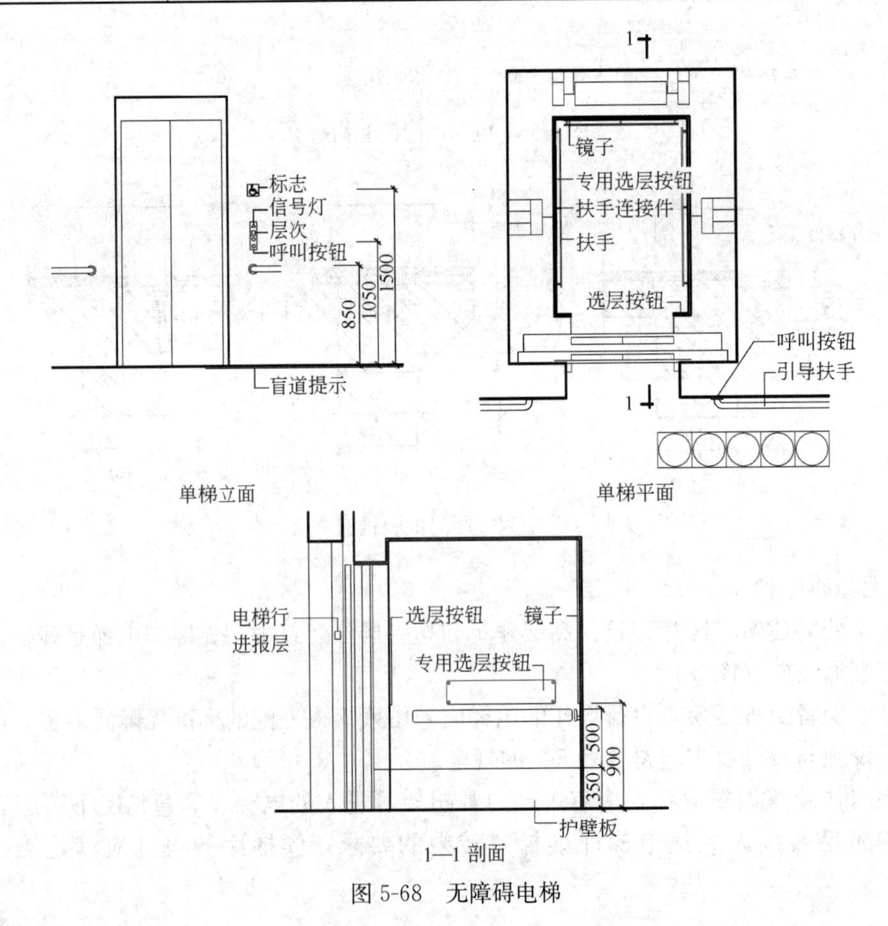

图5-68 无障碍电梯

图 5-69 自动扶梯（一）

图 5-70 自动扶梯（二）

自动扶梯主要技术参数 表 5-9

广义梯级宽度（mm）	提升高度（mm）	倾斜角	额定速度（m/s）	理论运送能力（人/h）	电 源
600、800	3000～10000	27.3°、30°、35°	0.5、0.6	4500、6750	动力三相交流 380V，50Hz；功率 3.7～15kW；照明 220V，50Hz
1000、1200				9000	

注：1. 600mm 宽为单人通行，800mm 宽为单人携物通行，1000mm 和 1200mm 为双人通行。
2. 在乘客经常有手提物品的客流高峰场合，选用梯级宽度 1000mm 为双人通行。
3. 条件允许时宜优先采用角度为 30°及 27.3°的自动扶梯。
4. 提升高度大于 6000mm 时，不应采用 35°的自动扶梯。
5. 扶手带距梯级前缘或踏板面的垂直距离为 900～1100mm。

5.7.2 自动扶梯

自动扶梯（图 5-69、图 5-70）也称滚梯，是建筑物各楼层间不间断运输效果最佳的载客设备，适用于客运码头、地铁、航空港、商场、大型超市及公共大厅等公共场所。自动扶梯运行原理与一般皮带运输机相似，它是采用机电技术，由电动马达变速器和安全制动器组成推动单元拖动两条环链，而每级踏板都与环链连接，通过轧辊的滚动，使踏板沿轨道循环运转。一般的自动扶梯可正逆方向运行。

1）自动扶梯的技术参数

自动扶梯的主要技术参数见表 5-9。具体工程设计中应以供货厂家土建技术条件为准。

自动扶梯常见坡度有 27.3°（配合楼梯用）、30°（优先采用）和 35°（布置紧凑时用）等。自动扶梯运行速度控制在 0.45～0.75m/s，以 0.5m/s 最为常见。其运行能力视宽度而定，目前自动扶梯的宽度有 600mm、900mm、1200mm 等。在人员密集、距离较长的空港、客运站等建筑中，自动扶梯也可做成水平运行或坡度平缓（≤12°）的室内人行步道。

自动扶梯的构配件包括扶手、栏板、桁架侧面、底面外包层、护栏以及中间支承等（图 5-71）。

（1）扶手：特制连续耐磨胶带，有黑、绿、蓝、红等多种颜色。

（2）栏板：一般为透明的 10mm 厚安全玻璃，还有非透明的，多为有支撑的层压板喷涂漆或不锈钢板。

（3）桁架侧面、底面外包层：多为防锈漆面钢板或不锈钢板。

（4）护栏：多为不锈钢管或透明玻璃护栏。

（5）中间支承：当扶梯过长时，中间要安设支承点，应按厂家要求进行设计。

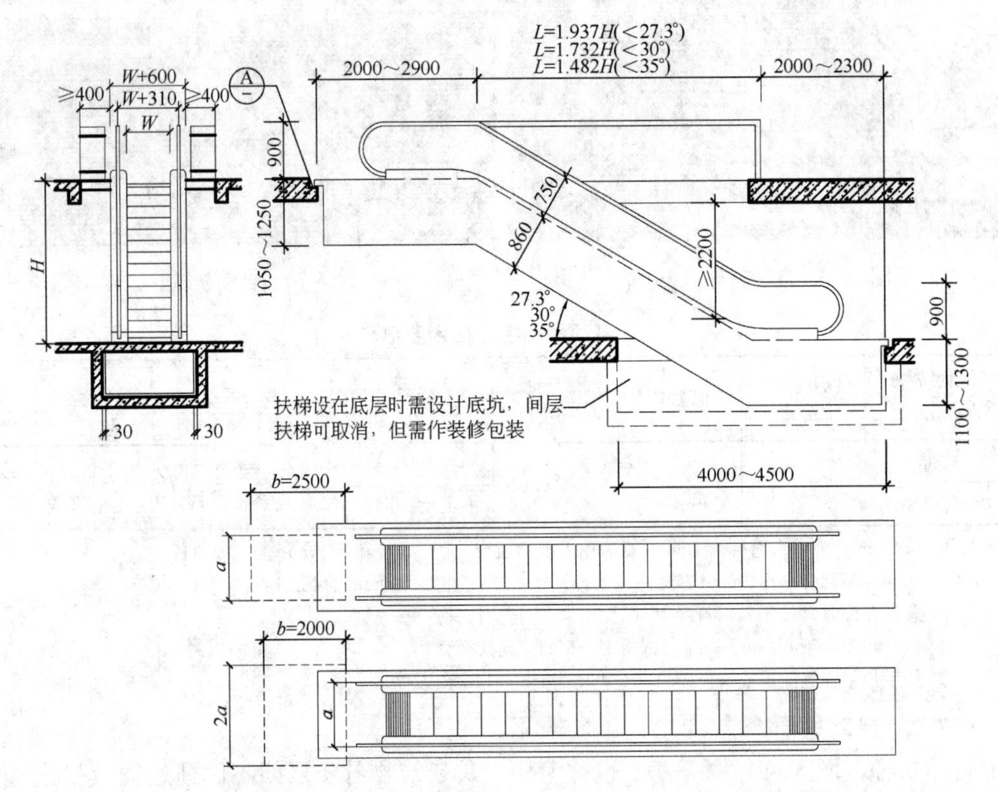

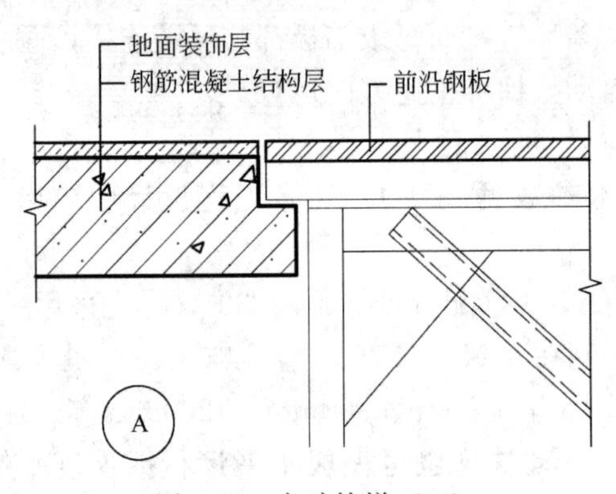

图 5-71　自动扶梯（三）

2）自动扶梯设计的要点

自动扶梯应布置在经合理安排的流线上。自动扶梯可单台或多台设置。双台并列式往往采取一上一下的方式，以求得垂直交通的连续性，也有两台自动扶梯平行布置的。扶手带中心线与平行墙面或楼板开口边缘间的距离、相邻平行交叉设置时两梯（道）之间扶手带中心线的水平距离均不宜小于 0.50m，否则应采取措施防止障碍物造成人员伤害。自动扶梯宜上下成对布置，即在各层换梯时，不需沿梯绕行，使上行或下行者能连续到达各层。自动扶梯的几种布置形式见图 5-72。

自动扶梯出入口畅通区的宽度不应小于 2.50m，畅通区有密集人流穿行时，其宽度应加大。

自动扶梯的机械装置悬在楼板梁下，楼层下作装饰外壳处理，底部则做地坑。在机房上部自动扶梯口处均应有金属活动地板供检修之用。

出于对防火安全的考虑，在室内每层设有自动扶梯的开口处，四周敞开的部位均须设防火卷帘及水幕喷头，在自动扶梯上方四周安装自动喷淋，喷头间距为 2m。自动扶梯停运时不得计作安全疏散梯。自动扶梯和层间相通的自动人行道单向设置时，应就近布置相匹配的楼梯。自动扶梯的机房、梯底和机械传动部分除留设检修孔和通风口外，均应以不燃烧体材料包覆。为防止乘客头、手探出自动扶梯栏板被挤受伤，自动扶梯和自动人行道

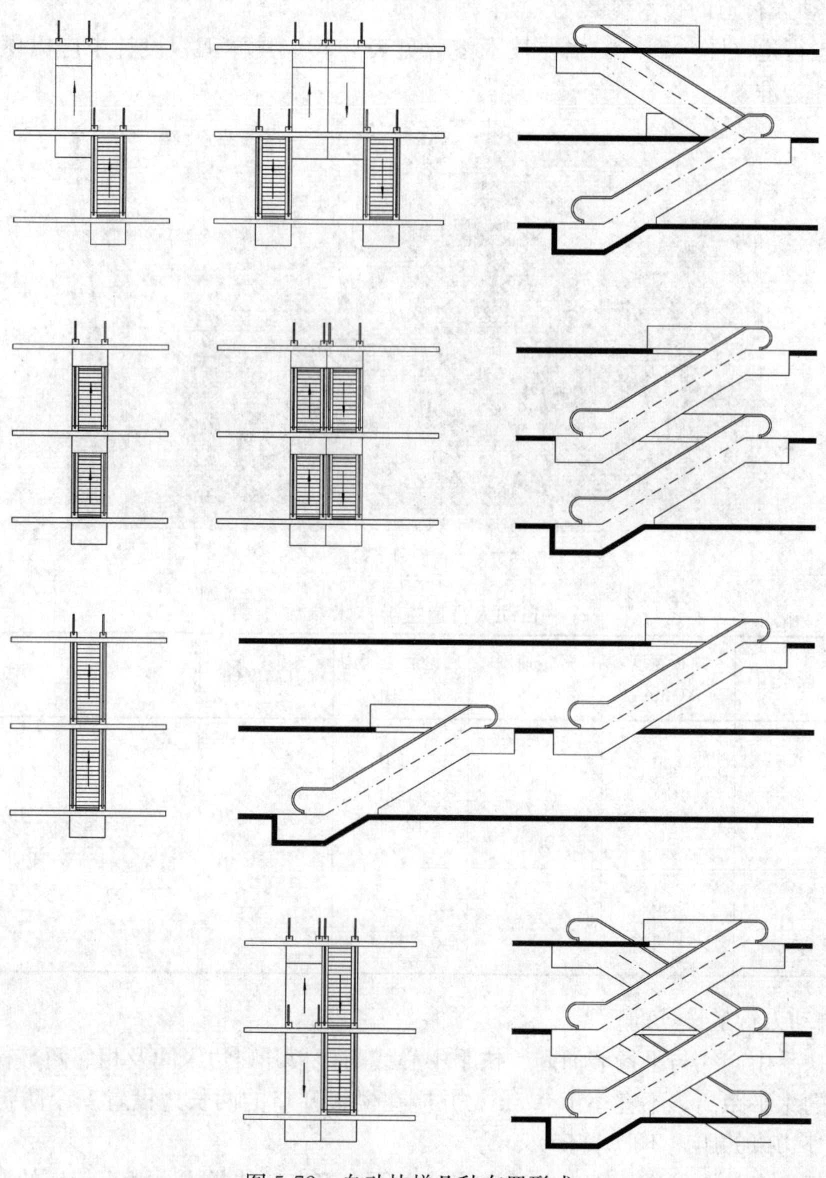

图 5-72　自动扶梯几种布置形式

与平行墙面间、扶手与楼板开口边缘及相邻平行梯的扶手带的水平距离不应小于 500mm。当不能满足上述距离要求时，特别是在楼板交叉处及交叉设置的自动扶梯之间，应在外盖板上方设置一个无锐利边缘的垂直防碰挡板（例如一个无孔三角板），作为警告标志，以保证安全。

5.7.3　自动人行道

自动人行道（图 5-73）由固定电力驱动，是用于水平方向或以一定坡度输送乘客的走道设备。自动人行道包含水平式和倾斜式的两种形式，具有连续工作、运输量大、水平运输距离长等特点，主要用于人流密集的公共场所如机场、车站和大型购物中心或超市等的长距离的水平运输。自动人行道没有像自动扶梯那样的阶梯式的梯级构造，结构上相当于将梯级拉成水平（或倾斜角不大于 12°）的自动扶梯，且较自动扶梯简单。

1）自动人行道的技术参数

自动人行道（图 5-74）的主要技术参数见表 5-10。具体工程设计中应以供货厂家土建技术条件为准。

图 5-73　自动人行道（一）

自动人行道主要技术参数　　**表 5-10**

类型	倾斜角	踏板宽度 A(mm)	额定速度 (m/s)	理论运送能力 (人/h)	提升高度(m)	电　源
水平式	0°～4°	800 1000 1200	0.50 0.65 0.75 0.90	9000 11250 13500	2.2～6.0	动力三相交流 380V,50Hz;功率 3.7～15kW;照明 220V,50Hz
倾斜式	10° 11° 12°	800 1000	—	6750 9000		

2）自动人行道设计的要点

（1）扶手中心线与平行墙面间、扶手中心线与楼板开口边缘间及相邻两平行梯的扶手中心线间的水平距离，不宜小于 0.5m，并应在楼板开口的两长边设置安全防护栏杆，栏杆离扶梯外边缘的距离不应小于 0.5m。

（2）每台自动人行道的进出口通道宽度必须大于自动扶梯或自动人行道的宽度，且不小于 2.5m（进出口通道的净深必须大于 2.5m，当通道的宽度大于自动扶梯或自动人行道宽度的 2 倍时，则通道的净深可缩小到 2m）。

（3）自动人行道的踏板或胶带上空垂直净高不应小于 2.3m。

（4）自动人行道及其进出口通道必须设防护栏杆或防护板，其高度不小于 0.9m，并能防止儿童钻爬。

（5）倾斜式自动人行道与水平楼板搭接时，应保证其空隙的安全防护措施。

（6）自动人行道的间距大于 200mm 时，应设防坠落安全措施。

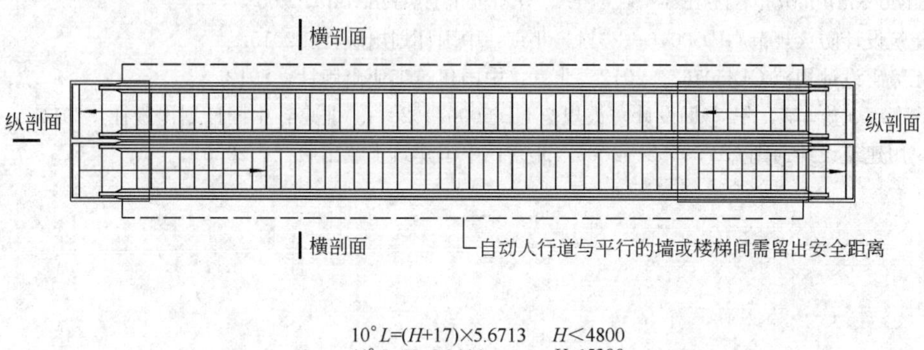

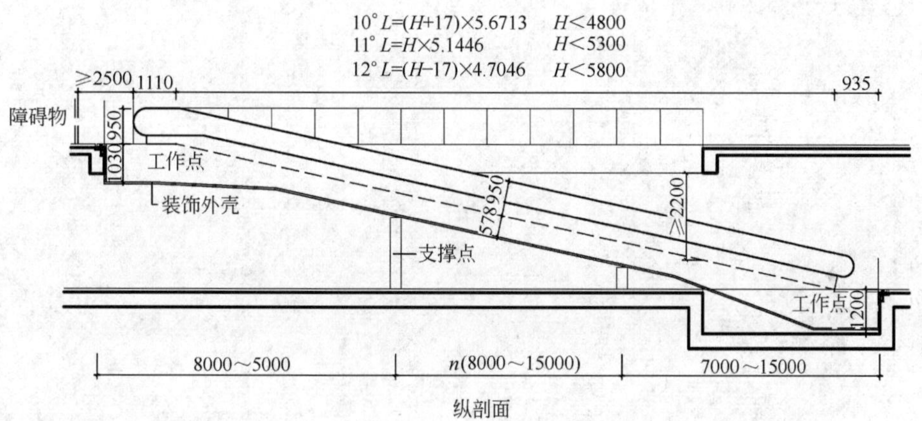

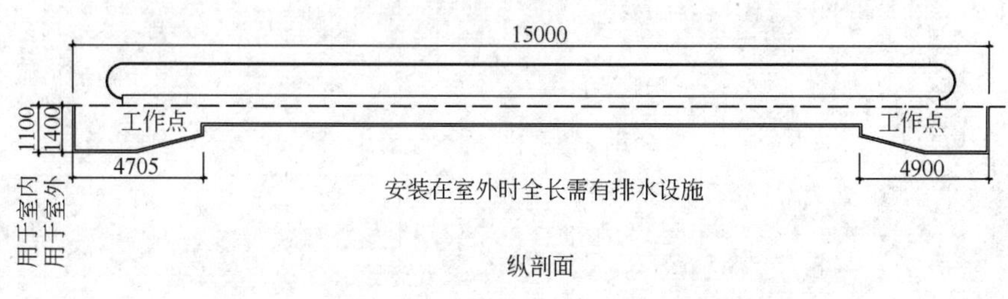

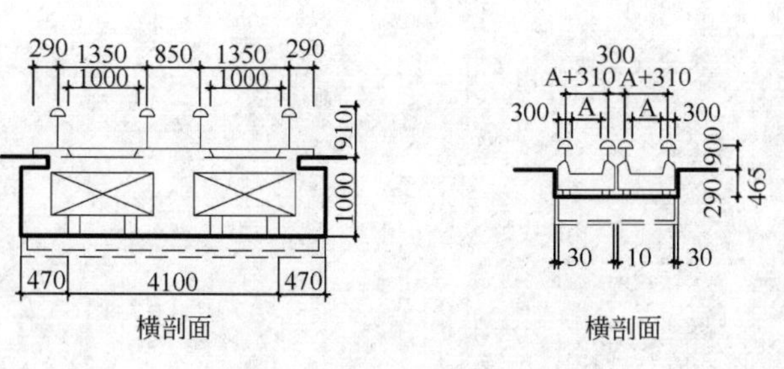

图 5-74 自动人行道（二）

（7）层间相通的自动人行道单向设置时，应就近布置相匹配的楼梯。

（8）倾斜式自动人行道的倾斜角不应超过 12°。

参考文献

[1] 深圳市建筑设计研究总院．建筑设计技术手册．北京：中国建筑工业出版社，2011.

[2] 电梯、自动扶梯、自动人行道-国家建筑标准设计图集 13J404．北京：中国计划出版社，2013.

[3] 钢梯-国家建筑标准设计图集 02J401．北京：中国计划出版社，2003.

[4] Silvio San Pietro．STAIRS&SCALE 2．Edizioni L'Archivolto，2008.

[5] 建筑设计防火规范 GB 50016—2014．北京：中国计划出版社，2015.

[6] 无障碍设计规范 GB 50763—2012．北京：中国建筑工业出版社，2012.

[7] 汽车库、修车库、停车场设计防火规范 GB 50067—2014．北京：中国计划出版社，2014.

[8] 民用建筑设计通则 GB 50352—2005．北京：中国建筑工业出版社，2005.

第6章　门 窗 构 造

6.1　概　　述

6.1.1　门窗的作用

门窗是装置在墙洞中必不可少的重要建筑构件。门的主要作用是交通联系和分隔建筑空间。窗的主要作用是采光、通风、日照、眺望。门窗属围护构件，除满足基本使用要求外，还应具有保温、隔热、隔声、防护等功能。此外，门窗的设计还直接影响到建筑外观和室内环境的美学效果。

6.1.2　门窗的要求

1）交通的要求

门供人和物出入，在设计中，应根据建筑物的性质、人流的多少确定其数量、大小、位置、开启方式与方向等，使其符合人和物通行的要求。

2）采光、通风的要求

窗的尺寸大小以及形式关系到建筑物的采光、通风。适当大小的窗户面积可取得良好的采光效果。因此，应根据建筑物的不同采光要求，选择合适尺寸的窗，例如按玻璃面积与地面面积的比值，参照有关规范，可计算出窗的高、宽尺寸。结合风向，选择合适的窗户形式和位置，以获得空气对流，取得良好的通风效果。

3）围护方面的要求

门窗作为围护构件，在设计时应考虑保温、隔热、隔声、防护等方面的要求。根据不同地区的特点，选择恰当的材料、构造形式可起到较好的围护作用。

4）美观方面的要求

门窗在建筑设计中作为一种重要的装饰语言，对建筑立面和室内空间的形式有较大影响，设计门窗除应满足不同的功能要求外，还应考虑美观要求。

5）工业化的要求

建筑工业化是建筑业发展的必然趋势。建筑工业化的前提是工厂化生产、现场装配。实行装配化必须做到标准化和模块化。门窗是建筑中的重要构件，门窗的工厂化生产对建筑工业化的影响是巨大的。门窗的形式多样，大小不一，因此，在建筑工业化中，门窗的尺寸设计宜符合《建筑模数协调统一标准》的规定，以适应建筑工业化生产的需要。

6.1.3　门窗的尺寸

门窗的尺寸，通常指门窗洞口的高宽尺寸。

1）门的尺寸

(1) 居住建筑中门的尺寸

门的宽度：单扇门为800～1000mm；双扇门为1200～1400mm。

门的高度：一般为2000～2200mm；有亮子（腰头窗）的则需增加300～500mm。

门的厚度：一般为30～50mm。

(2) 公共建筑中门的尺寸

门的宽度：一般比居住建筑稍大。单扇门为900～1000mm；双扇门为1400～1800mm。

门的高度：一般为2100～2300mm；带亮子的应增加500～700mm。

门的厚度：一般为30～50mm。

四扇玻璃外门宽为2500～3200mm，高（连亮子）可达3200mm，也可视立面造型与层高而定。

2) 窗的尺寸

通常平开窗单扇宽不大于600mm，双扇宽度为900～1200mm，三扇窗宽为1500～1800mm；高度一般为1500～2100mm；窗台离地高度为800～1000mm，其中幼儿园活动室、多功能厅窗台离地高度不大于600mm。旋转窗的宽度、高度不宜大于1m，超过时须设中竖框和中横框，窗台高度可适当提高，约1200mm。推拉窗宽度不宜过大，一般不大于1500mm，高度一般不超过1500mm。

6.1.4　门窗的分类

1) 按门的开启方式分

(1) 平开门

平开门是日常生活中最常见的一种门，其门扇有单扇、双扇（图6-1）。平开门构造简单、制作方便、开关灵活。它的铰链装于门扇的一侧，与门框相连，使门扇靠铰链轴转动。

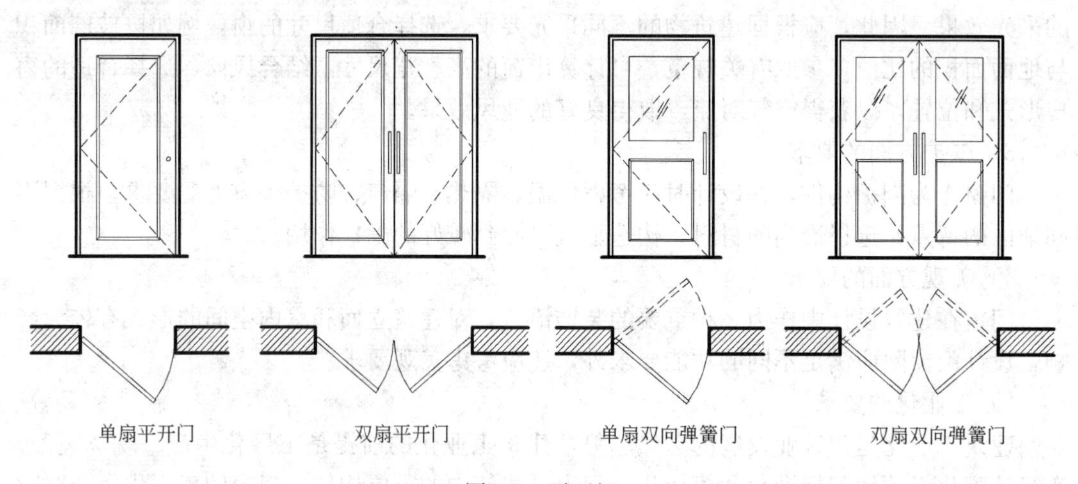

图6-1　平开门

(2) 弹簧门（自关门）

弹簧门也是平开门的一种，它以弹簧铰链或地弹簧代替普通铰链，借助弹簧的力量使门扇能自动关闭，因此，弹簧门可用于对门有自动关闭要求的场所（如医院手术室的门），其门扇也可采用玻璃。另外，应注意弹簧的型号必须与门扇尺寸及重量相适应。

（3）推拉门（图 6-2）

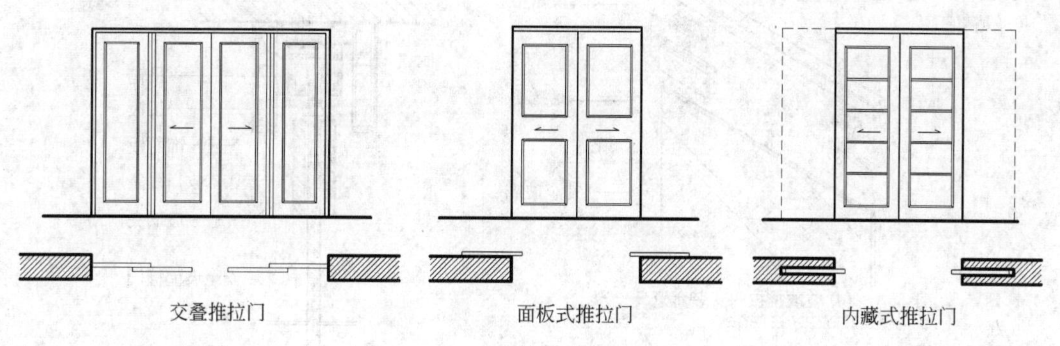

图 6-2　推拉门

推拉门的启闭方式是向左右推拉，通常为单扇和双扇，但也可做成双轨多扇或多轨多扇。推拉门根据门扇开启后的位置可分为交叠式推拉门、面板式推拉门和内藏式推拉门三种，根据安装方法可分为上挂式、下滑式（此滑轮不承重，只能减少下轨移动阻力）以及上挂和下滑相结合的三种形式。在民用建筑中采用推拉门分隔内部空间，可节约空间。推拉门也可用作工业建筑中的仓库、车间大门等。推拉门的安装方法可根据门扇的高度来确定，当门扇高度小于 4m 时，一般采用上挂式，即在门扇的上部装置滑轮，滑轮吊在门过梁的预埋钢轨上（图 6-3）。当门扇高度大于 4m 时，一般采用下滑式，即在门扇下部安装滑轮，滑轮在地面预埋的钢轨上滑行（图 6-4）。推拉门的构造较复杂，开关时有噪声，密闭性不好，开启速度慢而且不方便，对疏散不利，一般不用于主要安全疏散出口。

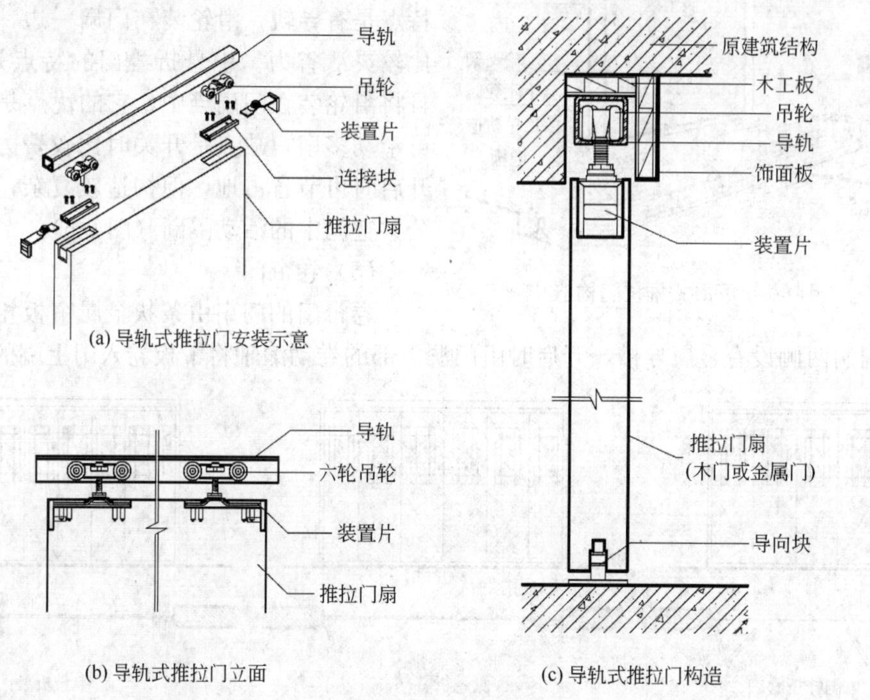

图 6-3　上挂式推拉门构造

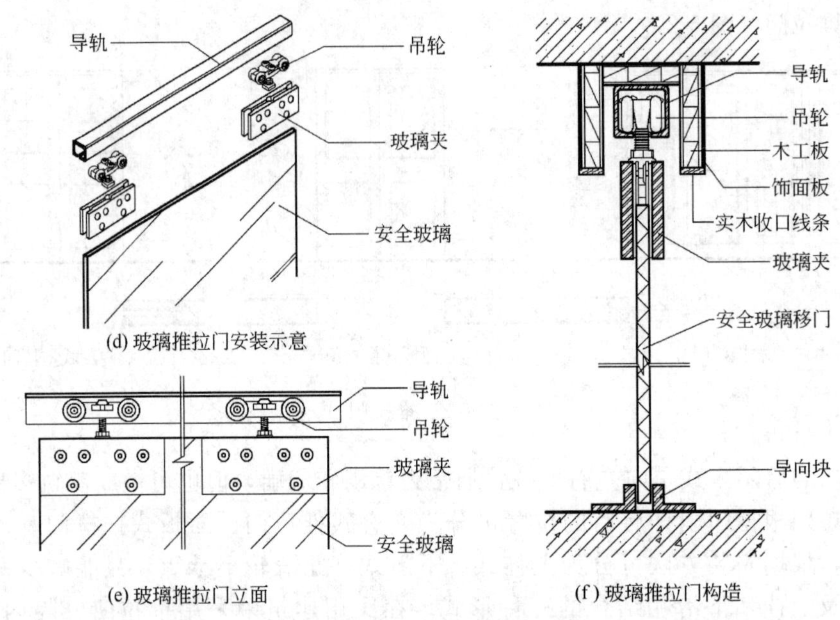

(d) 玻璃推拉门安装示意

(e) 玻璃推拉门立面

(f) 玻璃推拉门构造

图 6-3 上挂式推拉门构造（续）

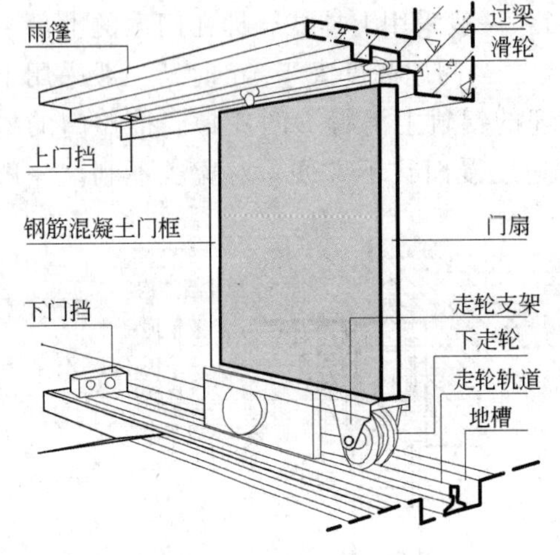

图 6-4 下滑式推拉门构造

(4) 折叠门

折叠门可分为侧挂折叠门、侧悬折叠门和中悬折叠门三种（图 6-5）。侧挂折叠门的特点是无导轨，使用普通铰链，但一般只能挂一扇，因此不适用于宽大的门洞。侧悬折叠门的特点是有导轨，滑轮装在门扇一边，它的开关比较灵活省力。中悬折叠门的特点是有导轨，且将滑轮装在门扇当中，它的优点是推动一扇可牵动多扇，缺点是开关时比较费力。折叠门开启时可节省占地，但构造较复杂，一般可作公共空间中的活动隔断（图 6-6）。

(5) 卷帘门

卷帘门的门扇由条状金属帘板相互铰接组成。门洞两侧设有金属导槽，开启时由门洞上部的卷动滚轴将帘板卷入门上端的滚筒。卷

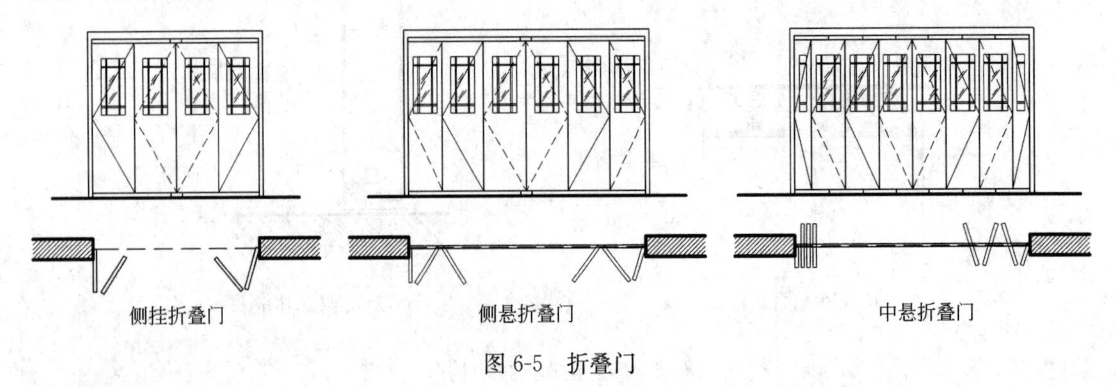

图 6-5 折叠门

帘门可用于不同大小的门洞，具有防火、防盗、开启方便、不占室内外空间等优点。但其制作较复杂，造价较高，因有防盗作用而常用作商业建筑外门（图 6-7，图 6-8）。

（6）旋转门

旋转门主要由固定的弧形门套和垂直旋转的门扇构成（图 6-9）。门扇可分为三扇或四扇，围绕竖轴旋转。旋转门密封性能优良，可以减少热量或冷气的流失，具有良好的保温隔声效果，但其构造复杂，且不适用于人流快速流通的公共建筑，大多用于大型宾馆、饭店，同时在旋转门旁还需附设平开疏散门，以利人流疏散。旋转门可分为普通和自动两种。普通旋转门按材料分有铝合金的、钢的或钢木结合的。自动旋转门按材料分有铝合金的和钢的两种。

（7）电子感应门

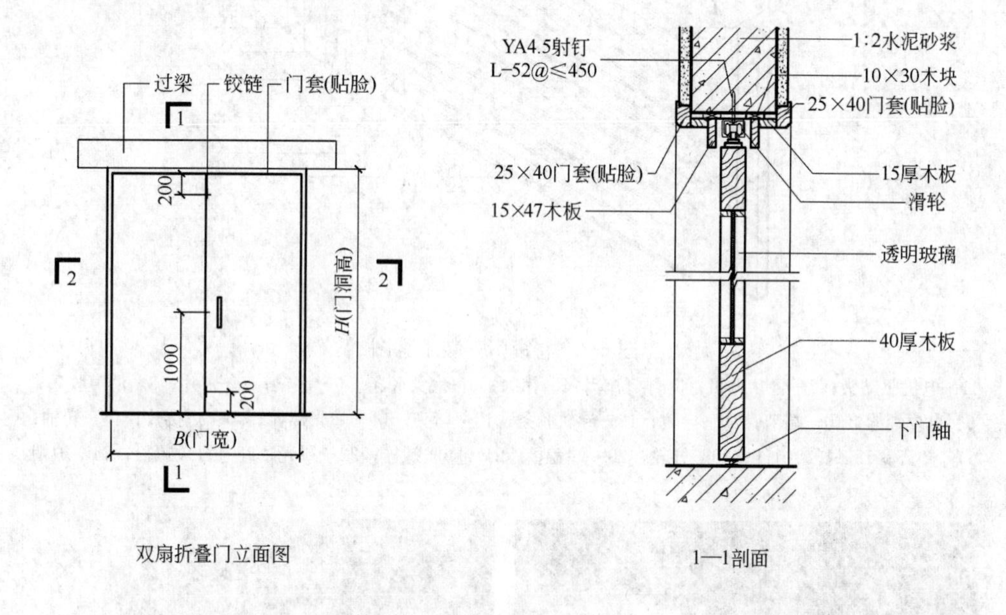

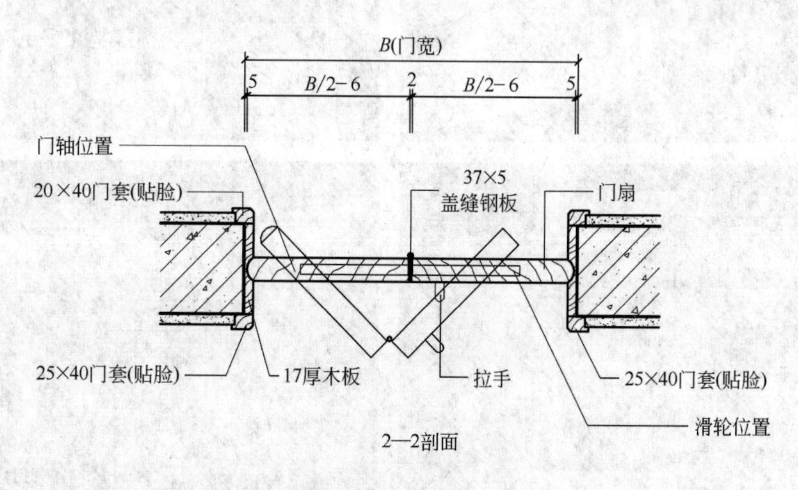

双扇折叠门平面放大图

图 6-6　双扇折叠门

电子感应门，又称自动门。这种门配置的感应探头能发射出一种红外线信号或者微波信号，当物体靠近有这种信号的门时，门就会自动开启或关闭（图 6-10～图 6-12）。

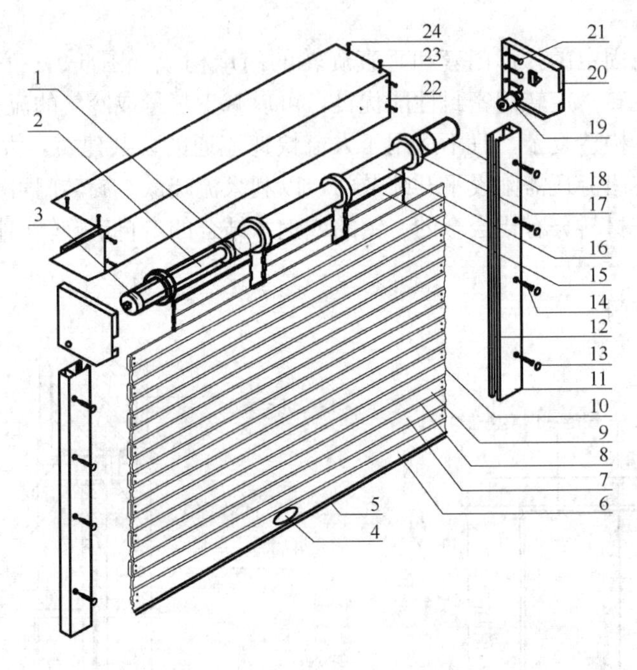

图 6-7　卷帘门安装示意图

1—电机驱动头；2—管状电机；3—限位套；4—铭牌；5—底梁胶条；6—底梁；7—帘片；8—消声胶条；9—自攻螺栓；10—端卡；11—导轨；12—导轨胶条；13—堵头；14—膨胀螺栓；15—短接片；16—转轴；17—垫环；18—托架组件；19—导轮；20—端盖板；21—膨胀螺栓；22—罩壳；23—自攻螺栓；24—护帽

图 6-8　各种卷帘门

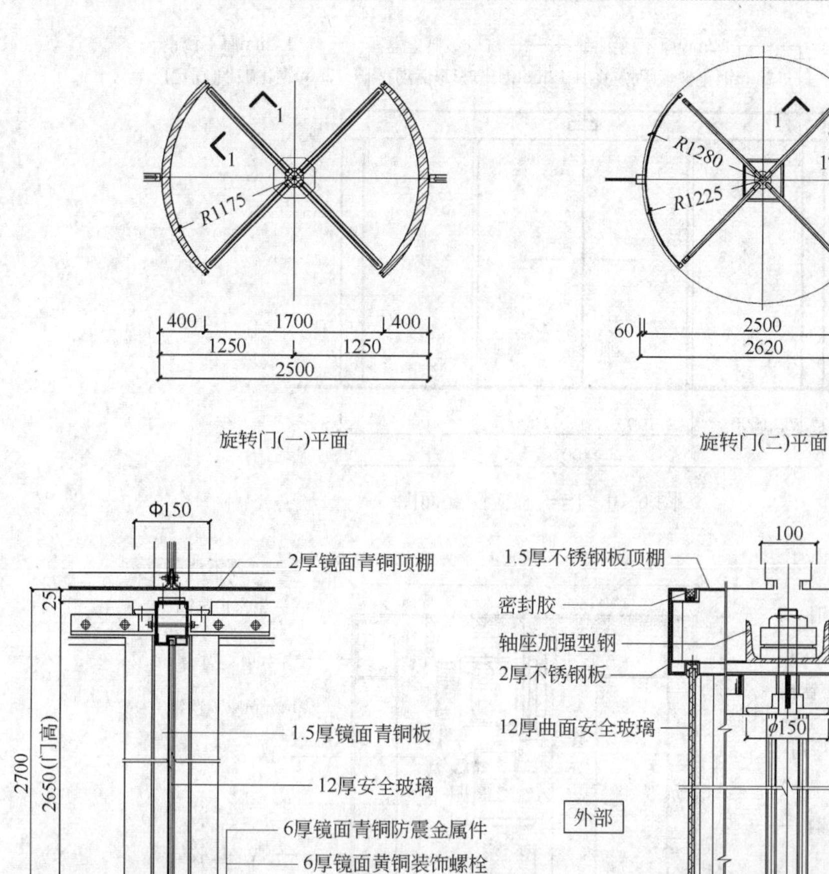

1
1
R1175
400
1700
400
1250
1250
2500
旋转门(一)平面
1
1
R1280
R1225
60
2500
60
2620
旋转门(二)平面
Φ150
2厚镜面青铜顶棚
25
2700
2650(门高)
1.5厚镜面青铜板
12厚安全玻璃
6厚镜面青铜防震金属件
6厚镜面黄铜装饰螺栓
120
旋转门(一)1-1竖剖面
100
1.5厚不锈钢板顶棚
密封胶
轴座加强型钢
2厚不锈钢板
12厚曲面安全玻璃
ϕ150
外部
入口大厅
150
2100
2200
180
120
2厚不锈钢板
旋转门(二)1-1竖剖面

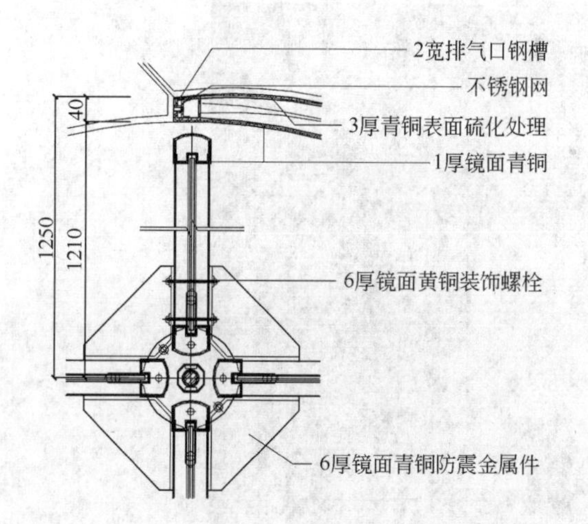

2宽排气口钢槽
不锈钢网
3厚青铜表面硫化处理
1厚镜面青铜
40
1250
1210
6厚镜面黄铜装饰螺栓
6厚镜面青铜防震金属件

图 6-9　旋转门

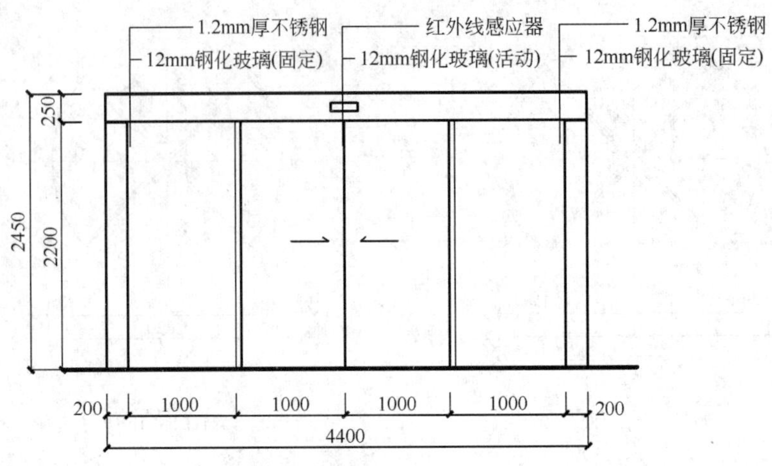

图 6-10　电子感应门立面图

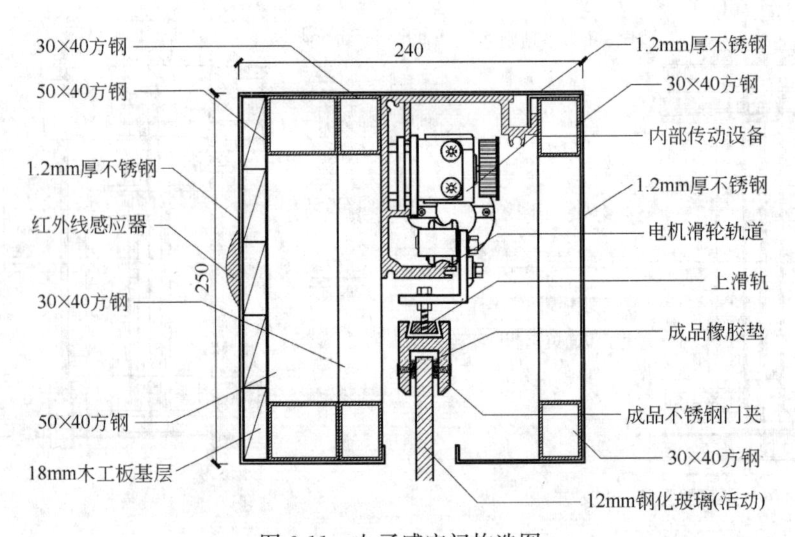

图 6-11　电子感应门构造图

图 6-12　电子感应门

2）按窗的开启方式分

通常有：平开窗、推拉窗、百叶窗、固定窗、旋转窗等（图 6-13）。

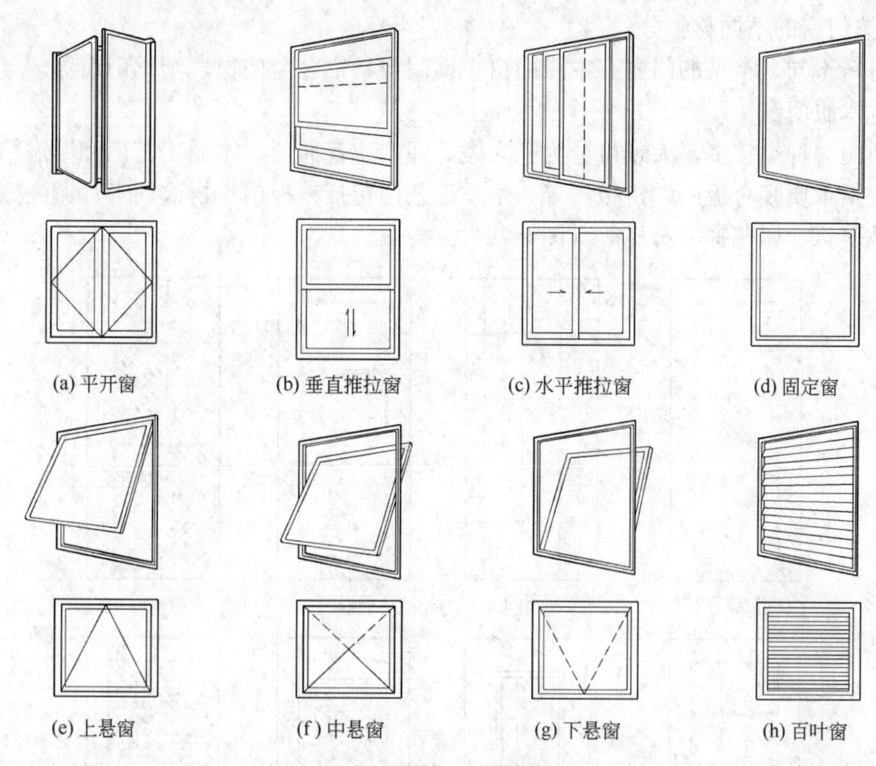

图 6-13 窗的开启方式

（1）平开窗

平开窗是指窗扇沿水平方向开启的窗。窗扇与窗框间由铰链相连。平开窗分外开窗和内开窗两种。外开窗在开启时不占室内使用空间，且排水问题容易解决，但易损坏。内开窗开启时占用室内空间，但不易损坏。当窗外设有卷帘或走廊时，内开窗不会影响窗的正常使用。此外，出于对安全等因素的考虑，高层建筑不应采用外平开窗。平开窗构造简单，开启灵活，维修方便，被广泛运用于民用建筑中（图 6-13a）。

（2）推拉窗

推拉窗是指窗扇沿导轨或滑槽滑动的窗户，它可分为垂直推拉与水平推拉两种形式。推拉窗开启时不占室内空间。水平推拉窗扇受力状态好，适宜安装较大的玻璃，所以在现代建筑中较为常见。推拉窗与平开窗相比，窗面积相同时，其通风面积小一半（图6-13b、图 6-13c）。

（3）固定窗

固定窗无开启窗扇，它仅供采光和眺望之用，不能通风，构造简单，密封性能好，多与门亮子或开启窗配合使用（图 6-13d）。

（4）旋转窗

旋转窗是将窗扇沿垂直方向翻转的开启形式。旋转窗有上悬、中悬和下悬（图 6-13e～图 6-13g）。

（5）百叶窗

利用木质或金属薄片作为百叶片遮挡阳光和视线，并保持自然通风，多用于卫生间、暗室等部位（图 6-13h）。

3）按门窗的不同材料分

按材料不同，常见的门窗有木质门窗、钢门窗、铝合金门窗、塑钢门窗等。

（1）木质门窗

木质门的种类较多，大致可分为三大类，即木质普通门、木质工艺门和镶嵌门。木质普通门包括木质胶合板门、拼板门等；木质工艺门包括镶板门、拼纹门等；镶嵌门的镶嵌材料有玻璃、金属花饰、石材等（图 6-14）。

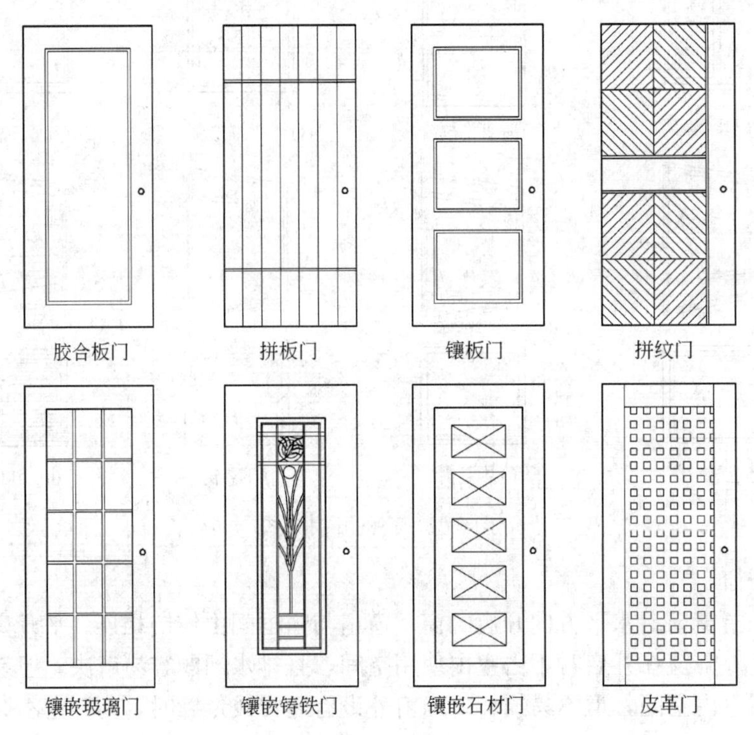

图 6-14 木质门分类

（2）型材门窗

型材门窗有铝合金门窗、隔热铝合金门窗、彩板门窗、塑钢门窗、钢木门窗等。

（3）玻璃门窗

玻璃门窗便于大面积自然采光。

4）按门窗的不同功能分

在建筑中，由于对门窗的功能要求越来越高，从而产生了不同功能的门窗。如：

（1）节能门窗

一般指通过增强门框与门扇、窗框与窗扇之间的密封性减少空气对流，采用导热系数小的材料及断桥型材等方法降低热传导能力以及通过采用镀膜玻璃、中空玻璃、低辐射玻璃和带薄膜型热反射材料玻璃等来减少太阳辐射，以达到节约能源、降低能耗的效果，这种门窗目前已推广使用。

（2）隔声门窗

隔声门窗一般采用多层复合结构。但复合结构的层次不宜过多，厚度和重量不宜过大。

(3) 防火门窗

防火门可以分为隔热防火门（A类）、部分隔热防火门（B类）和非隔热防火门（C类），防火窗可以分为隔热防火窗（A类）和非隔热防火窗（C类）。其中隔热防火门和隔热防火窗根据耐火隔热性和耐火完整性的不同又可以分为 A0.5（丙级）、A1.0（乙级）、A1.5（甲级）、A2.0 和 A3.0 五类，其耐火隔热性和耐火完整性取值从 0.5 到 3 小时不等。使用时可根据不同建筑的防火要求加以选择，民用建筑中常用的是甲级、乙级、丙级三类。

防火门窗可由不同的材料制成，如难燃木材、钢制材料、无机不燃材料、防火玻璃等。有关各种防火门的要求，按《防火门》GB 12955—2008 执行。

防火门可以分为常开、常闭、遇火自动开启和遇火自动关闭等不同类型。防火门应采用防火门锁，从而确保消防安全。防火门锁的大部分零件采用耐高温不锈钢和铜合金，可在高温条件下照常开启，具有较强耐腐蚀性能。

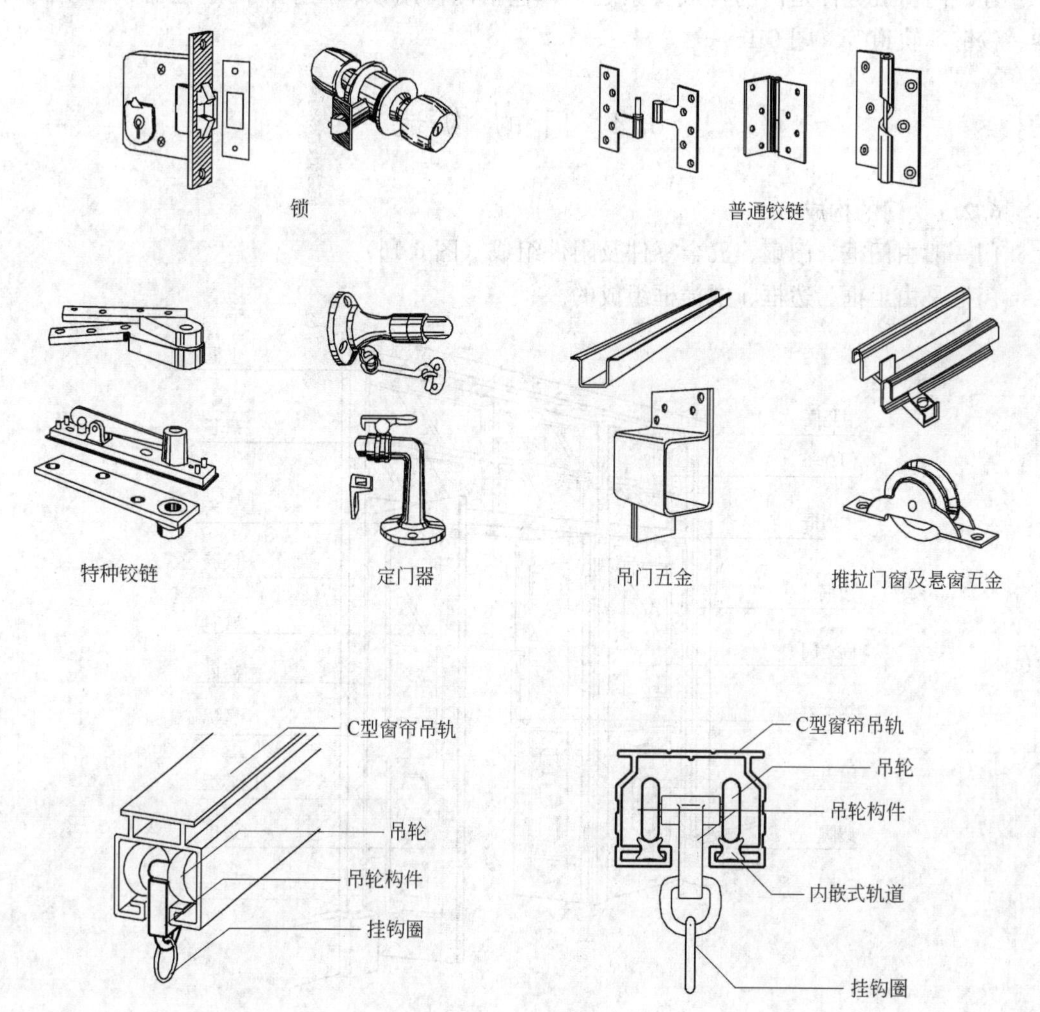

图 6-15 门窗五金

（4）防盗门窗

又称防盗安全门窗，在现代建筑中广泛运用，具有安全防护功能。防盗门配有防盗锁，在一定时间内可以抵抗一定条件下的非正常开启，具有一定的安全防护性能并符合相应防盗安全级别。防盗窗是指在建筑原有窗户的基础上，附加一层具有防盗防护功能的网状窗。

（5）密闭门窗

密闭门是能增强气密性的一类门的统称，主要为木质和钢质，一般用于医院、食品厂、工业厂房等对隔声、隔热、气密性要求较高的地方。人防工程中的密闭门详见人防章节。密闭窗多采用增加窗扇或玻璃层数的做法，做成双层窗或双层、多层中空玻璃窗。同时，应尽量减少窗缝，包括玻璃与窗扇之间、窗扇与窗框之间、窗框与墙体之间的缝隙，以保证窗的密闭效果。目前，密闭门窗主要用于医疗设施中的无菌室、手术室、实验室，或生产精密仪器产品的有密闭要求的厂房。

6.1.5　门窗五金

建筑门窗五金件是门的构成要素之一，包括门窗用锁、拉手、门定位器、自动闭门器、铰链、轨道等（图6-15）。

6.2　门的构造

6.2.1　门的构成

门一般由门框、门扇、五金零件及附件组成（图6-16）。

门框是由上框、边框、中横框组成的。

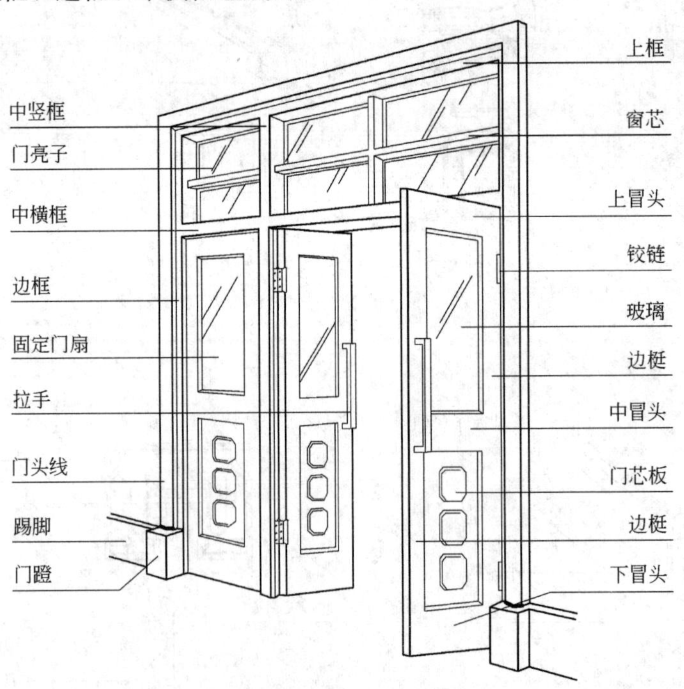

图6-16　门的构成

门扇是由上冒头、中冒头、下冒头、边梃、门芯板、玻璃、门上五金件组成的。

门扇的形式多样，按材质分主要有：

（1）木质门扇（图 6-17）

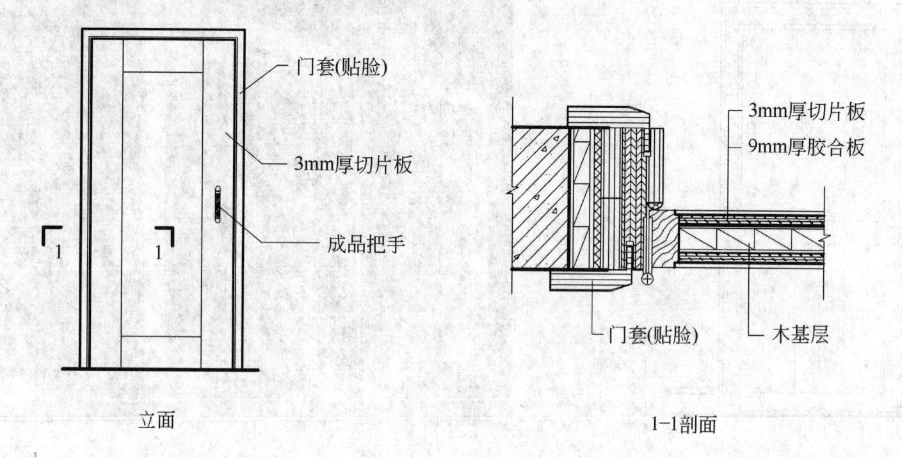

图 6-17　木质门

（2）玻璃门扇（图 6-18）

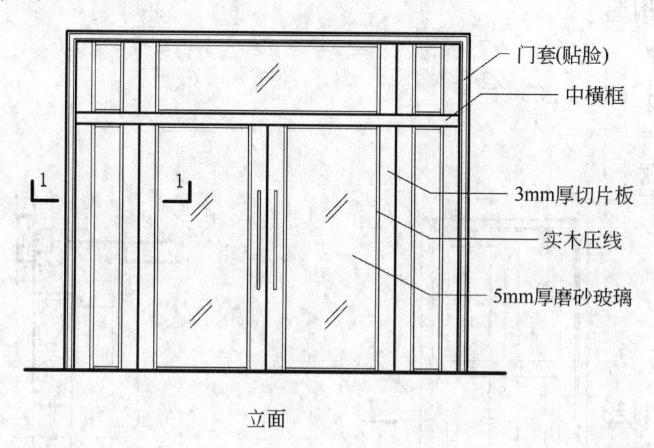

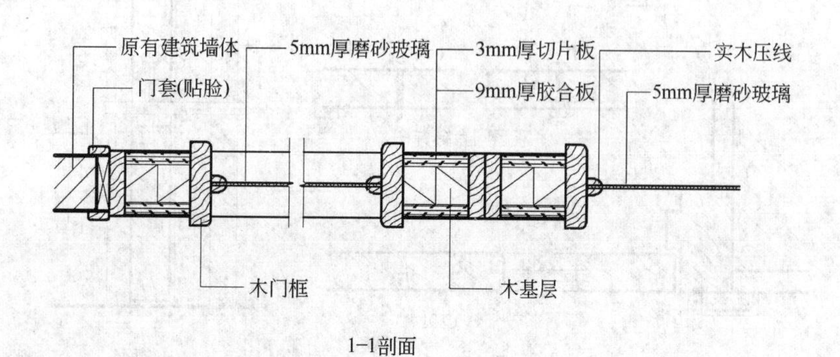

图 6-18　玻璃门

（3）型材门扇（图 6-19）

型材门扇，是由铝合金等金属材料组成的型材经加工而成的产品。成品包括门框、门芯板及玻璃等组件。

图6-19　型材门

6.2.2　门的构造

按材料不同分

（1）木框挡门（图6-20）

（2）镶板门

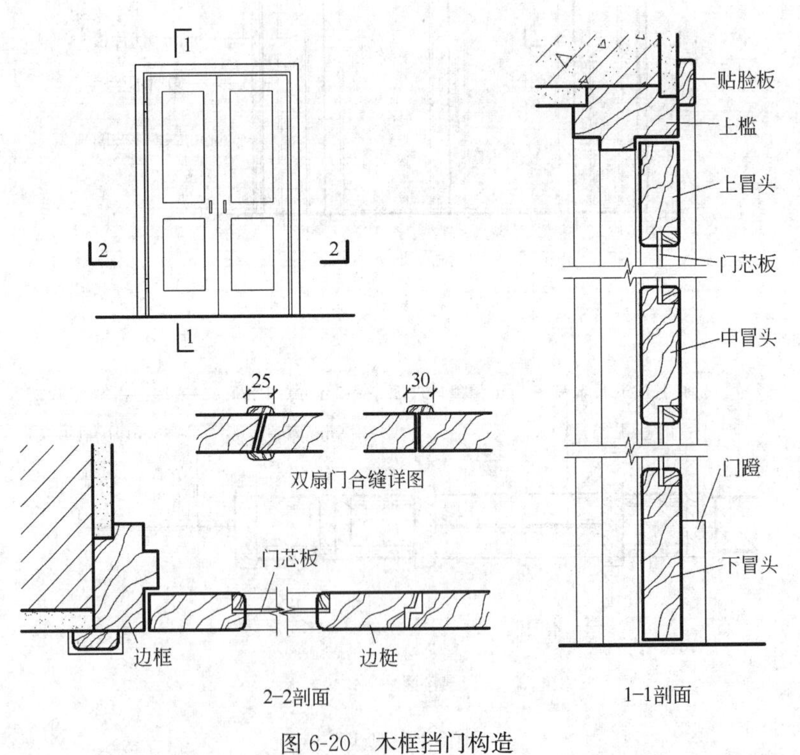

图6-20　木框挡门构造

镶板门指在门扇上镶门芯板的门。门芯板可用实木板，也可用细木工板、中密度板、多层胶合板或其他材料。做成的门可在面板上饰以不同的纹路、色彩进行拼接，以增加装饰效果。镶板门构造简单，普通的加工条件就可以制作，适用于装修内门及外门。

（3）镶嵌玻璃门

它与镶板门的基本特点相同，这种门在板材与玻璃连接处应采用木压条，如采用通长的玻璃，玻璃厚度须达到 6mm 以上，并对木材及制作工艺要求较高。镶嵌玻璃门适用于公共建筑的入口大门或大空间的内门。采用木格的镶玻璃门适用于建筑装修的内外门及阳台门等。

（4）胶合板门

木质胶合板门一般选用一定数量的木筋做成木门骨架，然后用胶合板双面胶合而成。这种门的特点是用材量少，门扇自重轻，但保温、隔声性能均差。木质胶合板门适用于建筑装修中的内门（图 6-21）。

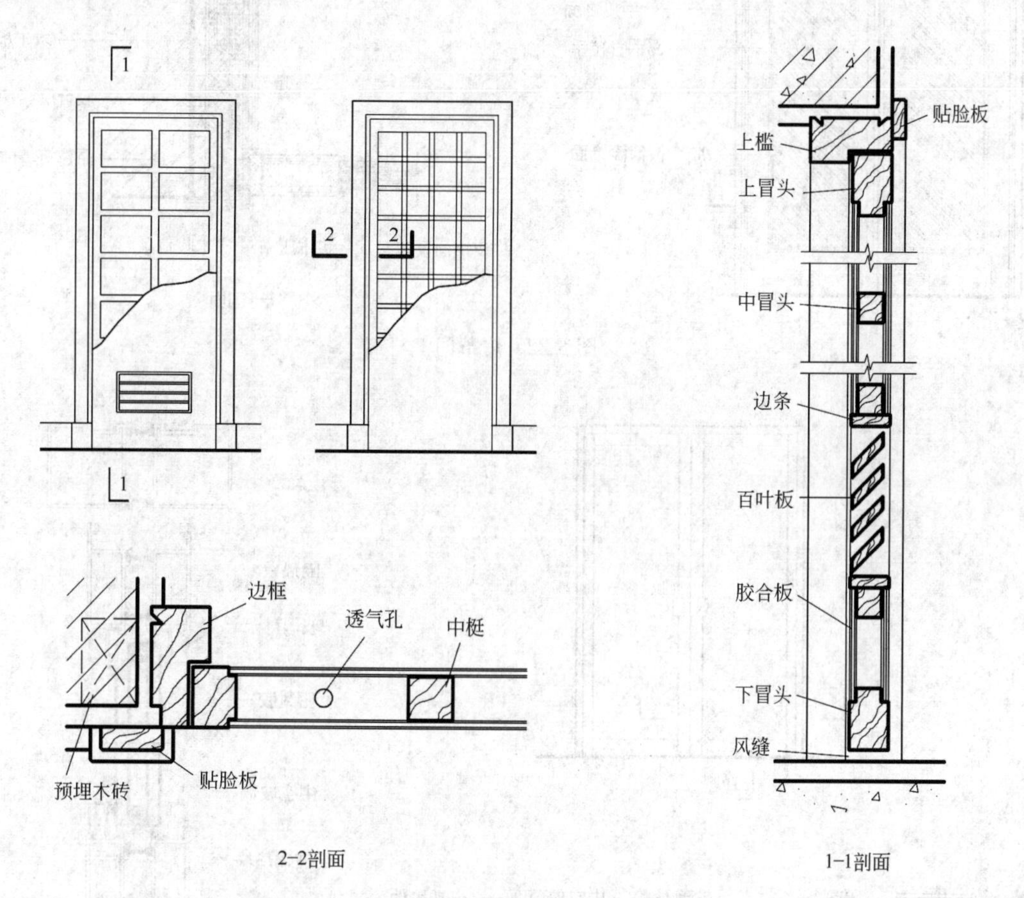

图 6-21 胶合板门构造

（5）皮革门（图 6-22）

皮革门具有良好的隔声、保温效果和特殊的装饰效果，常用于高档装修的室内。

（6）铝合金门

铝合金是在铝中加入镁、铜、锌、硅等元素形成的合金材料。其型材用料系薄壁结构，利用薄壁结构压制成型材，型材断面中留有不同形状的槽口和孔。它们分别具有空气对流、排水、密封等作用。除压条、压盖、扣板等需要弹性装配的型材之外，型材最小公称壁厚应不小于 1.20mm。

铝合金门窗框料的系列名称是以门框的厚度尺寸来区分的。如门框厚度尺寸为 50mm 的平开门，就称为 50 系列铝合金平开门；窗框厚度尺寸为 90mm 的铝合金推拉窗，就称为 90 系列铝合金推拉窗。

(7) 隔热铝合金门（图 6-23）

在铝合金型材基础上增加增强聚酰胺纤维（尼龙）隔条，将其分成内外两个部分，利用尼龙导热系数小的特征，克服了铝合金散、导热快的缺陷，提高了门的保温隔热性能。

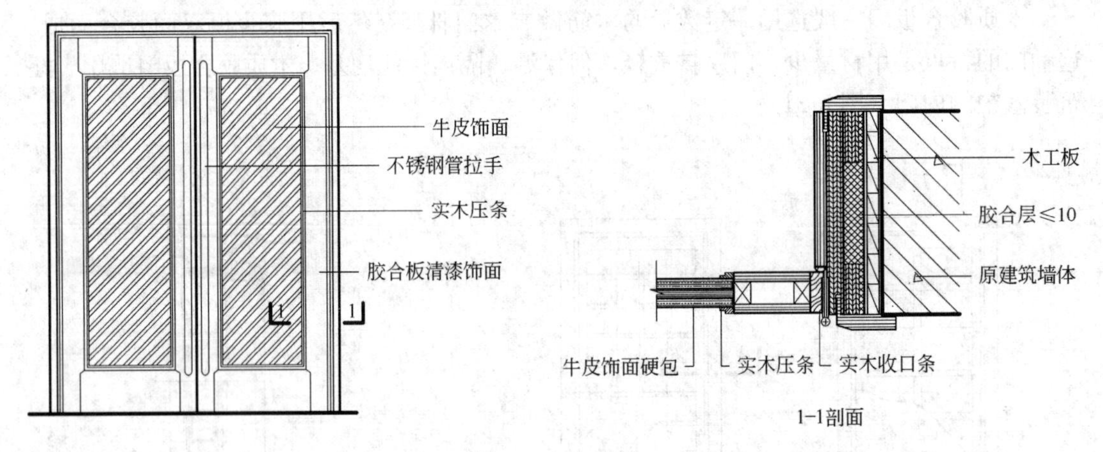

图 6-22　皮革门

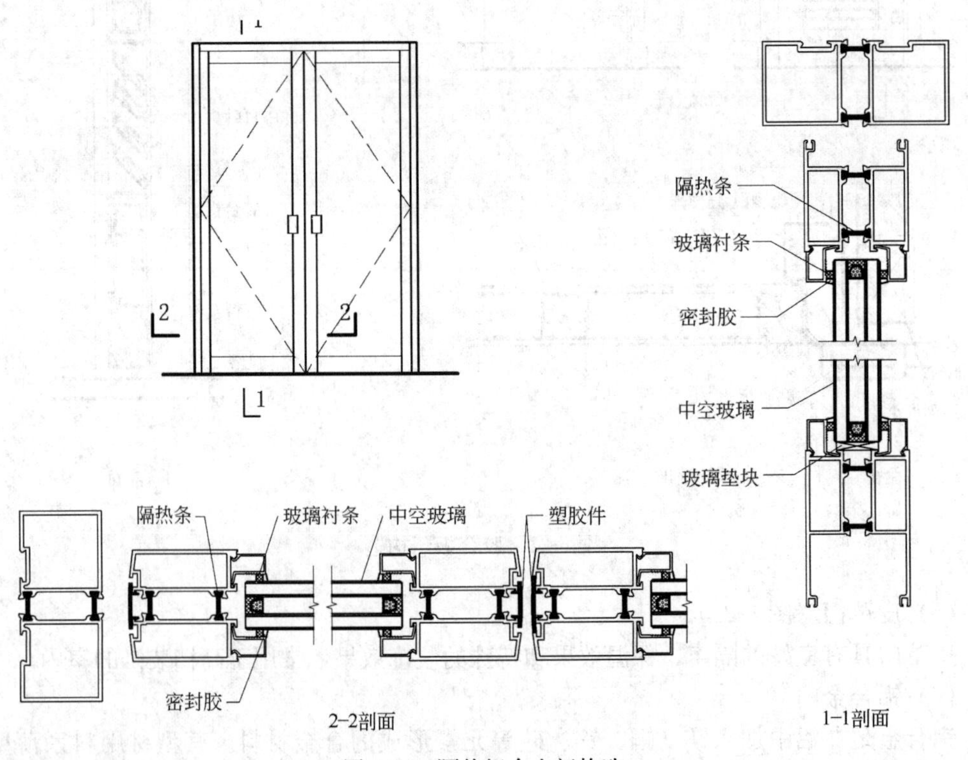

图 6-23　隔热铝合金门构造

（8）玻璃自动门

玻璃自动门广泛应用于现代装修的入口。玻璃门扇有弧形门和直线门之分，门扇以自动感应形式开启，常见的有脚踏感应方式和探头感应方式两类（图6-24）。

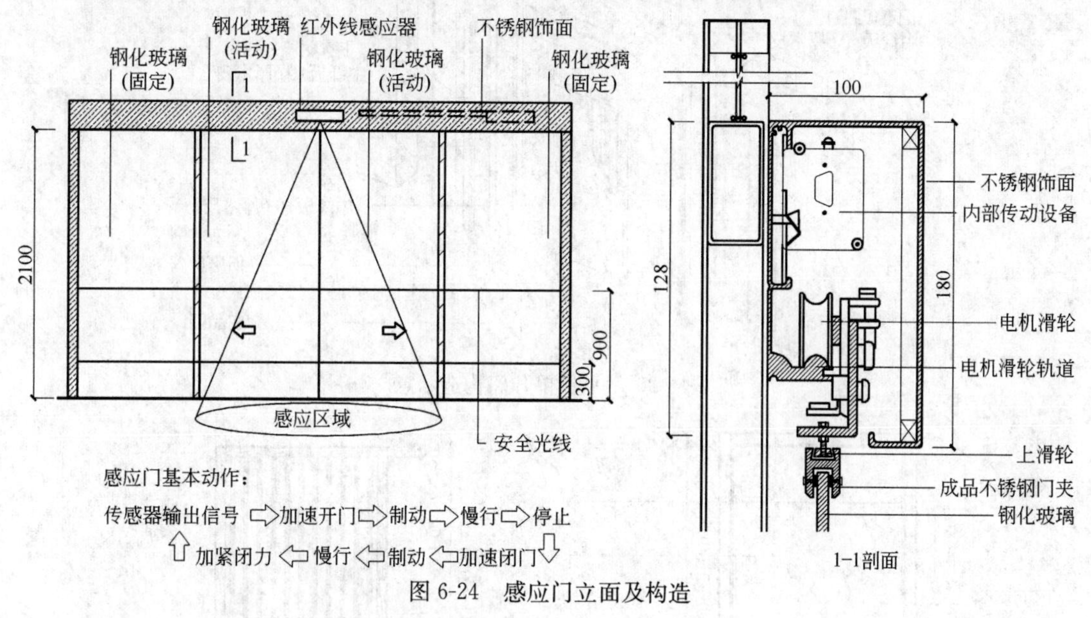

图6-24 感应门立面及构造

6.2.3 工厂化生产木门的技术要求

现代门的加工可分为工厂化生产现场安装和按设计图纸现场制作安装两种，前者是现代门生产的发展趋势，而其中木门又是工厂化生产的主要内容。工厂化生产木门必须符合一定的技术要求和工艺流程。工厂化生产木门，对门的各部分构件必须实行模数化、标准化。只有模数化和标准化的木门才可能实现现场施工和安装。

1）成品木门的生产、安装工艺流程（图6-25）

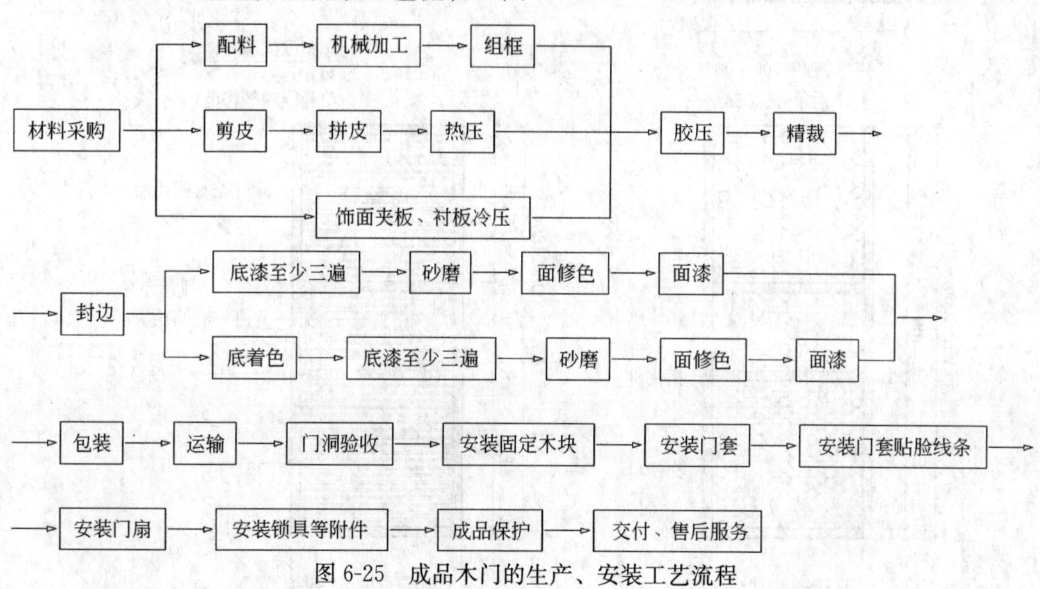

图6-25 成品木门的生产、安装工艺流程

2）成品木门的构造（图6-26～图6-29）

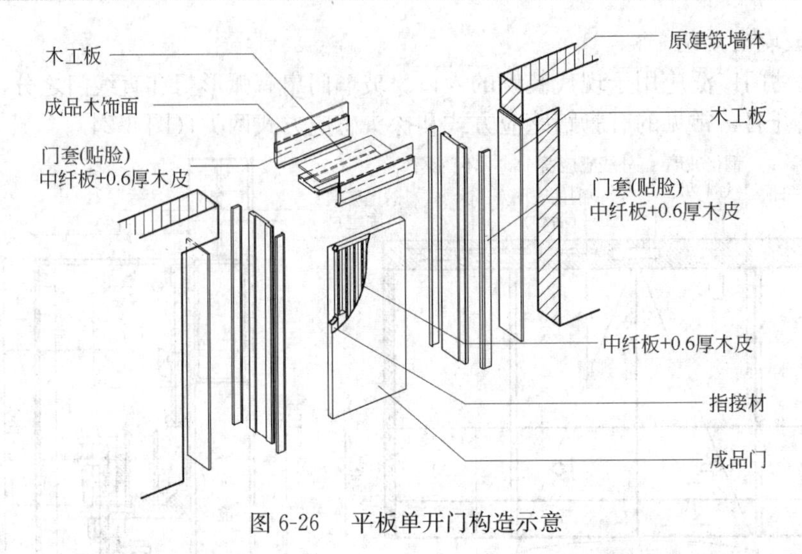

图 6-26　平板单开门构造示意

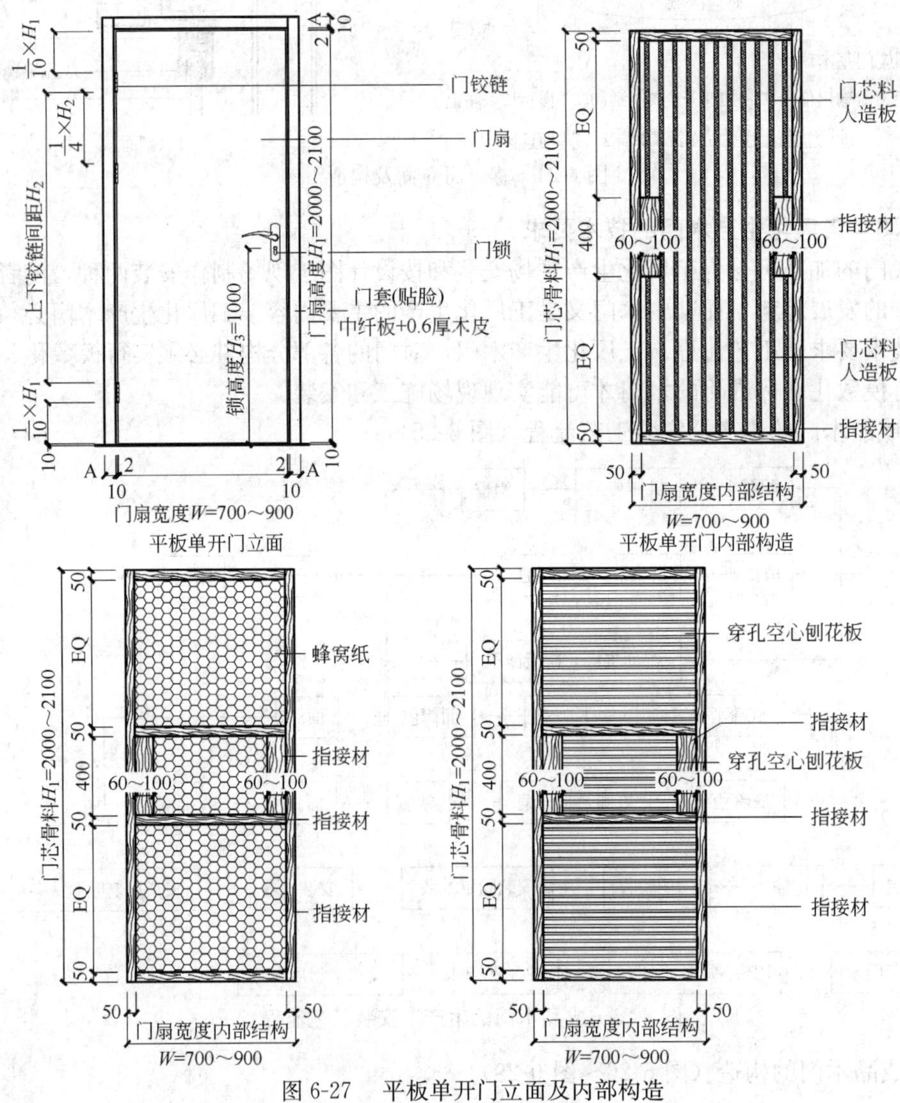

图 6-27　平板单开门立面及内部构造

（1）门套的结构

门套一般由基材层、正面装饰加厚层、反面平衡加厚层组成。

（2）门扇的结构

门扇一般由门扇芯层、正反表面装饰层组成，其中门扇芯层组框周边应考虑在门锁和铰链安装位置加放足够宽度。同时，组框材料选用满足复合受力要求的优质木料。

（3）门套（贴脸）构造

门套一般用人造板，由正面盖口部分和安装连接条呈 90°粘贴组合，再经过贴面而成。

图 6-28　平板单开门

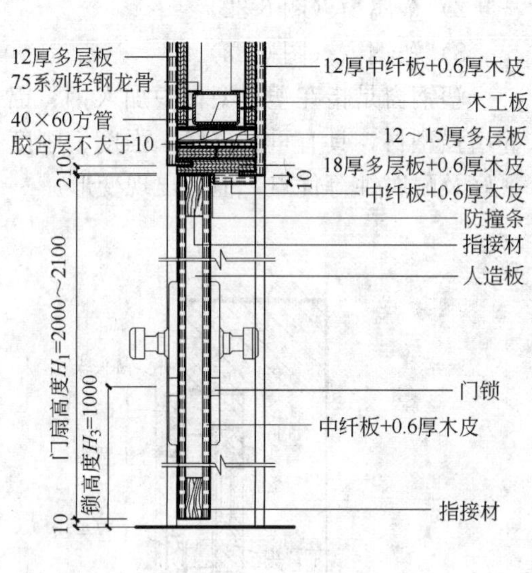

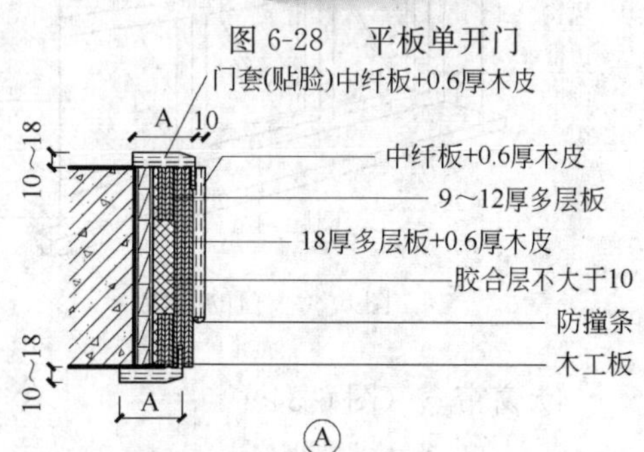

图 6-29　平板单开门剖面构造

6.3　窗的构造

6.3.1　窗的构成

常见窗的类型有木窗、塑料窗、塑钢窗、铝合金窗、隔热铝合金窗、钢窗等。窗的种类很多，一般按开启方式、材料、使用功能等加以分类（图 6-30）。

1）窗框

窗框由上框、下框、边框、中横框组成。木窗框须选用加工方便、不易变形的大料。为增加窗框的严密性，须在窗框上刨出宽度略大于窗扇厚度，约 12mm 深的凹槽，称作铲口。也可采用钉木条的方法，叫钉口，但效果较差。

2）窗扇

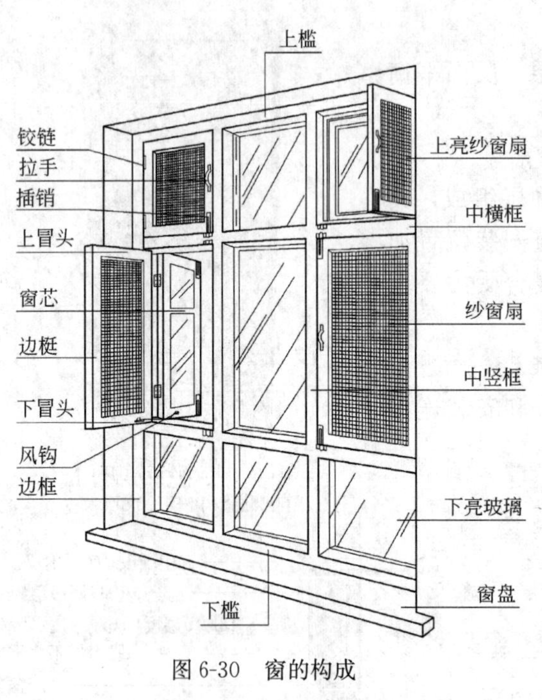

图 6-30　窗的构成

窗扇由上冒头、下冒头、窗芯及玻璃组成。为使开启的窗扇与窗框间的缝隙不进风沙和雨水，应采取相应的密封性构造措施，如在框与扇之间做回风槽，用错口式或鸳鸯式铲口增加空气渗透阻力等。窗扇最主要的组成部分就是玻璃。常用玻璃的品种繁多，包括有平板玻璃、浮法玻璃、钢化玻璃、夹丝玻璃、磨砂玻璃、压花玻璃、中空玻璃、夹层玻璃、贴膜玻璃、防爆玻璃、Low－E玻璃等。

6.3.2　窗的材料与构造

1）木窗（图 6-31）

2）金属窗（图 6-32）

3）塑钢窗（图 6-33）

塑钢窗是指在塑料型材中加入钢、铝等增强型材，具有重量更轻，强度、刚度更好及耐腐蚀等优点，但易出现变形。

4）窗帘盒（图 6-34）

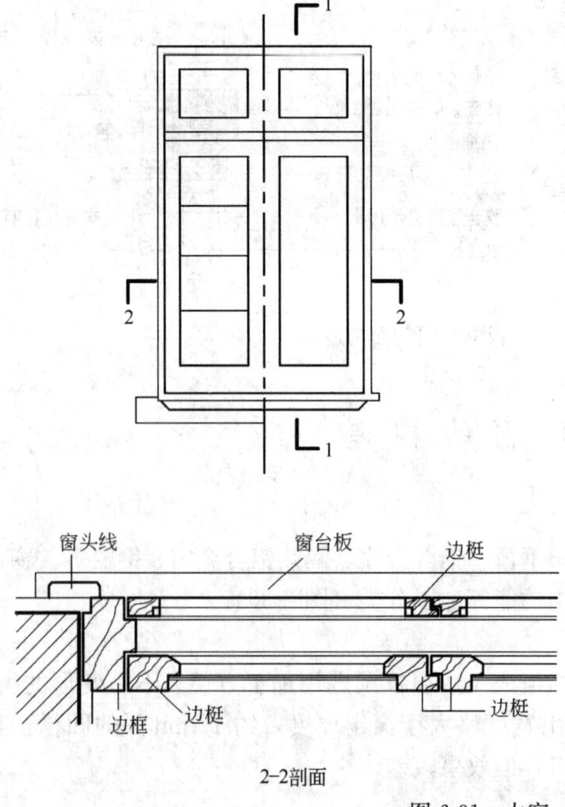

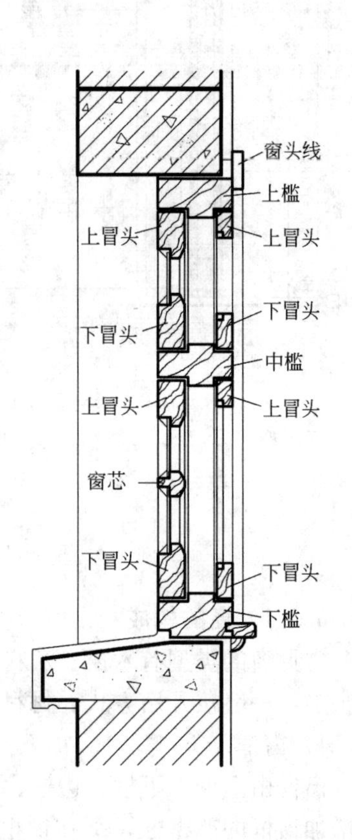

图 6-31　木窗

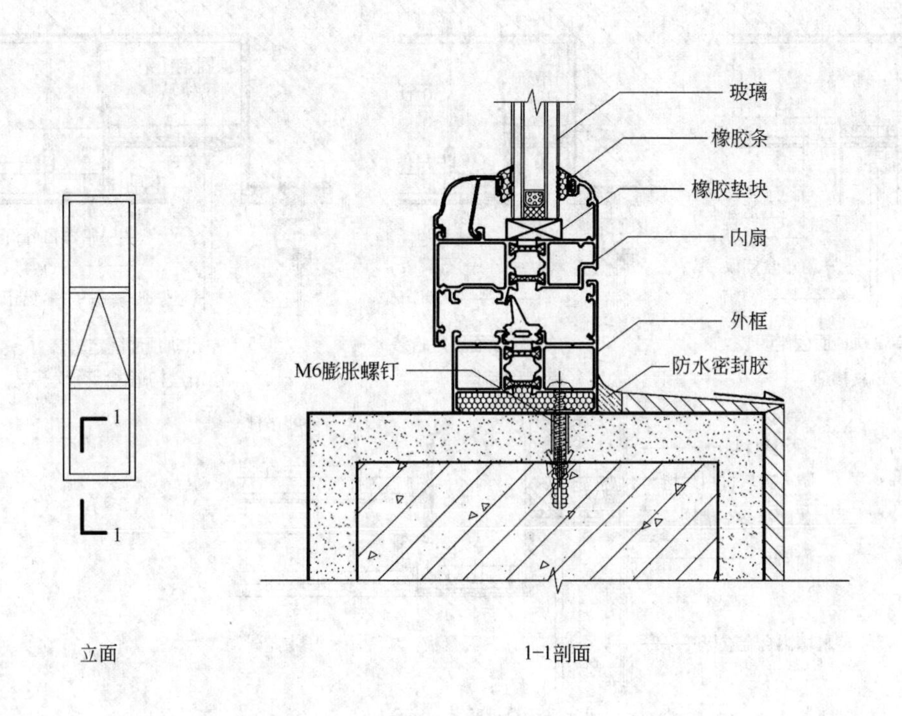

图 6-32　断桥铝合金窗

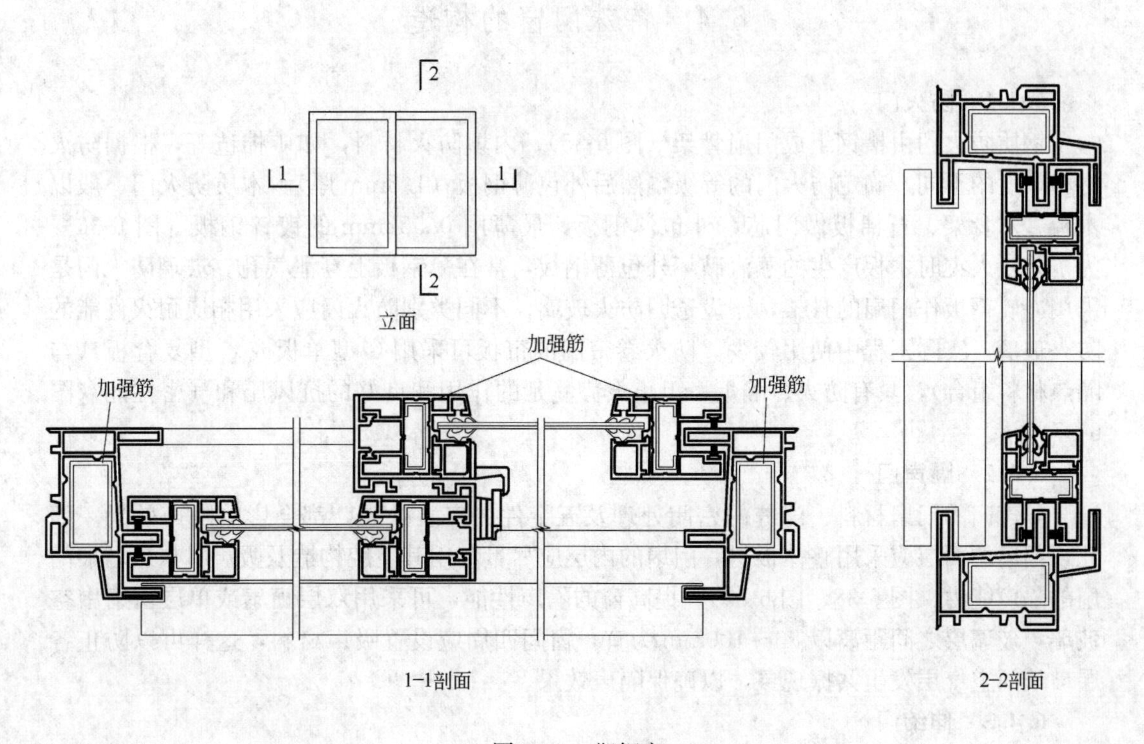

图 6-33　塑钢窗

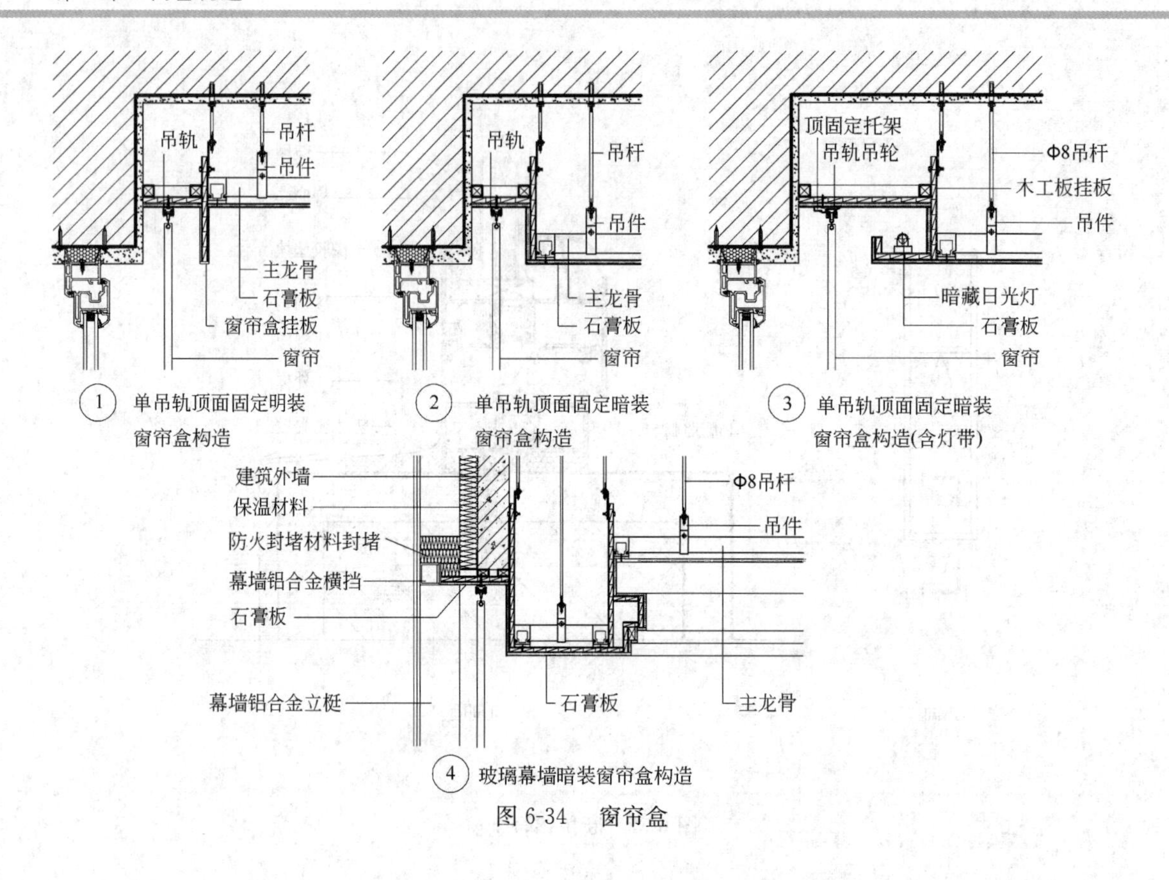

图 6-34　窗帘盒

6.4　特殊门窗的构造

6.4.1　防火门

钢质防火门由槽钢组成门扇骨架（图 6-35），内填防火材料，如矿棉毡等，根据防火材料厚度的不同，确定防火门的等级，然后外包薄钢板（1.5mm 厚）。木质防火门一般以木板、木骨架、石棉板做门芯，外包薄钢板，最薄用 0.552mm 的镀锌钢板（图 6-36）。为了防止火灾时木板产生的蒸汽破坏外包薄钢板，常在薄钢板上穿泄气孔。玻璃防火门是采用冷轧钢板作门扇的骨架，镶设透明防火玻璃，不同类别防火门应采用相应耐火性能的防火玻璃，实际工程中使用较少。防火卷帘门的帘板可采用 C 型单板或 C 型复合板（与隔热材料组合），具有防火、隔烟、阻止火势蔓延的作用和良好的抗风压和气密性能（图 6-37）。

6.4.2　隔声门

隔声门的门扇材料、门缝的密闭处理及五金件的安装处理，都会影响隔声效果。因此，门扇的面层应采用整体板材，门扇的内层应尽量利用其空腔构造及吸声材料来增加门扇的隔声能力（图 6-38、图 6-39）。提高窗的隔声性能，可采用双层窗扇或单层窗扇中空玻璃，玻璃层之间距离以 80～100mm 为宜，窗间四周应设置吸声材料，这样可以防止各层玻璃间空气层发生共振现象，以确保隔声效果。

6.4.3　伸缩门

伸缩门主要用作建筑外门，其构造如图 6-40 所示。

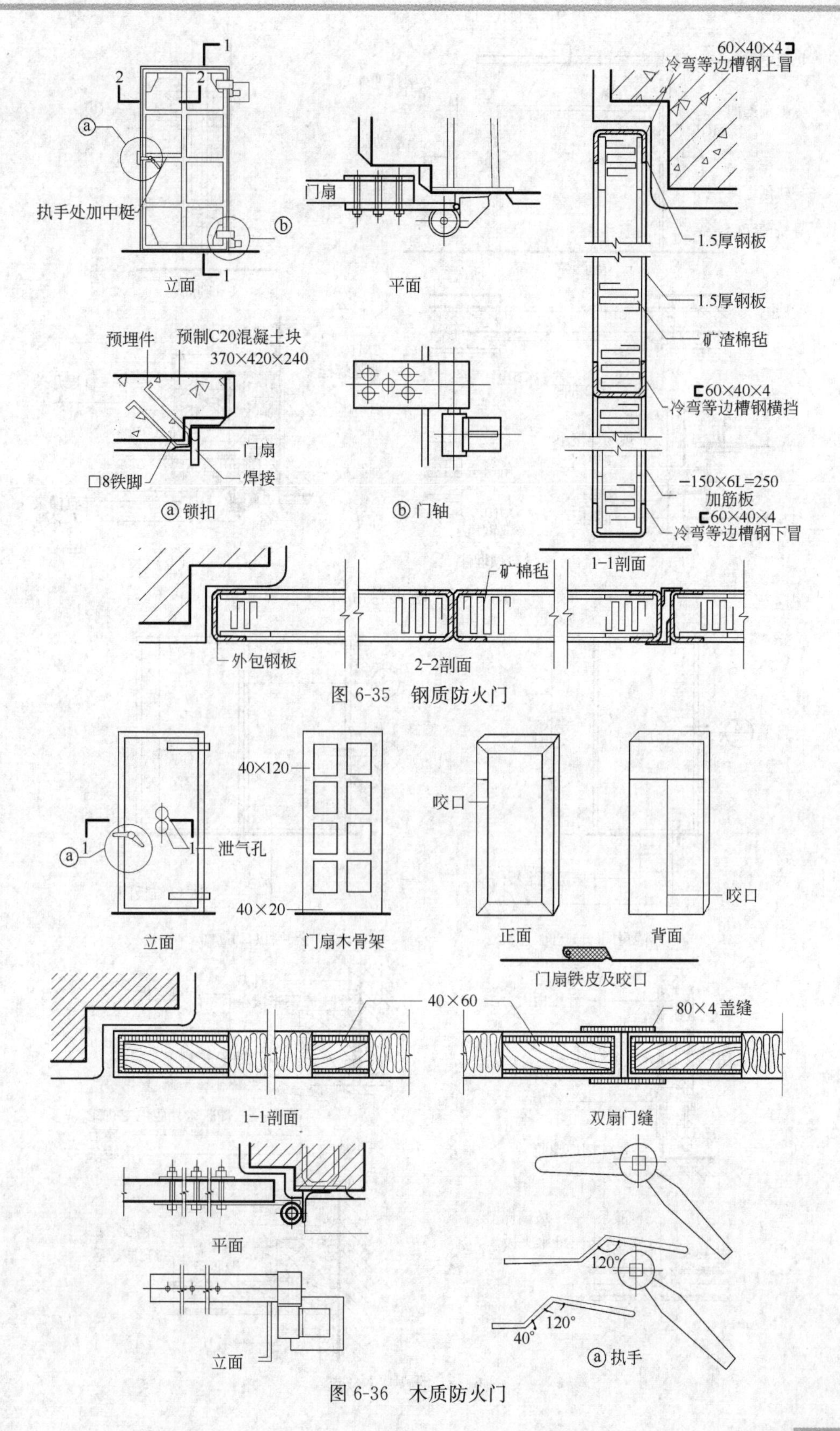

图 6-35 钢质防火门

图 6-36 木质防火门

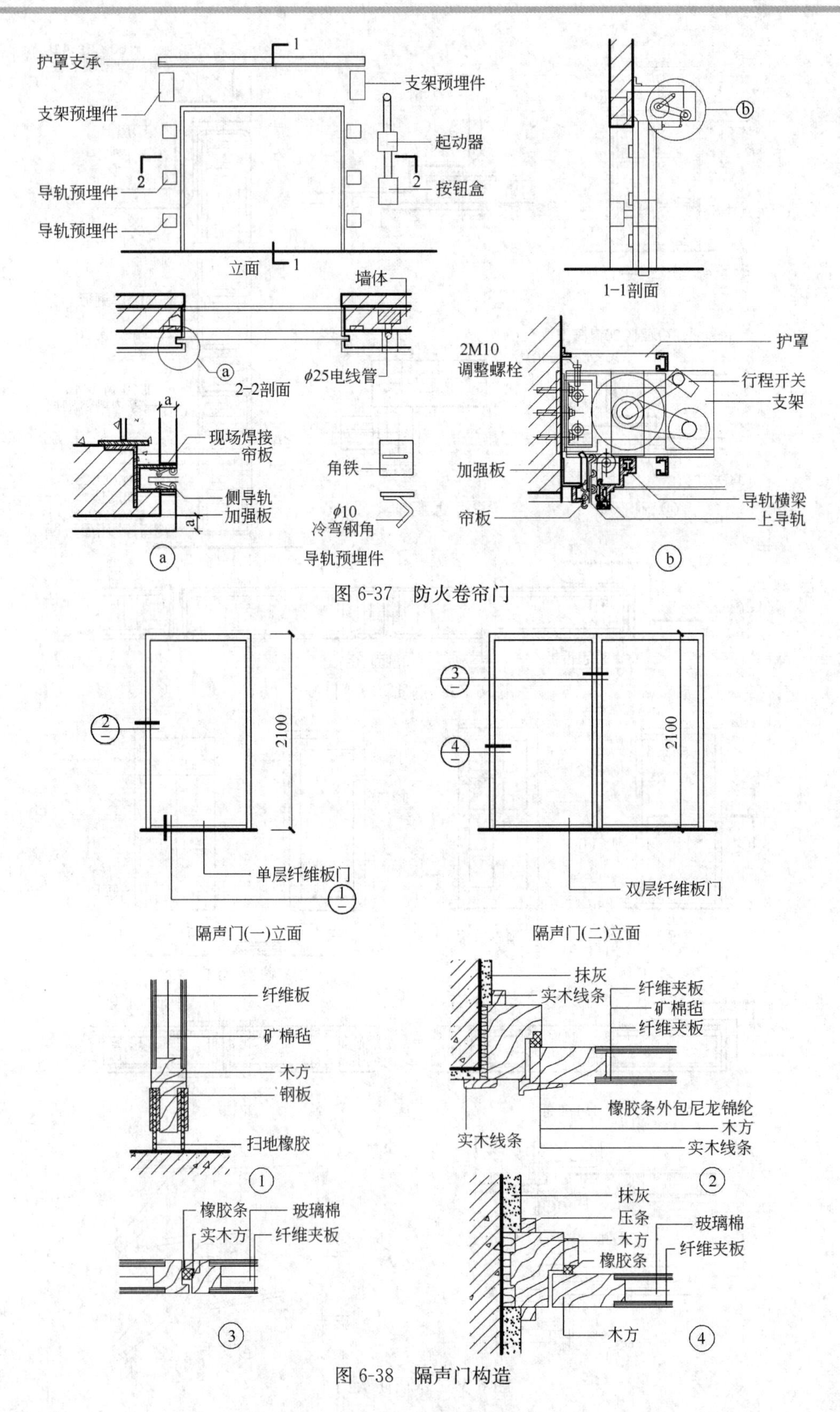

图 6-37 防火卷帘门

图 6-38 隔声门构造

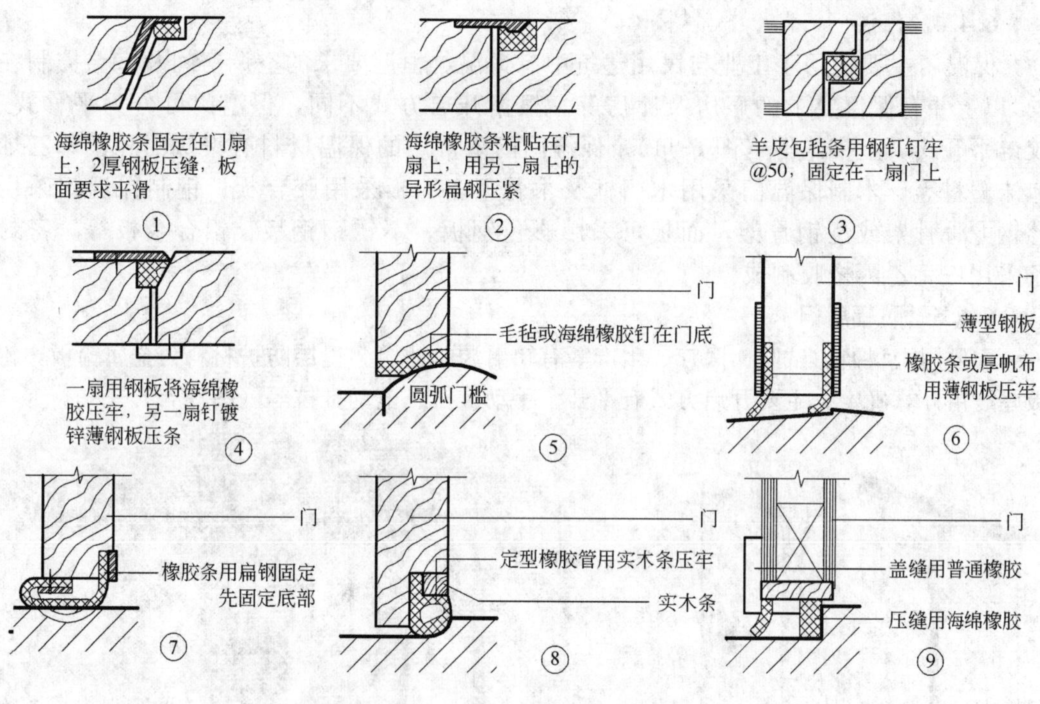

图 6-39　门缝的隔声处理

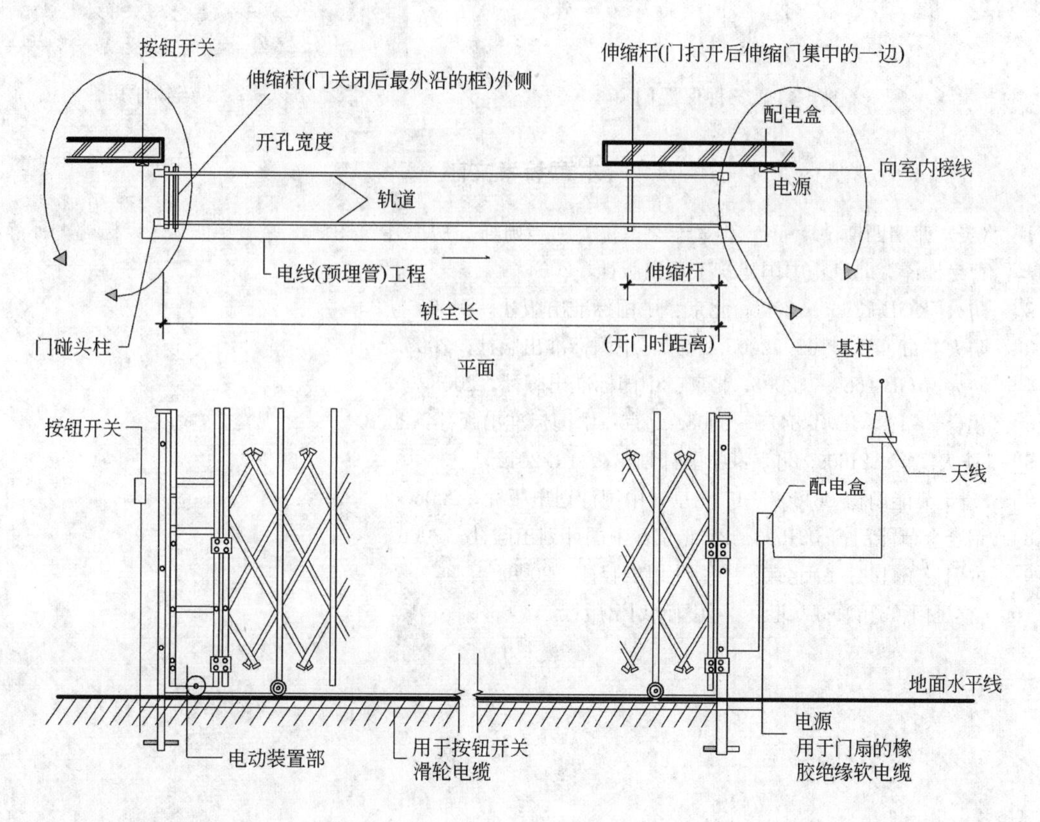

图 6-40　大型电动伸缩门

6.4.4　保温门

保温门主要适用于工业与民用建筑中有恒温、恒湿要求的空调房间及室温控制在0℃以上并有保温要求的厂房及库房等。根据开启方式不同，保温门可分为平移式、铰链平开式、上推式等（图 6-41）。保温门门扇常用的保温材料有聚氨酯和聚苯乙烯泡沫塑料等，木制保温门采用木门框及木骨架，面板采用胶合板；钢制保温门采用轻钢龙骨骨架或型钢骨架，面板可采用彩色钢板、不锈钢钢板、铝合金板等。密封条采用三元乙丙橡胶制成。

6.4.5　防辐射门

主要用于科研、试验、医疗、生产等有辐射源的建筑。里层防护材料为金属铅板，铅板厚度由计算确定。主要开启方式有平开、手动推拉、电动推拉等（图 6-42）。

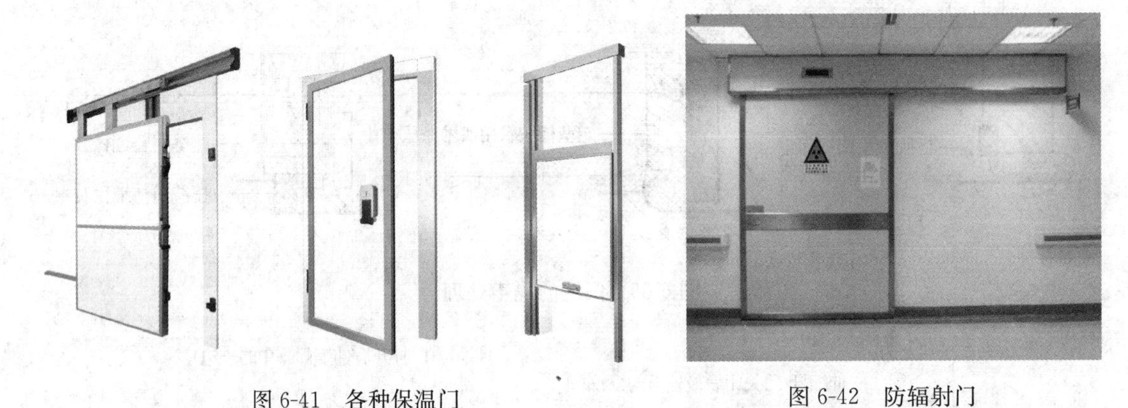

图 6-41　各种保温门

图 6-42　防辐射门

本章参考文献

[1]（美）弗朗西斯·D·K·程，卡桑德拉．阿当姆斯．房屋建筑图解（原著第三版）．杨娜，孙静，曹艳梅译．北京：中国建筑工业出版社，2004

[2] 防火门 GB 12955—2008. 北京：中国标准出版社，2008.

[3] 防火卷帘 GB 14102—2005. 北京：中国标准出版社，2005.

[4] 防火窗 GB 16809—2008. 北京：中国标准出版社，2008.

[5] 铝合金门窗 GB/T 8478—2008. 北京：中国标准出版社，2008.

[6] 防火门窗 12J609. 北京：中国计划出版社，2012.

[7] 建筑节能门窗 06J607—1. 北京：中国计划出版社，2006.

[8] 铝合金节能门窗 03J603－2. 北京：中国计划出版社，2006.

[9] 木门窗 04J601-1. 北京：中国计划出版社，2009.

[10] 模压门 03J601-3. 北京：中国计划出版社，2006.

第7章 屋顶构造

7.1 概 述

7.1.1 屋顶的作用与类别

屋顶的主要作用：一是抵御自然界的风霜雨雪、太阳辐射、昼夜气温变化和各种外界不利因素对建筑物的影响；二是承受屋顶上部荷载，包括风、雪荷载和屋顶自重，并使它们通过墙、梁、柱传递到基础。

屋顶的类别，按使用的材料可分为瓦屋顶、钢筋混凝土屋顶、金属屋顶、玻璃屋顶等；按结构形式，又可分为梁板结构、屋架结构、壳体屋顶、拱屋顶、折板屋顶、悬索屋顶、金属网架屋顶等；按坡度分，屋顶坡度小于3%者称为平屋顶，大于3%者称为坡屋顶。图7-1所示为各种不同的屋顶形式。

7.1.2 平屋顶的构造层次

屋顶的基本组成，除结构层外，根据功能要求，主要还有找坡层，防水层，保温、隔热层，保护层等层次（图7-2）。

1）结构层

结构层设计应具有足够的强度、刚度，减少板的挠度和形变，按施工方式的不同的有预制和现浇两种。因防水和防渗漏要求，屋面需要接缝少、整体刚度好、抗震效果好，故现在绝大多数的工程都采用现浇式屋面板。

2）找坡层

屋面的排水坡度分为结构找坡和建筑找坡。结构找坡要求屋面结构按屋面坡度设置，坡度不应小于3%；建筑找坡常利用屋面找坡层或保温层铺设厚度的变化完成，如1∶6水泥焦渣或1∶8水泥膨胀珍珠岩，坡度宜为2%。

3）防水层

屋面防水工程应根据建筑物的类别、重要程度、使用功能要求确定防水等级，并应按相应等级进行防水设防；对防水有特殊要求的建筑屋面，应进行专项防水设计。屋面防水等级和设防要求应符合表7-1的规定。

屋面防水等级与设防要求 **表7-1**

防水等级	建筑级别	设防要求
Ⅰ级	重要建筑与高层建筑	两道防水设防
Ⅱ级	一般建筑	一道防水设防

资料来源：《屋面工程技术规范》GB 50345—2012。

图7-1　各种结构形式的屋顶

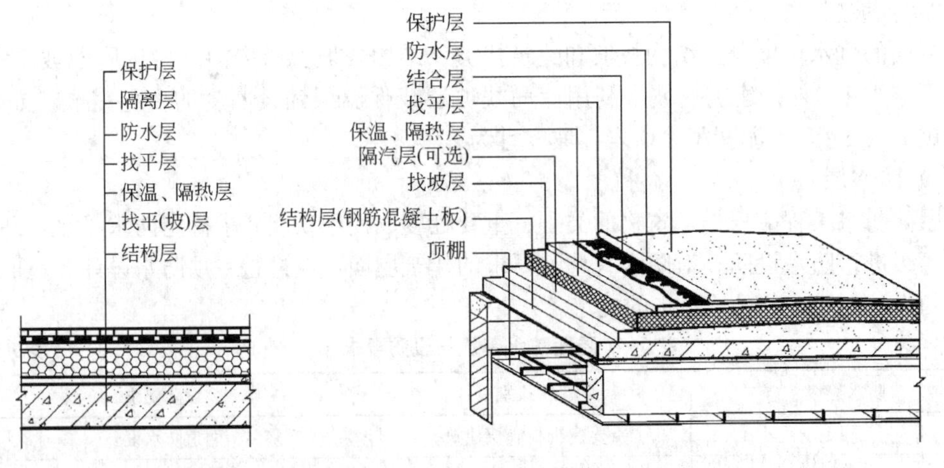

图7-2　平屋顶的基本构造

屋面设计应遵循“合理设防、防排结合、因地制宜、综合治理”的原则，做好防水和排水，以维护室内正常环境，免遭雨雪侵蚀。

4）保温、隔热层

屋顶属于建筑外围护体系，为提高室内使用的舒适度，满足建筑节能要求，需对屋顶作保温、隔热处理：在严寒和寒冷地区，需在屋顶设置保温层防止室内温度对外散失；在炎热地区，需设置隔热层减少太阳辐射对室内的传热影响；在冬冷夏热地区，屋面要进行保温和隔热处理。

5）找平层

找平层的作用是使平屋面的基层平整，以保证防水层能平整，使排水顺畅无积水。找平层的材料有水泥砂浆、细石混凝土或沥青砂浆。保温层上的找平层宜设分格缝，其纵横缝的最大间距不宜大于 6m，缝宽宜为 5～20mm。找平层厚度和技术要求见表 7-2。

找平层厚度和技术要求 **表 7-2**

类别	基层种类	厚度(mm)	技术要求
水泥砂浆找平层	整体混凝土	15～20	体积比 1：2.5～1：3(水泥：砂浆)，水泥强度等级不低于 32.5
	整体或板状材料保温层	20～25	
细石混凝土找平层	装配式混凝土板、松散材料保温层	30～35	混凝土强度等级不低于 C20，宜加钢筋网片
	松散材料保温层		

资料来源：《屋面工程技术规范》GB 50345—2012

6）结合层

结合层是在找平层与防水层之间涂刷的一层粘结材料，以保证防水层与基层更好地结合。结合层能增加基层与防水层之间的粘结力，堵塞基层的毛孔，以减少室内潮气渗透，并能避免防水层出现鼓泡。

7）隔汽层

隔汽层能够防止室内的水蒸汽渗透进入保温层，降低保温效果，采暖地区相对湿度大于 75％～80％时屋面应设置隔汽层。隔汽层的材料采用单层防水卷材或防水涂料。

8）保护层

当防水层置于最上层时，为防止阳光的照射使防水材料日久老化，应该在防水层上设保护层，上人屋面也应在防水层上加保护层。保护层的材料与防水层面层的材料有关：当采用涂料作防水层时，应采用高分子或高聚物改性沥青防水卷材保护层；当采用合成高分子涂膜防水层时，应采用涂膜保护层；高聚物改性沥青防水涂膜则采用细砂、云母或蛭石作保护层。对于上人屋面，则可铺砌块材如混凝土板、地砖等作刚性保护层，不上人屋面可采用浅色涂料、铝箔、矿物颗粒、水泥砂浆等材料。

7.1.3 屋顶的坡度

为了预防屋顶渗漏水或满足建筑造型需要，常将屋面做出一定坡度。屋顶的坡度首先取决于建筑物所在地区的降水量大小，利用屋顶的坡度，以最短而直接的途径排除屋面的雨水，减少渗漏的可能。我国南方地区年降雨量较大，屋面坡度较大，北方地区年降雨量较小，屋面平缓些。屋面坡度的大小也取决于屋面防水材料的性能，若采用防水性能好、单块面积大、接缝少的材料，如防水卷材、金属钢板、钢筋混凝土板等，屋面坡度就小些，如果采用小青瓦、平瓦、琉璃瓦等小块面层，由于接缝多，坡度就大些。

屋面的坡度，可用角度表示，如15°、30°、45°等，也可用“屋面高度与屋面水平长度一半之比”如1∶2、1∶4、1∶20、1∶50等表示，还可用“百分比”即屋面的高度与水平长度的百分比，如$i=1\%$、$i=2\%\sim3\%$等表示（图7-4）。图7-3所示是根据实践经验得来的不同材料的屋面坡度，其中粗线部分为常用坡度。

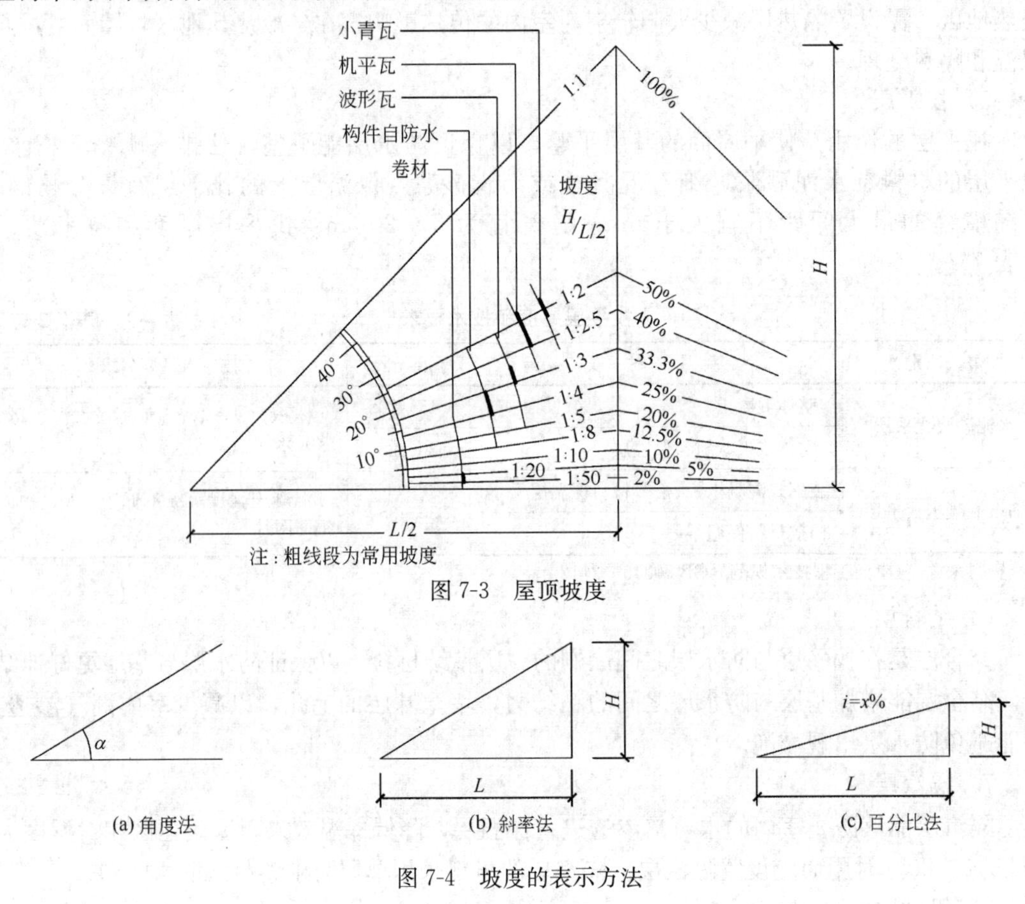

图7-3　屋顶坡度

(a) 角度法　(b) 斜率法　(c) 百分比法

图7-4　坡度的表示方法

7.2　平屋顶的防水构造

平屋面防水层一般采用柔性防水层（图7-5）。

柔性防水层是指采用有一定韧性的防水材料隔绝雨水，防止雨水渗漏到屋面下层，由于柔性材料允许有一定变形，所以在屋面基层结构变形不大的条件下可以使用。柔性防水层的材料主要有防水卷材和防水涂料两类。

7.2.1　卷材防水

采用卷材作为防水层的屋面，称卷材防水屋面（图7-6）。

1）防水卷材材料

主要的防水卷材有合成高分子防水卷材及高聚物改性沥青防水卷材。

合成高分子防水卷材属高档防水材料，其特点是低温柔性好，适应变形能力强，防水年限可达25～30年。合成高分子防水卷材包括以合成橡胶、合成树脂或它们两者的共混体为基料制成的卷材，如三元乙丙丁基橡胶防水卷材、聚氯乙烯防水卷材、氯化聚乙烯橡胶共混防水卷材等。

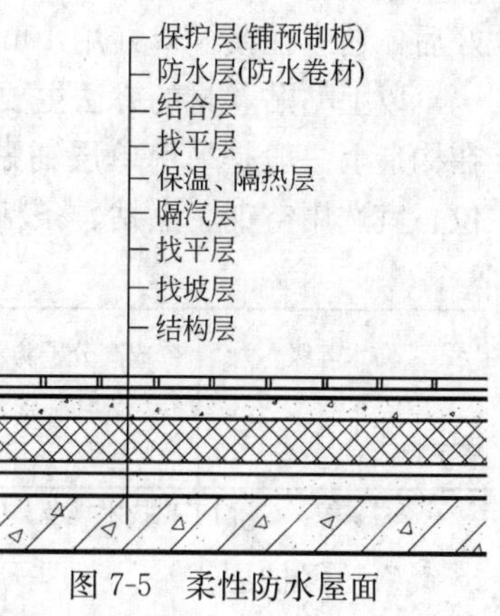

图7-5 柔性防水屋面

高聚物改性沥青防水卷材属中档防水材料，其特点是有较好的低温柔性和延伸率，防水使用年限可达15年。高聚物改性沥青防水卷材是以纤维织物或纤维毡为胎基，以合成高分子聚合物改性沥青为涂盖层，以粉状、粒状、片状或薄膜材料为覆盖材料制成的卷材，如SBS改性沥青卷材、APP改性沥青卷材等。

卷材品种的选择应根据当地历年最高气温、最低气温、屋面坡度和使用条件等因素，选择与延伸性能相适应的卷材。

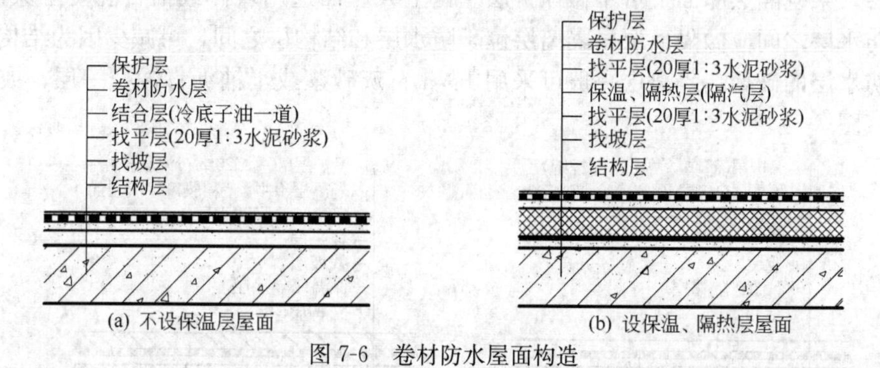

图7-6 卷材防水屋面构造

2）防水卷材构造

（1）基层

屋面结构层为装配式钢筋混凝土板时，应采用细石混凝土灌缝，其强度等级不应小于C20。找平层表面应压实平整，排水坡度一般为2%～3%，檐沟处为1%。构造上需设间距不大于6m的分格缝。

（2）结合层

结合层的作用是使卷材与基层胶结牢固。沥青类卷材通常用冷底子油作结合层，高分子卷材则多用配套的基层处理剂。

（3）防水层

卷材厚度的选择：为确保防水工程的质量，使屋面在防水层合理使用年限内不发生渗漏，除卷材的材质因素外，其厚度应为最主要考虑的因素。

卷材防水层的铺贴有以下几种方法：

冷粘法铺贴卷材：在基层涂刷基层处理剂后，将胶粘剂涂刷在基层上，然后再把卷材铺贴上去。

自粘法铺贴卷材：在基层涂刷基层处理剂的同时，撕去卷材的隔离纸，并立即铺贴卷材，还在搭接部位用热风加热，以保证接缝部位的粘结性能。

热熔法铺贴卷材：在卷材宽幅内用火焰加热器喷火均匀加热，直到卷材表面有光亮黑色时即可粘合，并滚压粘牢。厚度小于3mm的高聚物改性沥青卷材禁止使用。当卷材贴好后，还应在接缝口处用10mm宽的密封材料封严。

以上粘贴卷材的方法主要用于高聚物改性沥青防水卷材和合成高分子防水卷材屋面，在构造上一般是采用单层铺贴，极少采用双层铺贴。在基层有可能发生位移或变形的部位，宜选用空铺、点粘、条粘或机械固定等施工办法。

每道卷材防水层最小厚度（mm）　　**表7-3**

防水等级	合成高分子防水卷材	高聚物改性沥青防水卷材		
		聚酯胎、玻纤胎、聚乙烯胎	自粘聚酯胎	自粘无胎
Ⅰ级	1.2	3.0	2.0	1.5
Ⅱ级	1.5	4.0	3.0	2.0

资料来源：《屋面工程技术规范》GB 50345—2012。

（4）保护层

卷材屋面应有保护层，易积灰屋面宜采用刚性保护层。当卷材本身无保护层时，应另做保护层，架空隔热屋面上可不做保护层。当上人屋面选用块体或细石混凝土保护层时，面层与防水层之间应做隔离层。隔离层位于防水层和结构层之间，可减少因为结构变形带来的对防水层的破坏。隔离层一般可采用1∶3石灰砂浆或干铺沥青油毡一层，或塑料薄膜一层（图7-7）。

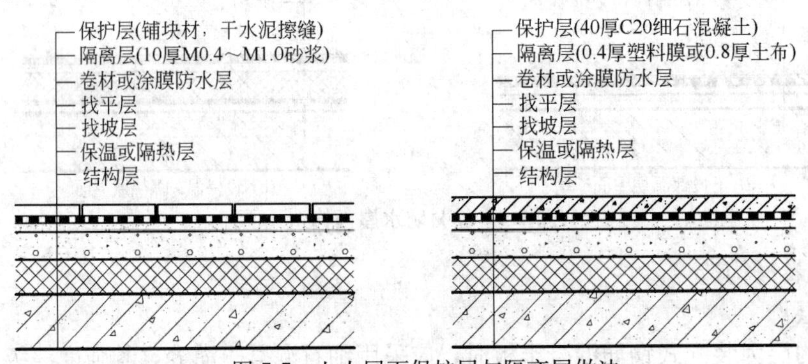

图7-7　上人屋面保护层与隔离层做法

当平屋面上设有各种设施、设备时，常常采用以下措施：设施基座与结构层相连时，设施下部的防水层应加强密封，附加增强层，维护的设施周围和屋面出入口应铺设刚性保护层作为人行道。

7.2.2　涂膜防水

采用防水涂料作为防水层的屋面，称涂膜防水屋面（图7-8）。

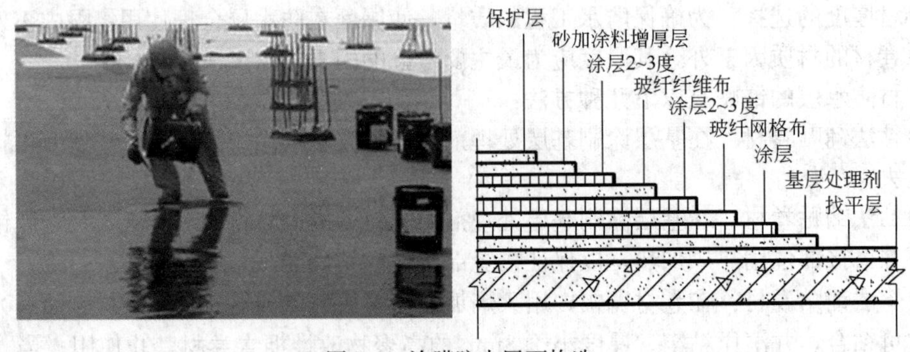

图7-8　涂膜防水屋面构造

1）防水涂膜材料

合成高分子防水涂料：以合成橡胶或合成树脂为主要成膜物质配制成的单组分或多组分的防水涂料，如丙烯酸防水涂料。

高聚物改性沥青防水涂料：以沥青为基料，用合成高分子聚合物进行改性处理后，配制成的水乳型或溶剂型防水涂料，如SBS改性沥青防水涂料。

涂料品种的选择应根据当地历年最高气温、最低气温、屋面坡度和使用条件等因素，选择与延伸性能相适应的涂料。

2）防水涂膜构造

涂膜防水层的基层、找平层应设分格缝，缝宽宜为20mm，应留设在屋面板的支承处或结构有可能产生微量水平位移处，其间距不宜大于6m。分格缝应嵌填密封材料。转角处应抹成弧形，其半径不宜小于50mm。

涂膜防水层的厚度要求如表7-4所示。

每道涂膜防水层最小厚度（mm） 　　表7-4

防水等级	合成高分子防水涂膜	聚合物水泥防水涂膜	高聚物改性沥青防水涂膜
Ⅰ级	1.5	1.5	2.0
Ⅱ级	2.0	2.0	3.0

资料来源：《屋面工程技术规范》GB 50345—2012。

按屋面防水等级和设防要求选择防水涂料。防水涂膜应分层分遍涂布。待先涂的涂层干燥成膜后，方可涂布后一遍涂料。

为增强涂膜的抗裂性和防水效果，涂膜防水层要增设“胎体增强材料”。胎体增强材料有黄麻纤维布和玻璃纤维布两类。易开裂、渗水的部位，应留凹槽嵌填密封材料，并应增设一层或一层以上带有胎体增强材料的附加层。天沟、檐沟、檐口、泛水等部位，均应加铺有胎体增强材料的附加层（图7-9）。

涂膜防水屋面应设置保护层。保护层材料可采用细砂、云母、蛭石、浅色涂料、水泥砂浆或块材等。水泥砂浆保护层厚度不宜小于20mm。采用水泥砂浆或块材时，应在涂膜与保护层之间设置隔离层。

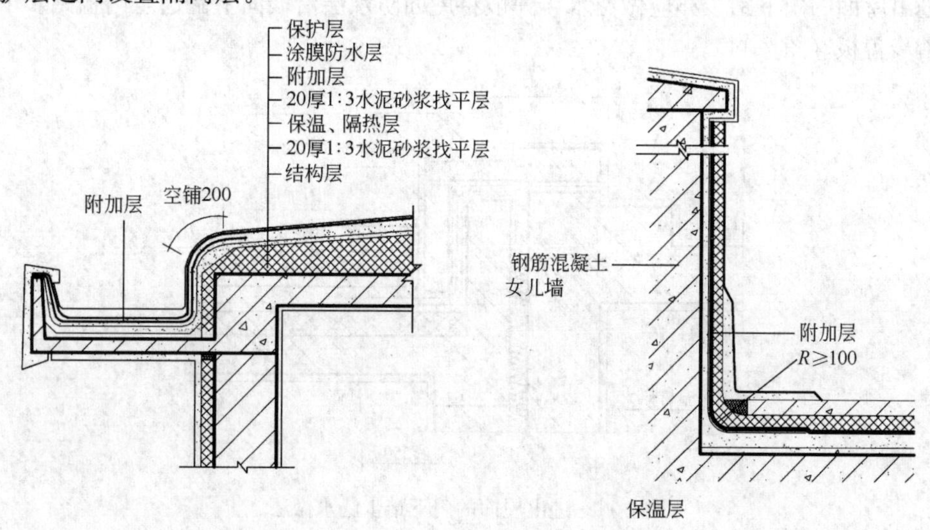

图7-9　防水层附加层构造做法

7.2.3 泛水构造

女儿墙、管道、烟囱、检查孔等伸出屋面的构件，为了防止垂直面与屋面交接处产生渗漏，常将屋面的防水层继续延伸向上翻起作防水处理，称为泛水，亦称范水。泛水高度不宜小于250mm。泛水处的防水构造以卷材满贴为主。在铺贴卷材前，先做好垂直面的抹灰，且抹灰层与屋面找平层在交接处须做成圆弧形或钝角形，以保证防水层粘贴牢固，同时，在泛水部位须增铺一层防水附加层，垂直方向和水平方向均大于250mm，然后再将屋面防水层连续铺贴到垂直面上。

泛水在垂直面的收头应根据泛水高度和泛水墙体材料确定收头密封形式。对于砖砌女儿墙（图7-10a），防水卷材收头可直接铺压在女儿墙压顶下，压顶应作防水处理；也可在墙上留凹槽，卷材收头压入凹槽内固定并增加密封材料密实，凹槽上部的墙体亦应作防水处理，如防水砂浆抹灰（图7-10b）。对于混凝土墙，防水卷材的收头可采用金属压条钉压，并用密封材料封固（图7-10c）。

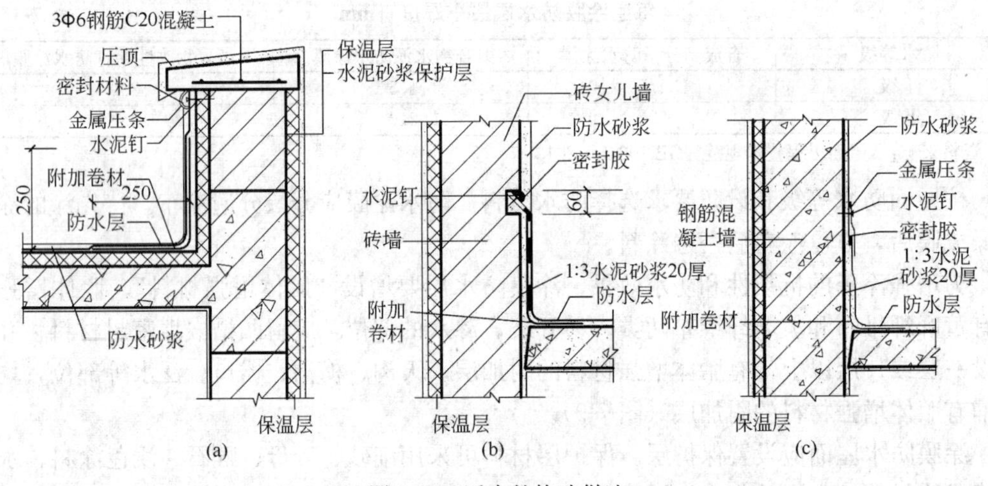

图7-10 泛水的构造做法

进出屋面的门下踏步亦应做泛水，一般将屋面防水层沿墙向上翻起至门槛踏步下，并覆以踏步盖板（图7-11）。

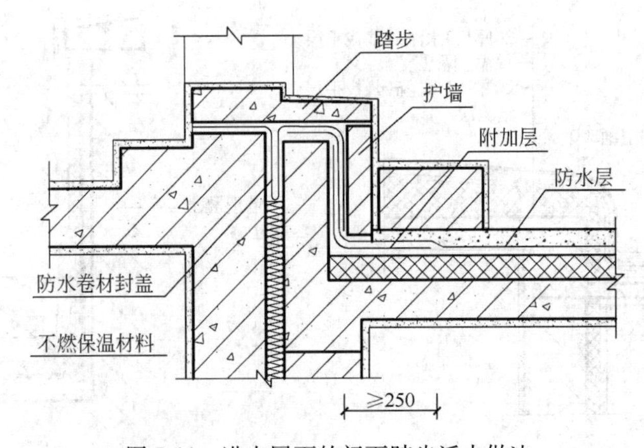

图7-11 进出屋面的门下踏步泛水做法

7.3 屋顶的排水构造

屋面排水方式可分为无组织排水和有组织排水。

7.3.1 无组织排水

无组织排水屋面无导水装置，雨水顺檐口自由下落，又称自由落水。低层建筑及檐高小于 10m 的屋面，可采用无组织排水。

为防止雨水排水时淋湿墙面，一般檐口出挑较大，常采用预制钢筋混凝土挑檐板，并伸入屋面一定长度以平衡出挑部分的重量。亦可由屋面板直接出挑，但出挑长度不宜过大。预制挑檐板与屋面板的接缝要做好嵌缝处理以防渗漏，目前常用做法是现浇圈梁挑檐，防水卷材收头采用油膏密实处理。为防止雨水滴落溅湿污染墙面，檐口下口应设置滴水、披水板等（图 7-12）。

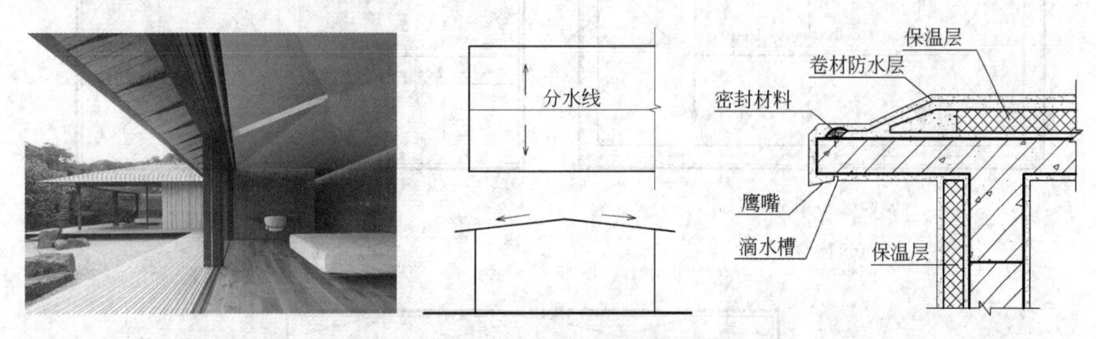

图 7-12 无组织排水方案和檐口构造

7.3.2 有组织排水

有组织排水是将聚集在檐沟中的雨水由雨水口经水斗、雨水管又称水落管等装置导至室外排水管网内。为避免雨水渗入地下造成地基不均匀下沉，湿陷性黄土地区宜采用有组织排水。有组织排水时，宜采用雨水收集系统。暴雨强度较大地区的大型屋面，宜采用虹吸式屋面排水系统。

1）有组织排水分类

有组织排水可分为内排水和外排水两种（图 7-13、图 7-14）。

内排水是指屋面雨水通过设置于建筑物内部的水落管排入雨水管网。高层建筑、多跨及汇水面积较大的屋面多采用内排水，严寒地区为防止排水管冬季结冻，也应采用内排水处理。为防止损坏后不易修理，过去雨水管较多选用能抗腐蚀及耐久性好的铸铁管和铸铁排水口，现在多采用镀锌钢管或 PVC 管。内排水的水落管往往在室内靠墙或柱子位置设置。

外排水是指屋面雨水通过设置于建筑物外部的檐沟（图 7-15）、雨水口，水落管直接排到室外。外排水构造简单，使用广泛，常用于一般的多层及中高层住宅。外排水通常有两种情况：檐沟外排水（图 7-16）和女儿墙外排水（图 7-17）。檐沟可采用钢筋混凝土制作，挑出墙外，挑出长度大时可用挑梁支承檐沟。檐沟内的水经雨水口流入落水管。在有女儿墙的檐口，檐沟也可设于外墙内侧，并在女儿墙上每隔一段距离设雨水口，檐沟内的水经雨水口流入落水管中。亦有不设檐沟的，雨水顺屋面坡度直通至雨水口排出女儿墙外，或借弯头直接通至落水管中。

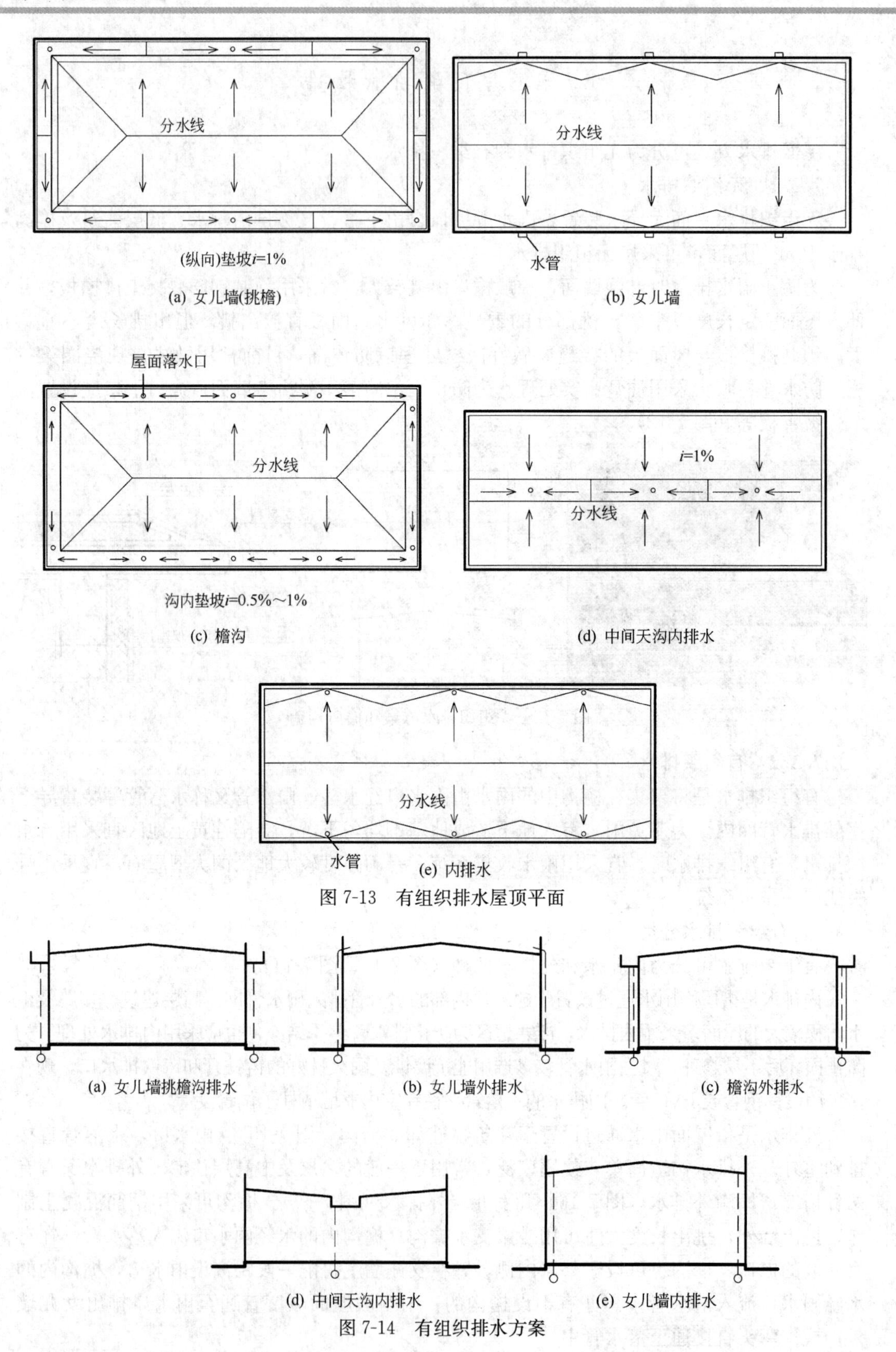

(a) 女儿墙(挑檐)　(b) 女儿墙

(c) 檐沟　(d) 中间天沟内排水

(e) 内排水

图 7-13　有组织排水屋顶平面

(a) 女儿墙挑檐沟排水　(b) 女儿墙外排水　(c) 檐沟外排水

(d) 中间天沟内排水　(e) 女儿墙内排水

图 7-14　有组织排水方案

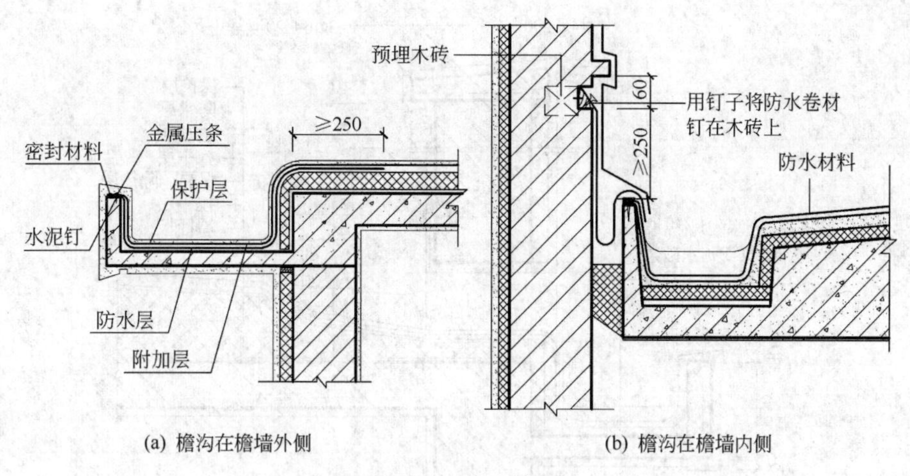

图 7-15　檐沟构造

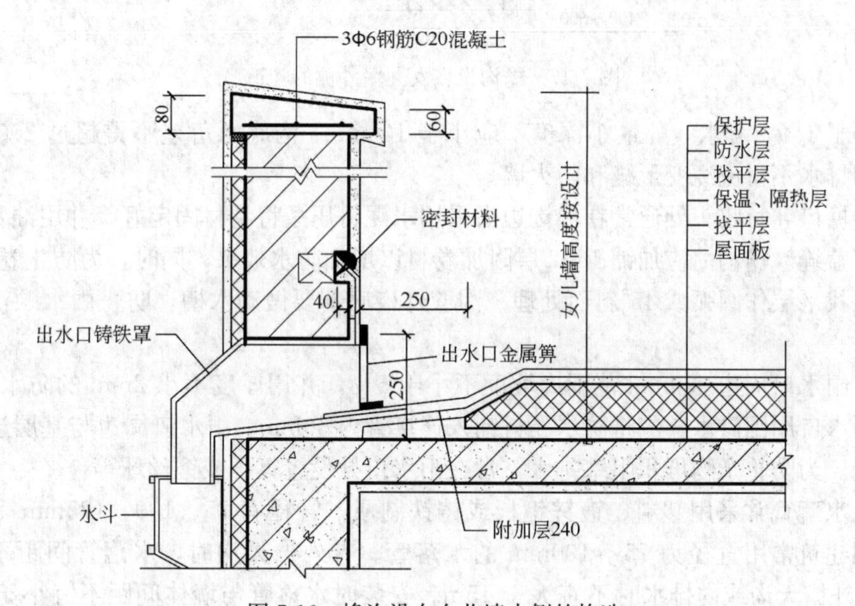

图 7-16　檐沟设在女儿墙内侧的构造

2）有组织排水构造设计

采用有组织排水时应根据排水区域确定屋面排水线路，排水线路应合理短捷，水落管应负荷均匀，设计中应注意以下事项：

(1) 屋面流水线路不宜过长，屋面宽度较小时采用单坡排水，超过 12m 时宜采用双坡或四坡排水。

(2) 每一个水落管的汇水面积按屋面水平投影 150～200m^2 设置。每个汇水面积内排水立管不宜少于 2 根。

(3) 当高处屋面面积小于 100m^2 时，可将高处屋面雨水直接排到低处屋面，但出水口要有保护措施，以防雨水冲刷破坏屋面，当高处屋面面积大于 100m^2 时，高处屋面则应自成排水系统。

(4) 檐沟、天沟的作用是汇集屋面的雨水，一般净宽不应小于 300mm，沟内纵向坡

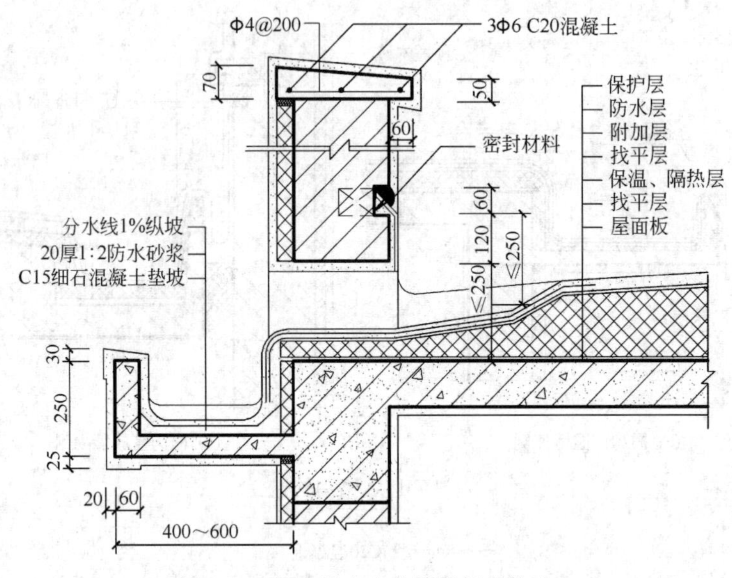

图7-17　檐沟设在女儿墙外侧的构造

度不应小于1%，分水线处最小深度不应小于100mm；沟底水落差不得超过200mm；檐沟、天沟排水不得流经变形缝和防火墙。

(5) 檐口卷材收头处通常在檐沟边沿采用水泥钉压条将卷材固定好，并用油膏或防水水泥砂浆盖缝。檐沟内应加铺1～2层附加卷材以增加防水效果；同时，为防止卷材断裂，转角部位找平层作圆弧或45°斜面处理。沟壁外口底部要做滴水槽，防止雨水顺沟底流至外墙面。

(6) 雨水口周边500mm范围内坡度不小于5%，并用厚度不小2mm的防水膜封涂。为防止雨水口周围渗水，应将防水卷材铺入连接管内50mm，雨水口周边与基层连接处用油膏嵌缝。为防止杂物堆积阻塞排水，常在雨水口处设置箅子或钢丝球等。

(7) 水落管常采用塑料、镀锌钢板或铸铁制成，管径有75、100、125mm等多种规格，民用建筑常用直径为75～100mm的水落管。有外檐天沟时，水落管间距不宜大于24m，无外檐天沟或内排水时不宜大于15m。安装时水落管与墙体间距不宜小于20mm，管身用管箍卡牢，管箍竖向间距不宜大于1.2m。

7.4　屋顶的保温隔热构造

7.4.1　保温构造

屋顶是建筑物外围护结构中受太阳辐射最剧烈的部位，顶层房间通过屋顶失热的比重较大。屋顶保温性能欠佳，是顶层房间冬季室内热舒适性差、采暖能耗大的主要原因，为了防止室内热量损失，有效地改善顶层房间室内热环境，减少通过屋面散失的能耗，屋顶应设计成保温屋面。根据结构层、防水层、保温层所处的位置不同，可归纳为以下几种保温构造做法。

1) 保温材料

保温层宜选用吸水率低、密度和导热系数小，并有一定强度的保温材料，一般为轻质、疏松、多孔或纤维的材料，密度不大于10kg/m³，导热系数不大于0.25W/(m·k)。

材料按形态分为松散、板（块）状或整体保温等三种。松散材料包括膨胀珍珠岩、膨胀蛭石等；板块状材料有加气混凝土块、沥青膨胀珍珠岩板、水泥聚苯板、聚苯乙烯泡沫塑料板、挤塑聚苯乙烯泡沫塑料板及硬质聚氨酯泡沫塑料等；整体保温通常采用水泥或沥青等胶结材料与松散保温材料搅拌，整体浇筑在保温位置，如沥青膨胀珍珠岩、水泥膨胀蛭石、水泥炉渣、聚苯颗粒砂浆等，其中现场发泡的聚氨酯保温材料效果较好。在选用时，应综合考虑材料来源、性能、经济等因素。

2）保温构造

按保温层的位置分，有正置式保温屋顶和倒置式保温屋顶两种做法。

(1) 正置式保温屋顶

传统平屋顶的一般做法是将保温层放在屋面防水层之下、结构层以上，形成多种材料和构造层次结合的封闭保温做法，其构造层次为结构层、找平层、隔汽层、保温层、找平层、防水层和保护层（图 7-18）。

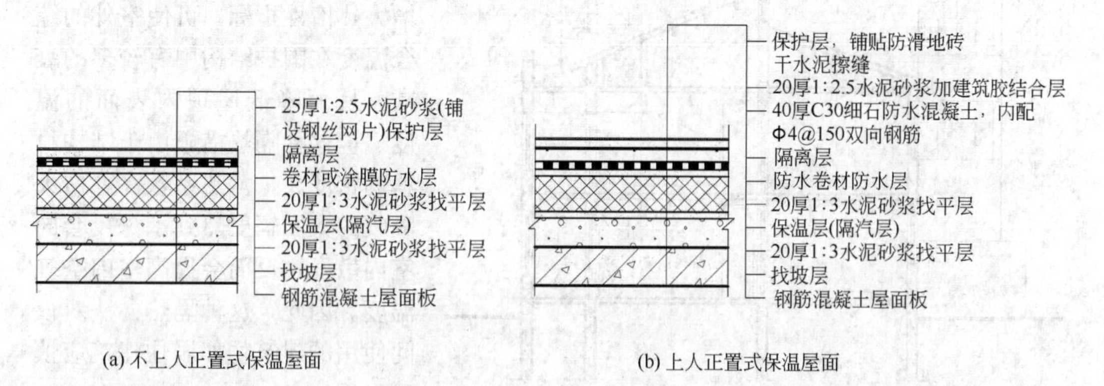

图 7-18 正置式保温屋面构造做法

正置式的保温屋面做法也是一种传统的做法，它对保温层要求较高，特别是保温层施工时留下的水分不易蒸发，或在冬季由于室内水蒸气会向保温层内部渗透而产生冷凝水，使保温材料受潮，失去或降低保温效果，因此应在保温层下设隔汽层，同时，要求保温层上的找平层用沥青砂浆。或在保温材料干燥有困难时，在屋面构造中应设排气道、排气孔，并纵横贯通。排气孔的数量应按具体情况而定，一般每 36m^2 设置一个。

(2) 倒置式保温屋顶

倒置式保温屋面是把保温层覆盖在屋面防水层之上的做法（图 7-19）。其优点是使保温层起到保护防水层的作用，既可保护防水层免受日光曝晒，又可使防水层免受磨损、冲击、穿刺等破坏。但这种保温、隔热材料必须具有吸水率小，长期浸水不腐烂，耐候性强，不易老化等特点。目前用得较多的保温材料有闭孔泡沫玻璃、硬质聚氨酯泡沫板、挤塑聚苯乙烯泡沫板（XPS）等。

7.4.2 隔热构造

太阳辐射使得屋顶的温度剧烈升高，从屋顶传入室内的热量远比从墙体传入的热量要多，造成顶层室内热环境差，严重影响人们的生活和工作，所以屋顶隔热设计非常重要。目前采用的主要构造做法有实体材料隔热屋面、通风间层屋面、蓄水隔热屋面和植被隔热屋面、淋雨喷水隔热屋面。其他还有浅色屋顶处理、屋顶加铺绝热板等屋顶隔热措施。

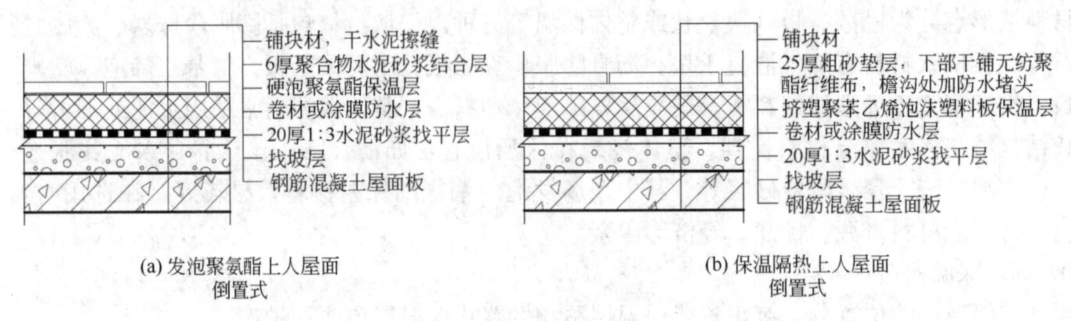

(a) 发泡聚氨酯上人屋面
倒置式

(b) 保温隔热上人屋面
倒置式

图 7-19 倒置式保温屋面构造做法

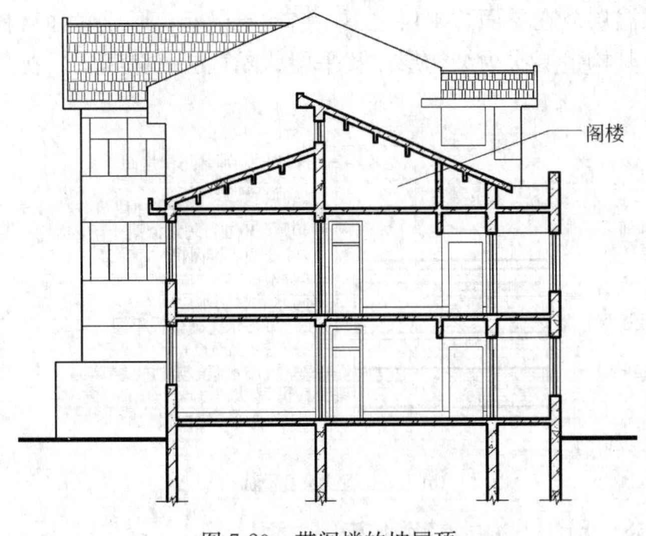

图 7-20 带阁楼的坡屋顶

1）增大围护结构的热阻和热惰性指标

提高屋面围护结构的热阻，增大热惰性指标，可使室外的综合温度在围护结构中有较多的衰减，从而降低屋顶内表面的温度。但这种隔热措施由于结构材料的密度大，蓄热系数高，白天吸收的太阳辐射热到了深夜会向室内散发，反而会提高室内空气温度。因此，这种隔热办法对夜间使用的建筑物如居住建筑应慎重采用。

2）采用带阁楼的坡顶屋面，既可以当贮藏空间使用，也能达到保温、隔热的效果（图 7-20）。如国外绝大多数在阁楼楼板上面铺设玻璃棉毡、岩棉毡或聚苯板等保温材料。目前这种带阁楼空间的节能建筑在国内已较为流行。

3）坡屋顶采用现浇屋面板上铺各种保温绝热板。如选用挤塑聚苯乙烯板、特制的岩棉板等，这种岩棉板表面预先复合一层高聚物改性沥青卷材，然后在现场用热熔（或冷粘）法再铺一层高聚物改性沥青卷材，根据需要再做保护层。这种做法，保温和防水的性能都比较可靠（图 7-21）。

4）通风隔热间层

通风架空隔热层做法：

（1）架空隔热间层即将通风层做在屋面上，一般做法是以砖、混凝土块作为垫层，上铺混凝土薄板等材料（图 7-22a）。通风层利用混凝土板与屋面之间的空气流动带走热量，达到屋面降温的目的，另外，架空板还保护了屋面防水层。

架空隔热间层在南方地区是传统的屋顶隔热做法，但这种做法不宜在寒冷地区采用，一般隔热板离屋面的净距为 250～400mm，架空板与女儿墙的距离不应小于 250mm；当屋面宽度大于 10m 时，架空隔热层中部应设置通风屋脊；当采用混凝土板架空隔热层时，屋面坡度不宜大于 5%；架空隔热层的进风口，宜设置在当地炎热季节最大频率风向的正

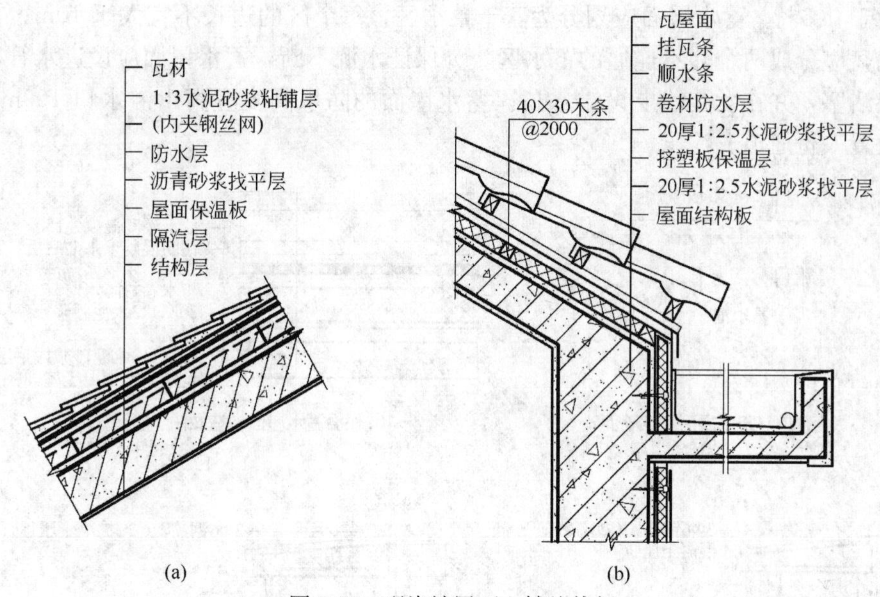

图 7-21 现浇坡屋面上铺绝热板

压区，出风口宜设置在负压区。

（2）吊顶通风间层，是利用吊顶和屋顶之间的空气间层通风排热，如在吊顶面层做热反射层效果更好（图 7-23b）。

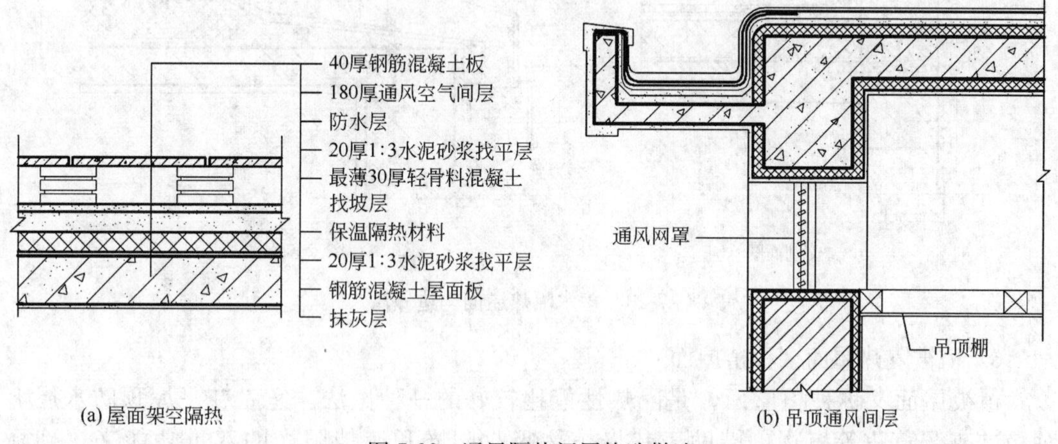

图 7-22 通风隔热间层构造做法

5）蓄水隔热屋面

蓄水屋面是在平屋顶上蓄积一定高度的水层，利用水吸收大量太阳辐射热后蒸发散热，从而减少屋顶吸收的热能，达到降温隔热的目的（图 7-23）。不仅如此，水对太阳辐射还有一定的反射作用，而且热稳定性也较好，但是水要有一定深度，根据具体情况设计。另外，这种做法使蓄水层长期将防水层淹没，特别是混凝土防水屋面，在水的养护下，可以减轻由于温度变化而引起的裂缝并延缓混凝土的碳化，延长使用寿命，但这种构造做法不宜在寒冷地区、地震区和振动较大的建筑物上使用，否则会由于屋面的裂缝而造成渗漏。

蓄水屋面有浅蓄水屋面和深蓄水屋面之分，浅蓄水深度宜为 150～200mm。屋面的坡度不宜大于0.5%。蓄水屋面应划分为若干蓄水区，每个区的边长不宜大于10m；在变形缝的两侧，应分成两个互不连通的蓄水区。为保证水源不断，蓄水屋面应设进水管，在进水口处装活塞，并在女儿墙上设溢水口。蓄水屋面的防水高度应高出溢水口100mm。蓄水池应设置人行通道。

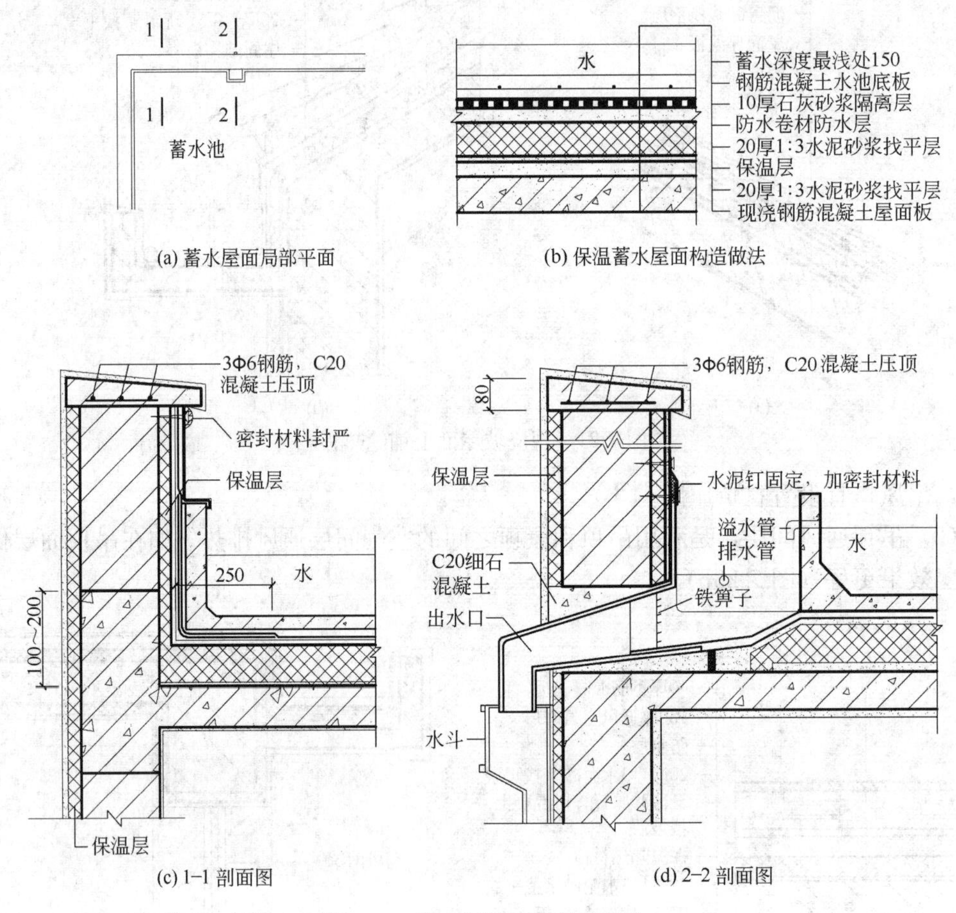

图7-23　蓄水隔热屋面构造做法

6）植被隔热屋面（种植屋面）

植被屋面又称种植屋面，是隔热性能比较好的一种做法。它是在平屋顶防水层上种植花卉、草皮等植物，借助于栽培植物吸收阳光和遮挡阳光的双重功能来达到降温、隔热的目的。种植屋面不但在降温效果上优于其他隔热屋面，而且能缓解建筑占地和绿化用地的矛盾，同时在美化环境、减轻污染方面也具有极其重要的作用。种植屋面构造层由下至上主要由保护层、排（蓄）水层、过滤层、基质层、植被层组成（图7-24）。

（1）保护层

包括防水层和耐根穿刺防水层，有时两者合二为一。保护层主要有两个作用：防止雨水和灌溉水的渗入，也要求防水层能长时间抵抗植物根系的穿透能力。保护层一般有合金、橡胶、PE（聚乙烯）和HDPE（高密度聚乙烯）等材料类型，这些材料都有很强的可加工性和稳定性，并且抗拉强度高、承载能力强，是很好的屋顶绿化保护材料。

(a) 种植屋面

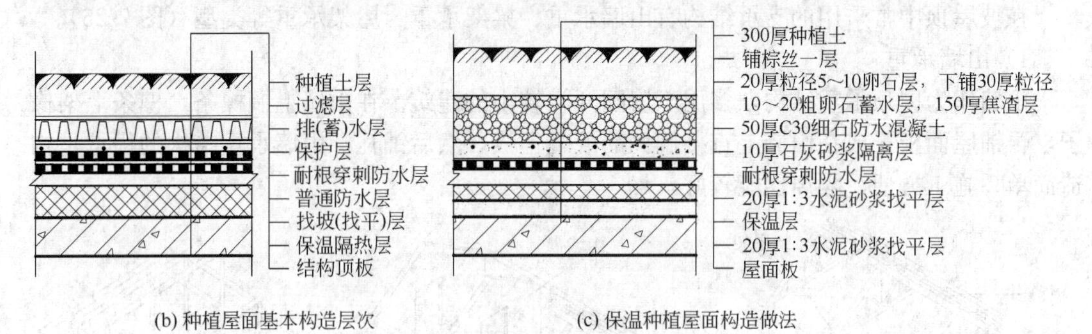

(b) 种植屋面基本构造层次　　(c) 保温种植屋面构造做法

图 7-24　种植屋面构造做法

(2)（蓄）排水层

它将经过过滤的水，从空隙中汇集到泄水孔排出。在保护层上应铺设具有一定空隙和承载能力以及蓄水功能的塑料排水板、橡胶排水板或粒径为 20～50mm 的卵石组成的蓄排水层，便于及时排除多余的积水。

(3) 过滤层

作用是阻止基质进入排水层。过滤层要保证有排水的功能，除此之外，还要有防止排水管泥沙淤积的作用。一般采用既能透水又能过滤的聚酯纤维无纺布等材料。

(4) 基质层

满足植物生长条件，具有一定的渗透性、蓄水能力和空间稳定性的轻质材料层。种植介质分为土种植和无土种植（蛭石、珍珠岩、锯末等）两类。种植屋面覆盖土层的厚度、重量要符合设计要求。

(5) 种植层

植物选择原则：以低矮灌木、草坪、地被植物和攀缘植物等为主；不宜选用根系穿刺性较强的植物；选择易移植、耐修剪、耐粗放管理、生长缓慢的植物；选择抗风、耐旱、耐高温、耐寒、耐盐碱、抗病虫害的植物。

种植屋面四周应设置围护墙及泄水管、排水管。当种植屋面为柔性防水层时，上面应设置刚性保护层。为方便维修，设计还应考虑设有人行通道。在种植屋面覆土前，为确保屋面防水质量，要进行蓄水试验，确认无渗漏后才可覆土进行植物种植。种植隔热层的屋面坡度大于 20% 时，其排水层、种植土层应采取防位移措施。

7.5　坡　屋　顶

坡屋顶由支承结构、屋面构件等主要部分组成。坡屋顶有两种做法：一种是以屋架、山墙、梁架承重的传统建造方法；另一种就是现浇的钢筋混凝土坡屋顶的做法。现今采用前一种做法较少，而支模现浇的钢筋混凝土坡屋面的建造方法较多。坡屋顶的屋面由一些坡度相同的倾斜面相互交接而成，交线为水平线时称正脊；当斜面相交为凹角时，所构成的倾斜交线称斜天沟；斜面相交为凸角时的交线称斜脊。坡屋顶的坡度随着所采用的支承结构和屋面铺材及铺盖方法的不同而异，一般坡度均大于 1∶10。

7.5.1　坡屋顶的支承结构

在坡屋顶中常采用的支承结构有山墙承重、梁架承重、屋架承重等类型（图 7-25）。

1）山墙承重

山墙作为屋顶承重结构，多用于房间开间较小的建筑。在山墙上搁檩条，檩条上架椽子，再铺屋面板；或在山墙上直接搁钢筋混凝土板，然后铺瓦。山墙承重结构的优点是构造简单，施工方便，隔声性能较好。

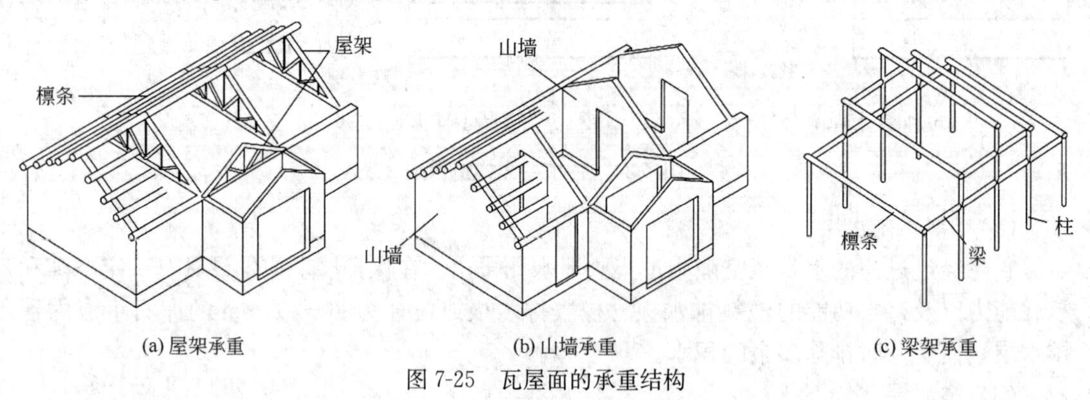

(a) 屋架承重　　(b) 山墙承重　　(c) 梁架承重

图 7-25　瓦屋面的承重结构

2）梁架承重

我国传统的木结构形式，由柱和梁组成梁架，檩条搁置在梁间承受屋面荷载并将各梁架连接为一完整的骨架。梁架交接处为榫卯结合，整体性与抗震性均较好，但耗用木料较多，防火、耐久性均较差，今在一些仿古建筑中常以钢筋混凝土梁柱仿效传统的木梁架（图 7-26）。

3）屋架承重

屋架是由一组杆件在同一平面内互相结合成整体的构件，由上弦、下弦及腹杆组成。中小跨度的屋架用木、钢木、钢或钢筋混凝土制作，形式有三角形、梯形、多边形、弧形等。三角形屋架构造较简单，跨度不大于 12m 的建筑可采用全木屋架，跨度不超过 18m 时可采用钢木混合屋架。

7.5.2　坡屋顶的屋面构造

坡屋顶屋面由支承构件及防水层组成。屋面支承构件包括檩条、椽子、屋面板或钢筋混凝土屋面板等。屋面防水层瓦材有机平瓦、水泥瓦、油毡瓦、金属材料中的镀锌钢板彩瓦及彩色镀铝锌压型钢板等。金属瓦材多用于大型公共建筑中耐久性及防水要求高、自重要求轻的建筑。目前，我国在大量性民用建筑中的坡屋顶采用小青瓦、英红瓦、彩色油毡

图 7-26　梁架传统木结构坡屋顶

瓦、水泥瓦及钢板彩瓦等。

瓦屋面按屋面基层组成方式分为有檩和无檩两种体系。无檩条体系是指将屋面板直接搁在山墙、屋架或屋面梁上，瓦主要起装饰和造型作用，这种做法常用于民用住宅和园林建筑的屋面。

1）坡屋顶屋面支承构件

（1）檩条

檩条可用木、钢筋混凝土或型钢制作。木檩条可用圆木或方木，跨度为 2.6～4m，木檩条搁置在木屋架上时以三角木支托，每根檩条的距离必须相等，顶面在同一平面上，以利于铺钉椽子或屋面板。钢檩条跨度可达 6m 或更大，截面有矩形、“T”形和“Γ”形（图 7-27）。

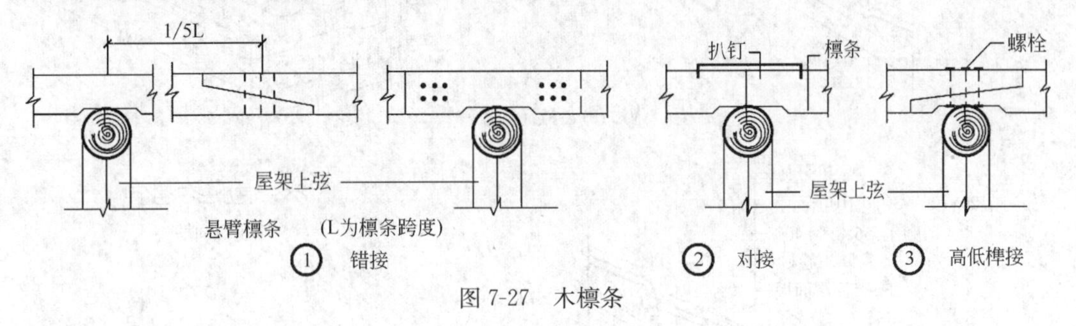

图 7-27　木檩条

（2）椽子

当檩条间距大时，垂直于檩条方向架立 40mm×60mm 或 50mm×50mm 的椽子，间距 360～400mm。椽子上铺钉屋面板，或直接钉挂瓦条挂瓦。出檐椽子下端锯齐，以便钉封檐板。

（3）屋面板

当檩条间距不大于 800mm 时，可在檩条上钉屋面板，屋面板用厚度为 15～25mm 的杉木或松木。为防水，在屋面板上铺防水卷材一层。

（4）钢筋混凝土屋面板

用钢筋混凝土技术可塑造坡屋面的任何形式效果，可做坡面，曲面或多折斜面，尤其是现浇钢筋混凝土屋面在建筑的整体性、防渗漏、抗震害和防火耐久性等方面都有明显的优势。

2）坡屋顶屋面铺材与构造

(1) 平瓦屋面

平瓦用黏土烧制或水泥砂浆制成，一般尺寸为 230mm×400mm，厚 50mm（净厚 20mm），见图 7-28。

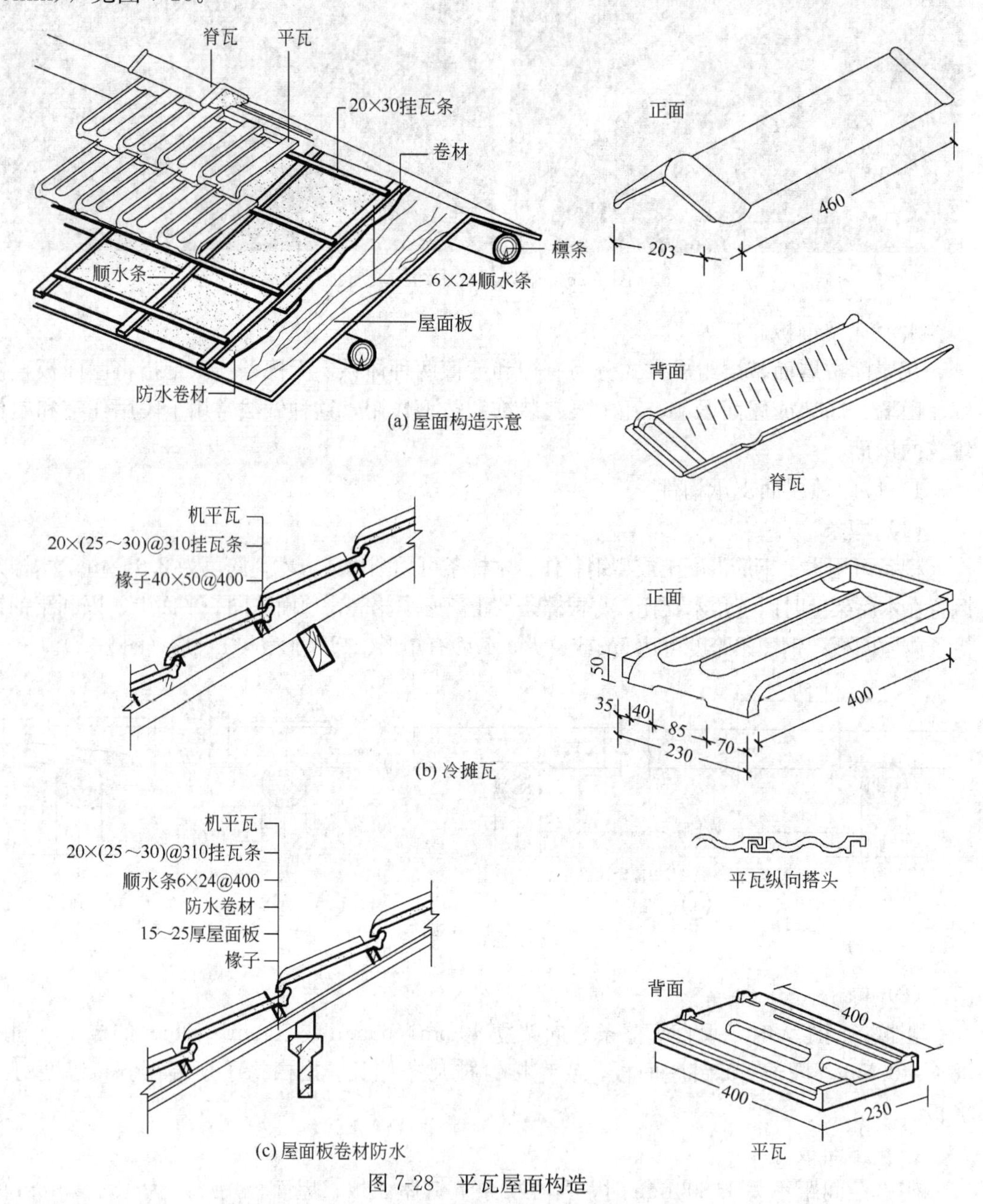

图 7-28　平瓦屋面构造

平瓦屋面构造，屋面坡度不小于 1∶2，其构造有下列几种：

① 冷摊瓦屋面

一般用于不保温的简易的建筑上，在椽子上钉 25mm×30mm 的挂瓦条挂瓦。建筑造价较低，但雨水可能从瓦缝中渗入屋内，屋顶隔热、保温性能均较差。

② 木屋面板平瓦屋面

在檩条或椽子上铺钉木屋面板，板上铺防水卷材一层（平行屋脊方向），上钉顺水条（又称压毡条），再钉挂瓦条挂瓦。由瓦缝渗进的水可沿顺水条流至檐沟。瓦由檐口铺向屋脊，脊瓦应搭盖在两片瓦上不小于 50mm，常用水泥石灰砂浆填实，以防止雨雪飘入。

③ 钢筋混凝土板基层平瓦屋面

在住宅、学校、宾馆、医院等民用建筑中，钢筋混凝土屋面板找平层上铺防水卷材、保温层，再做水泥砂浆卧瓦层，最薄处为 20mm，内配Φ6@500×500 钢筋网，再铺瓦。也可在保温层上做 C15 细石混凝土找平层，内配Φ6@500×500 钢筋网，再做顺水条、挂瓦条（图 7-29）。

图 7-29　钢筋混凝土板平瓦屋面

同样，在钢筋混凝土基层上，除铺平瓦屋面外，也可改用小青瓦、琉璃瓦、多彩油毡瓦或钢板彩瓦等屋面。

（2）小青瓦屋面

我国传统民居中常用小青瓦（板瓦、蝴蝶瓦）作屋面，小青瓦断面呈弧形。铺盖方法是分别将瓦仰覆（阴阳）铺排，仰铺成沟，覆盖成垄。小青瓦块小，易渗漏雨水，须经常维修，适用于旧房维修及少数地区民居。此外，古代宫殿、庙宇等建筑还常用各种颜色的琉璃瓦作屋面。适用于重大公共建筑，如纪念堂、美术馆等，用于屋面或檐墙装饰，富有传统特色（图 7-30）。

（3）油毡瓦屋面

油毡瓦为薄而轻的片状瓦材，以玻璃纤维为基架，覆以改性沥青涂层，再附带有石粉表面隔离保护层的片材。一般分单层和双层两种，其色彩和重量各异，单层油毡瓦采用较普遍。油毡瓦一般适用于低层住宅、别墅等建筑。通常屋面坡度 1∶5。

油毡瓦铺设前，先安装封檐板、檐沟、滴水板、斜天沟、烟囱、透气管等部位的金属泛水，再进行油毡瓦铺设，铺设时基层必须平整，上、下两排采取错缝搭接，并用钉子固定每片油毡瓦（图 7-31）。

（4）钢板彩瓦屋面（图 7-32）

钢板彩瓦用厚度 0.5～0.8mm 的彩色薄钢板经冷轧形成，连片块瓦型屋面防水板材。用拉铆钉或自攻螺栓连接在钢挂瓦条上。屋脊、天沟、封檐板、压顶板、挡水板以及各种

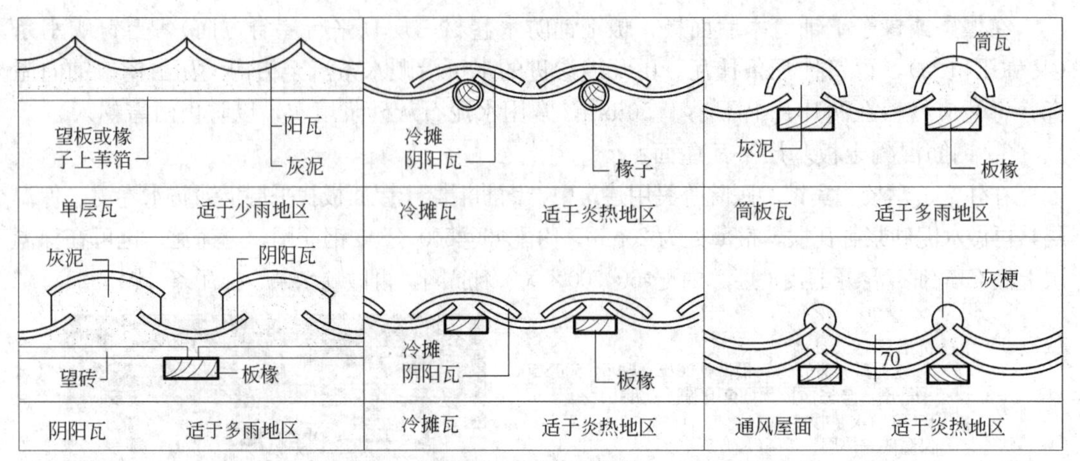

图 7-30　小青瓦铺法

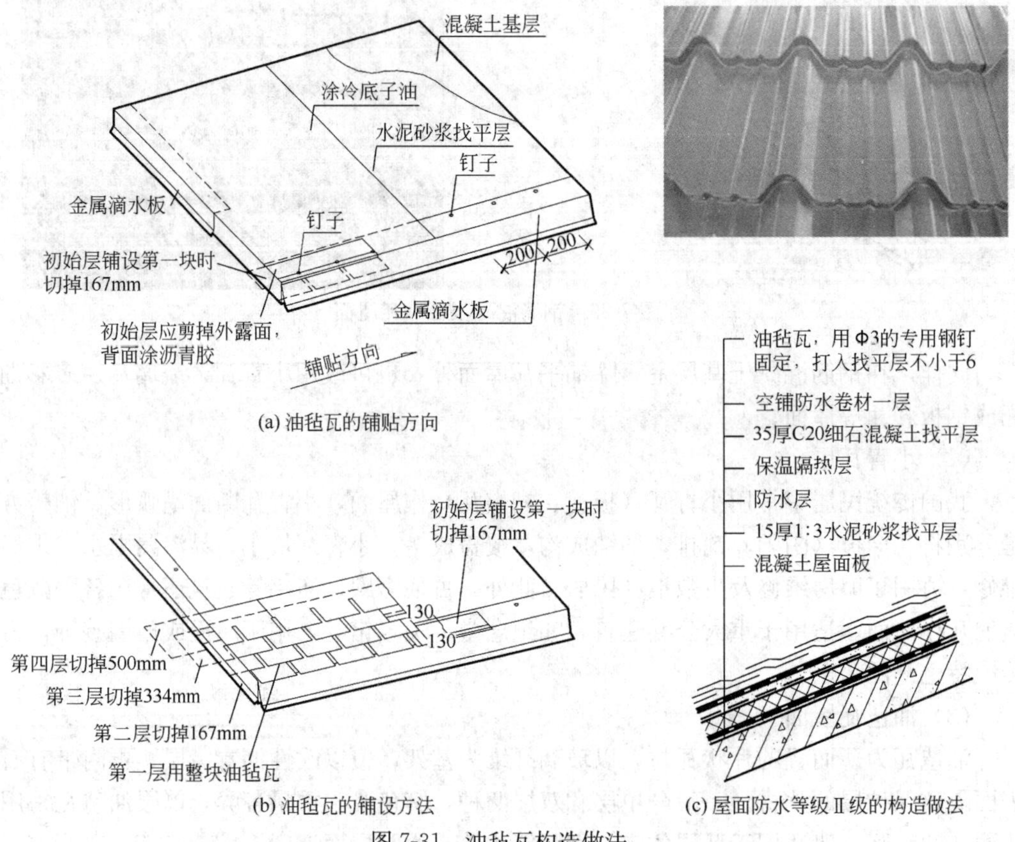

图 7-31　油毡瓦构造做法

连接件、密封件等均由瓦材生产厂配套供应。

（5）彩色镀铝锌压型钢板（简称压型钢板）屋面

压型钢板由于自重轻、强度高、防水性能好，且施工方便、外形现代新颖，因而被广泛应用。

压型钢板分为单层板和夹心板两种。压型钢板的连接方式为用各种螺钉、螺栓或拉铆钉等紧固件和连接件固定在檩条上。压型钢板的横向连接有搭接式和咬接式两种（图 7-33）。

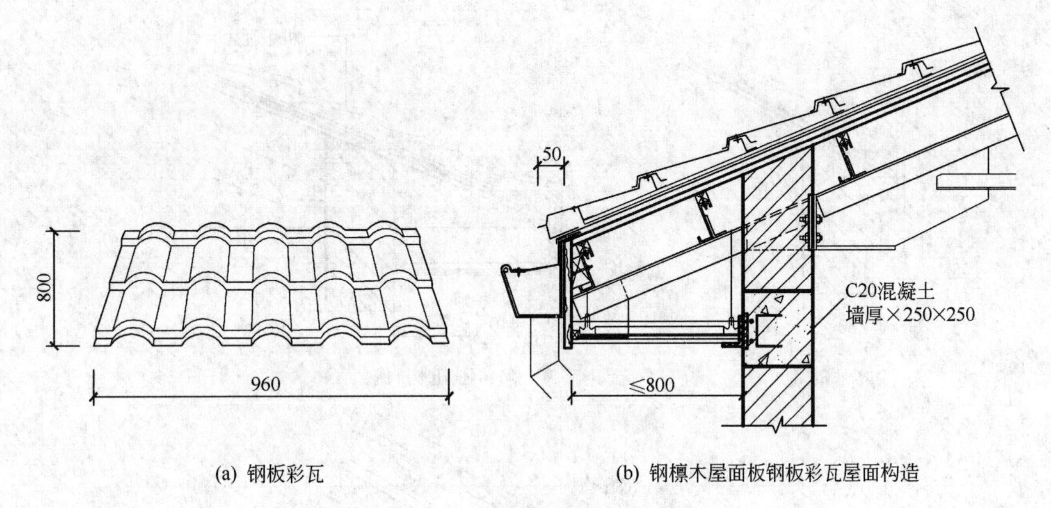

(a) 钢板彩瓦　　(b) 钢檩木屋面板钢板彩瓦屋面构造

图 7-32　钢板彩瓦屋面构造

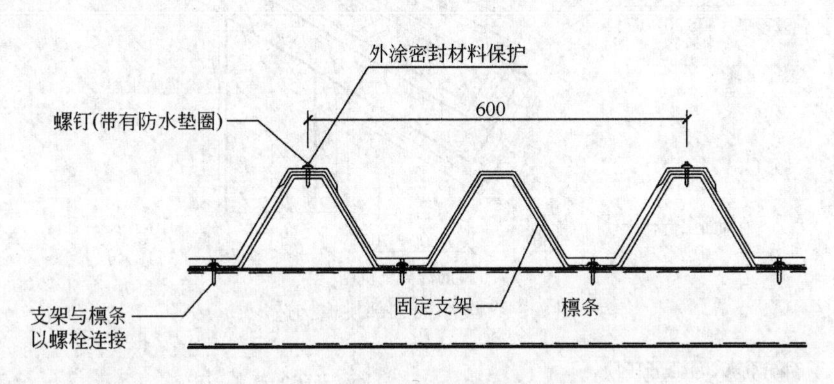

(a) 压型钢板屋面横向连接

(b) 压型钢板产品图片

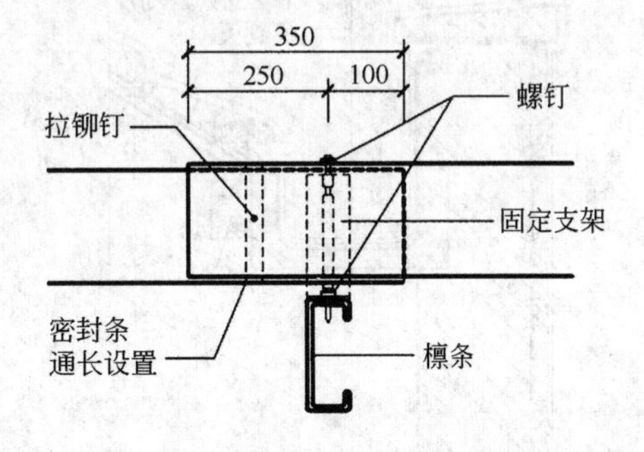

(c) 压型钢板屋面纵向连接

图 7-33　压型钢板屋面搭接及紧固件固定构造

3）坡屋顶的细部构造

（1）檐口构造

建筑物屋顶与外墙的顶部交接处称檐口，坡屋顶的檐口一般分挑檐和包檐两种，挑檐是将檐口挑出墙外，做成露檐头或封檐头形式，而包檐是将檐口与墙齐平或用女儿墙将檐口封住。挑檐构造包括砖砌挑檐、木挑檐口、钢筋混凝土板挑檐口（图 7-34）等类型。包檐天沟做法如图 7-35 所示。

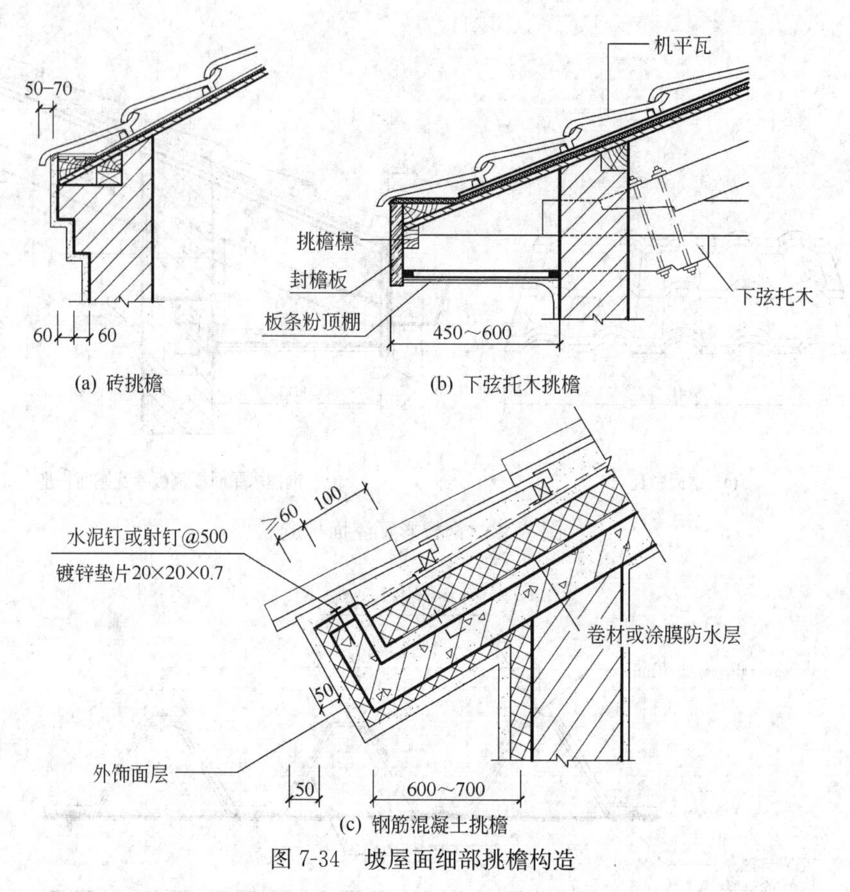

图 7-34 坡屋面细部挑檐构造

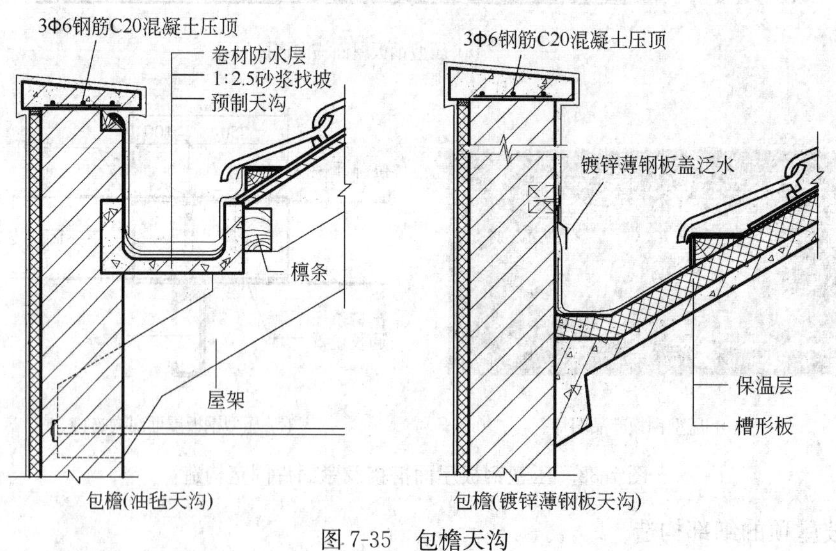

图 7-35 包檐天沟

（2）山墙构造

① 悬山（图 7-36）；

② 硬山（图 7-37）。

4）坡屋顶的排水

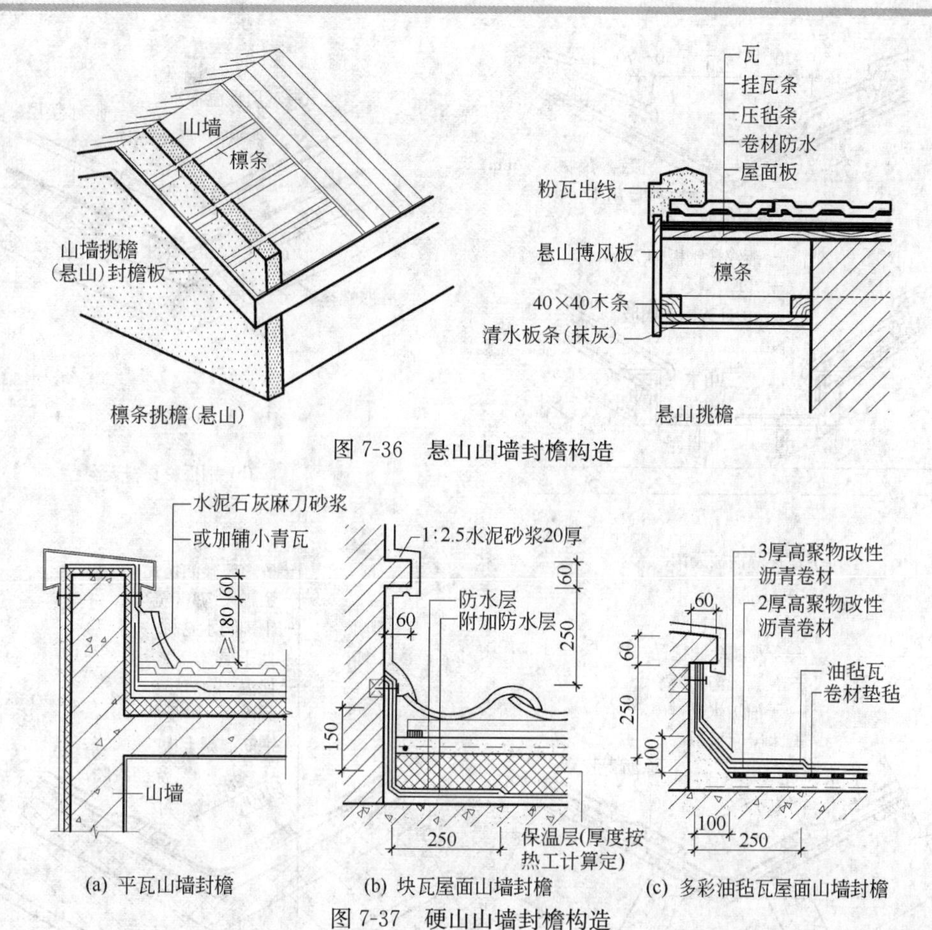

图 7-36　悬山山墙封檐构造

(a) 平瓦山墙封檐　(b) 块瓦屋面山墙封檐　(c) 多彩油毡瓦屋面山墙封檐

图 7-37　硬山山墙封檐构造

（1）坡屋面有组织排水设备有檐沟、天沟、水斗及水落管等。

① 檐沟（图 7-38）

坡屋顶在屋檐处设檐沟，常用镀锌薄钢板、玻璃钢制品及塑料制品制作。也可采用钢筋混凝土屋面板出檐做成钢筋混凝土檐沟，檐沟应有不小于 1%的纵坡通向雨水管。

② 天沟、斜天沟（图 7-39）

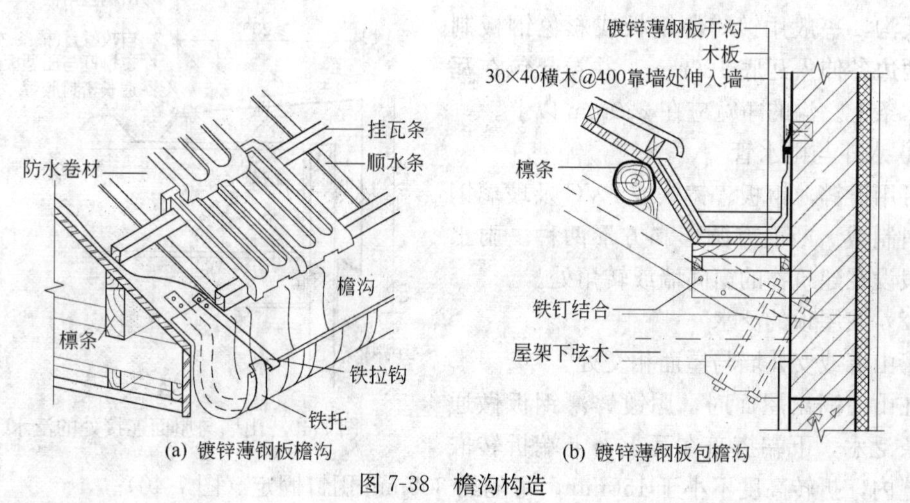

(a) 镀锌薄钢板檐沟　(b) 镀锌薄钢板包檐沟

图 7-38　檐沟构造

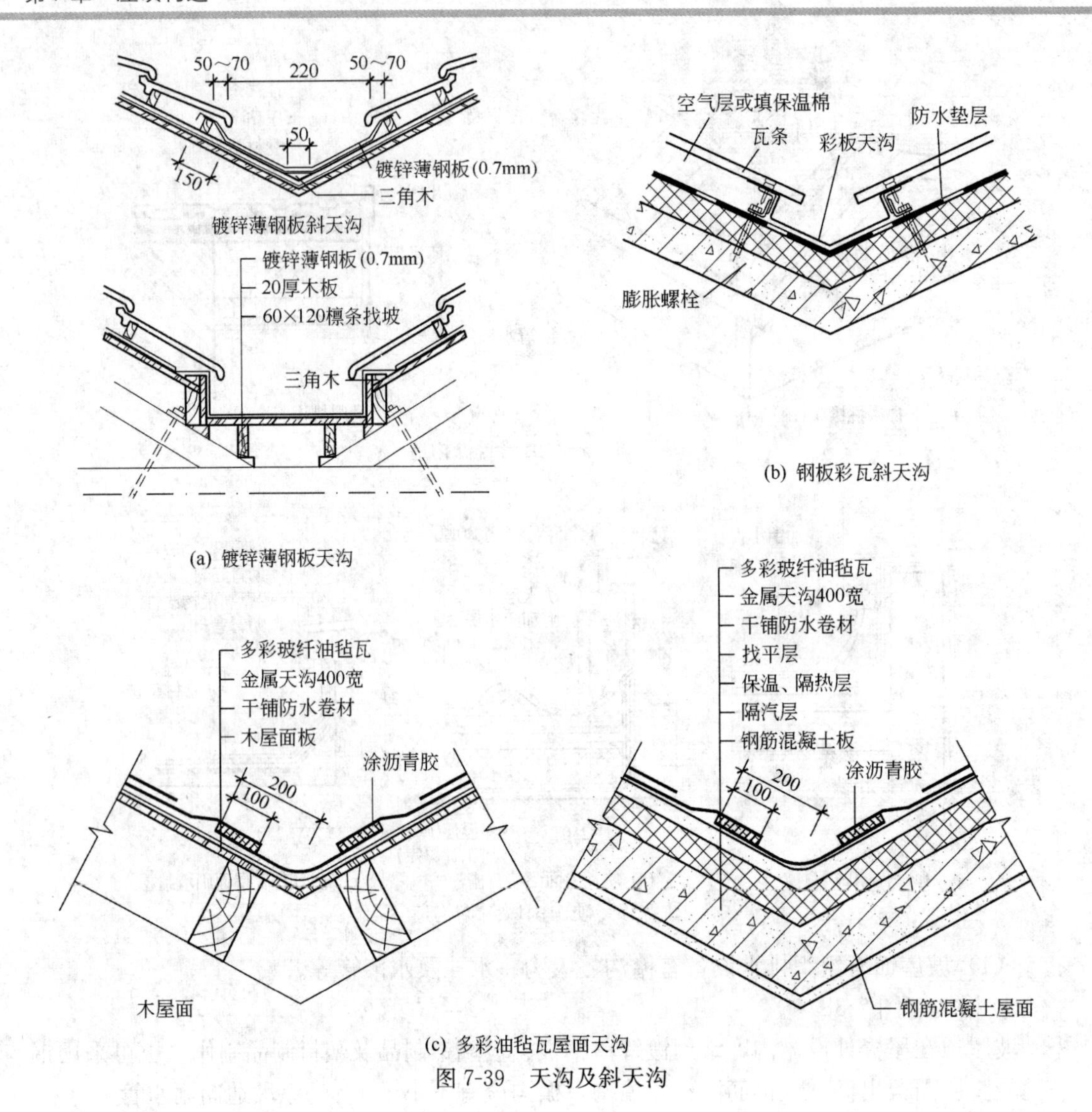

(a) 镀锌薄钢板天沟

(b) 钢板彩瓦斜天沟

(c) 多彩油毡瓦屋面天沟

图7-39　天沟及斜天沟

坡屋面中两个斜面相交的阴角处做天沟或斜天沟，一般用镀锌薄钢板或彩色钢板制作，两边各伸入瓦底100mm，并卷起包在瓦下的木条上。沟的净宽应在220mm以上。

③ 水斗与雨水管

可用镀锌薄钢板、铸铁或PVC及玻璃钢等材料制成。断面有圆形和方形两种。雨水管一般设在建筑物的窗间墙或转角处。

（2）坡屋顶的泛水

①山墙或女儿墙与屋面相交处

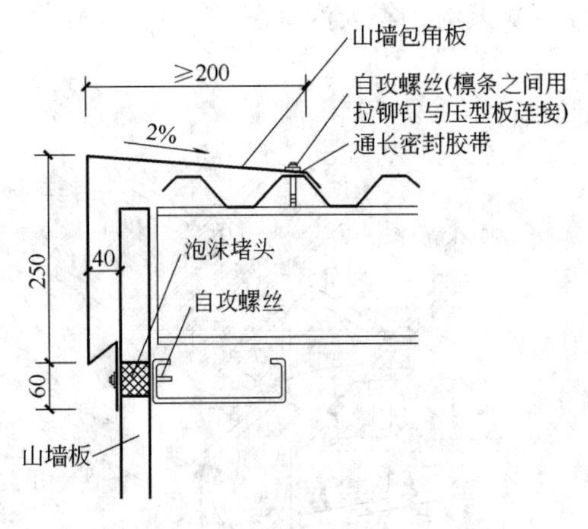

图7-40　山墙与屋面连接处的泛水

在山墙高出屋面时，用镀锌薄钢板做通长一条泛水，下端搭盖在瓦上，上端折转嵌入砖缝内，折转高度不小于150mm，每隔约300mm用钉固定（图7-40）。

② 屋面与出气管相交处（图 7-41）

应先将屋面上开孔处的四周围以镀锌薄钢板，镀锌薄钢板的一端沿竖管盖在瓦上，而另一端沿竖管折包在管的四周，高度不小于 200mm，并用铁夹子衬硬橡皮圈夹紧。

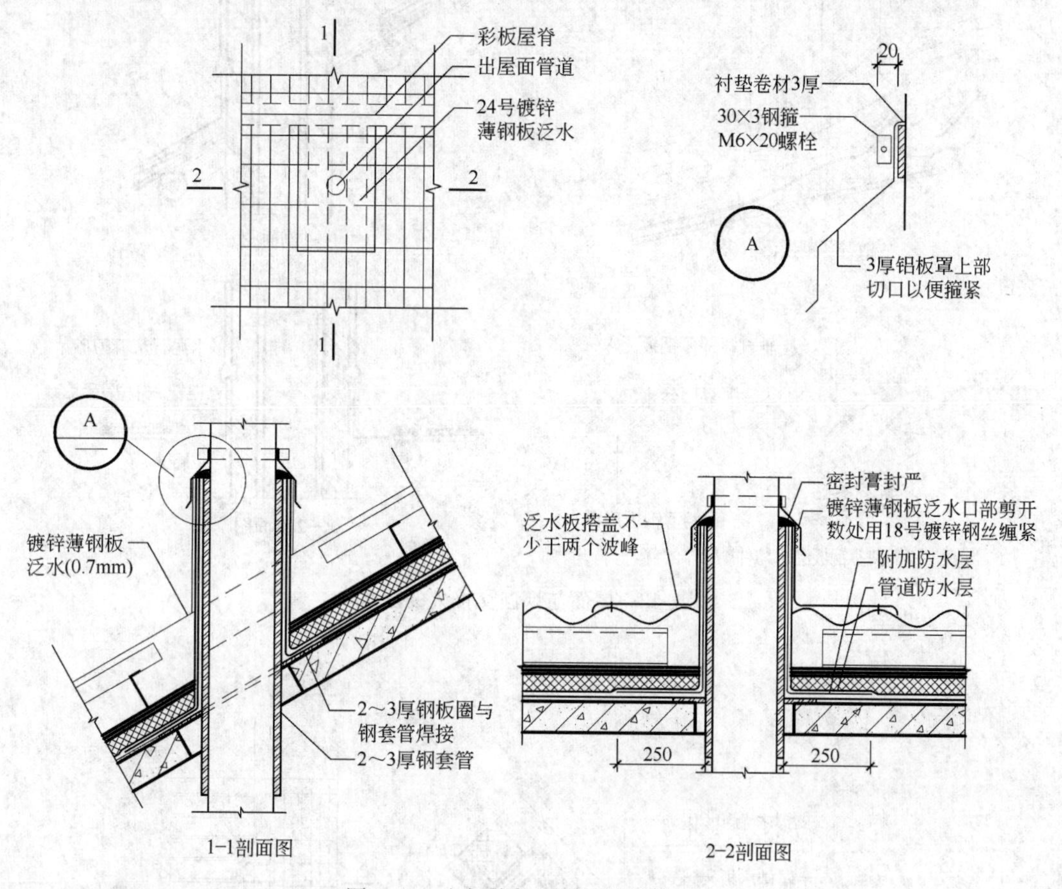

图 7-41 出气管与屋面连接处的泛水

③ 屋面与烟囱相交处（图 7-42）

用镀锌薄钢板做烟囱泛水时，烟囱上方镀锌薄钢板伸入瓦底 100mm 以上，在下方应搭盖在瓦上，两侧同一般泛水处理，四周应折上，烟囱墙面应高出屋面至少 180～200mm。

④ 屋顶窗处

屋顶窗适宜于屋顶坡度 15°～90°，一般中悬式开启，可翻转 160°，便于窗外侧玻璃的擦洗清洁。屋顶窗设计有两道防水，第一道为面层涂有防氧化薄膜的铝合金排水板，与屋面瓦紧密搭接（图 7-43、图 7-44），第二道为 2.5mm 厚的防水卷材与屋面防水层热熔焊接在一起。

⑤ 老虎窗

为了满足坡屋顶内部空间的采光和通风要求，在屋顶开口处架立窗扇，称为老虎窗。老虎窗支承在屋顶檩条或椽子上，一般在檩条上立柱，柱顶梁架上盖老虎窗的小屋面，小屋面可采用单坡或双坡等形式（图 7-45）。有的也采用现浇钢筋混凝土小屋面和侧墙与坡屋顶钢筋混凝土基层相连接（图 7-46）。

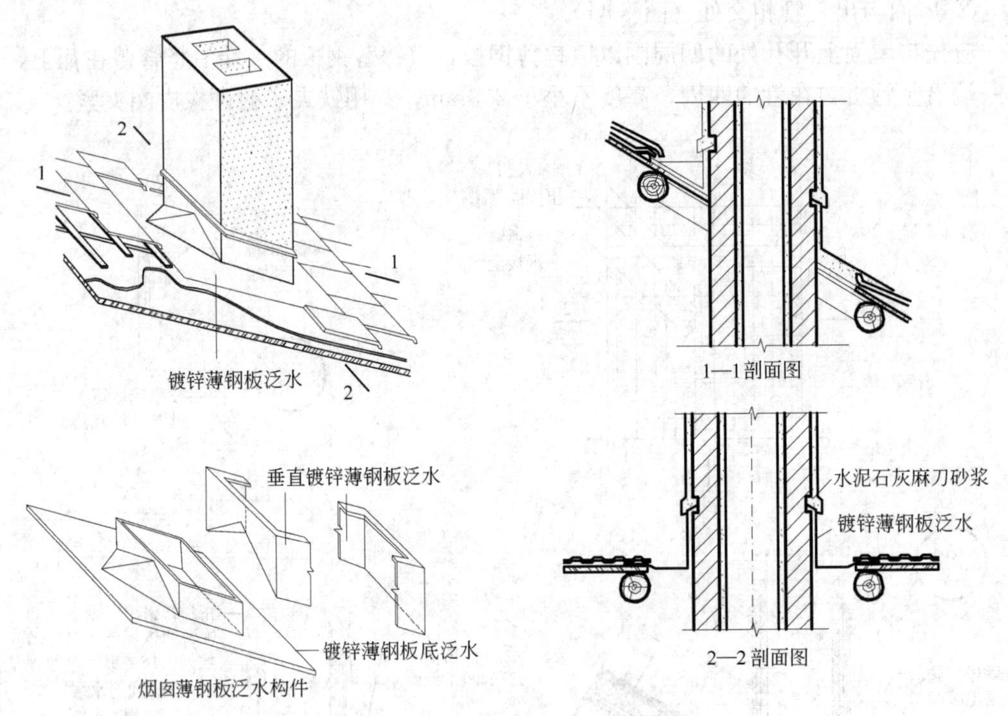

图 7-42　屋面与烟囱交接处的泛水

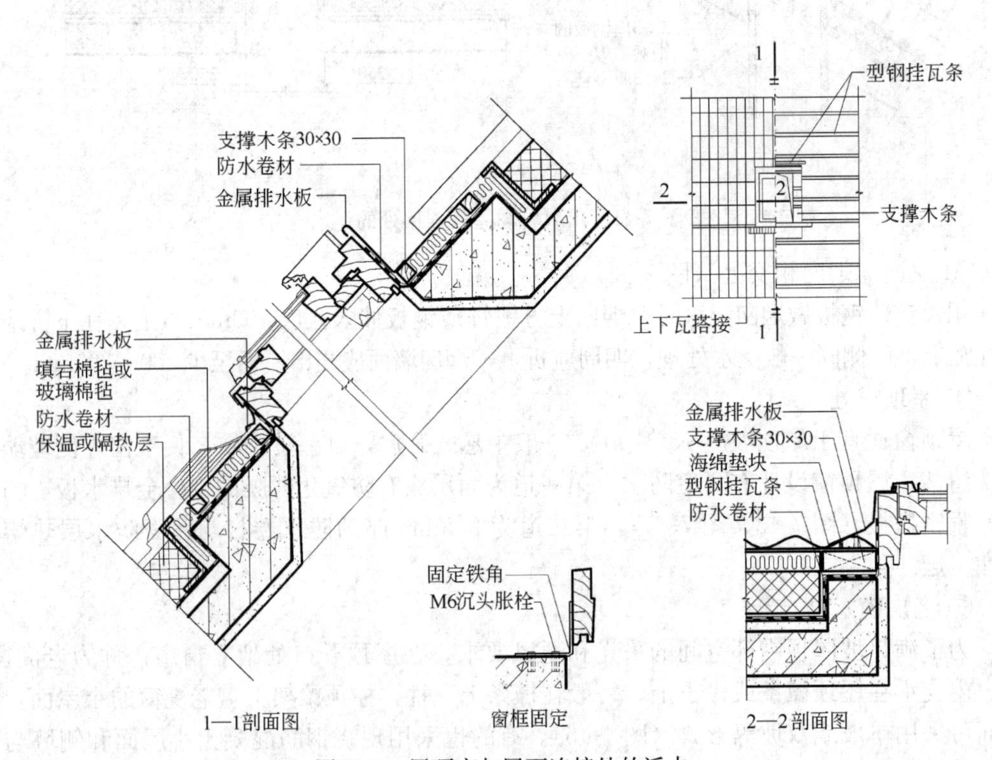

图 7-43　屋顶窗与屋面连接处的泛水

图 7-44 屋顶窗

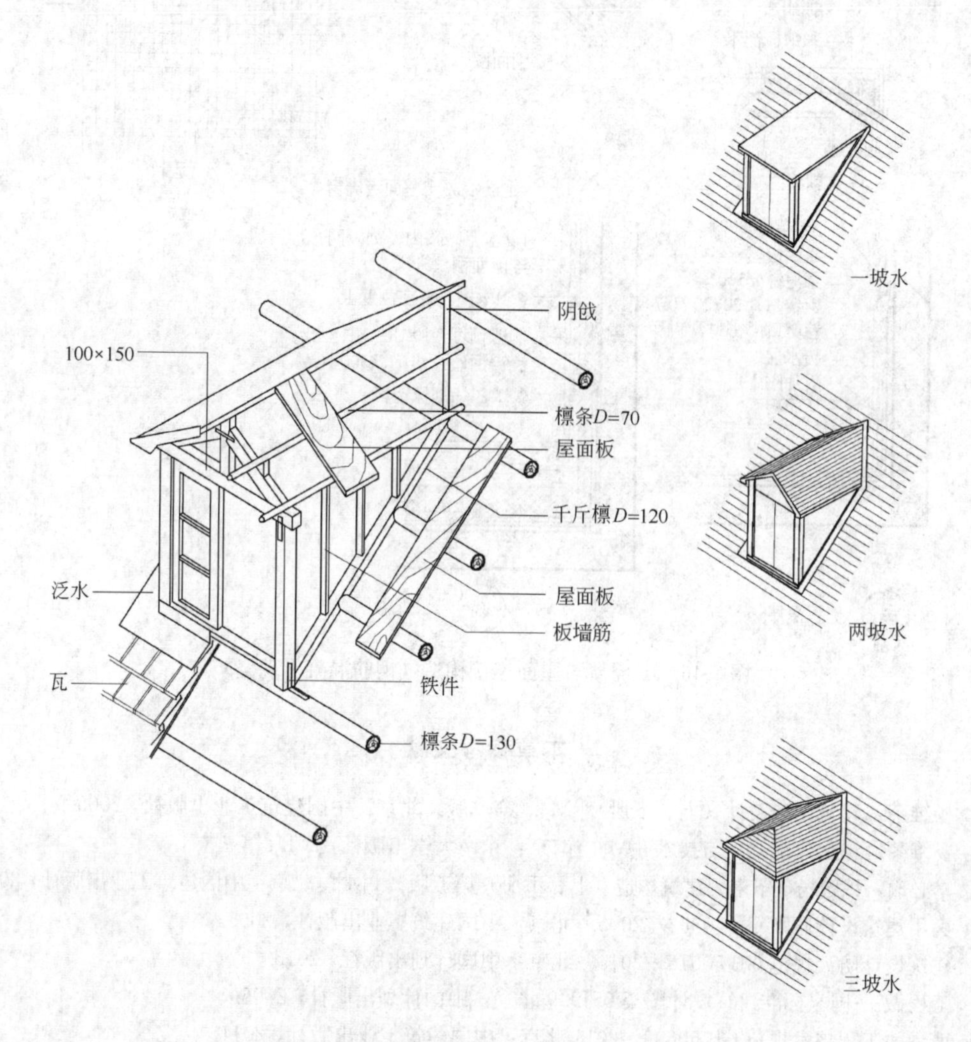

图 7-45 木架老虎窗构造（檩式老虎窗）

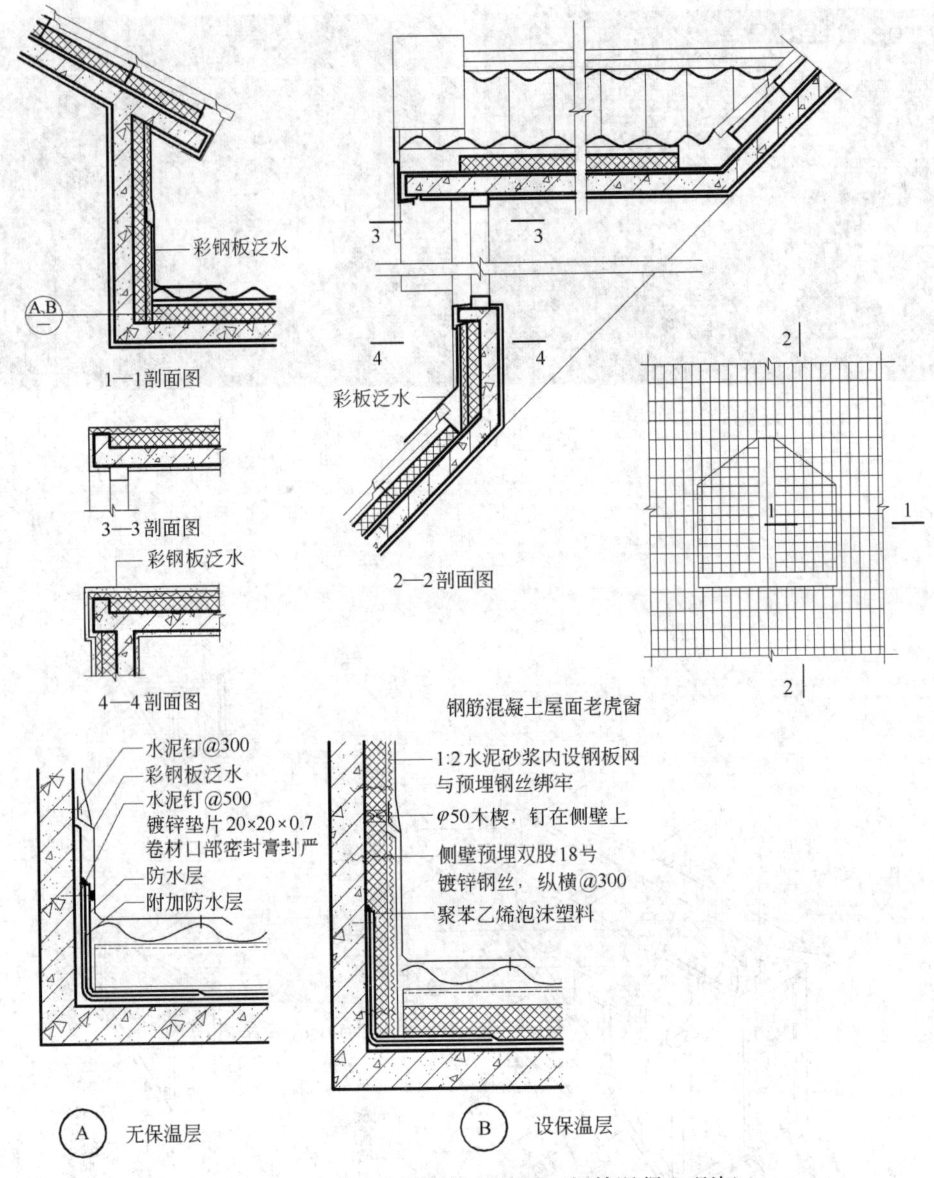

图7-46　老虎窗与屋面连接构造（钢筋混凝土现浇）

本章参考文献

[1]　杨维菊．建筑构造设计（上、下册）[M]．第一版．北京：中国建筑工业出版社，2005.

[2]　杨维菊．绿色建筑设计与技术 [M]．南京：东南大学出版社，2011.

[3]　李必瑜，魏宏杨，覃琳．建筑构造（上、下册）第五版．[M]．北京：中国建筑工业出版社，2013.

[4]　民用建筑设计通则 GB 50352—2005．北京：中国建筑工业出版社，2005.

[5]　建筑设计防火规范 GB 50016—2014．北京：中国计划出版社，2015.

[6]　工程做法-国家标准建筑设计图集 05J909 北京：中国计划出版社，2006.

[7]　坡屋面工程技术规范 GB 50693—2011 北京：中国建筑工业出版社，2011.

[8]　屋面工程技术规范 GB 50345—2012 北京：中国建筑工业出版社，2012.

第 8 章　变形缝设计

8.1　建筑物变形缝的作用及种类

8.1.1　变形缝的作用

因建筑物的平面设计不规则，有的建筑物在高度方向差异大或局部荷载变化大，如果一幢建筑建造在地质条件突变的部位，就易于造成建筑物基础的不均匀沉降。为避免和预防建筑物开裂，进而造成破坏，在设计时须采取预防措施，即在有可能产生裂缝的部位预先设置宽度适当的缝，此缝称为变形缝。

8.1.2　建筑物变形缝的种类

建筑物需设置的变形缝有：①为防止温度变化和材料（混凝土或钢材）收缩产生的裂缝而设的结构分格缝，俗称温度缝，又名伸缩缝；②为避免建筑因不均匀沉降而开裂所设的缝叫沉降缝；③为防止或避免两相邻建筑物在强烈地震时碰撞损坏所设的缝称防震缝。防震缝应根据地震区的不同地震烈度、不同结构类型、不同结构高度，按建筑抗震设计规范确定，温度缝、沉降缝、防震缝缝宽可见本文表 8-3。

8.2　变形缝的设置

8.2.1　伸缩缝的设置

建筑物温差会引起建筑材料的热胀冷缩，在建筑构件内产生内力。内力的大小与温差和建筑物的尺度成正比，当达到一定值时，建筑物就会产生裂缝，甚至造成破坏。建筑物过长或体积过大，或因建筑材料（如砖石砌体或混凝土）有干缩现象，都会产生裂缝。为了预防上述裂缝的发生，应在有可能发生变形产生裂缝的地方预设伸缩缝，将建筑物沿纵向分成几个独立单元，每个单元均控制在一定长度范围内，以防因温差和干缩变形产生过大的内力，就可避免建筑开裂。

伸缩缝应将建筑物基础以上的构件全部断开，让缝两侧的建筑沿水平方向作自由伸缩(图 8-1)。基础因处在地下，受温度变化的影响较小，故不必断开。

伸缩缝的间距，根据结构材料的类别和环境温度等具体设计条件而定。规范对各类建筑伸缩缝的设置间距作了具体规定。砌体建筑伸缩缝的最大间距见表 8-1，钢筋混凝土结构伸缩缝最大间距见表 8-2。

8.2.2　沉降缝的设置

沉降缝设置在：①建筑平面的转折部位；②高度差异或荷载差异突变处；③长高比过

大的砌体承重结构或钢筋混凝土框架结构的适当部位；④地基土压缩性有显著差异处；⑤建筑结构或基础类型不同处；⑥分期建造建筑的交界处（图 8-2）。

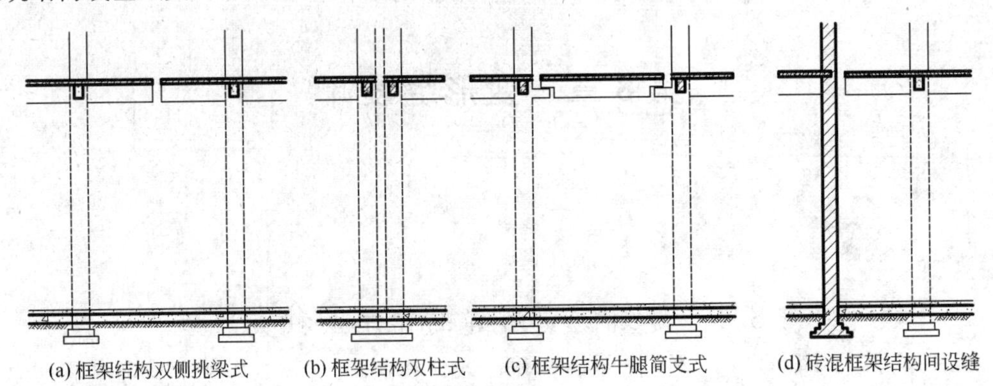

图 8-1　伸缩缝处结构简图

砌体建筑伸缩缝的最大间距（m）　　**表 8-1**

屋顶或楼板类别		间 距
整体式或装配整体式钢筋混凝土结构	有保温层或隔热层的屋顶、楼板	50
	无保温层或隔热层的屋顶	40
装配式无檩体系钢筋混凝土结构	有保温层或隔热层的屋顶、楼板	60
	无保温层或隔热层的屋顶	50
装配式有檩体系钢筋混凝土结构	有保温层或隔热层的屋顶	75
	无保温层或隔热层的屋顶	60
瓦材屋顶、木屋顶或楼板、轻钢屋顶		100

资料来源：《砌体结构设计规范》GB 5003—2011。

钢筋混凝土结构伸缩缝的最大间距（m）　　**表 8-2**

结构类别		室内或土中	露天
排架结构	装配式	100	70
框架结构	装配式	75	50
	现浇式	55	35
抗震墙结构	装配式	65	40
	现浇式	45	30
挡土墙、地下室墙壁等结构	装配式	40	30
	现浇式	30	20

资料来源：《混凝土结构设计规范》GB 50010—2010。

沉降缝是为避免缝两侧的结构产生大的沉降差而设的缝，因此，基础部分（包括可能有的地下室）必须断开，使沉降缝两侧的建筑成为各自独立的单元，在垂直方向可以自由沉降，从而减少对相邻部分的影响。图 8-3 所示为基础沉降缝构造。

沉降缝同时起伸缩缝的作用，所以当建筑物既要做伸缩缝，又要做沉降缝时，应尽可能地把它们合并。

构造处理应按沉降缝从基础处断开。

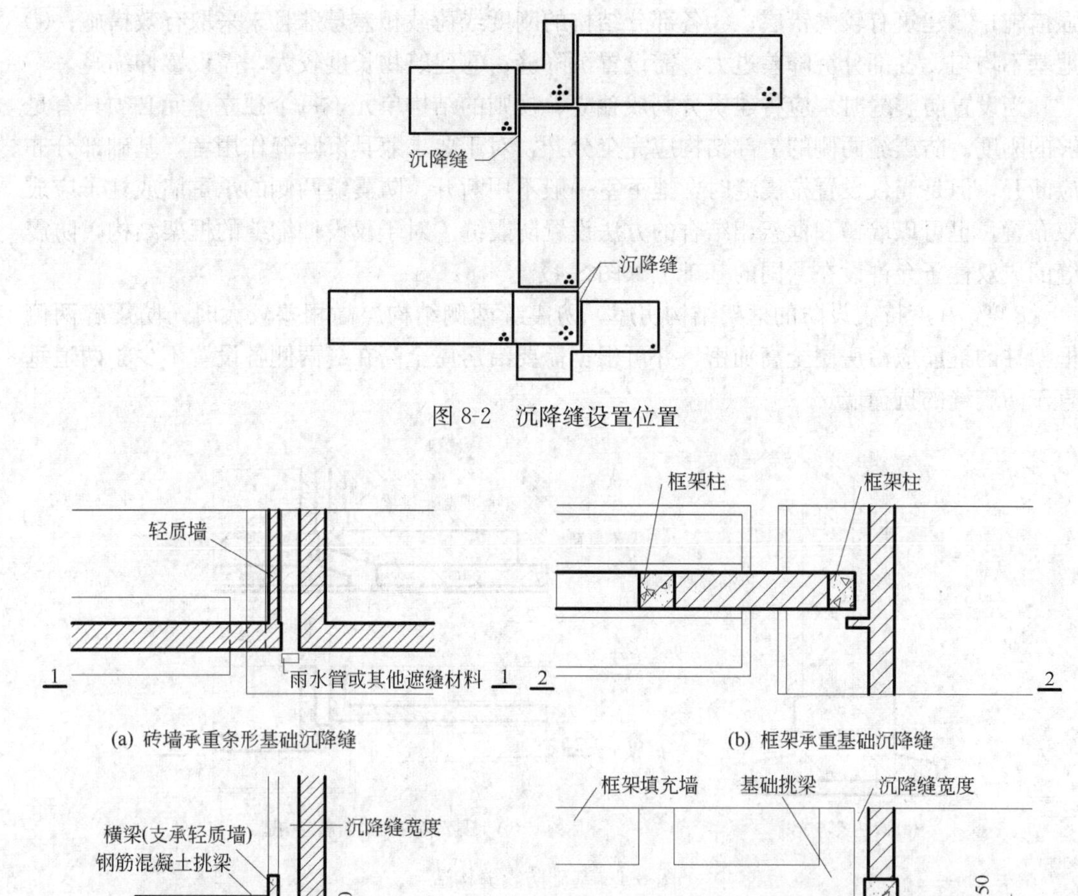

图 8-2 沉降缝设置位置

(a) 砖墙承重条形基础沉降缝

(b) 框架承重基础沉降缝

图 8-3 基础沉降缝构造

8.2.3 防震缝的设置

地震的发生引起环状的波动，纵波能使建筑物上下振动，横波使建筑物产生前后或左右的水平侧向晃动，在建筑形体复杂、很不规则的部位容易造成建筑物开裂、损坏甚至倒塌。

建筑物在受地震作用时不同部位将具有不同的振幅和振动周期，因此，地震时，在这些不同部位的连接处很可能会产生裂缝、断裂等现象。如在这些连接部位预先设置防震缝，将建筑物不同刚度的部分分离开来，使各自成为独立的单元，可防止这种破坏的发生。设置防震缝的部位需根据不同的结构类型来确定。

对于多层砌体建筑，8 度和 9 度设防区有下列情况之一时，宜设置防震缝：①建筑立面高差在 6m 以上；②建筑有错层且楼层高差较大（超过层高 1/3 或 1m）；③各部分刚度、质量和结构形式截然不同。砌体建筑的防震缝两侧均应设置墙体。

对于钢筋混凝土结构的建筑物，遇下列情况时宜设防震缝：①建筑平面不规则且无加强措施；②建筑有较大错层；③各部分结构的刚度或荷载相差悬殊且未采取有效措施；④地基不均匀、各部分沉降差过大，需设置沉降缝；⑤建筑物长度较大，需设置伸缩缝。

当设置防震缝时，应将建筑分割成独立、规则的结构单元，每个独立单元必须具有足够的刚度。防震缝两侧的上部结构应完全分开，对于要求兼具沉降缝作用者，基础部分亦应断开，但是当仅设置抗震缝时，地下室一般不用断开。防震缝两侧的承重墙或柱子应成双布置，也可以墙壁和框架相结合的方法设置防震缝。对于仅设伸缩缝的框架结构，防震缝的成双柱子允许设在共同的基础上（图 8-4）。

8 度、9 度抗震设防的框架结构房屋，防震缝两侧结构层高相差较大时，防震缝两侧框架柱的箍筋应沿房屋全高加密，并可根据需要沿房屋全高在缝两侧各设置不少于两道垂直于防震缝的抗撞墙。

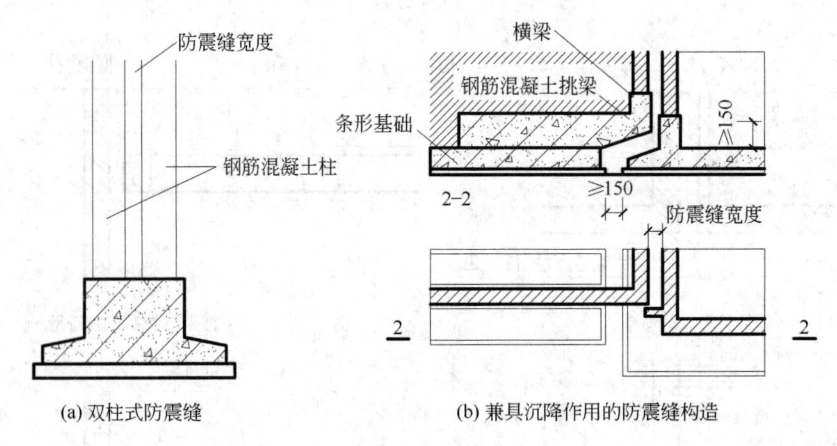

(a) 双柱式防震缝　　(b) 兼具沉降作用的防震缝构造

图 8-4　基础防震缝构造

8.2.4　变形缝的宽度

变形缝的宽度与变形缝的种类，建筑的结构形式、高度及地基类型有关，各种变形缝的宽度见表 8-3。

8.2.5　建筑物变形缝设置的“超限”概念

设置变形缝是防止建筑因各种原因产生开裂的一项重要技术措施，按规定要求设置变形缝的建筑一般是可以避免发生开裂的。但在实际工程中，有时难以按规范规定的间距（或有关要求）来设置变形缝，即超出规定的限值，此种情况称为变形缝设置“超限”。遇到“超限”时，必须采取相应的附加技术措施，以弥补“超限”可能造成的建筑物的开裂。不同类型的变形缝，“超限”后应采取的技术措施是不一样的。

伸缩缝间距的“超限”，可以采取下述附加加强措施：

(1) 防止或减轻砌体建筑顶层墙体的裂缝：屋面应设置具有分格缝面层的保温、隔热层，(以具有中空、通风构造者为好)；顶层屋面板下设置现浇钢筋混凝土圈梁；顶层及女儿墙砂浆强度等级不低于 M5；女儿墙应设构造柱及钢筋混凝土压顶，且两者应整浇在一起；其他结构措施。

(2) 防止和减轻砌体建筑底层墙体裂缝，采用嵌入窗间墙长度超过 600mm 的钢筋混凝土窗台板、增大基础圈梁刚度等结构措施。

(3) 对于灰砂砖、粉煤灰砖、混凝土砌块或其他非烧结砖，应采用胶粘性好的砂浆或砌块专用砂浆砌筑以及在砌体内增设拉结筋等构造措施。

(4) 对于钢筋混凝土结构的建筑，可以采用浇灌后浇带进行分段施工的方法，并采用微膨胀混凝土进行后浇带的施工。

在不能按规范要求设置沉降缝时，为减少建筑物沉降和不均匀沉降，可采取下列措施：

(1) 修正建筑平面和体形，让其尽可能接近规则。

(2) 选用轻型结构，减轻墙体自重，采用架空地坪代替室内填土。

(3) 设置地下室或半地下室。采用覆土少、自重轻的基础形式。

(4) 调整各部分的荷载分布、基础宽度或埋置深度。

(5) 对于框架结构建筑，可选用箱基、桩基、筏基等加强基础整体刚度。

(6) 对于砌体建筑，可采用设置圈梁等措施。

(7) 采用桩基。

变形缝宽度（mm）　　　表 8-3

<table>
<tr><th>变形缝名称</th><th colspan="2">结构类型</th><th>宽度</th></tr>
<tr><td rowspan="3">伸缩缝</td><td colspan="2">一般砌体建筑、梁板结构</td><td>20～30</td></tr>
<tr><td colspan="2">框架结构</td><td>20～30</td></tr>
<tr><td colspan="2">按功能或设备易发生火灾者</td><td>1/200 伸缩缝间距</td></tr>
<tr><td rowspan="7">沉降缝</td><td rowspan="3">一般
基础</td><td>建筑物高度小于 5m</td><td>30</td></tr>
<tr><td>建筑物高度＝5～10m</td><td>50</td></tr>
<tr><td>建筑物高度＝10～15m</td><td>70</td></tr>
<tr><td rowspan="3">软弱
地基</td><td>2～3 层</td><td>50～80</td></tr>
<tr><td>4～5 层</td><td>80～120</td></tr>
<tr><td>5 层以上</td><td>＞120</td></tr>
<tr><td colspan="2">湿陷性黄土地基</td><td>≥50</td></tr>
<tr><td rowspan="7">抗震缝</td><td colspan="2">砌体结构多层建筑</td><td>50～90</td></tr>
<tr><td colspan="2">单层钢筋混凝土及砖柱厂房、空旷砖房</td><td>50～70</td></tr>
<tr><td rowspan="4">多层
框架</td><td>建筑高度不大于 15m</td><td>70</td></tr>
<tr><td colspan="2">建筑高度大于 15m，在宽度＝100mm 的基础上：
设计烈度 6 度每增 5m　增 20mm</td></tr>
<tr><td colspan="2">设计烈度 7 度每增 4m，增 20mm</td></tr>
<tr><td colspan="2">设计烈度 8 度每增 3m，增 20mm
设计烈度 9 度每增 2m，增 20mm</td></tr>
<tr><td>抗震墙
结构</td><td colspan="2">可按多层框架结构相应高度建筑缝宽的 1/2(不宜小于 100mm)</td></tr>
</table>

注：1. 当抗震设防区的建筑设置伸缩缝和沉降缝时，其宽度应不小于防震缝缝宽的要求。

2. 本表根据《高层建筑混凝土结构技术规程》JGJ3—2010、《建筑抗震设计规范》GB 50011—2010、《建筑地基基础设计规范》GB 50007—2011 整理。

8.3　变形缝构造

变形缝构造指建筑物变形缝缝口的做法，通常取决于建筑物变形缝的种类、与变形缝相关的构配件（如地面、屋面、墙面等）自身的构造做法及其材料的选择、施工条件等。变形缝构造设计应遵循如下原则：能满足各种类型缝的变形的需要；建筑围护结构（屋面、外墙面）的缝口构造，应能阻止外界风、霜、雪、雨对室内的侵袭；缝口的面层处理应符合使用要求，外表美观；此外，抗震设防区的温度缝、沉降缝必须按防震缝要求设计。

8.3.1　楼、地面变形缝构造

1）地坪伸缩缝（图8-5）

为混凝土垫层上抹水泥砂浆面层的普通地面伸缩缝做法。

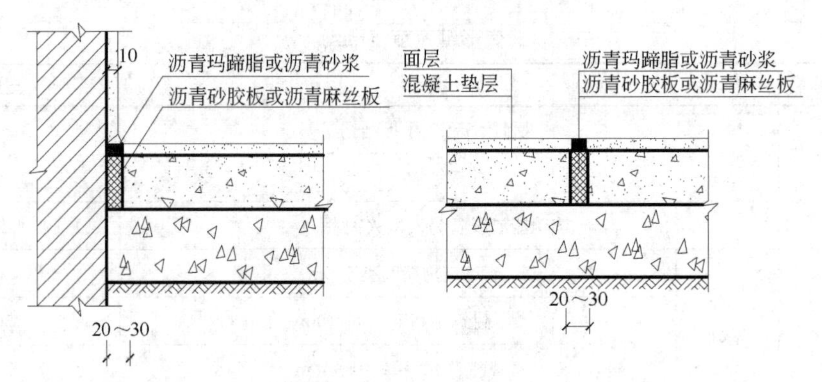

图8-5　地坪伸缩缝构造

2）楼面伸缩缝

当楼面为地砖或其他板材时，变形缝盖板选材常与之相同，盖板下垫有沥青麻丝等柔性材料（图8-6）。

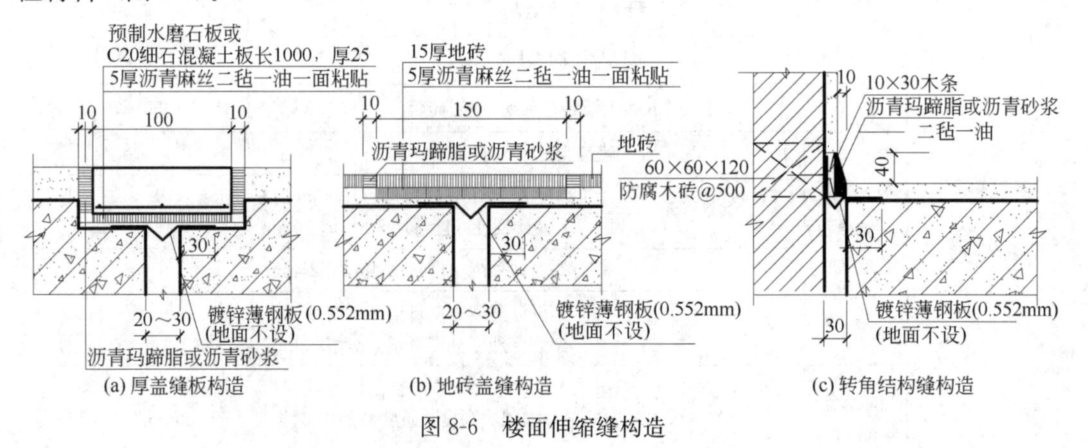

图8-6　楼面伸缩缝构造

3）楼、地面防震缝

地震时建筑物会发生来回晃动，使缝的宽度处于瞬间变化之中，为防止因此造成盖板的损坏，可选用软性硬橡胶板作盖板。当采用与楼地面材料一致的刚性盖板时，盖板两侧应填塞不小于 1/4 缝宽的柔性材料（图 8-7）。

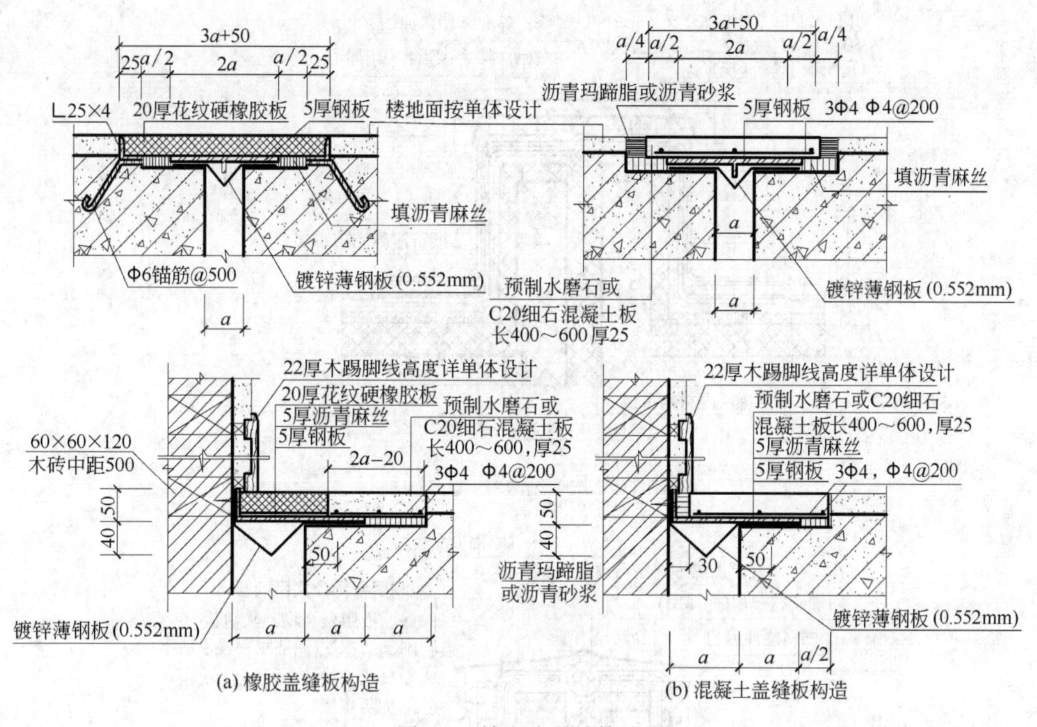

图 8-7 楼面防震缝构造

8.3.2 屋面变形缝构造

（1）图 8-8 所示为屋面高低跨处沉降缝构造做法。

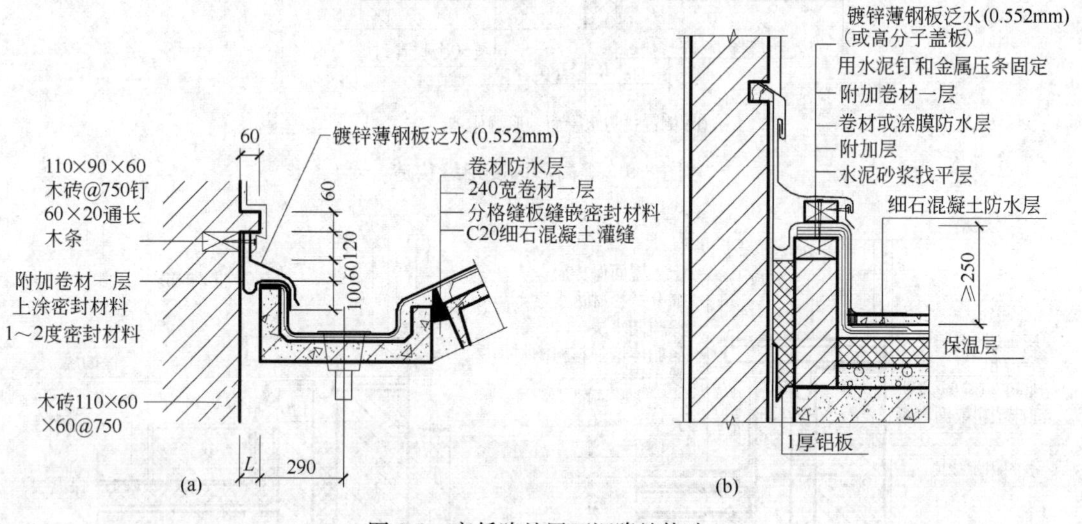

图 8-8 高低跨处屋面沉降缝构造

（2）图 8-9 所示为等高屋面的变形缝（伸缩缝）构造做法。

（3）当变形缝设置在上人屋面的水平出入口处时，为防止人的活动对变形缝的损坏，需采取加设缝顶盖板等措施，详见图 8-10。

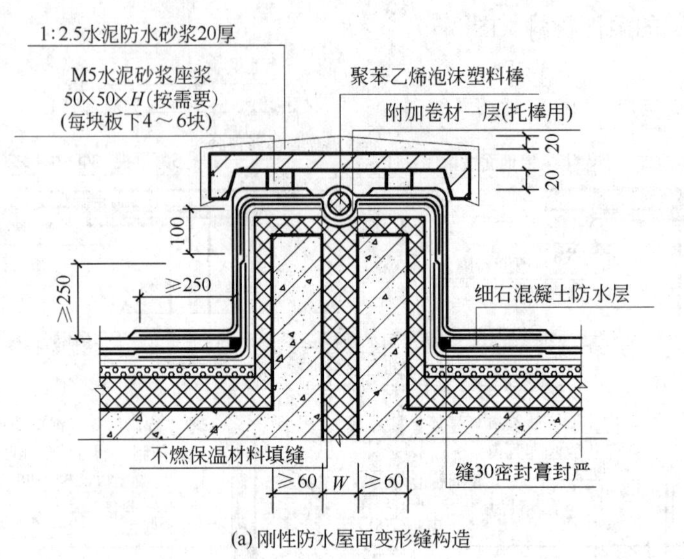

(a) 刚性防水屋面变形缝构造

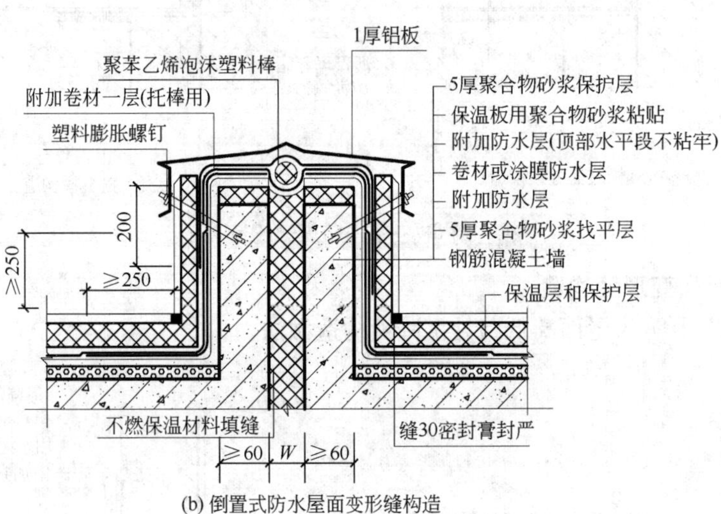

(b) 倒置式防水屋面变形缝构造

图 8-9　等高屋面变形缝构造

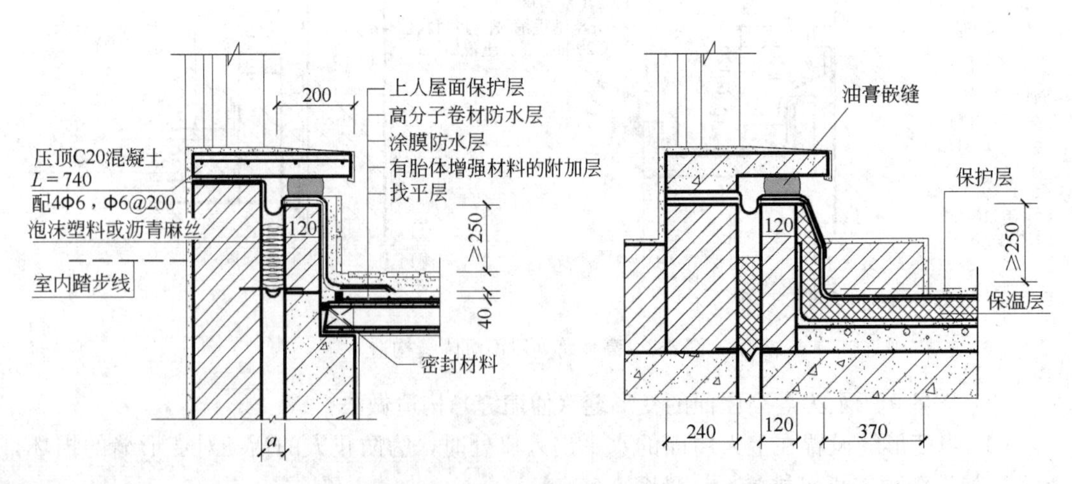

图 8-10　上人屋面水平出入口处变形缝构造

8.3.3 墙面变形缝构造

(1) 外墙墙体伸缩缝。外墙厚度为一砖半以上时，应设计成错口缝或企口缝形式，厚度为一砖时做成平缝。为防止透风和水蒸气，缝内用沥青麻丝等有弹性且防渗漏的材料填塞（图 8-11）。

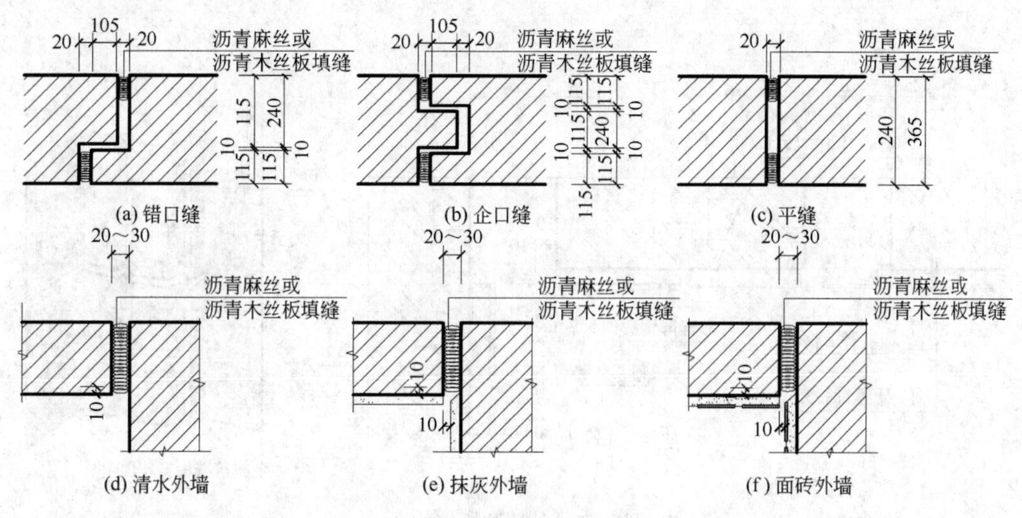

图 8-11　外墙墙体伸缩缝

(2) 兼具伸缩和沉降作用的外墙面变形缝，缝口构造应确保水平和垂直两个方向的自由位移，实际工程中常采用成对设计的金属盖缝板，通常选用 1mm 厚铝板、不锈钢板或镀锌薄钢板作板材。盖缝板固定在墙面部分，加钉钢丝网，以增强外墙抹灰层的粘结(图 8-12)。

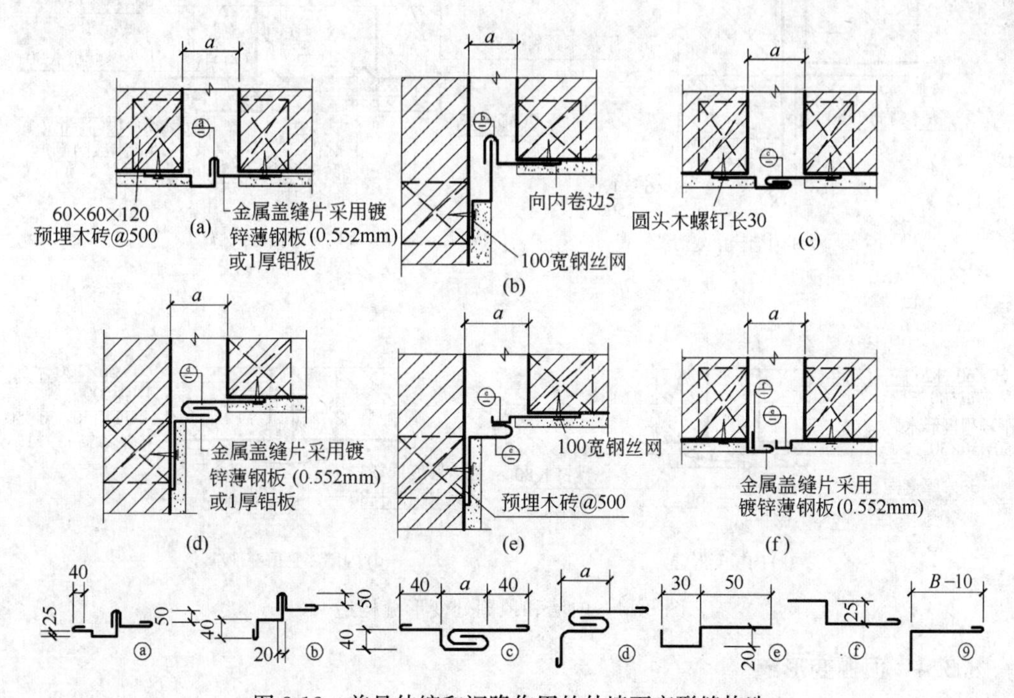

图 8-12　兼具伸缩和沉降作用的外墙面变形缝构造

（3）外墙防震缝构造。震害中建筑发生晃动，缝宽处在“变动”中，为此，缝口盖板必须具有伸缩的功能。实际工程中将其设计成横向有两个三角凹口的专用盖板，为防锈蚀，通常选用铝板或不锈钢板制作，如用镀锌薄钢板，则需双面涂刷防锈漆和油漆。为使抹灰层与金属盖板胶粘牢固，在板侧开有圆形小孔，让抹灰砂浆能渗入板的小孔中（图 8-13）。

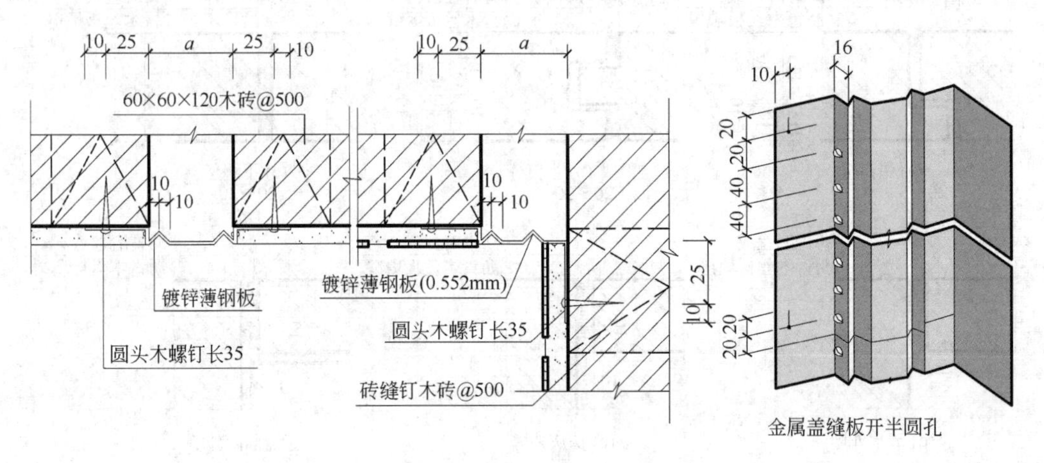

图 8-13　外墙防震缝构造

（4）内墙变形缝。内墙变形缝构造应结合室内装修进行设计，变形缝盖板通常为木质，外形应平直美观（图 8-14）。

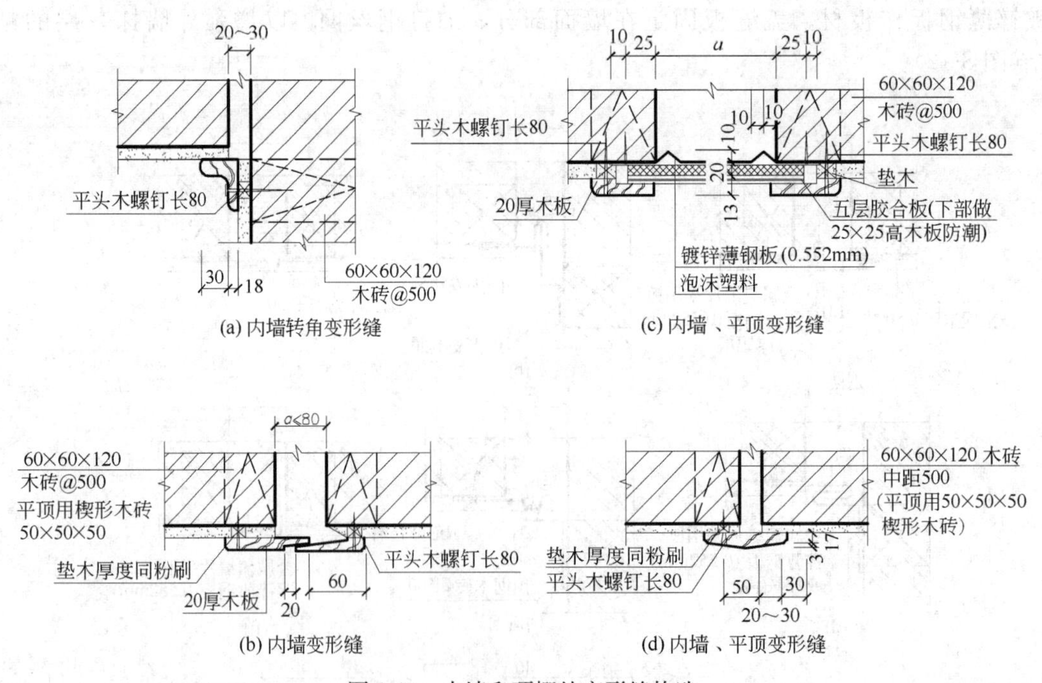

图 8-14　内墙和顶棚处变形缝构造

8.3.4　顶棚变形缝

顶棚变形缝构造一般参照内墙变形缝构造，图 8-15 所示为混凝土板底抹灰的变形缝处理。吊顶虽不是承重构件，但根据变形缝设置原则，吊顶也须断开设缝。吊顶变形缝应结合所在建筑空间的顶部装修进行设计。

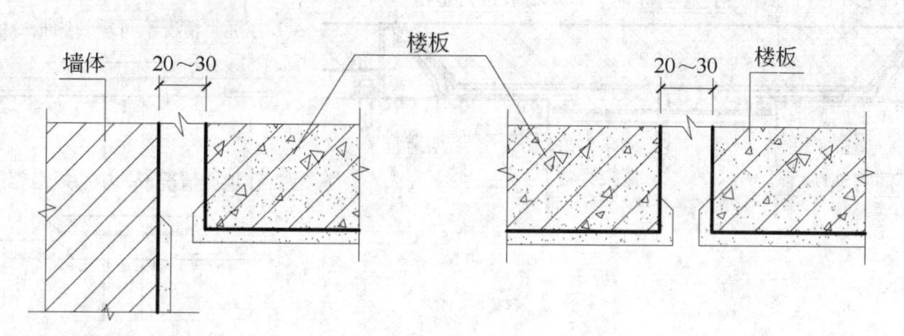

图 8-15 普通抹灰平顶变形缝

8.3.5 地下室变形缝构造

设置沉降缝的建筑，要求整个结构体系在设缝处完全脱开，包括地下室部分。现代建筑的人防、停车库及建筑设备用房等功能空间往往被安置在地下室空间内。对于高层建筑，由于基础埋深的要求，更需设置地下室。由于地下室深埋在土中，因此，其变形缝（沉降缝）构造设计的重点在于如何确保防潮、防水。生产实践中，地下室变形缝通常有止水带（特制的橡胶带、金属带）内埋式构造和可卸式构造 。

8.3.6 金属型变形缝装置

随着建筑物规模和高度的不断增加，使用功能和建筑造型的日趋复杂以及建筑内、外装修标准的高档化，对变形缝构造设计的要求越来越高，如外形美观、施工简便以及抗风、防火、永久抗蚀等。为此，近年来国内外科研、设计、施工及生产厂家联合研究、开发了一种新型的、成品化的变形缝装置。该装置是集实用性和装饰性于一体的工业化产品，是遮盖和装饰建筑物变形缝的建筑配件，由铝合金型材、铝合金板（或不锈钢板）、橡胶嵌条及各种专用胶条组成，对变形缝起到保护作用。如果配置止水带和阻火带还可以满足防水、防火、保温等要求。金属型变形缝装置在实际工程使用中取得了令人满意的效果（图 8-16～图 8-23）。

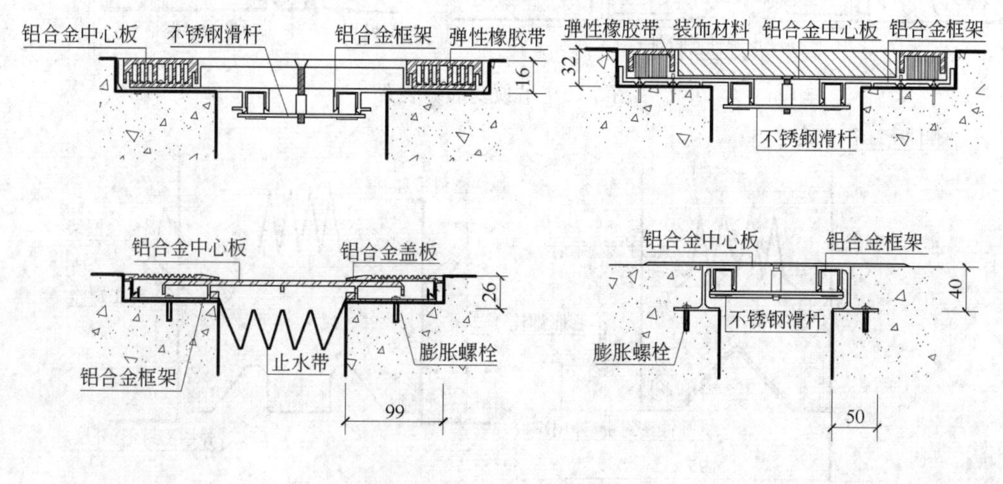

图 8-16 楼、地面伸缩缝装置

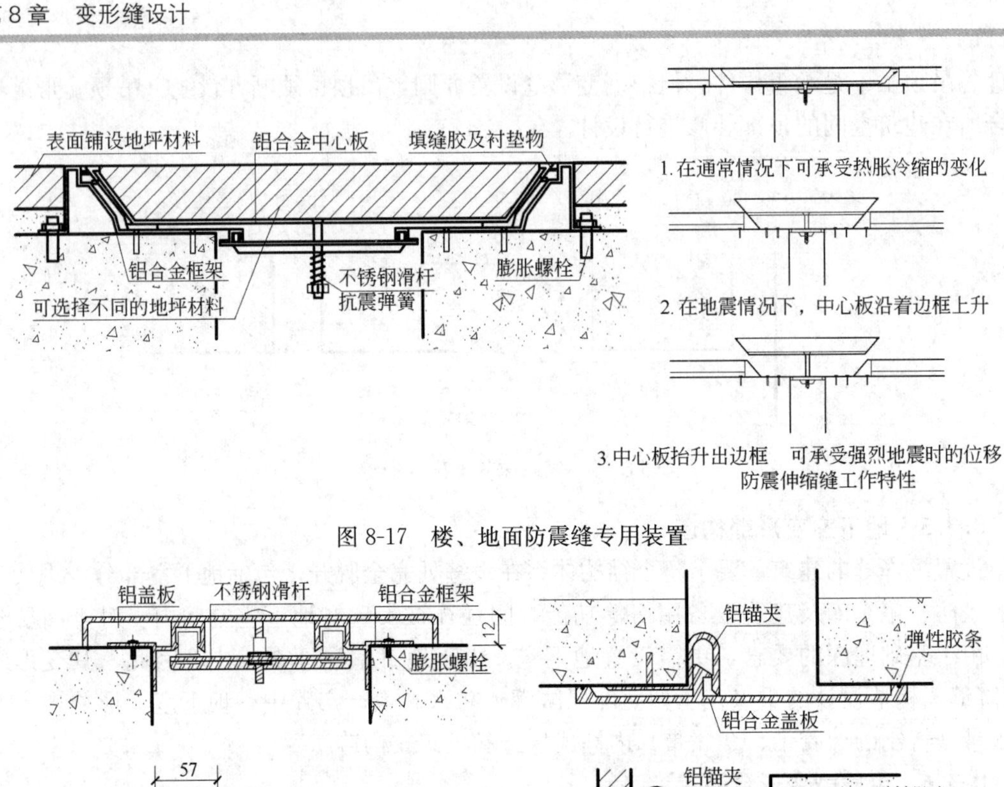

图 8-17　楼、地面防震缝专用装置

图 8-18　内墙和吊顶变形缝装置

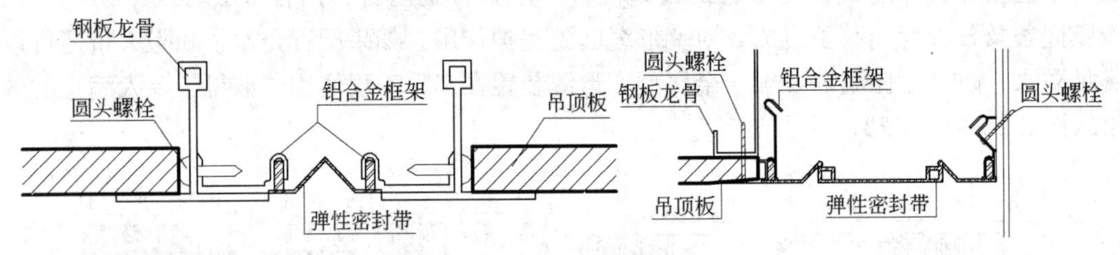

图 8-19　吊顶变形缝装置

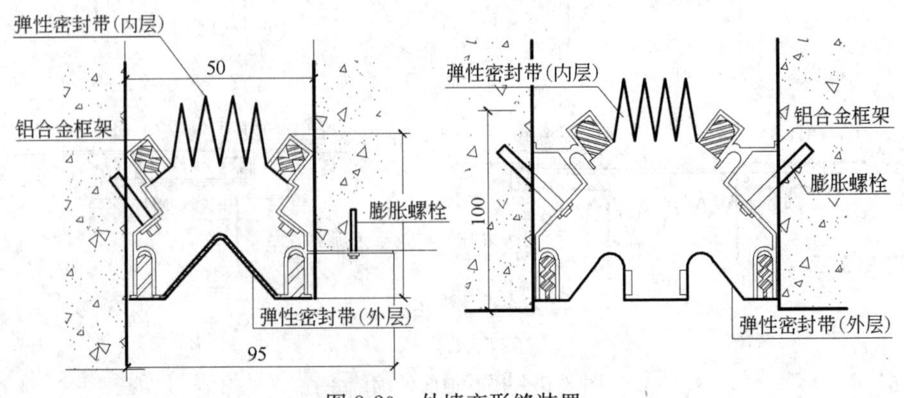

图 8-20　外墙变形缝装置

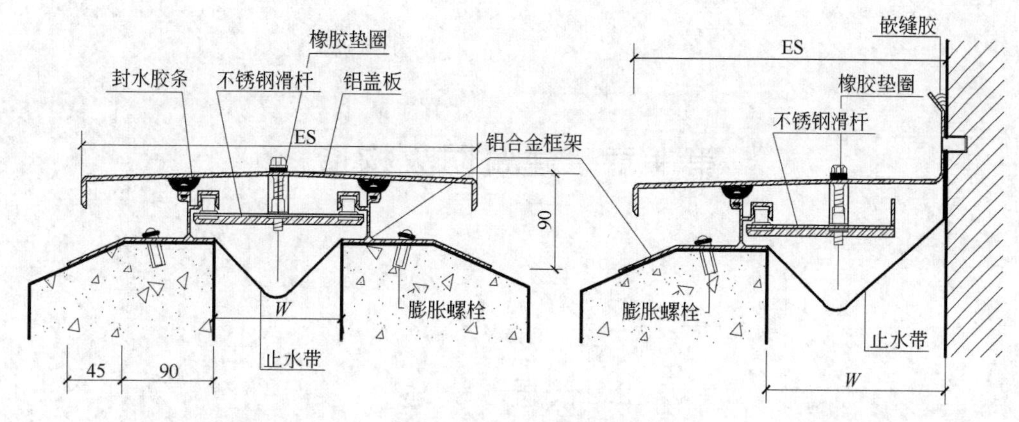

图 8-21 屋顶变形缝装置

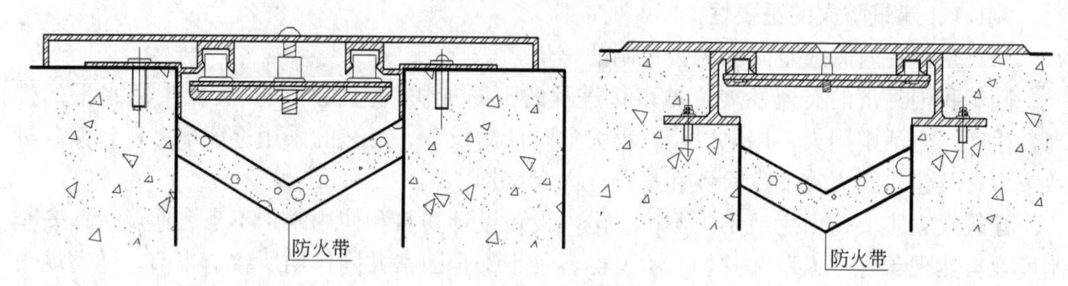

图 8-22 防火型装置

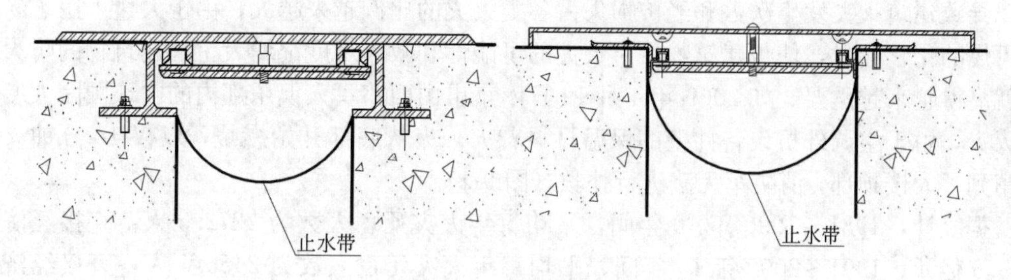

图 8-23 防水型装置

本章参考文献

[1] 建筑抗震设计规范 GB 50011—2010. 北京：中国建筑工业出版社，2010.

[2] 高层建筑混凝土结构技术规程 JGJ 3—2010. 北京：中国建筑工业出版社，2010.

[3] 建筑地基基础设计规范 GB 50007—2011. 北京：中国建筑工业出版社，2012.

[4] 国家建筑标准设计图集：建筑结构设计常用数据 12G112-1. 北京：中国计划出版社，2013.

[5] 国家建筑标准设计图集：变形缝建筑构造 14J936. 北京：中国计划出版社，2014.

[6] 国家建筑标准设计图集：变形缝建筑构造（一）04CJ01-1. 北京：中国计划出版社，2005.

[7] 国家建筑标准设计图集：变形缝建筑构造（二）04CJ01-2. 北京：中国计划出版社，2005.

[8] 国家建筑标准设计图集：变形缝建筑构造（三）04CJ01-3. 北京：中国计划出版社，2005.

第 9 章　建筑防火构造

9.1　概　　述

9.1.1　建筑防火的重要性

火灾是指在时间或空间上失去控制的燃烧。

随着我国经济的飞速发展，城市化进程的不断加快，人民物质、文化生活水平的提高，生产、生活中用火、用电以及对火灾危险性的设备、工艺的采用逐渐增多，致使各种致灾因素及建筑物火灾的危险性和复杂性大大增加。

建筑火灾主要是由生活用火不慎、电气设备设计安装和使用维护不当、违反生产安全制度及自然现象等“人”和“物”引发的各种不安全因素共同作用所致。当前，随着城市规模的不断扩大，各种规模超大、功能复杂的民用建筑、高层建筑及大型地下建筑大量涌现，导致建筑火灾发生次数和经济损失占各类火灾的比例越来越大，由于大量采用了易燃或可燃的化学建材，使得建筑物发生火灾的可能性和救火难度都增大了，建筑物的防火设计就显得越来越重要。如 2009 年 4 月 19 日南京市山西路军人俱乐部内的中环国际大厦发生火灾，由于空调外机设备井壁的保温材料着火，火从底部开始燃烧，仅仅 10 分钟火龙就窜到了大楼顶部，消防车无法进行扑救（图 9-1）。

据统计，1981～1990 年 10 年间，平均每年火灾死亡人数为 2272.5 人，直接经济损失 3.6 亿元；1991～2000 年 10 年间，平均每年火灾死亡人数为 2456.4 人，直接经济损失达到 11.6 亿元；2000～2007 年间，平均每年火灾死亡人数为 2548.7 人，直接经济损失则达到 15.2 亿元。统计数据表明：火灾次数逐年增多，火灾损失逐渐加大，死亡人数也未有降低趋势。总的来说，消防形势严峻（图 9-2）。

图 9-1　中环国际大厦大火

图 9-2　消防形势严峻

防火构造设计是建筑防火设计中的一个重要内容，它是建筑学专业必须掌握的专业知识。作为未来的职业建筑师，把建筑的防火设计做好，不仅关系到国家财产和人民群众的生命安全，更是服务社会义不容辞的责任。

9.1.2 建筑火灾的发展过程

建筑火灾与其他类型的火灾一样，都是由小变大，由发展到熄灭的进程。建筑室内的火灾最初都发生在建筑的某个部位，然后由此蔓延到整个房间或楼层，一般经过初起、发展和衰减三个阶段。每个阶段持续时间的长短、温度变化的快慢都由燃烧条件所决定，但每个阶段都存在自身的规律及特点。

（1）火灾初起阶段，某个部位起火点的燃烧是否能发展成为灾害，与周围可燃物的燃烧性能、数量及分布有极大的关系。由于初起阶段燃烧范围很小，温度不高，烟雾较少，因此是灭火的最有利时机。如果适当设置消防设施，完善疏散设施，使着火点的人员安全迅速地撤离火灾现场，到达安全区域，可大大减少火灾带来的危害。

（2）火灾全面发展阶段，房间内局部燃烧向整个房间燃烧过渡即“轰燃”现象出现后，所有可燃物都在猛烈燃烧，放热速度加快，房间内温度急剧升高至1000℃左右的最高点。在我国城镇，建筑绝大多数都为钢筋混凝土结构，四周的墙体、楼板及地面等建筑构件的耐火极限较长，构件比较坚固，在可燃物数量一定的情况下，如果建筑外墙开口面积较大，通风良好，则燃烧速度较快，持续时间较短。

（3）火灾衰减阶段，室内可供燃烧的可燃物数量不断减少，燃烧速度缓慢递减，当温度逐渐下降至最高值的80％时，火灾进入熄灭阶段。直到房间内全部可燃物烧光，室内外温度趋于一致，火灾结束。这时，由于经过长时间的高温作用和灭火射水的冷却作用，建筑构件失去隔火作用和支持能力，出现裂缝、下沉、倾覆，甚至倒塌的整体性破坏，威胁着消防人员的人身安全（图9-3）。

图9-3 火灾发展过程

（4）初始燃烧的表面火焰，在使可燃材料燃烧的同时，通过传导、辐射及对热流的传播形式将火从着火房间烧至其他房间或区域。

（5）建筑物内某一房间火灾发展到轰燃后，会通过薄弱部位突破房间限制向其他空间蔓延，如果与相邻建筑距离过小，会蔓延到其他建筑物形成大面积火灾。火灾蔓延的途径包括：

1）通过房间隔墙和房门、走道隔墙及防火墙向水平方向蔓延。

2）通过房间楼板、竖井及孔洞向垂直方向蔓延。

3）通过外墙窗口向上层蔓延。

4）通过吊顶向设备管道或电气线路蔓延。

9.1.3 建筑防火设计的目的及对策

建筑防火设计的目的就是预防建筑物火灾的发生和建筑物一旦发生火灾，能有效地控制火势蔓延，争取在灭火前赢得逃生的时间，减少火灾损失。

建筑防火设计的对策分为积极防火对策和消极防火对策两种。

积极防火对策是指防止建筑起火以及在起火后积极控制、消灭火灾的措施。在建筑设计中主要体现为严格按照规范要求科学、合理地设计好安全疏散系统、火灾自动报警系统、自动灭火系统、室内消火栓系统和防排烟系统，合理选择室内装修材料，排除先天性火灾隐患，最大限度地降低火灾发生的概率，为火灾区域人员的安全逃生创造条件。

消极防火对策是指针对可预见的建筑火灾而采取的设法及时控制、消灭火灾的一系列措施，建筑防火构造学习的主要内容就是如何选取合适的消极防火对策并应用于防火设计中。防火设计主要体现在“控”字上，即合理地设定建筑耐火等级，确保建筑具有良好的抗火能力，控制建筑防火间距，划分建筑防火分区和防火分隔，控制火灾燃烧范围，防止火灾扩大蔓延。

9.1.4 建筑物的耐火等级及建筑构件的耐火极限

厂房和仓库的耐火等级是根据生产的火灾危险性和储存物品的火灾危险性类别来确定的，而民用建筑则应根据其建筑高度、使用功能、重要性和火灾扑救难度等因素进行分类，并根据类别确定其耐火等级，相应建筑构件的燃烧性能和耐火极限不应低于表9-1中的要求。

不同耐火等级民用建筑相应构件的燃烧性能和耐火极限（h） **表9-1**

构件名称		耐火等级			
		一级	二级	三级	四级
墙	防火墙	不燃性 3.00	不燃性 3.00	不燃性 3.00	不燃性 3.00
	承重墙	不燃性 3.00	不燃性 2.50	不燃性 2.00	难燃性 0.50
	非承重墙	不燃性 1.00	不燃性 1.00	不燃性 0.50	可燃性
	楼梯间和前室的墙 电梯井的墙 住宅建筑单元之间的墙 和分户墙	不燃性 2.00	不燃性 2.00	不燃性 1.50	难燃性 0.50
	疏散走道两侧的隔墙	不燃性 1.00	不燃性 1.00	不燃性 0.50	难燃性 0.25
	房间隔墙	不燃性 0.75	不燃性 0.50	难燃性 0.50	难燃性 0.25

续表

构件名称	耐火等级			
	一级	二级	三级	四级
柱	不燃性 3.00	不燃性 2.50	不燃性 2.00	难燃性 0.50
梁	不燃性 2.00	不燃性 1.50	不燃性 1.00	难燃性 0.50
楼板	不燃性 1.50	不燃性 1.00	不燃性 0.50	可燃性
屋顶承重构件	不燃性 1.50	不燃性 1.00	可燃性 0.50	可燃性
疏散楼梯	不燃性 1.50	不燃性 1.00	不燃性 0.50	可燃性
吊顶(包括吊顶格栅)	不燃性 0.25	难燃性 0.25	难燃性 0.15	可燃性

注：1. 除本规范另有规定外，以木柱承重且墙体采用不燃烧材料的建筑，其耐火等级应按四级确定。
2. 住宅建筑构件的耐火极限和燃烧性能可按现行国家标准《住宅建筑规范》GB 50368—2005 的规定执行。

《建筑设计防火规范》规定：地下或半地下建筑（室）和一类高层建筑的耐火等级不应低于一级；单、多层重要公共建筑和二类高层建筑的耐火等级不应低于二级。

建筑物的耐火等级是衡量建筑抵御火灾能力大小的重要标准，它是由建筑构件的燃烧性能和耐火极限来确定的。只有合理确定，才能使建筑物具有足够的耐火能力，为建筑内的人员疏散、灭火救援提供安全条件，减少人员伤亡和财产损失。

建筑构件的燃烧性能分为三类：不燃性、难燃性和可燃性。

（1）用不燃性建筑材料制成的建筑构件称为不燃烧体，如砖墙、钢筋混凝土构件和钢构件。

（2）用难燃性建筑材料制成的建筑构件，或者基层为可燃性材料，用不燃性建筑材料做保护层的建筑构件以及经过防火阻燃处理的建筑构件均称为难燃烧体，如经过处理的木质防火门、木龙骨等。

（3）用可燃性建筑材料制成的建筑构件为燃烧体，如木屋架、木质隔断、纤维板吊顶等。建筑构件的耐火极限是指在标准耐火试验条件下，建筑构件、配件或结构从受到火的作用时起到失去承载能力、完整性或隔热性时止所用时间，用小时表示。

建筑物构件包括墙、柱、梁、楼板、屋顶承重构件、疏散楼梯和吊顶等，是建筑组合的要素。单一建筑构件的耐火极限和燃烧性能是建筑构件耐火性能的最基本也是最重要的指标，只有建筑构件在起火燃烧后仍然具有一定的稳定性、完整性和隔热性等耐火性能，才能使建筑结构在火灾时不发生较大破坏，建筑整体的耐火性能才能得到保证。

9.2 建筑防火设计的要求

9.2.1 建筑分类及总平面布局

建筑防火设计的第一步，应根据建筑的使用性质、建筑的高度和建筑的火灾危险性，对建筑进行分类，依据建筑的类别和防火规范的相关要求划分建筑的耐火等级，从而确定建筑的防火间距，综合其他各方因素完成总平面布局。

建筑的分类主要有如下几种：

（1）按建筑的使用性质分为工业建筑和民用建筑。

① 工业建筑，包括厂房和仓库，不含火药、炸药及其制品厂房（仓库），花炮厂房（仓库）。

② 民用建筑，包括住宅建筑和公共建筑。其中高度大于250m的建筑，尚应结合实际情况采取更加严格的防火措施，其防火设计应提交国家消防主管部门组织专题研究、论证。

对民用建筑进行分类是一个较为复杂的问题，现行国家标准《民用建筑设计通则》GB 50352将民用建筑分为居住建筑和公共建筑两大类，其中居住建筑包括住宅建筑、宿舍建筑等。从防火方面考虑，除住宅建筑外，其他类型居住建筑的火灾危险性与公共建筑接近，其防火要求绝大部分需按公共建筑的有关规定执行。因此，国家标准《建筑设计防火规范》GB 50016将民用建筑分为住宅建筑和公共建筑两大类，并进一步按照建筑高度分为高层民用建筑和单层、多层民用建筑，具体详见表9-2。

民用建筑的分类　　表9-2

名称	高层民用建筑		单层、多层民用建筑
	一类	二类	
住宅建筑	建筑高度大于54m的住宅建筑（包括设置商业服务网点的住宅建筑）	建筑高度大于27m，但不大于54m的住宅建筑（包括设置商业服务网点的住宅建筑）	建筑高度不大于27m的住宅建筑（包括设置商业服务网点的住宅建筑）
公共建筑	1. 建筑高度大于50m的公共建筑； 2. 建筑高度24m以上部分任一楼层建筑面积大于1000m² 的商店、展览、电信、邮政、财贸金融建筑和其他多功能组合的建筑； 3. 医疗建筑、重要公共建筑； 4. 省级及以上的广播电视和防灾指挥、调度建筑，网局级和省级电力调度建筑； 5. 藏书超过100万册的图书馆、书库	除一类高层公共建筑外的其他高层公共建筑	1. 建筑高度大于24m的单层公共建筑； 2. 建筑高度不大于24m的其他公共建筑

注：1. 表中未列入的建筑，其类别应根据本表类比确定。
2. 宿舍、公寓等非住宅类居住建筑的防火要求，应符合《建筑设计防火规范》GB 50016—2014有关公共建筑的规定。
3. 裙房的防火要求应符合《建筑设计防火规范》GB 50016—2014有关高层民用建筑的规定。

（2）按建筑的高度分为单、多层建筑和高层建筑。

① 单、多层建筑包括：建筑高度不大于27m的住宅建筑，建筑高度不大于24m的非单层厂房、仓库和其他民用建筑，单层厂房、仓库。

② 高层建筑包括：建筑高度大于27m的住宅建筑，建筑高度大于24m的非单层厂房、仓库和其他民用建筑。

高层民用建筑根据其建筑高度、使用功能和楼层的建筑面积可分为一类和二类，一般来说，性质重要、火灾危险性大、疏散和扑救难度大的建筑为一类。

建筑之间保持一定的防火间距，是建筑防火的重要措施，它不仅能有效地防止发生火灾的建筑通过“飞火”、“热对流”和“热辐射”向邻近建筑蔓延扩大，也能满足消防车灭火救援有效的操作空间。

厂房和仓库根据生产和储存物品的火灾危险性，可分为甲、乙、丙、丁、戊类。从甲类至戊类，厂房和仓库的火灾危险性逐渐减低，建筑之间的防火间距的规范限值依次缩小。民用建筑之间的防火间距的规范限值（表 9-3）随着建筑的高度由高到低相应缩小（图 9-4）。

民用建筑之间的防火间距（m） **表 9-3**

建筑类别		高层民用建筑	裙房和其他民用建筑		
		一、二级	一、二级	三级	四级
高层民用建筑	一、二级	13	9	11	14
裙房和其他民用建筑	一、二级	9	6	7	9
	三级	11	7	8	10
	四级	14	9	10	12

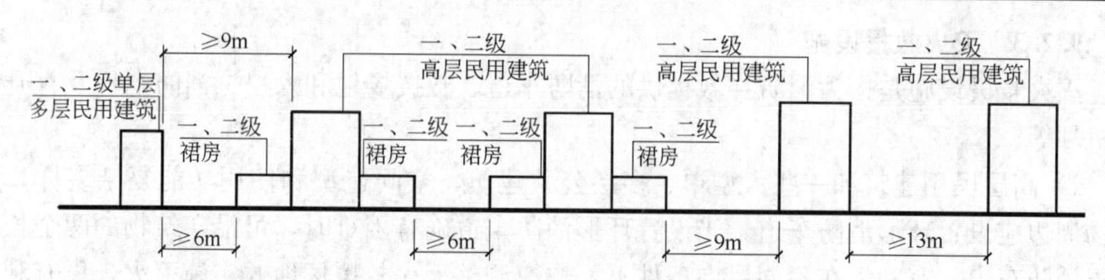

图 9-4 一、二级民用建筑之间的防火间距

9.2.2 建筑物防火分区、安全疏散及平面布置

为了有效地防止火灾在建筑物内沿水平方向或垂直方向蔓延，控制火势，减少损失，防火设计应综合考虑建筑物的使用性质、建筑物高度、火灾危险性以及室内可容纳人员和可燃物的数量，把建筑空间划为若干防火分区，同时为遇险人员提供另一个从着火的防火分区疏散到未着火的相邻防火防区逃生通道。

水平防火分区：采用水平防火分隔物，如防火墙、防火门、防火卷帘或其他防火分隔设施来划分，是在一定时间内能够阻止火势在同一楼层水平蔓延的防火单元。

垂直防火分区：采用垂直防火分隔物，如具有一定耐火等级的楼板、上下楼层之间的窗槛墙、防火挑檐和封闭或防烟楼梯间等划分的，是在一定时间内能够阻止火势向上、下楼层蔓延的防火单元。

就相同性质的建筑比较：从甲类至戊类，厂房和仓库的火灾危险性逐渐降低，防火分区面积的规范限值依次扩大。

从《建筑设计防火规范》的要求来看，高层民用建筑的防火分区面积的规范限值小于单、多层民用建筑防火分区面积的规范限值，地下建筑的防火分区面积的规范限值小于地上建筑的防火分区面积的规范限值（表 9-4），同时设有自动喷水灭火系统的防火分区面积可增加 1 倍。

除此之外，防火分区面积的大小还受到防火分区内人员密度、安全疏散条件的制约。以民用建筑为例，商业、办公、居住等不同性质建筑的人员密度各不相同，还需要通过合理的平面设计和计算，确定安全出口的数量、安全通道的宽度和通向安全出口的疏散距离，才能在发生火灾时，在安全疏散允许时间内迅速有效地将本防火分区内的人员疏散到安全区域。

不同耐火等级建筑的允许建筑高度或层数、防火分区最大允许建筑面积　　表 9-4

名称	耐火等级	允许建筑高度或层数	防火分区最大允许建筑面积(m^2)	备注
高层民用建筑	一、二级	按本规范第 5.1.1 条确定	1500	对于体育馆、剧场的观众厅，防火分区的最大允许面积可适当增加
单层、多层民用建筑	一、二级	按本规范第 5.1.1 条确定	2500	
	三级	5 层	1200	—
	四级	2 层	600	—
地下或半地下建筑(室)	一级	—	500	设备用房的防火分区最大允许建筑面积不应大于 1000 m^2

9.2.3　灭火救援设施

灭火救援设施是指为消防扑救提供的消防车道、救援场地和入口、消防电梯及直升机停机坪等。

1）高层民用建筑和一些大型单、多层公共建筑，空间造型和使用功能复杂多样，建筑物周边应设置环形消防车道，当设置环形消防车道确有困难时，可沿建筑物的两个长边设置消防车道，有利于在不同风向条件下，快速调整灭火救援场地并实施灭火，更有利于众多消防车辆到场后展开救援行动和调度；对于高层住宅建筑和山坡地或河道边临空建造的高层民用建筑，可沿建筑的一个长边设置消防车道，但该长边所在建筑立面应为消防车登高操作面。

2）消防车道应符合图 9-5 中的要求：

（1）车道的净宽度和净空高度均不应小于 4.0m；

（2）转弯半径应满足消防车转弯的要求；

（3）消防车道与建筑之间不应设置妨碍消防车操作的树木、架空管线等障碍物；

（4）消防车道靠建筑外墙一侧的边缘距离建筑外墙不宜小于 5m；

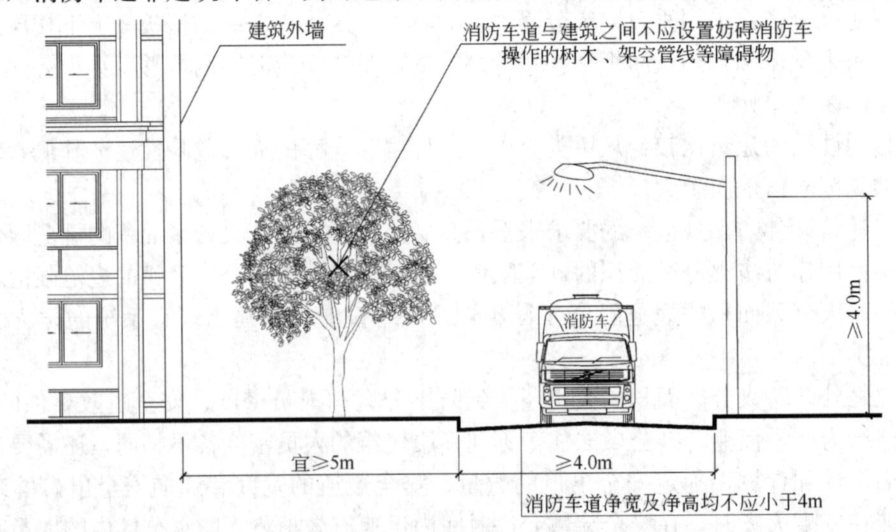

图 9-5　消防车道示意图

（5）消防车道的坡度不宜大于 8%。

3）对于高层建筑，特别是布置有裙房的高层建筑，为确保登高消防车能够靠近高层主体建筑，便于登高消防车扑救建筑火灾和救助高层建筑中遇困人员，《建筑设计防火规范》规定，高层建筑应至少沿一个长边或周边长度的 1/4 且不小于一个长边长度的底边连续布置消防车登高操作场地，该范围内的裙房进深不应大于 4m。同时，在建筑与消防车登高操作场地相对应的范围内应设置直通室外的楼梯或直通楼梯间的入口，便于消防队员进行内攻灭火和搜索救人（图 9-6）。

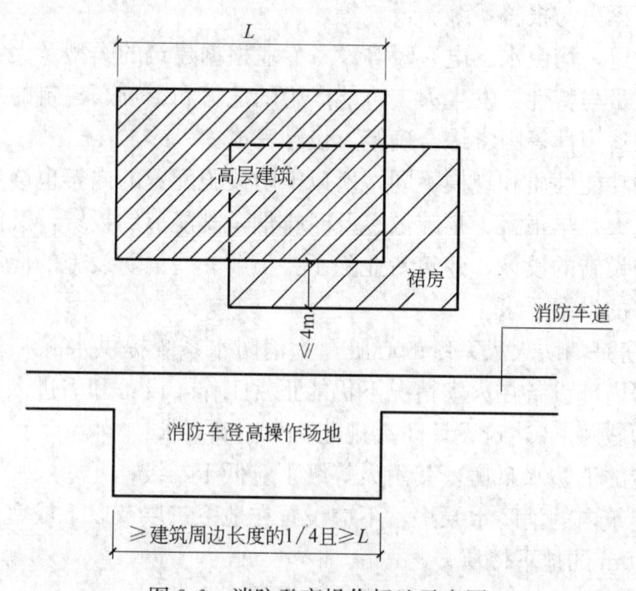

图 9-6　消防登高操作场地示意图

4）在实际火灾事故中，大部分建筑的火灾在消防队员到达时均已发展到比较大的规模，从楼梯间进入难以直接接近火源，进行有效灭火，在设计中有必要结合消防电梯的设置，考虑设置供专业消防人员出入火场的专用出入口。此外，《建筑设计防火规范》还规定，厂房、仓库、公共建筑的外墙应在每层的适当位置设置可供消防救援人员进入的灭火救援窗口，特别是商业综合体和设置玻璃幕墙或金属幕墙的建筑，通过救援窗尽快地让消防队员进入并进行灭火救援是很有必要的。灭火救援窗口应符合下列要求：

（1）窗口的净高度和净宽度不应小于 1.0m；

（2）下沿距室内地面不宜大于 1.2m，间距不宜大于 20m 且每个防火分区不应少于 2 个；

（3）应尽可能结合楼层走道、避难层、避难间以及面向救援场地的外墙上选择合适的位置进行设置；

（4）窗口的玻璃应易于破碎，并应设置在室外易于识别的明显标志。

5）为了节省消防员的体力，使消防员能快速接近着火区域，提高战斗力和灭火效果，对建筑高度大于 33m 的住宅建筑、一类高层公共建筑和建筑高度大于 32m 的二类高层公共建筑应每个防火分区设置一台消防电梯。设置消防电梯的建筑的地下或半地下室，和埋深大于 10m 且总建筑面积大于 3000m^2 的其他地下或半地下建筑（室），由于排烟、通风条件很差，消防员通过楼梯进入地下的火灾危险性较地上建筑要大，加上火灾时往往电源没有保证，因此，应设置供消防员专用的消防电梯。

6）对于建筑高度超过100m且标准层建筑面积大于2000m^{2}的公共建筑，要尽量结合城市空中消防站建设和规划布局，在屋顶设置直升机停机坪或供直升机救助的设施，便于火灾救援和为难以通过室内楼梯下至地面的人员提供逃生通道。

9.2.4　消防设施的设定

消防设施主要包括建筑室内外消火栓系统、自动喷水灭火系统、水喷雾灭火系统、气体灭火系统、泡沫灭火系统、细水雾灭火系统、厨房自动灭火装置、火灾自动报警系统和防烟与排烟系统等灭火与报警系统、设施等。

消防设施的设定，均由水、电、暖等设备专业根据建筑的类型及火灾危险性、建筑高度、使用人员的数量与特性、发生火灾可能产生的危害和影响、建筑的周边环境条件和需配置的消防设施的适用性等因素综合确定，设计完成。

因为建筑物的功能性质和规模不同，所以消防设施配置的内容也会不同，设计要求能快速控火、快速灭火，早报警、早疏散、及时排烟，既能节约投资，又能保障消防安全。

为了配合消防设施的设计，建筑专业除了要了解一些消防设施的应用，还应掌握一些主要消防设备用房的设置要求。

1）消防水泵房是消防灭火系统的心脏，为消防水系统提供水源和动力。因此，消防水泵房需保证泵房内部设备在火灾情况下仍能正常工作，设备和需进入房间进行操作的人员不会受到火灾的威胁。《建筑设计防火规范》中明确要求：

（1）单独建造的消防水泵房，其耐火等级不应低于二级；

（2）附设在建筑内的消防水泵房，不应设置在地下三层及以下或室内地面与室外出入口地坪高差大于10m的地下楼层；

（3）消防泵房的疏散门应直通室外或安全出口。

2）消防控制室是所有消防设备的心脏，应能方便采用集中控制方式管理、监视和控制建筑内自动消防设施的运行状况，确保建筑消防设施的可靠运行，在灭火救援时起联动、控制的关键作用。《建筑设计防火规范》中要求设置火灾自动报警系统和需要联动控制的消防设备的建筑（群）应设置消防控制室，并符合下列规定：

（1）单独建造的消防控制室，其耐火等级不应低于二级；

（2）附设在建筑内的消防控制室，宜设置在建筑内首层或地下一层；并宜布置在靠外墙部位；

（3）不应设置在电磁场干扰较强及其他可能影响消防控制设备正常工作的房间附近；

（4）消防控制室的疏散门应直通室外或安全出口。

消防水泵房和消防控制室还应采取防水淹的技术措施。

9.3　建筑防火构造措施

建筑防火的构造措施主要分为防火分隔物的设置和构件材料的防火构造保护两方面。

9.3.1　防火分隔物

防火分隔物是防火分区的边缘构件，通过这些防火构件把整个建筑分隔成若干个较小的防火空间，达到控制火灾扩大和火势蔓延的目的。水平方向的防火分隔物有防火墙、防火门窗和防火卷帘等；垂直方向的防火分隔物有具有一定耐火能力的楼板、疏散楼梯间、电梯井、管道井等。

1）防火墙

防火墙的设置

防火墙是水平防火分区的主要防火分隔物，应由不燃性材料构成，耐火极限不应低于3h。防火墙应直接设置在建筑物基础、钢筋混凝土框架、梁等承重结构上，且框架、梁等承重结构的耐火极限不应低于防火墙的耐火极限。一般厚度超过200mm钢筋混凝土墙、轻质混凝土墙及加气混凝土砌块墙均可作为防火墙使用（图9-7）。

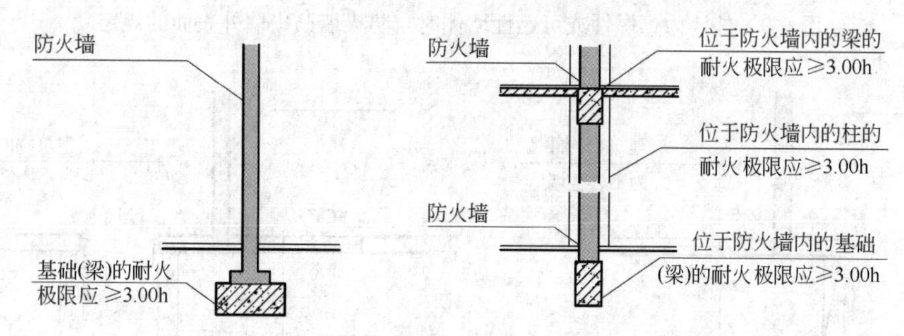

图9-7 防火墙的设置

通常防火墙有内墙防火墙、外墙防火墙和室外独立防火墙三种类型。由于防火墙是阻止火灾蔓延的重要措施，所以防火墙的构造应能在防火墙任意一侧的屋架、梁、楼板等受到火灾的影响而破坏时，不致倒塌。防火墙的设置还应特别注意以下方面：

（1）建筑物内的防火墙不宜设在建筑的转角处。如必须设在内转角附近，两侧的门窗、洞口之间最近边缘的水平距离不应小于4m，但如果相邻一侧设置了固定乙级防火窗等防止火灾水平蔓延的措施，距离可不限（图9-8）。

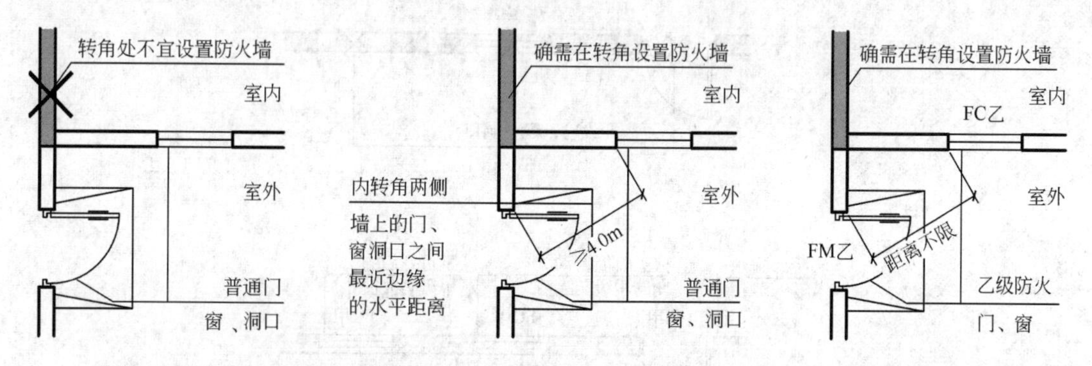

图9-8 防火墙设置在转角处的规定

（2）建筑外墙为难燃性或可燃性墙体时，防火墙应凸出墙的外表面0.4m以上，且防火墙两侧的外墙均应为宽度不小于2.0m的不燃性墙体，其耐火极限不应低于该外墙的耐火极限（图9-9）。建筑外墙为不燃性墙体时，防火墙可不凸出墙的外表面。紧靠防火墙两侧的门、窗洞口之间最近边缘的水平距离不应小于2.0m；当采取了固定乙级防火窗或火灾时可以自动关闭的乙级防火窗等防止火灾水平蔓延的措施时，该距离可不限（图 9-10）。

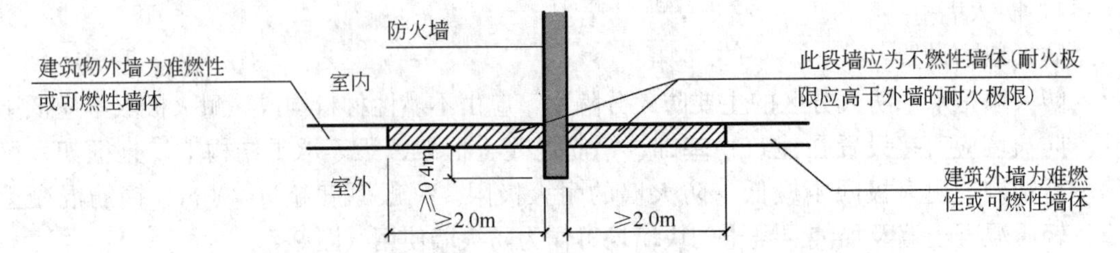

图 9-9　外墙为难燃性或可燃性墙体时，防火墙凸出墙外表面的规定

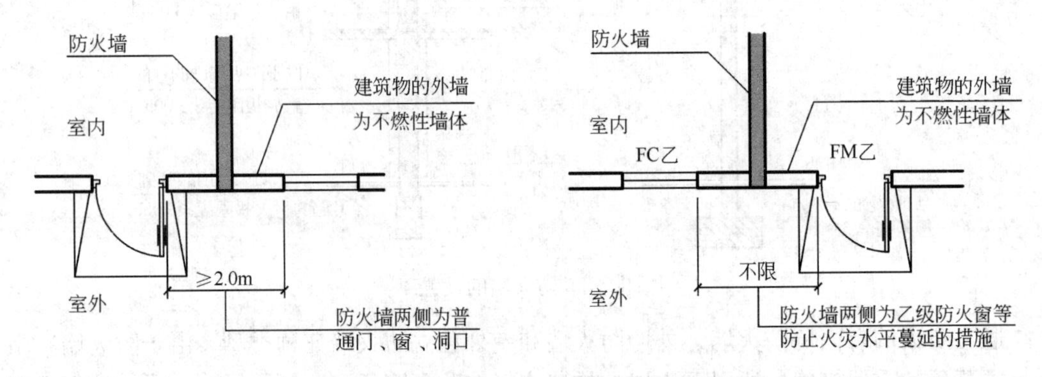

图 9-10　外墙为不燃性墙体时，防火墙不凸出墙外表面的规定

（3）防火墙上不应开设门、窗、洞口，必须开设时，应设置不可开启或火灾时能自动关闭的甲级防火门、窗（图 9-11）。

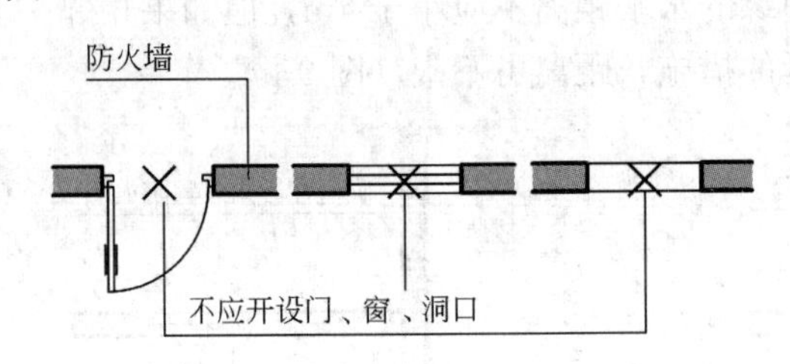

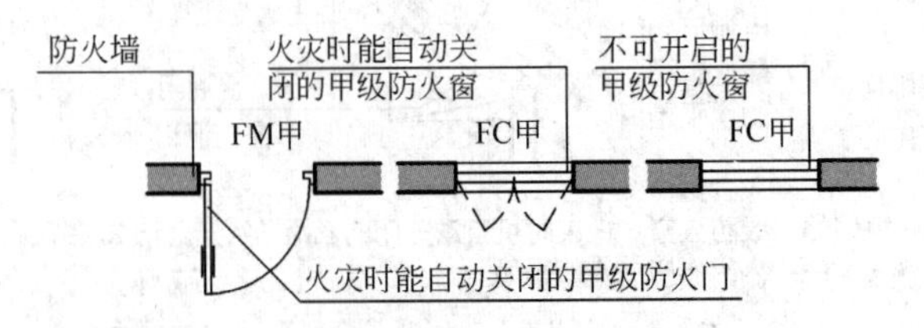

图 9-11　防火墙上开设门、窗、洞口的规定

（4）可燃气体和易燃、可燃液体管道严禁穿过防火墙。其他管道也不宜穿过防火墙，必须穿过时，应采用防火封堵材料将墙与管道之间的空隙紧密填实。管道的保温材料应采用不燃烧材料（图 9-12）。

（5）防火墙应当砌至梁板的底部，不留缝隙。

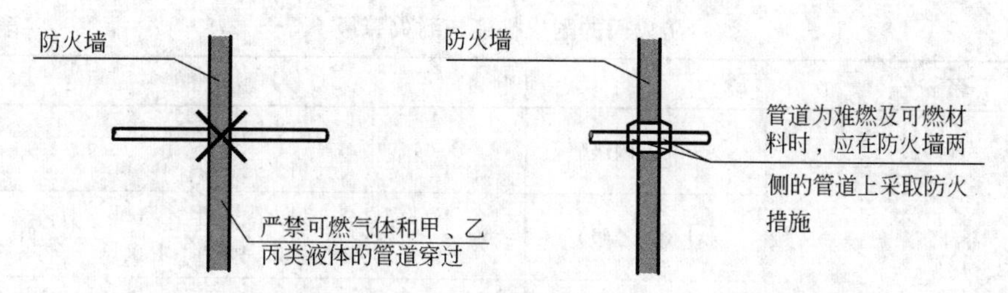

图 9-12 可燃气体和易燃、可燃液体管道穿过防火墙的规定

2）防火门、窗

为了满足疏散通行和其他功能上的需求，设计上不可避免要在防火墙上开设门窗洞口。为了保证这些门窗洞口部位在发生火灾时疏散人员可快速通过，应使防火分隔构造完善，满足正常状态下防火墙两侧功能和空间的连通。此外，在这些防火墙的薄弱处设置火灾时能满足耐火完整性、并具隔热或隔烟作用的防火门窗。

（1）防火门按耐火性能分为隔热防火门（A类）、部分隔热防火门（B类）和非隔热防火门（C类），见表 9-5。

A类防火门，耐火极限不低于 1.50h 的为甲级防火门，多用于防火墙或防火隔墙上；耐火极限不低于 1.00h 的为乙级防火门，多用于楼梯间和单元式住宅开向公共楼梯间的分户门；耐火极限不低于 0.50h 的为丙级防火门，适用于电缆井、管道井及排烟道等的井壁上，用作检查门。甲、乙、丙级防火门应符合《防火门》（GB 12955—2008）的有关规定。防火门有常开防火门和常闭防火门，设置在建筑内经常有人通行处的防火门宜采用常开防火门。常开防火门应能在火灾时自行关闭，并应有信号反馈的功能。除需设置常开防火门的位置外，其他位置的防火门均应采用常闭防火门。常闭防火门应在其明显位置设置“保持防火门关闭”等提示标志。除管井检修门和住宅的户门外，防火门应具有自行关闭功能。

（2）防火窗分为隔热防火窗（A类）和非隔热防火窗（C类），见表 9-6。

防火窗不仅能隔离和阻止火势蔓延，发生火灾时，也可以打开窗扇排出烟气，减少火灾损失和人员伤亡。防火窗分为钢制、木质两大系列以及单扇、双扇、多扇等多种规格。根据要求不同，防火窗也可分为固定窗扇防火窗和活动窗扇防火窗。

（3）防火门、窗的设置和构造处理应注意以下几点：

① 设置在建筑内经常有人通行处的防火门宜采用常开防火门。常开防火门应能在火灾时自行关闭，并应具有信号反馈的功能。

② 防火门关闭后应具有防烟性能。除需设置常开防火门的位置外，其他位置的防火门均应采用常闭防火门。常闭防火门应在其明显位置设置“保持防火门关闭”等提示标识。

③ 除管井检修门和住宅的户门外，防火门应具有自行关闭功能。双扇防火门应具有按顺序自行关闭的功能。

④ 设在变形缝附近的防火门，为了防止建筑变形的影响，应设在楼层较多的一侧，且防火门开启后不应跨越变形缝。

⑤ 防火门窗的设计中要特别注意其门锁、铰链等五金配件的防火性能必须与防火门窗的耐火极限一致。

防火门的耐火性能与耐火等级 表 9-5

名称	代号	耐火性能	
隔热防火门(A类)	A0.50(丙级)	耐火隔热性≥0.50h 耐火完整性≥0.50h	
	A1.00(乙级)	耐火隔热性≥1.00h 耐火完整性≥1.00h	
	A1.50(甲级)	耐火隔热性≥1.50h 耐火完整性≥1.50h	
	A2.00	耐火隔热性≥2.00h 耐火完整性≥2.00h	
	A3.00	耐火隔热性≥3.00h 耐火完整性≥3.00h	
部分隔热防火门(B类)	B1.00	耐火隔热性≥0.50h	耐火完整性≥1.00h
	B1.50		耐火完整性≥1.50h
	B2.00		耐火完整性≥2.00h
	B3.00		耐火完整性≥3.00h
非隔热防火门(C类)	C1.00	耐火完整性≥1.00h	
	C1.50	耐火完整性≥1.50h	
	C2.00	耐火完整性≥2.00h	
	C3.00	耐火完整性≥3.00h	

防火窗的耐火性能与耐火等级 表 9-6

名称	代号	耐火性能
隔热防火窗(A类)	A0.50(丙级)	耐火隔热性≥0.50h 耐火完整性≥0.50h
	A1.00(乙级)	耐火隔热性≥1.00h 耐火完整性≥1.00h
	A1.50(甲级)	耐火隔热性≥1.50h 耐火完整性≥1.50h
	A2.00	耐火隔热性≥2.00h 耐火完整性≥2.00h
	A3.00	耐火隔热性≥3.00h 耐火完整性≥3.00h
非隔热防火窗(C类)	C0.50	耐火完整性≥0.50h
	C1.00	耐火完整性≥1.00h
	C1.50	耐火完整性≥1.50h
	C2.00	耐火完整性≥2.00h
	C3.00	耐火完整性≥3.00h

⑥ 设置在防火墙、防火隔墙上的防火窗，应采用不可开启的窗扇或具有火灾时能自行关闭的功能。

3）防火卷帘

防火卷帘一般是利用钢板等金属板材或非金属复合防火材料，采用扣环或铰接方法组成可卷绕的链状平面而成。防火卷帘作为一种防火分隔设施，越来越多地在大型公共建筑敞开大空间处使用，平时藏在吊顶或转轴箱中，不影响建筑内空间的整体性，便于使用，一旦火灾发生，防火卷帘自动关闭，代替防火隔墙或防火墙进行防火分隔。

帘板由钢板扣合而成的防火卷帘又称为复合型防火卷帘。因此，防火卷帘按帘板构造分为单片扣合的普通型防火卷帘和双片钢板扣合（中间加隔热材料）而成的复合型防火卷帘。普通型防火卷帘的耐火极限有 1.5h 和 2.0h 两种，复合型防火卷帘的耐火极限有 2.5h 和 3.0h 两种（图 9-13）。

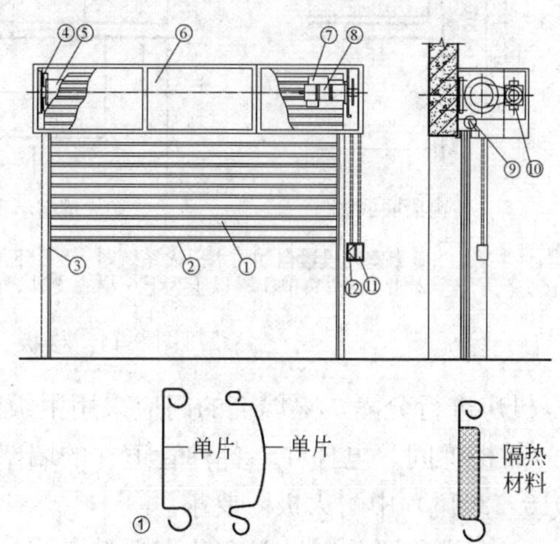

(a) 普遍型钢质防火帘板　(b) 复合型钢质防火帘板

图 9-13　防火卷帘

1—帘板　2—座板　3—导轨　4—支座　5—卷轴　6—箱体　7—强电控制盘　8—开闭机　9—张紧轮及托架　10—自动闭锁装置　11—手动闭锁装置　12—按钮开关盒

按照卷帘的开启方向分，有上下开启、侧向开启、水平开启等形式。上下开启的防火卷帘广泛应用于各类建筑物防火分区的隔离，如自动扶梯的四周、通道、电梯间等处均可设置。侧向开启的防火卷帘在开口部位的跨度较大，且建筑层高较低，在做上下开启的防火卷帘有困难的情况下采用。水平开启的防火卷帘适用于楼板孔道等水平分隔。

按控制方式分，有自动（联动）和手动两种形式。防火卷帘的设计应注意以下问题：

① 防火分区采用防火卷帘分隔时，防火卷帘的耐火极限不应低于 3.00h。当防火卷帘的耐火完整性达到要求、耐火隔热性达不到要求时，需要加设自动喷水灭火系统保护，防止卷帘产生辐射热。喷头距防火卷帘的距离不应大于 2m。

② 设在疏散走道上的防火卷帘应在卷帘的两侧设置启闭装置，并应有手动、自动和机械控制的功能。也可在防火卷帘旁侧设辅助疏散用的防火门。

③ 防火卷帘的控制应当由火灾自动报警系统联动控制，并应有卷帘动作的声、光警报，提醒人们赶快离开，撤离到安全地带。

④ 防火卷帘应具有防烟性能，与楼板、梁和墙及柱之间的空隙应采用防火材料封堵。

⑤ 除中庭外，当防火分隔部位的宽度不大于 30m 时，防火卷帘的宽度不应大于 10m；当防火分隔部位的宽度大于 30m 时，防火卷帘的宽度不应大于该防火分隔部位宽度的 1/3，且地下建筑不应大于 20m。

4）防止火势沿垂直方向蔓延的分隔构件

建筑防火设计中大量采用防火墙、防火门窗和防火卷帘在水平方向进行防火分隔，同时还采用结构楼板、楼梯间、电梯井及各种管道竖井等建筑耐火构件，在垂直方向进行防火分隔，形成了独立的防火单元，防止火灾垂直蔓延。因此，这些特殊部位应当采取以下防火措施，保证井道外部火灾不得侵入，井道内部火灾不得外窜。

（1）楼板、水平隔板及阳台（图 9-14）

（2）楼梯间、电梯井及管道竖井

① 消防电梯的梯井、机房要采用耐火极限不低于 2.0h 的防火隔墙与其他电梯的梯

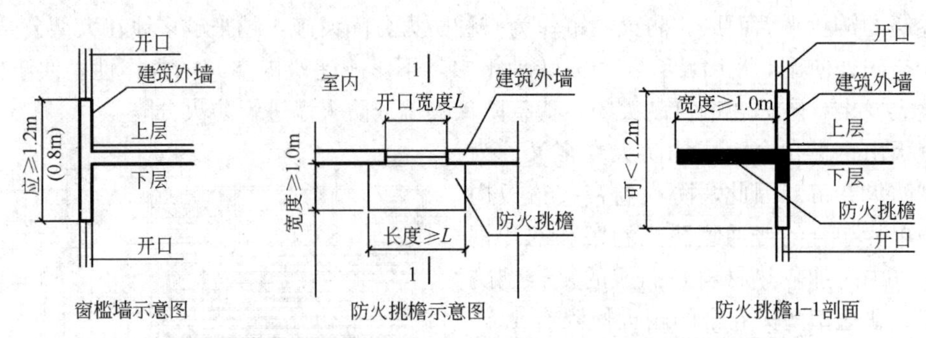

图 9-14 楼板、水平隔板及阳台

井、机房进行分隔，隔墙上的门应采用甲级防火门。

② 楼梯间、电梯井、各种管道井的墙壁或井壁应当符合《建筑设计防火规范》(GB 50016—2014) 中耐火极限要求。

③ 电梯井要独立设置，井内严禁敷设可燃气体和液体管道。不应敷设与电梯无关的电缆、电线等。电梯井壁除开设电梯门、安全逃生门和通气孔洞外，不应设置其他开口（图 9-15)。

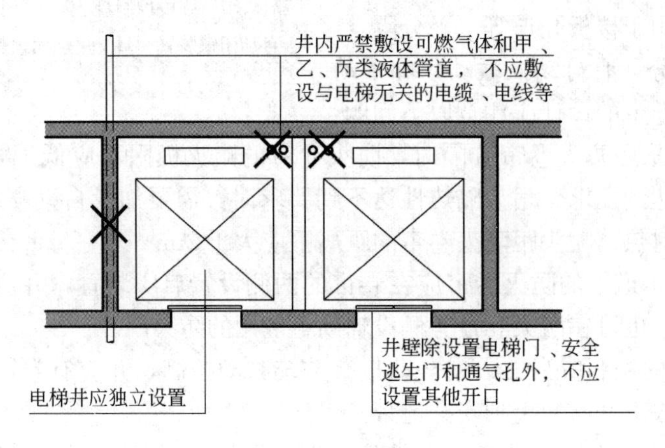

图 9-15 电梯井

④ 电缆井、管道井、排烟道、排气道、垃圾道等竖向井道，应分别独立设置。井壁的耐火极限不应低于 1.0h，井壁上的检查门应采用丙级防火门。

⑤ 建筑内的电缆井、管道井应在每层楼板处采用耐火极限不低于楼板耐火极限的不燃材料或防火封堵材料封堵。建筑内的电缆井、管道井与房间、走道等相连通的孔隙应采用防火材料封堵（图 9-16)。

⑥ 医疗建筑内的手术室、产房、重症监护室，附设在建筑内的托儿所、幼儿园的儿童用房和儿童游乐厅等儿童活动场所、老年人活动场所，应采用耐火极限不低于 2.0h 的防火隔墙和耐火极限不低于 1.0h 的楼板与其他场所或部位分隔，墙上必须设置的门、窗应采用乙级防火门、窗。

⑦ 除居住建筑中套内的厨房外，宿舍、公寓建筑中的公共厨房及其他建筑内的厨房

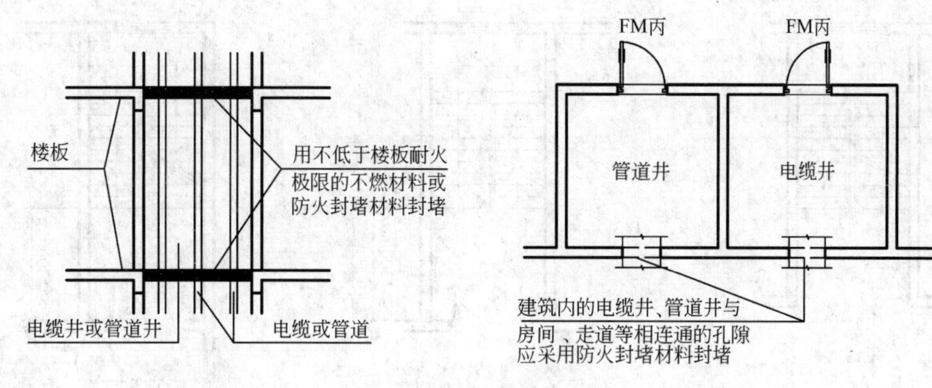

图 9-16 电缆井、管道井

和附设在住宅建筑内的机动车库，应采用耐火极限不低于 2.0h 的防火隔墙与其他部位分隔，墙上的门、窗应采用乙级防火门、窗（图 9-17）。

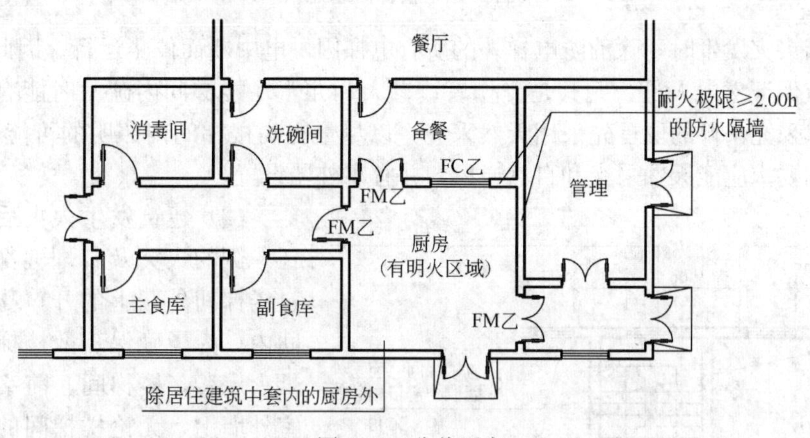

图 9-17 公共厨房

9.3.2 疏散楼梯间和疏散楼梯

1）疏散楼梯间是人员竖向疏散的安全通道，也是消防员进入建筑内进行灭火救援的主要路径。疏散楼梯间分为敞开楼梯间、封闭楼梯间、防烟楼梯间。疏散楼梯一般是指符合疏散要求的室外楼梯。

敞开楼梯间是多层建筑的常用楼梯间的基本形式，这种楼梯间的典型特征是楼梯间有三个面用防火分隔墙与其他部分分隔，楼梯入口处向走廊或大厅敞开、连通。

封闭楼梯间是多层、高层及地下建筑的常用形式，与敞开楼梯间不同，封闭楼梯间在楼梯间入口处设置防火门，门应向疏散方向开启，以防止火灾的烟和热气进入楼梯间。

防烟楼梯间是高层建筑的常用形式，与封闭楼梯间不同，防烟楼梯间在楼梯间入口处设置防烟的前室、开敞式阳台或凹廊（统称前室）等设施，且通向前室和楼梯间的门均为防火门，以防止火灾的烟和热气进入楼梯间。不具备自然采光、通风的多层建筑疏散楼梯间和埋深高差大于 10m、层数不小于 3 层的地下建筑，应采用防烟楼梯间（图 9-18）。

2）建筑防火设计中应根据建筑物的使用性质、高度及层数，选择符合防火要求的疏散楼梯，为安全疏散创造条件。疏散楼梯间设计应符合：

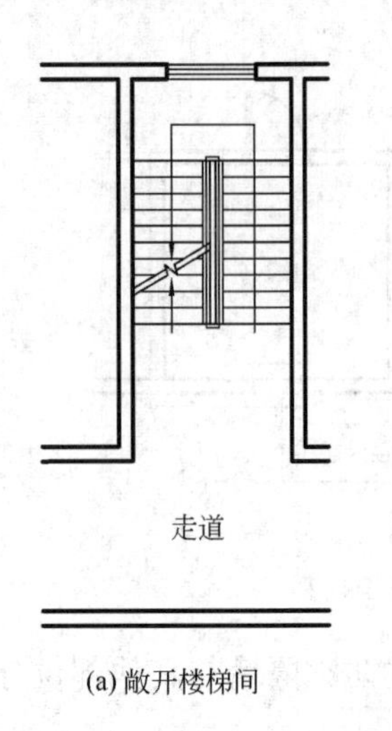

(a) 敞开楼梯间

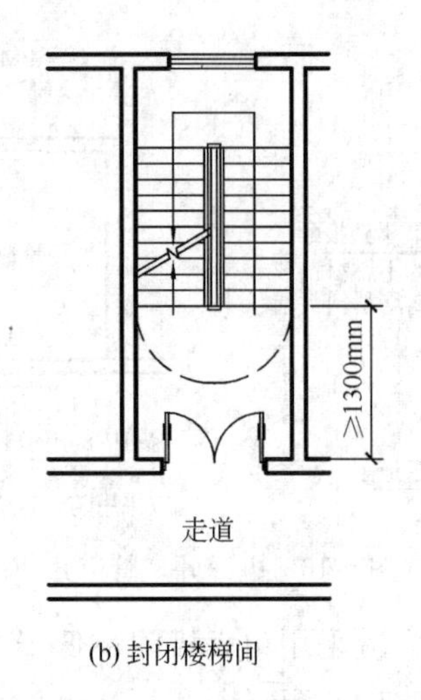

(b) 封闭楼梯间

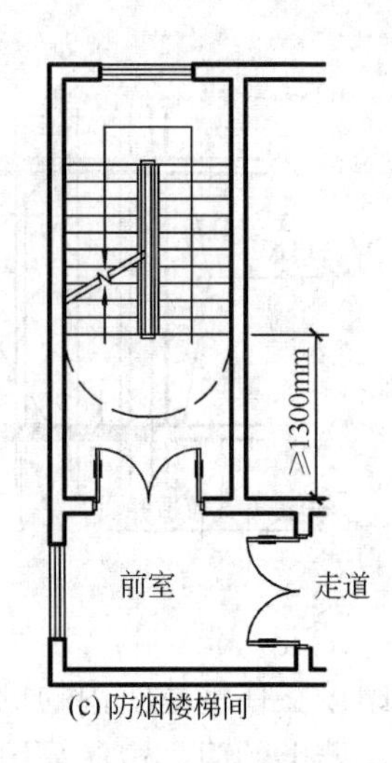

(c) 防烟楼梯间

图 9-18　楼梯间示意

(1) 当火灾发生时，除消防电梯外的所有电梯因供电中断而停止运行。因此，疏散楼梯间首先应保证楼内人员，尤其是受伤者、老人和儿童在楼梯间内疏散时能有较好的光线，有天然采光条件的要首先采用天然采光，以尽量提高楼梯间内照明的可能性。因此，疏散楼梯间要求应能天然采光和自然通风，并宜靠外墙设置。

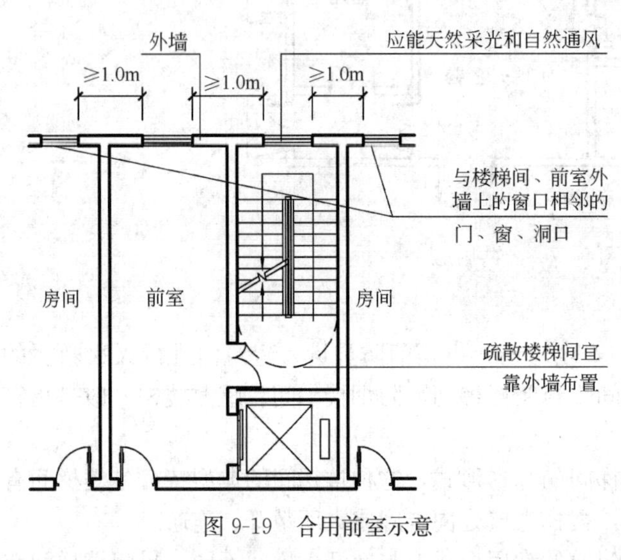

图 9-19　合用前室示意

(2) 建筑发生火灾后，楼梯间任一侧的火灾及其烟气都可能会通过楼梯间外墙上的开口蔓延至楼梯间内。为了确保疏散楼梯间内不被烟火侵袭，楼梯间、前室及合用前室外墙上，无论楼梯间的门窗洞口是处于同一立面位置还是处于转角处等不同立面位置，楼梯间外墙上的窗口与两侧门、窗、洞口最近边缘的水平距离都不应小于 1.0m（图 9-19）；

(3) 疏散楼梯间要尽量采用自然通风以便于排出可能进入楼梯间内的烟气，确保楼梯间内的安全。楼梯间靠外墙设置，有利于楼梯间直接天然采光和自然通风。不能自然通风或自然通风不能满足要求的疏散楼梯间，需按规范要求设置机械加压送风系统或采用防烟楼梯间。

(4) 人员在紧急疏散时容易在楼梯出入口及楼梯间内发生拥挤现象，楼梯间的设计要尽量减少布置凸出墙体的物体，以保证不会减少楼梯间的有效疏散宽度，并避免凸出物碰伤疏散人群。楼梯间的宽度设计还需考虑采取措施，以保证人行宽度不过宽，防止人群疏散时失稳跌倒而导致踩踏等意外。

(5) 高层建筑、人员密集的公共建筑通向封闭楼梯间的门，应采用通向疏散方向的乙级防火门，其他可采用双向弹簧门。在实际使用过程中，楼梯间出入口的门常因采用常闭防火门而致闭门器损坏，使门无法在火灾时自动关闭。因此，对于人员经常出入的楼梯间门，要尽量采用常开防火门。对于自然通风或自然排烟口不符合现行国家相关防排烟系统设计标准的封闭楼梯间，可以采用设置防烟前室或直接在楼梯间内加压送风的方式实现防烟的目的（图 9-20）。

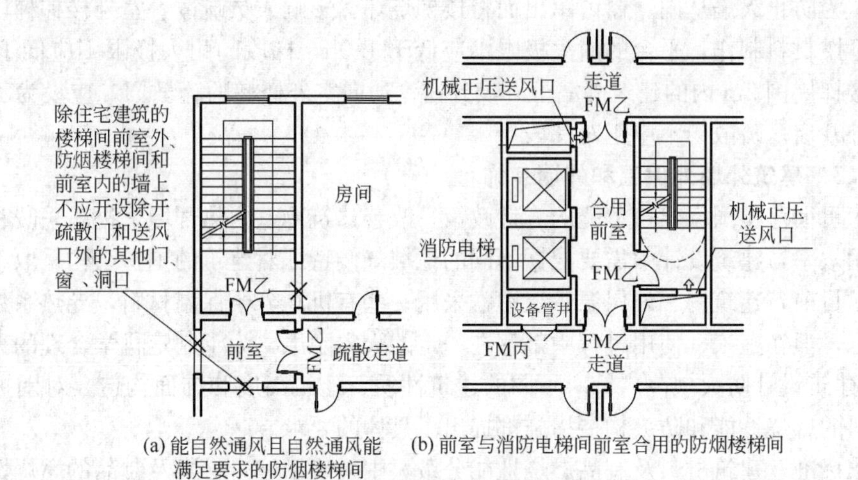

(a) 能自然通风且自然通风能满足要求的防烟楼梯间　(b) 前室与消防电梯间前室合用的防烟楼梯间

图 9-20　楼梯间采光通风示意

（6）有些建筑，在首层设置有大堂，楼梯间在首层的出口难以直接对外，往往需要将大堂或首层的一部分包括在楼梯间内而形成扩大的封闭楼梯间。在采用扩大封闭楼梯间时，要注意扩大区域与周围空间要采取防火措施分隔。垃圾道、管道井等的检查门，不能直接开向楼梯间内。

（7）防烟楼梯间应设置防烟前室等防烟设施，使其具有比封闭楼梯间更可靠的防烟性能、防火能力。前室不仅起防烟作用，而且可作为疏散人群进入楼梯间的缓冲空间，供灭火救援人员进行进攻前的整装和灭火准备工作。设计要注意使前室的大小与楼层中疏散进入楼梯间的人数相适应。《建筑设计防火规范》要求：前室的面积，公共建筑不小于 6m²，住宅建筑不小于 4.5m²；合用前室的面积，公共建筑不小于 10m²，住宅建筑不小于 6m²。疏散走道通向前室以及前室通向楼梯间的门应采用乙级防火门。

（8）当采用开敞式阳台或凹廊等防烟空间作为前室时，阳台或凹廊等的使用面积也要满足前室的有关要求。防烟楼梯间在首层直通室外时，其首层可不设置前室。

（9）住宅建筑，平面布置中难以将电缆井和管道井的检查门开设在其他位置，可设置在前室或合用前室内，但检查门应采用丙级防火门。其他建筑的防烟楼梯间的前室或合用前室内，不允许开设除疏散门以外的其他开口和管道井的检查门。

（10）为保证人员疏散畅通、快捷、安全，除通向避难层且需错位的疏散楼梯和建筑的地下室与地上楼层的疏散楼梯外，其他疏散楼梯在各层不能改变平面位置或断开。

（11）为防止烟气和火焰蔓延到建筑的上部楼层，同时避免建筑上部的疏散人员误入地下楼层，要求在首层楼梯间通向地下室、半地下室的入口处采用防火分隔构件将地上部分的疏散楼梯与地下、半地下部分的疏散楼梯分隔开，并设置明显的疏散指示标志。

3）室外楼梯可作为防烟楼梯间或封闭楼梯间使用，但主要还是辅助用于人员的应急逃生和消防员直接从室外进入建筑物，到达着火层进行灭火救援。室外楼梯设计应符合：

（1）为防止因楼梯倾斜度过大、楼梯过窄或栏杆扶手过低导致不安全，设计时应保证室外楼梯的倾斜角度不大于45°，净宽度不小于0.90m，栏杆扶手高度大于1.10m。

（2）为防止火焰从门、窗内窜出而将楼梯烧坏，影响人员疏散，室外楼梯梯段和平台应采用不燃材料制作，平台的耐火极限不应低于1.0h，梯段的耐火极限不应低于0.25h；避免在楼梯周围2m内的建筑外墙上开设外窗；通向室外楼梯的疏散门，应设为乙级防火门且向外开启。疏散门不应正对梯段。

9.3.3　建筑外墙外保温和外墙装饰

为了贯彻落实国家建筑节能的方针政策，改善建筑物室内热环境，提高采暖和空调的能源利用效率，建筑设计中需要根据不同的地域气候特征对建筑的围护结构采取不同的保温措施。目前，建筑内、外保温系统中常采用一些有机高分子保温材料，导热系数小，热工性能好，但在施工、使用过程中都存在一定的火灾隐患，为了制定科学合理的火灾防范对策，《建筑设计防火规范》针对不同的建筑性质、建筑高度和饰面构造，对围护结构的保温材料的燃烧性能和防火构造措施都提出了具体的要求。

国家标准《建筑材料及制品燃烧性能分级》中明确了建筑材料及制品的燃烧性能基本分级为A级、B1级、B2级、B3级。A级保温材料属于不燃材料，火灾危险性很低，不会导致火焰蔓延。因此，在建筑的内、外保温系统中，应尽量选用。B1级保温材料属于难燃材料。B2级保温材料属于普通可燃材料，在点火源功率较大或有较强热辐射时，容易燃烧且火焰传播速度较快，有较大的火灾危险。如果必须要采用B2级保温材料，需采取严格的构造措施进行保护。同时，在施工过程中也要注意采取相应的防火措施，如分别堆放、远离焊接区域、上墙后立即做构造保护等。B3级保温材料属于易燃材料，很容易被低能量的火源或电焊渣等点燃，而且火焰传播速度极为迅速，无论是在施工还是在使用过程中，其火灾危险性都非常高。因此，在建筑的内、外保温系统中严禁采用B3级保温材料。

建筑外墙采用内保温系统时，保温材料设置在建筑外墙的室内侧，目前采用的可燃、难燃保温材料绝大部分为高分子化学材料，遇热或燃烧分解产生的烟气和毒性较大，对于人员安全带来较大威胁。保温系统防火设计应符合下列规定：

（1）对于人员密集场所，用火、燃油、燃气等具有火灾危险性的场所以及各类建筑内的疏散楼梯间、避难走道、避难间、避难层等部位，应采用燃烧性能为A级的保温材料，其他应采用低烟、低毒且燃烧性能不低于B1级的保温材料。

（2）内保温系统应采用不燃材料做防护层。采用燃烧性能为B1级的保温材料时，防护层的厚度不应小于10mm。

建筑外墙采用外保温系统时（图9-21），保温系统应符合下列规定：

（1）设置人员密集场所的建筑，其外墙外保温材料的燃烧性能应为A级。

（2）住宅建筑外墙外保温系统中保温材料应符合图9-21。

（3）除住宅建筑和设置人员密集场所的建筑外，其他建筑应符合：

① 建筑高度大于50m时，保温材料的燃烧性能应为A级；

② 建筑高度大于24m，但不大于50m时，保温材料的燃烧性能不应低于B1级；

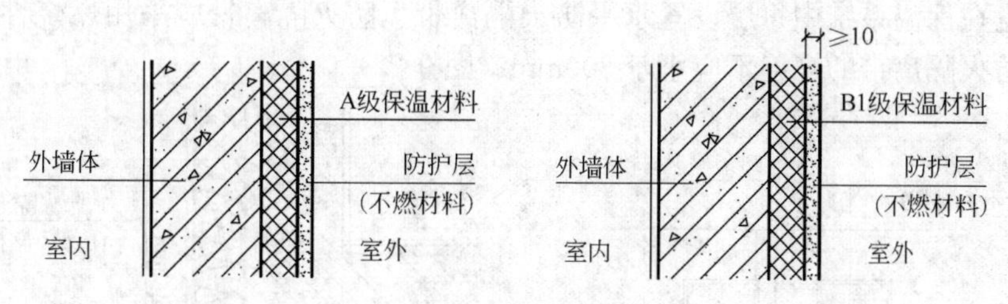

图 9-21 外墙外保温系统

③ 建筑高度不大于 24m 时，保温材料的燃烧性能不应低于 B2 级（表 9-7）。

基层墙体、装饰层之间无空腔的建筑外墙保温系统的技术要求 **表 9-7**

建筑及场所	建筑高度(h)	A 级保温材料	B1 级保温材料	B2 级保温材料
人员密集场所	—	应采用	不允许	不允许
住宅建筑	h>100m	应采用	不允许	不允许
	100m≥h>27m	宜采用	可采用： 1. 每层设置防火隔离带； 2. 建筑外墙上门、窗的耐火完整性不应低于 0.50h	不允许
	h≤27m	宜采用	可采用：每层设置防火隔离带	可采用： 1. 每层设置防火隔离带； 2. 建筑外墙上门、窗的耐火完整性不应低于 0.50h
除住宅建筑和设置人员密集场所的建筑外的其他建筑	h>50m	应采用	不允许	不允许
	50m≥h>24m	宜采用	可采用： 1. 每层设置防火隔离带； 2. 建筑外墙上门、窗的耐火完整性不应低于 0.50h	不允许
	h≤24m	宜采用	可采用：每层设置防火隔离带	可采用： 1. 每层设置防火隔离带； 2. 建筑外墙上门、窗的耐火完整性不应低于 0.50h

注：1. 建筑高度大于 100m 时，保温材料的燃烧性能应为 A 级；
2. 建筑高度大于 27m，但不大于 100m 时，保温材料的燃烧性能不应低于 B1 级；
3. 建筑高度不大于 27m 时，保温材料的燃烧性能不应低于 B2 级。

(4) 应在保温系统中每层设置水平防火隔离带。防火隔离带应采用燃烧性能为A级的材料，防火隔离带的高度不应小于300mm（图9-22）。

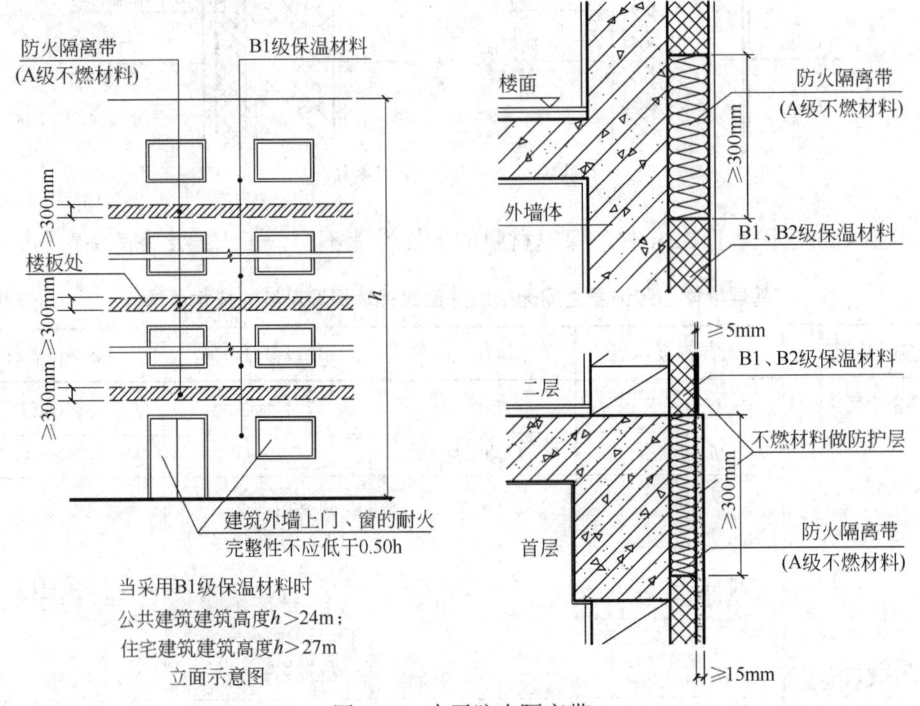

图9-22　水平防火隔离带

(5) 建筑的外墙外保温系统应采用不燃材料在其表面设置防护层，防护层应将保温材料完全包覆。防护层厚度，首层不应小于15mm，其他层不应小于5mm。

(6) 当建筑外墙外保温系统与基层墙体、装饰层之间有空腔（如建筑幕墙）时，应在每层楼板处采用防火封堵材料封堵，否则一旦被引燃，因烟囱效应，易造成火势快速发展，迅速蔓延，且难以从外部进行扑救（图9-23）。

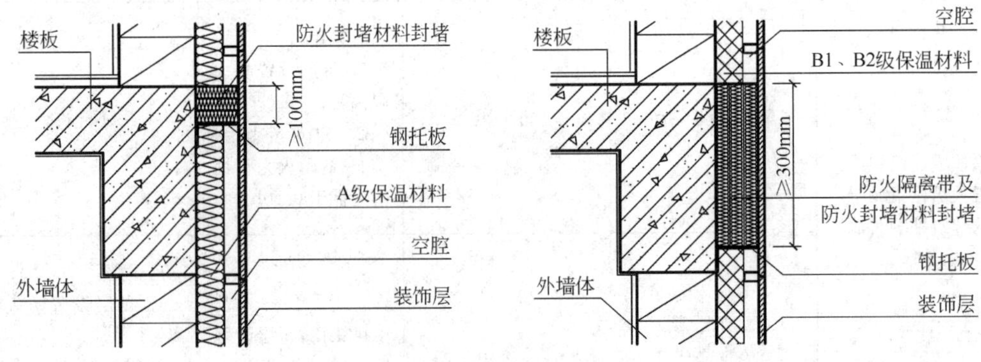

图9-23　幕墙防火封堵

屋面保温材料的火灾危害较建筑外墙相对要小，且屋面保温层覆盖在具有较高耐火极限的屋面板上，对建筑内部的影响不大，因此，对其保温材料的燃烧性能要求较外墙的要求要低些。但为限制火势通过外墙向下蔓延，要求屋面与建筑外墙的交接部位做好防火隔离处理，具体分隔位置可以根据实际情况确定（图9-24）。

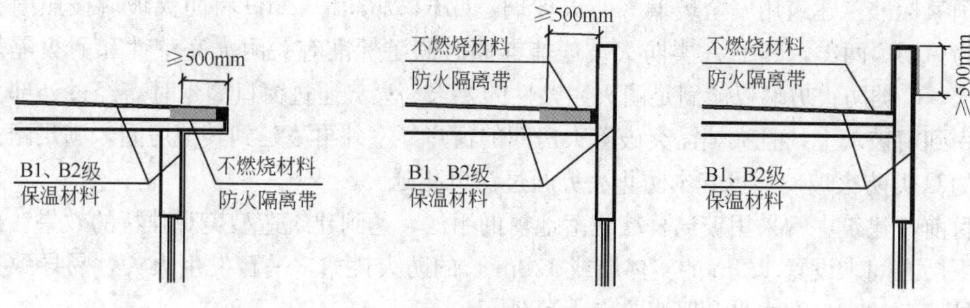

图 9-24　屋面防火隔离带

《建筑设计防火规范》GB 50016—2014 规定，对于建筑的屋面外保温系统，当屋面板的耐火极限不低于 1.00h 时，保温材料的燃烧性能不应低于 B2 级；当屋面板的耐火极限低于 1.00h 时，不应低于 B1 级。采用 B1、B2 级保温材料的外保温系统应采用不燃材料作防护层，防护层的厚度不应小于 10mm。

当建筑的屋面和外墙外保温系统均采用 B1、B2 级保温材料时，屋面与外墙之间应采用宽度不小于 500mm 的不燃材料设置防火隔离带进行分隔。

建筑外墙的装饰层应采用燃烧性能为 A 级的材料，但建筑高度不大于 50m 时，可采用 B1 级材料。

9.3.4　构件材料的防火构造保护

1）混凝土的防火保护

混凝土在火灾中受高温作用，强度会降低。火灾时间长短关系到混凝土强度损失，会危及建筑物安全。如果火灾作用时间短，混凝土构件基本能满足建筑设计防火规范要求。但预应力钢筋混凝土楼板，在火灾时受高温作用，抗拉强度下降很快。实验证明，在受力钢筋保护层厚度为 10mm 时，其耐火极限只有 0.5h，甚至更低，达不到二级耐火等级建筑物对楼板耐火极限 1.0h 的要求，是个薄弱部位。预应力钢筋混凝土楼板，由于省材料，经济意义大，目前在各建筑中广泛采用。为了提高其耐火极限，除增加主筋的保护层厚度以外，还可采取喷涂防火涂料或涂抹保温隔热砂浆的办法。防火涂料喷涂常用“106”预应力混凝土楼板防火隔热涂料和 NT-106 预应力混凝土防火隔热涂料。保温隔热砂浆有水泥膨胀蛭石砂浆、水泥膨胀珍珠岩砂浆、水泥石灰膨胀蛭石砂浆等，隔热效果非常显著。在高温、热工设备基础，高炉外壳及围护结构等特殊部位，应采用耐火混凝土。

2）建筑玻璃的防火处理及玻璃幕墙的防火构造要求

普通玻璃遇火易炸，耐火极限低。在防火窗、防火门上安装的防火玻璃，既要求有透明度，又要求有一定的耐火能力，为此，必须对普通玻璃进行防火处理。处理办法有两种：一是在玻璃层间涂以耐火透明的胶粘剂，制成复合防火夹层玻璃。这种夹层玻璃受热后，胶粘剂受热膨胀，形成致密的蜂窝隔热层，从而起到防火隔热作用。即使玻璃炸裂，胶粘剂把碎片牢固粘结在一起，裂而不散，仍能起到隔火作用。另一种是将加热的金属丝压入被加热软化的玻璃中，制成夹丝玻璃，玻璃受火炸裂时，裂而不散，仍能起到隔火作用。目前，夹层防火玻璃用得较普遍，亦可采用高强度单片铯钾防火玻璃，此外，也可对普通玻璃喷涂透明防火保护剂。

国家标准《建筑用安全玻璃 防火玻璃》GB 15763.1—2009 将防火玻璃按照耐火性能分为 A、C 两类，其中 A 类防火玻璃能够同时满足标准有关耐火完整性和耐火隔热性的要求，C 类防火玻璃仅能满足耐火完整性的要求。火势通过窗口蔓延时需经过外部卷吸后作用到窗玻璃上，且火焰需突破着火房间的窗户经室外再蔓延到其他房间，满足耐火完整性的 C 类防火玻璃，可基本防止火势通过窗口蔓延。

目前，建筑中常采用玻璃幕墙或落地窗的手法，达到建筑造型美观独特的效果。由于上、下层之间未设置 1.2m 的实体墙或 1.0m 长的防火挑檐，一旦发生火灾，易导致火灾通过外墙上的窗口在水平和竖直方向上蔓延。

《建筑设计防火规范》GB 50016—2014 中规定在玻璃幕墙、落地窗以及建筑中庭等上、下层开口之间的墙体采用实体墙或防火挑檐确有困难时，允许采用防火玻璃墙，但高层建筑的防火玻璃墙的耐火完整性不应低于 1.0h，多层建筑防火玻璃墙的耐火完整性不应低于 0.5h，且应设置自动喷水灭火系统进行保护；采用防火卷帘时，其耐火极限不应低于 3.0h。

3）钢结构的防火保护

钢结构具有自重轻、施工快、可利用空间大、平面布置灵活等优点，广泛应用于现代建筑中（图 9-25）。

图 9-25 浦东国际机场钢结构屋面

钢材不耐火，其屈服强度、弹性模量随着温度的上升而下降。400℃时，其强度降低一半，600℃时，完全丧失承载力。钢结构的耐火极限只有 0.25h，由于约束作用会加速结构破坏。国外从 20 世纪 60 年代就开始着手通过理论分析和计算确定结构构件的力学性能和热力学性能。各类钢结构建筑和其他建筑中的钢构件的耐火极限低于《建筑设计防火规范》GB 50016—2014 规定的要求时，应采取外包覆不燃烧体或其他防火隔热的措施。

钢结构的防火保护分为喷涂防火涂料和外包敷不燃烧体两种。

（1）喷涂防火涂料包括：

膨胀型（薄型）：涂层厚度一般为 2～7mm，高温时膨胀增厚，有一定装饰效果，又称钢结构膨胀防火涂料。耐火隔热，耐火极限可达 0.5～1.5h，适用于耐火极限在 1.5h 以下的室内裸露钢结构、轻型屋盖钢结构及有装饰要求的钢结构。露天钢结构，除应选用室外用的钢结构防火涂料外，还需考虑其耐水性和耐候性。耐火极限在 1.5h 以上及室外用的钢结构不宜用薄型防火涂料。

非膨胀型（厚型、隔热型）：涂层厚度一般为 8～45mm，粒状面，密度小，热导率低，耐火极限可达 0.5～3.0h，又称为钢结构防火隔热涂料，适用于耐火极限在 1.5h 以上的高层、多层建筑的钢结构。

（2）包敷不燃材料包括：

浇筑混凝土和砌筑砖块：钢结构也可采用 C20 混凝土或金属网抹 M5 砂浆等隔热材料作为防火保护层。

采用轻质防火厚板包敷：防火厚板为受火时不炸裂的不燃性材料，可分为低密度防火板、中密度防火板和高密度防火板，在美、日、英等国应用较广。

防火薄板为梁、柱等建筑构件经非膨胀型防火涂料喷涂后的装饰面板。

复合保护：紧贴钢板用防火涂料或将柔性毡状材料（硅铝酸棉毡、岩棉毡、玻璃棉毡）用钢丝网固定于钢材表面，外面用防火薄板封闭，使其达到相应的耐火极限。

对于建筑中梁、柱等主要承重构件，耐火极限在 1.5h 以上的，应采用包敷不燃材料或非膨胀型防火涂料等方式。压型钢板在楼板中起承重作用时应采取防火保护措施，但压型钢板－混凝土组合楼板的耐火极限不低于本节有关规定时，可不采取防火保护措施。

高度超过 120m 的建筑，火灾荷载密度大于 200kg/m^2、耐火等级为一级的建筑的防火保护层厚度应通过计算确定。

4）木材的防火保护

木结构建筑的耐火等级介于三级和四级之间，因此《建筑设计防火规范》规定木结构建筑的允许层数为 3 层。木结构建筑中的主要构件以及钢筋混凝土结构中的装饰构件均采用木制品，木材及其制品的防火保护，可大大减少建筑中的火灾薄弱部位，降低火灾发生或蔓延的几率。

对木材及其制品的防火保护，有浸渍、加成（添加阻燃剂）和涂覆三种方法。经防火保护处理的木材及其制品，其燃烧性能等级可从可燃性材料（B2 级）提高到难燃性材料（B1 级）。

浸渍按工艺可分为常压浸渍、热浸渍和加压浸渍三种。常压浸渍是在正常室温条件下，将木材浸渍在黏度较低的含有阻燃剂的溶液中，使阻燃剂溶液渗入到木材表面的组织中，经干燥使水分蒸发，阻燃剂留在木材的浅表面层内。热浸渍是在常压下将木材放入热的阻燃剂溶液中浸渍，直至药液冷却。加压浸渍是将木材放在高压容器中，抽真空到 7.9～8.6kPa，并保持 15 分钟到 1 小时，再注入含有阻燃剂的浸渍液，并加压到 1.20MPa，在 65℃的温度下保持 7 小时，解除压力后，排除阻燃剂药液，最后放入烘窑进行干燥。

加成法是在生产纤维板、胶合板、刨花板、木屑板的过程中，添加阻燃剂、胶粘剂及其他添加料等。用来制造人造板材的单板、刨花、纤维，如果预先进行浸渍处理，则阻燃效果会更好，适用于有阻燃要求的公共和民用建筑内部吊顶和墙面装修。

涂覆就是在需要进行阻燃处理的木材表面涂覆防火材料。这种防火涂料，除了要求具备好的阻燃性以外，往往还要求具有较好的着色性、透明度、粘着力、防水、防腐蚀等普通涂料所具有的性能。

5）装修材料的防火要求

装修材料按其使用部位和功能，可划分为顶棚材料、墙面装修材料、地面装修材料、隔断装修材料、固定家具、装饰织物及其他装饰材料。为保障建筑内部装修的消防安全，国家制定了《建筑内部装修设计防火规范》GB 50222—95（2001年修订版），规定了在建筑内部装修设计中，包括顶棚、墙面、地面、隔断的装修以及固定家具、窗帘、帷幕、床罩、家具包布、固定饰物等的防火要求和标准。

建筑内部装修设计应妥善处理装修效果和使用安全的矛盾，积极采用不燃性材料和难燃性材料，尽量避免采用在燃烧时产生大量浓烟或有毒气体的材料，做到安全适用，技术先进，经济合理。

本章参考文献

[1]　建筑设计防火规范 GB 50016—2014．北京：中国计划出版社，2015．

[2]　《建筑设计防火规范》图示 13J811-1改．北京：中国计划出版社，2015．

[3]　吕显智，周白霞．建筑防火．北京：机械工业出版社，2014．

第 10 章　建筑结构抗震概念设计

10.1　概　　述

10.1.1　震源震中距与我国的主要地震带

地球是一个椭圆形球体，由地壳、地幔、地核三部分组成，地震多发生在地壳层。地震的爆发点或爆发处称该地震的震源，震源到地面的垂直距离称震源深度，震源正上方的地面位置称震中。地面上某点至震源的距离称为震源距。地面某点至震中的距离称为震中距（图 10-1）。

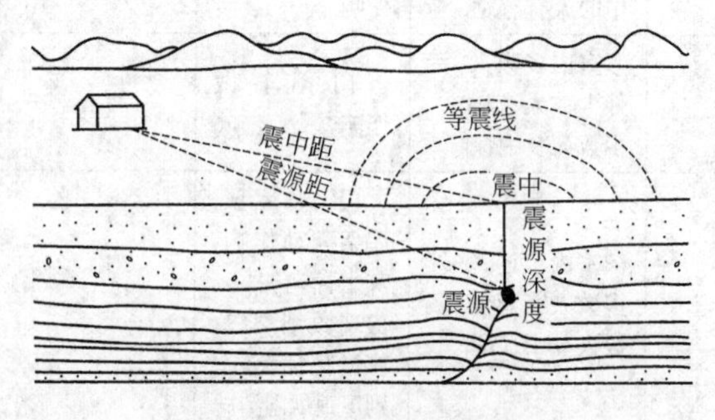

图 10-1　地震时的示意

一般把震源深度小于 60km 的地震称为浅源地震；震源深度 60～300km 的地震称为中源地震；震源深度大于 300km 的地震称为深源地震。地震的分布具有分区条带特征，我国处于世界上两大地震带的中间，东临环太平洋的地震带，西处地中海-喜马拉雅地震带，是世界上地震活动较多的国家之一，主要有东北深源地震带、台湾闽粤沿海地震带、华北地震区、新疆地震带和川滇藏青地震区等。台湾位于环太平洋地震带上，是我国地震活动最多、最强烈的地区。我国除内蒙古西北部、黑龙江中俄边境地区、吉林长白山区及川、贵、湘、赣、浙交界的山区等为非设防区外，全国大部分地区都属于抗震设防区，而且绝大部分发生的地震都属于浅源地震，一般震源深度为 5～40km。例如 1976 年 7 月 28 日唐山 7.6 级大地震，其震源深度为 11km，1999 年 9 月台湾省南投县集集镇的 7.8 级大地震，震源深度仅 1.1km，2008 年 5 月 12 日的汶川 8.0 级地震，震源深度为 14km。一般浅源地震对地面建筑物、道路、桥梁和山体的影响大。由于深源地震所释放出来的能量在长距离的传播中到地表时大部分已消散，故对地面上建筑等的影响很小。前面已提到，我国的深源地震分布很少，仅在东北有深源地震带。

10.1.2　震级与烈度

一次地震释放的能量的大小，决定了该次地震的震级，用符号 M 表示，一次地震只有一个震级。相邻震级的能量差约 30 倍，而一次地震对波及范围内地表产生灾害的情况却是和离震源的远近、场地的条件等诸多因素有关。地震烈度的判定是由该次地震在某个范围内对地表造成的灾害或影响程度决定的，震中烈度用 I_0 表示，它是由地面上人的感觉、地面建筑的损害情况、其他地面设施在地震中的反应和当地地震台站测得的主要物理参数（地面峰值加速度或峰值速度）综合制定的，见我国 1999 年公布的《中国地震烈度表》（表 10-1）。一次地震在不同的影响范围内可有不同的烈度。对于浅源地震，震中点的烈度（震中烈度）I_0 与震级 M 的关系可用经验公式 $M=0.58I_0+1.5$ 和表 10-2 表示。一般烈度是震级的 1.3 倍左右，国家公布的全国各地的地震区划图中的烈度是根据全国各地历次发生的地震及造成的灾害情况经统计作出的，是为全国各地抗震设防及防震减灾设施的设计加固作依据的。

中国地震烈度表　　**表 10-1**

烈度	地面上人的感觉	建筑震害程度		其他现象	物理参数	
		震害现象	平均震害指数		峰值加速度/(m/s²)	峰值速度/(m/s)
1	无感					
2	室内个别静止中的人有感觉					
3	室内少数静止中的人有感觉	门、窗轻微作响		悬挂物微动		
4	室内多数人、室外少数人有感觉，少数人梦中惊醒	门、窗轻微作响		悬挂物明显摆动，器皿作响		
5	室内普遍、室外多数人有感觉，多数人梦中惊醒	门、窗、屋顶、屋架颤动作响，灰土掉落，抹灰出现微细裂缝，有檐瓦掉落，个别屋顶烟囱掉砖		不稳定器皿摇动或翻倒	0.63 (0.45～0.89)	0.06 (0.05～0.09)
6	多数人站立不稳，少数人惊逃户外	损坏：墙体出现裂缝，檐瓦掉落，少数屋顶烟囱裂缝、掉落	0～0.1	河岸和松软土出现裂缝，饱和砂层出现喷砂冒水，有的独立砖烟囱出现轻度裂缝	1.25 (0.90～1.77)	0.13 (0.10～0.18)
7	大多数人惊逃户外，骑自行车的人有感觉，行驶中的汽车驾乘人员有感觉	轻度破坏：局部破坏、开裂，小修或不需修理可继续使用	0.11～0.30	河岸出现塌方；饱和砂土常见喷砂冒水，松软土地上地裂缝较多；大多数独立砖烟囱中等破坏	2.50 (1.78～3.53)	0.25 (0.19～0.35)
8	多数人摇晃颠簸，行走困难	中等破坏：结构破坏，需要修复才能使用	0.31～0.50	干硬土上亦有裂缝；大多数独立砖烟囱严重破坏；树梢折断；房屋破坏导致人畜伤亡	5.00 (3.54～7.07)	0.50 (0.36～0.71)
9	行动的人摔倒	严重破坏：结构破坏，局部倒塌，修复困难	0.51～0.70	干硬土上许多地方出现裂缝；基岩可能出现裂缝，错动、滑坡塌方常见；独立砖烟囱出现倒塌		

续表

烈度	地面上人的感觉	建筑震害程度		其他现象	物理参数	
		震害现象	平均震害指数		峰值加速度/(m/s^2)	峰值速度/(m/s)
10	骑自行车的人会摔倒,处在不稳定状态的人会摔出,有抛起感	大多数倒塌	0.71～0.90	山崩和地震断裂出现;基岩上拱桥破坏;大多数独立砖烟囱从根部破坏或倒塌	10.00 (7.08～14.14)	1.00 (0.72～1.41)
11		普遍倒塌	0.91～1.00	地震断裂延续很长;大量山崩滑坡		
12				地面剧烈变化,山河改变		

资料来源：钱永梅，金玉杰，田伟. 建筑结构抗震设计，北京：化学工业出版社，2013.

震中烈度与震级的大致关系 **表 10-2**

震级(M)	2	3	4	5	6	7	8	>8
震中烈度(I_0)	1～2	3	4～5	6～7	7～8	9～10	11	12

资料来源：钱永梅，金玉杰，田伟. 建筑结构抗震设计，北京：化学工业出版社，2013.

10.1.3 设计近震和设计远震

对人类而言，地震是一个常见的又是突发的破坏性极大的自然现象。对地表建筑而言，它是一个强迫振动，即建筑是因大地的抖动而晃动的。大地的突发抖动，由震源处迅速以波的形式——垂直的、水平的、扭转的且以广谱多种频率向四面八方传播，而水平波的传播影响范围大得多。

设计中还会遇到工程场地的地震是设计近震还是设计远震的问题，它和拟建场地与发震点的距离和烈度大小有关。

所谓设计近震，是指遭受的地震影响来自于本设防烈度区或比设防烈度大 1 度的邻近地区地震时，抗震设计应按有关近震的规定执行，即现行《建筑抗震设计规范》GB 50011—2010 称设计一组。

所谓设计远震，就是当建筑物所在的地区遭受的地震影响可能来自设防烈度比该地区设防烈度大 2 度或 2 度以上的地区时，抗震设计应按抗震的规定执行，即用现行抗震规范中设计二组、设计三组的指标设计。设计一组、二组和三组的指标不同，实际就是在设计烈度的场地上土壤类别相同的条件下，场地特征周期不同（表 10-3），离震源越远的地震（设计分组相对大）其特征周期越长。地震波在长距离传播中，短波的影响逐渐衰减，长波的影响就更明显了，这也是高层建筑对远震的反应强烈的原因（高层建筑自振周期长，与长波容易引起共振）。

特征周期值（s） **表 10-3**

设计地震分组	场地类别				
	I_0	I_1	Ⅱ	Ⅲ	Ⅳ
第一组	0.20	0.25	0.35	0.45	0.65
第二组	0.25	0.30	0.40	0.55	0.75
第三组	0.30	0.35	0.45	0.65	0.90

资料来源：《建筑抗震设计规范》GB 50011—2010

10.1.4　基本设防烈度与设防烈度

为了正确地进行抗震设计，还要弄清基本烈度和设防烈度的问题。

所谓地震基本烈度，就是一个地区通常场地条件下，在设计基准期 50 年内，超越概率为 10%的地震烈度，即现行《中国地震烈度区划图》规定的烈度，称为地震基本烈度。

所谓的抗震设防烈度，就是按国家批准的权限审定，作为一个地区设防依据的地震烈度，简称设防烈度。大多数情况下基本烈度就是设防烈度，对于某些重要的工程，经地震办安全性评估后，设防烈度可能高于基本烈度。

10.1.5　荷载与地震作用

平日所说的荷载一般由两部分组成：一为永久荷载或谓静荷载，其值在整个使用期间不随时间变化，或其变化与平均值比可忽略不计，如房屋结构构件和装饰物的自重、安置在建筑物上的设备重量和地下建筑中的土压力、静水压力等；二为可变荷载或称活荷载，其荷载值随时间变化与平均值比不可忽略不计，如室内人员的流动，书库中除人员外藏书量的变化，汽车、消防通道荷载等；风荷载也是活荷载，但其作用方向垂直于建筑物的外表面（主要为水平方向），对雨篷、檐口和一些坡屋面也有向上的风吸力，其值的大小和建筑物所处高度和体形密切相关，还和建筑物所处场所的地形起伏状况、周围房屋的密集程度和高矮等有关，对于高耸建筑、高层建筑等还要考虑风振影响等。

地震作用的特殊性在于地震波传到建筑物，引起建筑物晃动产生的惯性力只在地震发生时才存在，地震作用的大小与建筑物的动力特性（自振周期）息息相关，还和场地条件（特征周期）有关。地震总是有个时间过程，因此对建筑物的晃动也有时间过程，力的方向也是反复变化着的，一次地震在较长时间内也总是伴随着数十次、数百次甚至数千次余震发生的，为和始终向下的垂直重力荷载和水平外加风荷载进行区别，这种因地震的加速度，由建筑动力特性和自身质量形成惯性力，致使在建筑物构件上产生的内力变形称地震作用。它对建筑物的作用，既有水平力，又有垂直力，还产生扭转剪应力。规范规定，8 度、9 度时的大跨度和长悬臂结构和 9 度时的高层建筑，还应计算竖向地震作用。

（注：大跨度：9 度以上时，跨度不小于 18m、悬挑不小于 1.5m；8 度以上时，跨度不小于 24m，悬挑不小于 2m；9 度时，高层建筑）

10.1.6　数值设计和概念设计

建筑结构的数值设计，就是根据拟建建筑所处位置的地震烈度、场地条件及结构动力特性等，按反应谱理论用程序进行数据分析，使该结构满足各种荷载及地震力作用下的内力和变形要求，并通过构造措施，使结构达到《建筑抗震设计规范》GB 50011—2010（以下简称“抗规”）所确定的目标。对于那些大型的、重要的、复杂的、特殊的工程，还要用弹性或弹塑性时程分析的方法进行补充计算。对关键部位、关键构件或薄弱部位，还要通过性能化分析方法（作抗震计算和有限元分析），确定在中震、大震条件下满足性能化的预定目标。上述整个对建筑的数值运算和按运算数据确定各构件断面及材料要求的过程就是数值设计。很显然，除上述以外的对抗震建筑的要求，就是概念设计了。

建筑结构抗震的概念设计，规范的定义是“根据地震灾害和工程经验所形成的基本设计原则和设计思想，进行建筑和结构总体布置并确定细部构造的过程”。

上述概念设计的定义至少表述了两层意思：一是说抗震的概念设计的基本设计原则及指导思想是人类在与地震灾害的斗争中总结出来的，是在无数次的地震灾害中人们用鲜血和生命换来的，也是国内外工程界长期积累的设计经验，包括许多模拟试验的定性、定量分析归纳总结出来的基本设计原则和设计指导思想；第二层意思是这些原则和思想是管控建筑结构设计的总体布置和细部构造的全过程。因此，从某种意义上说，抗震建筑概念设计比数值设计更为重要，概念设计统率建筑结构数值设计，概念设计永远是第一位的。

10.1.7 地震灾害和留给人类的教训

下面我们先通过钢筋混凝土的多层和高层建筑的一些地震灾害实例来看看地震会对建筑产生些什么样的破坏，宏观地揭示概念设计的产生及其重要性（图 10-2、图 10-3）。考虑到砖混结构的特性，多层砌体建筑的震害教训放到第五节中介绍。

(a) 台湾集集地震16层RC高层建筑震害

(b) 汶川县某中学5层框架结构教学楼在地震中整体倾覆倒塌

(c) 日本新潟地震中地基液化

(d) 唐山地震砂土液化

图 10-2 地震灾害实例

一次强烈的地震，不仅直接导致建筑物的受损、破坏，往往还伴随着比直接灾害更可怕的次生灾害的发生。

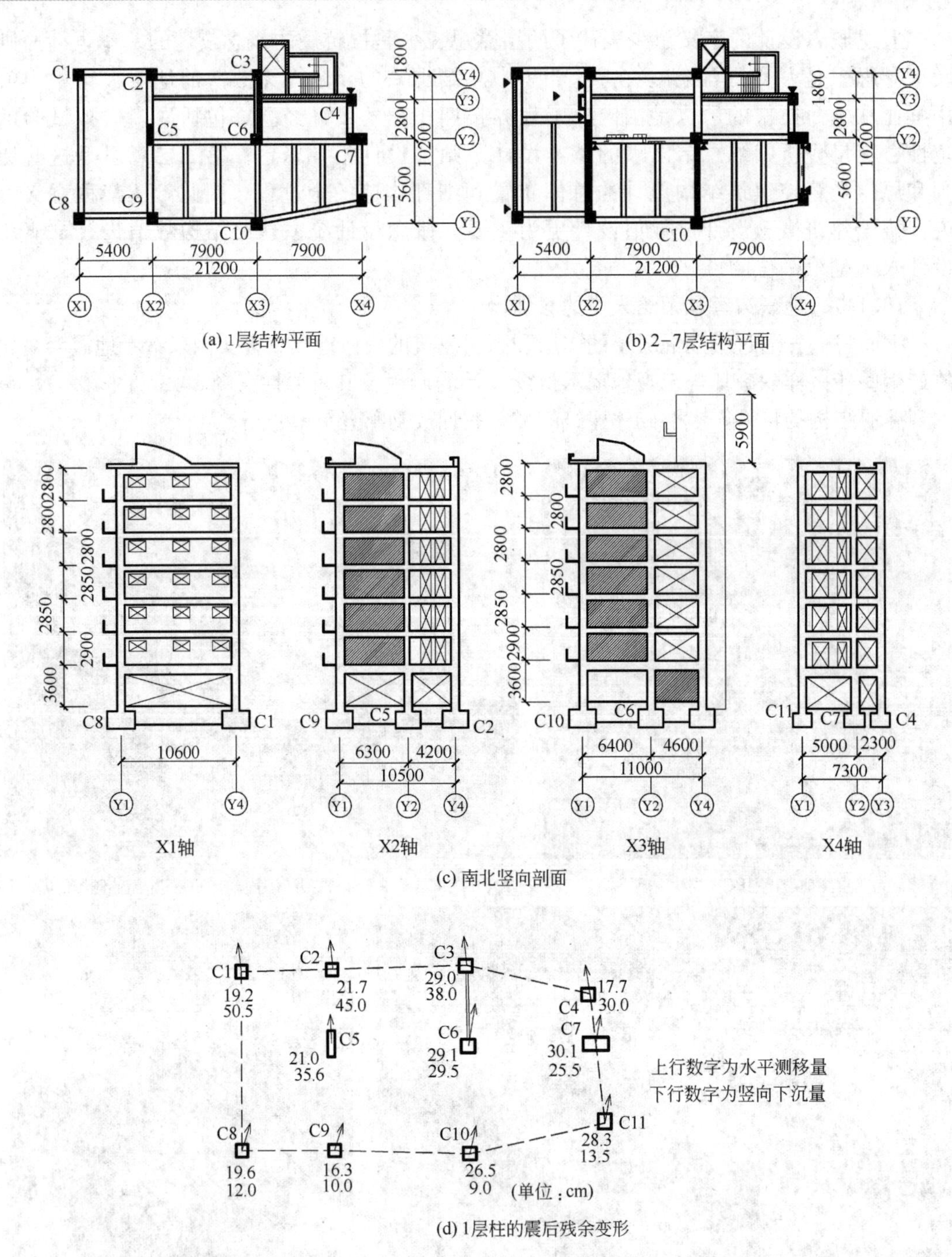

图 10-3　日本神户六甲公寓因柔性底层竖向不连续、地基软弱在 1995 年阪神地震中严重破坏

1）火灾

在多种次生灾害中，最常见、损失最大的就是因地震引发的火灾（图 10-4）。

1906 年旧金山大火，由于自来水管和消防站的破坏，大火连烧三昼夜，周围 10km^2 的区域被烧毁，火灾造成的损失，高出直接破坏损失的 3 倍。

1923 年的关东大地震，建筑被震塌 13 万栋，全市因地震造成大火烧毁的建筑 44.7

万栋，因地震死亡的10多万人中，90%以上是被地震大火烧死的。

2）地震滑坡和泥石流

在山区，强震后还常常伴随着山体滑坡泥石流灾害（图10-5、图10-6）。

图10-4 日本神户地震大火烧了70多个小时

图10-5 山体滑坡泥石流灾害

图10-6 汶川公路和场镇被山体滑坡形成的堰塞湖淹没

图10-7 日本宫城县名取市海啸掀起的大浪冲向大陆

1970年秘鲁7.7级地震，泥石流以80～90m/s的速度流动了160km，使1.8万人葬身其中。

3）海啸

在沿海地区，当强烈的地震发生在沿海或海底时，常常会发生海啸灾害（图10-7）。

2004年12月26日印尼苏门答腊地区近海发生强烈地震引发海啸影响到印尼、泰国、印度、斯里兰卡、索马里、肯尼亚等11个国家，造成了重大的人员死亡和财产损失。

上述强震灾害事例及次生灾害的惨烈教训告诉人们：

(1) 建筑师在规划地震区建筑时必须首先选择有利地段，远离危险地段，结构工程师要十分重视地震区结构场地地基条件，确保地基基础在地震时的稳定性。

(2) 结构工程师要十分重视在地震力反复作用下建筑物竖向构件不致因受压、受剪、受扭作用下的脆性破坏而损坏倒塌，尽可能使建筑平面形体规则、构件连续。

(3) 规划地震区建筑时要首先规划抗震减灾建筑和设施，尽可能确保地震时抗震救灾队伍及时通达，减少损失。

(4) 加强地震的监测预报。地震预报是人类认识地震和有效征服地震的理想途径，虽然目前地震预报的准确性还很不如人意，但它依然是最后战胜地震的最好手段。

10.2　建筑概念设计的要求

结构工程师 Henry Degenkolb 曾经说过：“假如我们从一个不良的体形着手，则工程师所能做到的就是提供绷带——他尽可能地改善一个根本上就拙劣的解决方案。反之，如果我们从一个良好的体形和合理的结构设计着手，即使一个拙劣的工程师都不能过分地损害它的极限功能。”

《建筑抗震设计规范》GB 50011—2010 将地震区建筑形体的规则性作为强制性条文提出：“建筑设计应根据抗震概念设计的要求明确建筑形体的规则性。不规则建筑应按规定采取加强措施；特别不规则的建筑应进行专门研究和论证，采取特别的加强措施；严重不规则的建筑不应采用。”可见形体的规则性，是概念设计的核心。

由上面的震害实例，就很容易理解概念设计的重要了。规范对平面和竖向规则性以及何为特别不规则都有明确的界定，分别见表 10-4～表 10-6。

平面不规则的主要类型　　表 10-4

不规则类型	定义和参考指标
扭转不规则	在规定的水平力作用下，楼层的最大弹性水平位移(或层间位移)，大于该楼层两端弹性水平位移(或层间位移)平均值的 1.2 倍
凹凸不规则	平面凹进的尺寸，大于相应投影方向总尺寸的 30%
楼板局部不连续	楼板的尺寸和平面刚度的急剧变化，例如有效楼板宽度小于该层楼板典型宽度的 50%，或开洞面积大于该层楼面面积的 30%，或较大的楼层错层

资料来源：《建筑抗震设计规范》GB 50011—2010

竖向不规则的主要类型　　表 10-5

不规则类型	定义和参考指标
侧向刚度不规则	该层的侧向刚度小于相邻上一层的 70%，或小于其上相邻三个楼层侧向刚度平均值的 80%；除顶层或出屋面小建筑外，局部收进的水平向尺寸大于相邻下一层的 25%
竖向抗侧力不连续	竖向抗侧力构件(柱、抗震墙、抗震支撑)的内力由水平转换构件(梁、桁架等)向下传递
楼层承载力突变	抗侧力结构的层间受剪承载力小于相邻上一楼层的 80%

资料来源：《建筑抗震设计规范》GB 50011—2010

特别不规则的项目类型　　表 10-6

序	不规则类型	简　要　涵　义
1	扭转偏大	裙房以上有较多楼层，考虑偶然偏心的扭转位移比大于 1.4
2	抗扭刚度弱	扭转周期比大于 0.9，混合结构扭转周期比大于 0.85
3	层刚度偏小	本层侧向刚度小于相邻上层的 50%
4	高位转换	框支墙体的转换构件位置：7 度超过 5 层，8 度超过 3 层
5	厚板转换	7～9 度设防的厚板转换结构
6	塔楼偏置	单塔或多塔和质心与大底盘的质心偏心距大于底盘相应边长的 20%
7	复杂连接	各部分层数、刚度、布置不同的错层或连体两端塔楼显著不规则的结构
8	多重复杂	同时具有转换层、加强层、错层、连体和多塔类型中的 2 种以上

注：形体指建筑平面形状和立面、竖向剖面的变化。

资料来源：《建筑抗震设计规范》GB 50011—2010

表10-4、表10-5明确了什么叫平面不规则，什么叫竖向不规则，同时强调了存在表10-4，表10-5中3项及3项以上不规则和存在表10-6中一项不规则的结构就判为特别不规则，特别不规则的建筑结构应由专门的“超限”抗震审查机构进行审查并应对该结构采取特别的加强措施。

建筑抗震设计规范对结构体系有强制性要求：

(1) 应具有明确的计算简图和合理的地震作用传递途径。

(2) 应避免因部分结构或构件破坏而导致整个结构丧失抗震能力或对重力荷载的承载能力。

(3) 应具备必要的抗震承载力、良好的变形能力和消耗地震能量的能力。

(4) 对可能出现的薄弱部位，应采取措施提高其抗震能力。

对于结构体系，规范还要求：

(1) 宜有多道抗震防线。

(2) 宜具有合理的刚度和承载力分布，避免因局部削弱或突变形成薄弱部位，产生过大的应力集中或塑形变形集中。

(3) 结构在两个主轴方向的动力特性宜相近。

规范强调建筑形体的规则性，形体指的是平面形状和立面、剖面的形状，这是建筑师首先要做的事情。没有一个好的平面、立面、剖面形体，结构师再努力也无法设计成一个好的抗震结构，如果形体先天不符合规范要求，即使勉强完成了设计，也必定付出极高的经济代价。

上述建筑体形的规则性和结构体系合理性，概括地说，就是尽量使我们的建筑具有：

10.2.1 平面的规则性、均匀性

要求建筑的平面形状比较规整，不要有太多的凸出、凹进，重力荷载平面内的布置比较均匀，使平面的形心和质量中心接近，柱网尽量整齐，竖向构件（柱、剪力墙、支撑）分散均衡布置，使刚度中心与质量中心尽量一致，减少扭转影响。

10.2.2 水平构件与竖向构件的连续性

水平构件的连续性，主要是控制楼板开洞，使地震力有效均衡地传递到柱、剪力墙、支撑等竖向构件上，防止平面不连续在平面内局部位置因应力集中损坏。

竖向构件的连续性，应尽量避免错层、转换层、穿层柱等情况发生，避免竖向构件刚度、承载力的突变，形成薄弱部位，产生过大的应力集中或过大的变形而使结构损坏、倒塌。这里再用平面和竖向不规则导致破坏的实例来说明平面、竖向规则的重要性。

1976年唐山地震时，天津人民印刷厂一座6层现浇钢筋混凝土框架结构建筑，因建筑结构平面不规则，二、三层发生破坏（图10-8）。又如天津754厂某厂房，因刚度分布不均匀、不对称，地震时，该厂

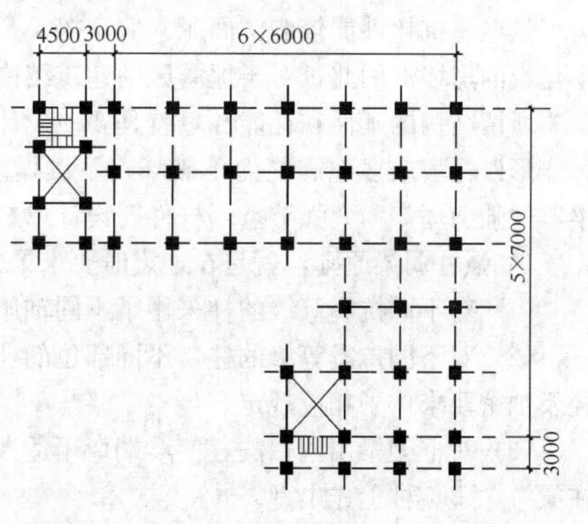

图10-8 天津人民印刷厂平面图（平面不规则）

房产生了显著的扭转，使框架柱严重扭裂，楼梯间墙体严重开裂和错位（图 10-9）。

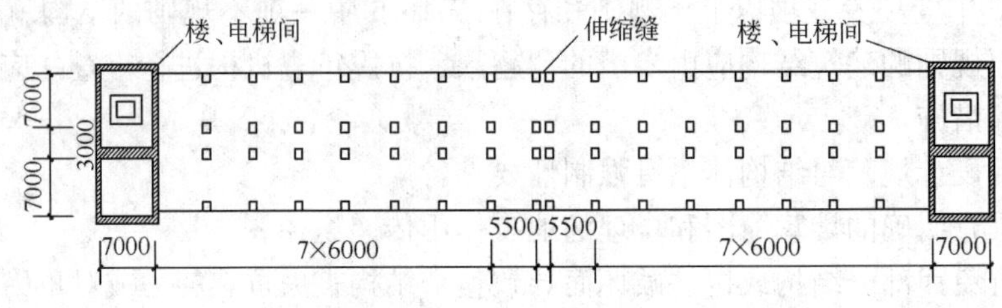

图 10-9 天津 754 厂某厂房

10.2.3 结构受力的直接性和简单性

在结构体系中要求各构件有直接、明确的传力途经，使结构的计算模型、内力位移分析以及对薄弱部位的控制易于把握，对结构抗震性能的估计也比较可靠。如果在一个建筑上出现多个复杂结构状况，应通过调整结构布局，改善结构受力条件使计算图与真实结构一致。传力直接、布局简单规整的建筑结构也相对耗材少，更经济。

10.2.4 结构的整体性

在建筑结构中，特别是高层建筑中，结构的整体性分析很重要，例如一个结构左半部分为很宽阔的大空间，右半部分是多层办公，显然两边的动力特性完全不一样，如果硬把两部分合在一起，怎么能把左边的地震力传到右边，怎么能使结构右边的柱的刚度帮左边柱的忙。这里，楼板对于整体性起到了非常重要的作用。它不仅聚集和传递楼层的惯性力到各竖向抗侧力构件上，而且要使各部分协同作用。特别是当有多个子结构而且各子结构竖向布置较复杂时，要确保各子结构能协同工作，必须使该楼板有足够的平面刚度和抗力，还要加强楼板与各子结构竖向构件的连接。

另外，不可忽视的是高层建筑基础的整体性及基础与上部结构的可靠的连接是结构整体性的重要保证，这里的重点是控制基础的变形和使基础真正成为竖向构件的嵌固端。

10.2.5 结构的延性和耗能性

在建筑中，竖向构件——柱、抗震墙和支撑相对水平杆件——梁板是更为重要的，因为竖向构件支承了整个上部建筑，尤其在地震力的反复作用下，竖向构件在竖向力、水平地震力等的反复作用下，柱、墙、构件同时承受压、弯、剪、扭的组合作用（对混凝土结构，抗剪、抗扭性能较弱，而压、剪、扭又是脆性破坏），一旦竖向构件破坏，将导致整个建筑的坍塌。因此，对于地震区的建筑结构，更应该关注竖向构件的设计。

所谓结构的延性和耗能性，就是要使设计的建筑确保在较大的地震力作用下能承受较大变形以耗散较多地震能而不破坏、不倒塌。这是地震区的建筑结构设计要有“强柱弱梁”、“强剪弱弯”、“强节点弱杆件”设计思想或设计原则的理由。

1）强柱弱梁原则，就是在地震时要求梁先于柱屈服，规范采取了下述措施：

（1）对不同抗震等级的柱采用了不同轴压比限值。

（2）对不同抗震等级的柱、不同部位的柱提出了不同最小配筋率要求并对柱的箍筋直径及加密要求作了相应规定。

（3）对框架梁用调幅法，使梁端弯矩适当减小（跨中相应增加），使塑性铰首先出现在梁端，避免柱上先出现。

（4）对不同等级的框架柱，规范用不同的柱端弯矩增大系数增加柱的抗弯能力。尤其是对底层，提出按上下端不利情况配筋。

2）强剪弱弯原则，为防止梁柱在弯曲破坏前出现剪切破坏（因为为剪切破坏是无先兆的脆性破坏，危险性、破坏性大），规范规定：

（1）一、二、三级框架梁和抗震墙连梁的梁端组合剪力增大系数分别为1.3、1.2、1.1。

（2）一、二、三、四级框架柱，柱端剪力增大系数分别为1.5、1.3、1.2、1.1。考虑到角柱扭转影响大，角柱的弯矩剪力在上述调整基础上再乘以1.1（剪力和弯矩调整系数）。

3）强节点弱构件原则，节点是竖向和水平杆件的交会处，是杆件受力最大最复杂的部位，是确保框架承载力和延性的关键部位，钢筋混凝土结构节点也是钢筋最密集的区域，施工质量是否到位，直接影响抗震受力性能，如混凝土不密实，钢筋就容易拔出或压曲等。对结构设计者而言，规范对于一、二、三级框架强调要对节点区进行验算，对边框架梁钢筋要满足一定的水平锚固长度等，特别提出了要求。

最后说一说赘余度和多道设防的问题。从概念设计思想看，赘余度大的建筑肯定耗能性强，抵抗地震作用的能力强。例如单跨框架和多跨框架，单跨框架，只要有一根柱子承载力弱，其他柱很快就会被连累，而多跨框架，一根柱子弱一些，周边柱子会帮忙，不至于马上垮塌。

一道设防和多道设防，道理也相同。一道设防和二道或多道设防都是就竖向抗侧力结构而言，如纯框架抵抗水平力就靠柱，它的抗水平力能力差，水平变形大，框架—抗震墙抵抗水平力的第一道防线是抗震墙，而且抗震墙损坏前先在连梁上出现塑性铰，这时已耗散了较大的地震力，大大减轻了对框架的压力，即使抗震墙受到些损坏，还有框架顶着，因此框剪延性和耗能性大大优于框架。

10.2.6 材料的轻质化、高强化和荷载取值与布置合理性

地震区建筑特别是高层建筑，要求材料的轻质化，因为一个结构在地震时每个质点上形成的惯性力（即每个楼层）都是与该处的质量成正比的。建筑材料轻了，不仅直接作用的重力少，地震力也随着减少，梁柱的内力、变形都小了，地基基础消耗的材料也可减少，这对于高层建筑而言尤其重要。

1）结构材料的高强化：通过数值运算得到结构内力变形，接下来当然是按使用材料的设计强度和应变特性来配置各部分构件用材量，材料强度越高变形特性越强，消耗的材料就越少，各构件的断面也会变小。结构用材与材料强度成反比。

2）荷载取值的合理性。希望建筑师在图纸上尽量交代清楚与结构荷载有关的内容，包括房间的使用功能和墙体、贴面材料、保温材料、吊顶等要求；抗震区建筑不能随便加大荷载，不能随便改动隔墙，如同地震区旧房改造一样，当使用功能改变或荷载改变，都得重新进行抗震设计。

3）荷载布置的合理性主要体现在：一是尽量不要因荷载布置使建筑结构的质心和刚度中心偏离较多使结构产生较大扭转；二是尽量不要因荷载布置的因素，形成头重脚轻的结构致使结构倾覆力矩加大；三是不要因填充墙问题使结构局部框架形成短柱在地震中形成薄弱环节。也不要随便放大梁端配筋，使结构塑性铰由在梁端转移到柱上，使柱先遭到破坏，一旦强震时会不安全。

图 10-10　柱身剪切破坏

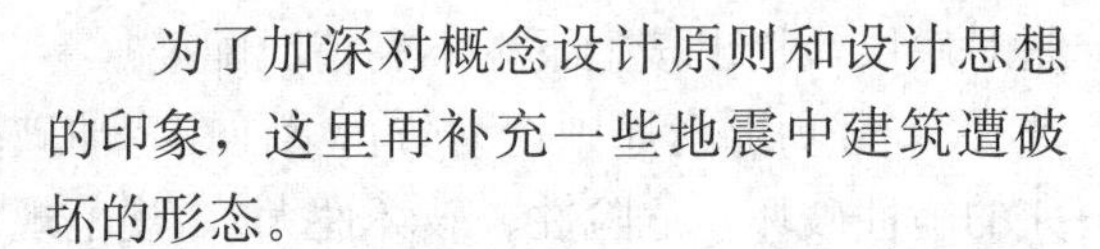

为了加深对概念设计原则和设计思想的印象，这里再补充一些地震中建筑遭破坏的形态。

图 10-10 是柱子箍筋配置偏少，在反复荷载作用下柱子剪切破坏；图 10-11 所示为在轴力和变化弯矩作用下使柱顶压曲形成灯笼状破坏；图 10-12 是节点内箍筋过少引起的破坏。

现行《建筑抗震设计规范》的基本设计原则和设计思想已集中体现在三水准设防和两阶段设计的要求中。为了更好地理解和掌握三水准、两阶段设计的精神，这里先把建筑抗震设防分类提出来，见表 10-7。

图 10-11　柱顶压曲破坏

图 10-12　框架节点内箍筋过少造成破坏

建筑类别及其设防标准　　**表 10-7**

建筑类别	建筑的重要性	抗震措施	地震作用计算
特殊设防类（甲类）	特殊要求的建筑，如地震破坏会导致严重后果的建筑等（必须经国家规定的批准权限报请批准执行）	特殊考虑	特殊考虑
重点设防类（乙类）	国家重点抗震城市生命线工程的建筑（应按批准的城市抗震防灾规划或有关部门批准文件执行）	提高 1 度（9 度时适当提高）	设防烈度（地震作用按比基本烈度低 1.55 度的地震动荷载设防）
标准设防类（丙类）	甲、乙、丁以外的一般建筑	原设防烈度	设防烈度（地震作用按比基本烈度低 1.55 度的地震动荷载设防）
适度设防类（丁类）	次要的建筑，如地震破坏不易造成人员伤亡和较大经济损失的建筑等	降低 1 度（6 度时不降）	设防烈度（地震作用按比基本烈度低 1.55 度的地震动荷载设防）

资料来源：中国建筑工业出版社《建筑抗震设计技术措施》

三水准设防的具体要求见表10-8。

设防水准及其概率水平 **表10-8**

水准	含义	要求	设计基准期内的超越概率	地震重现周期
第一水准	小震不坏	当遭受低于本地区设防烈度的多遇地震影响时,一般不受损坏或不需修理仍可继续使用	多遇地震对应的(众值)烈度,又称小震烈度63.2%	50年 (比基本烈度低约1.55度)
第二水准	中震可修	当遭受本地区设防烈度的地震影响时,可能损坏,经一般修理或不需修理仍可继续使用	设防(基本)烈度10%	475年 (基本烈度)
第三水准	大震不倒	当遭受预估的高于本地区设防烈度的罕遇地震影响时,不致倒塌或发生危及生命的严重破坏	罕遇地震对应的烈度,又称大震烈度2%～3%	1642～2475年 (比基本烈度高1度)

资料来源：黄存汉. 建筑抗震设计技术措施. 北京：中国建筑工业出版社，1994.

从上表可见，所谓三水准设防就是建筑在小震、中震、大震情况下结构抗震设计应达到的抗震标准。我国《建筑抗震设计规范》规定了建筑、结构设计人员以及施工技术人员，在设计工程的基准期内应该达到的目标或应有的责任。

4）为实现三水准目标所采取的主要措施或步骤。具体为：

(1) 对于所有的多、高层建筑结构，都必须进行第一阶段设计，也就是首先要满足第一、第二水准抗震目标的要求。为此，均应按多遇地震（即比基本设防烈度低1.55度）的地震动参数计算地震作用，进行结构分析和地震能力计算，并在考虑各种分项系数、荷载的组合值系数并与地震作用组合后，进行截面配筋和结构弹性条件下的位移控制；按第二水准（即基本烈度或设防烈度）的要求采取抗震措施（包括构造措施）来保证结构的延性，使之具有第二水准的变形能力（允许结构中部分构件出现塑性变形以耗能），从而实现“小震不坏，中震可修”的目标。

(2) 工程中的大部分建筑的第二阶段设计主要靠概念设计和构造措施来保证。

(3) 对于甲类建筑，特别不规则的建筑，复杂的高层建筑，高度、跨度等超限的建筑以及规范认为大震时存在薄弱部位、薄弱环节的建筑，应进行第二阶段设计，具体是：

进行弹性、弹塑性的时程分析，找出结构薄弱部位或薄弱环节，采取加强措施。

对结构进行性能化分析和设计，对不同的部位关键环节提出不同的目标要求，直至作推覆抗倒塌分析，使结构在罕遇地震下的弹塑性位移控制在允许范围内，对结构重点部位、关键环节进行针对性加强，达到“大震不倒”的第三水准目标。

(4) 这里强调对于重点设防类建筑（乙类建筑），规范明确按多遇地震下的地震作用进行内力变形设计，而抗震措施和构造要求比基本烈度提高1度。

对于特殊设防类建筑（甲类建筑），规范明确其地震作用和抗震措施由国家专门机构研究确定。

实际工作中，结构工程师应认真从概念出发，使所设计的工程结构体系、计算简图合理，荷载取值恰当，梁、柱、剪力墙等配筋符合“三强三弱”的要求，构造措施正确，施工质量到位，那么这样的工程就一定能满足抗震规范的“小震不坏、中震可修、大震不倒”的要求。

10.3　多层砌体建筑的基本抗震要求和抗震构造措施

10.3.1　概述

第三节所述的地震灾害教训，主要讲了钢筋混凝土建筑，本小节主要针对砌体结构的特点，重点介绍该结构在地震中的破坏情况和应采取的构造措施。

所谓砌体建筑就是用普通砖或多孔砖或混凝土小型空心砌块以砂浆作为粘结料砌筑的承重墙建成的多层房屋。它的优点是就地取材，不需要大型设备，上马快，砌筑的技术要求低，适用于多层住宅、办公楼和小商铺等建筑，尤其适用于广大农村地区低层和多层居住建筑。但由于承重结构材料砌体的脆性性质，其抗压能力尚可，而抗剪、抗拉、抗弯强度很低，而地震作用下，结构主要依靠的就是抗剪、抗拉和抗弯能力。

国内外的历次强烈地震中，砌体结构的破坏率是相当高的。如 1923 年日本关东大地震，东京约有 7000 多幢砖石结构建筑，大部分遭到严重破坏，仅有约 1000 幢经修复尚可使用；1948 年苏联阿什哈巴德地震，砖石房屋破坏率达 70%～80%；特别是 1976 年的唐山大地震，震中区域砖石房屋倒塌率为 63.2%，严重破坏的占 23.6%，尚可使用的仅为 4.2%，实际破坏率高达 91.3%；2008 年的汶川大地震，砖混结构仍是遭受破坏最严重的建筑。它的破坏形态主要有：

（1）墙体的破坏：与水平地震作用力方向平行的墙体，由于地震的反复作用，墙体出现交叉斜裂缝（图 10-13）。

（2）墙体转角处破坏：转角处位于建筑尽端，墙体的相互约束作用减弱，而扭转反应和位移均较其他部位大，墙体转角处破坏相对最普遍、最严重（图 10-14）。

图 10-13　墙体的破坏图

图 10-14　墙体转角处的震害

（3）内外墙连接处破坏：内外墙连接处也是建筑的薄弱部位，当墙与楼、屋面的连接不到位时，内外墙极易拉开，造成外纵墙和山墙外闪、倒塌等现象。

（4）楼梯间墙体的破坏：在砌体结构中，一般楼梯间的开间较小，除顶层外，中间楼层的墙体高度较其他部分小，其刚度较大，因而该处分配的地震力大，故容易造成震害。而顶层墙体的高度往往又比其他部位高，其稳定性差，所以更易造成破坏（图 10-15）。

（5）屋面处破坏：在强烈地震作用下，木结构的坡屋顶常用不完善的支撑体系，或采

(a)

(b)

图 10-15　楼梯间墙体的破坏

用硬山搁檩，而山尖未采取措施，造成屋顶失稳侧塌破坏。

(6) 凸出屋面的屋顶间等附属结构的破坏：在建筑中，凸出屋面的屋顶间（楼梯间、电梯机房、水箱间）、烟囱、女儿墙等附属结构，由于地震的鞭鞘效应的影响，一般较下部主体结构的破坏严重（图 10-16）。

图 10-16　突出屋面的楼梯间震害

10.3.2　多层砌体建筑抗震设计的一般规定

1) 国内外的历次地震表明，在一般场地下，砌体建筑的层数越多高度越高，震害及破坏程度越大，因此，抗震设计规范严格限制建筑的层数和总高度（表 10-9）。

房屋的层数和总高度限值（m）　　**表 10-9**

房屋类别		最小抗震墙厚度（mm）	烈度和设计基本地震加速度											
			6		7				8				9	
			0.05g		0.10g		0.15g		0.20g		0.30g		0.40g	
			高度	层数	高度	层数	高度	层数	高度	层数	高度	层数	高度	层数
多层砌体房屋	普通砖	240	21	7	21	7	21	7	18	6	15	5	12	4
	多孔砖	240	21	7	21	7	18	6	18	6	15	5	9	3
	多孔砖	190	21	7	18	6	15	5	15	5	12	4	—	—
	小砌块	190	21	7	21	7	18	7	18	6	15	5	9	3
底部框架-抗震墙砌体房屋	普通砖 多孔砖	240	22	7	22	7	19	6	16	5	—	—	—	—
	多孔砖	190	22	7	19	6	16	5	13	4	—	—	—	—
	小砌块	190	22	7	22	7	19	6	16	5	—	—	—	—

注：1. 房屋的总高度指室外地面到主要屋面板板顶或檐口的高度，半地下室从地下室室内地面算起，全地下室和嵌固条件好的半地下室应允许从室外地面算起，对带阁楼的坡屋面，应算到山尖墙的 1/2 高度处。

2. 室内外高差大于 0.6m，房屋总高度应允许比表中的数据适当增加，但增加量应少于 1.0m。

3. 乙类的多层砌体房屋仍按本地区设防烈度查表，其层数应减少 1 层且总高度应降低 3m，不应采用底部框架-抗震墙砌体房屋。

4. 本表小砌块砌体建筑不包括配筋混凝土小型空心砌块砌体房屋。

5. 本表摘自《建筑抗震设计规范》GB 50011—2010。

2）为确保多层砌体建筑在地震水平力作用下的整体稳定性，规范给出了高宽比的要求（表 10-10）。

房屋最大高宽比　　　　表 10-10

烈度	6	7	8	9
最大高宽比	2.5	2.5	2.0	1.5

注：1. 单面走廊房屋的总宽度不包括走廊宽度。
2. 房屋平面接近正方形，其高宽比宜适当减小。
3. 本表摘自《建筑抗震设计规范》GB 50011—2010。

3）历次地震灾害揭示了横墙间距的大小对建筑的倒塌影响很大，规范对抗震横墙给出了限值（表 10-11）。

建筑抗震横墙间距（m）　　　　表 10-11

建筑类别		烈度			
		6 度	7 度	8 度	9 度
多层砌体建筑	现浇或装配整体式钢筋混凝土楼板、屋盖	15	15	11	7
	装配式钢筋混凝土楼、屋盖	11	11	9	4
	木屋盖	9	9	4	—
底部框架—抗震墙砌体房屋	上部各层	同多层砌体房屋			—
	底层或底部两层	18	15	11	—

注：1. 多层砌体房屋的顶层，除木屋盖外的最大横墙间距应允许适当放宽，但应采取相应加强措施。
2. 多孔砖抗震横墙厚度为 190mm 时，最大横墙间距应比表中数值减少 3m。
3. 本表摘自《建筑抗震设计规范》GB 50011—2010。

4）为防止因局部砌体墙在反复地震力作用下失效导致局部甚至整体垮塌，规范对建筑的局部尺寸也作了规定（表 10-12）。

房屋的局部尺寸限值（m）　　　　表 10-12

部位	6 度	7 度	8 度	9 度
承重窗间墙最小宽度	1.0	1.0	1.2	1.5
承重外墙尽端至门窗洞边的最小距离	1.0	1.0	1.2	1.5
非承重外墙尽端至门窗洞边的最小距离	1.0	1.0	1.0	1.0
内墙阳角至门窗洞边的最小距离	1.0	1.0	1.5	2.0
无锚固女儿墙(非出入口处)的最大高度	0.5	0.5	0.5	0.0

注：1. 局部尺寸不足时，应采取局部加强措施弥补，且最小宽度不宜小于 1/4 层高和表列数据的 80%。
2. 采取局部加强措施，如墙设构造柱或芯柱时，尺寸可适当放宽。
3. 出入口处的女儿墙应有锚固。
4. 本表摘自《建筑抗震设计规范》GB 50011—2010。

10.3.3　多层砌体的构造措施

1）构造柱

针对砌体材料的脆性以及地震中抗剪、抗拉、抗弯能力差的问题，需增加砌体结构的延性——变形能力，可在墙体中增设必要的构造柱（即钢筋混凝土柱）。历次地震和大量试验表明：

（1）构造柱能提高砌体的抗剪能力10%～30%；

（2）由于构造柱对砌体的约束作用，较大地提高了砌体的变形能力；

（3）构造柱与楼、屋面的圈梁组合，确保了地震力的有效传递，较大地提高了砌体结构的抗倒塌能力。

规范对多层砌体建筑构造柱的设置要求见表10-13，对构造柱的具体要求见表10-14。

多层砖砌体房屋构造柱设置要求 **表10-13**

<table>
<tr><th colspan="4">建筑层数</th><th colspan="2" rowspan="2">设置部位</th></tr>
<tr><th>6度</th><th>7度</th><th>8度</th><th>9度</th></tr>
<tr><td>4、5</td><td>3、4</td><td>2、3</td><td></td><td rowspan="3">楼、电梯间四角，楼梯斜梯段上下端对应的墙体处；
外墙四角和对应转角，错层部位横墙与外纵墙交接处；
大房间内外墙交接处；
较大洞口两侧</td><td>隔12m或单元横墙与外纵墙交接处；
楼梯间对应的另一侧内横墙与外纵墙交接处</td></tr>
<tr><td>6</td><td>5</td><td>4</td><td>2</td><td>隔开间横墙（轴线）与外墙交接处；
山墙与内纵墙交接处</td></tr>
<tr><td>7</td><td>≥6</td><td>≥5</td><td>≥3</td><td>内墙（轴线）与外墙交接处；
内墙的局部较小墙垛处；
内纵墙与横墙（轴线）交接处</td></tr>
</table>

注：1. 较大洞口，对内墙来说是指不小于2.1m的洞口；对外墙来说，若在内外墙交接处已设置构造柱，洞口允许适当放宽，但洞侧墙体应加强。

2. 本表摘自《建筑抗震设计规范》GB 50011—2010。

构造柱具体要求 **表10-14**

<table>
<tr><th>最小断面（mm）</th><th>构造柱纵向钢筋</th><th>箍筋（mm）</th><th>砌体内拉筋和分布筋</th><th>构造柱与墙体交接方式</th></tr>
<tr><td rowspan="2">180×240
墙厚190时为180×190</td><td>纵向钢筋宜采用4Φ12</td><td>最小直径采用Φ6；
间距不宜大于250</td><td rowspan="2">沿墙高每隔500mm设2ϕ6水平钢筋和ϕ4分布短筋平面内点焊组成的拉结网片或ϕ4点焊钢筋网片，每边伸入墙内不少于1000
6度、7度时底部1/3楼层，8度时1/2楼层，9度时全部楼层，上述拉结钢筋网片应沿墙体水平通长设置</td><td rowspan="2">马牙槎</td></tr>
<tr><td>6度、7度时超过6层、8度时超过5层、9度时宜采用4Φ14</td><td>最小直径采用Φ6；
间距不宜大于200</td></tr>
</table>

资料来源：《建筑抗震设计规范》GB 50011—2010。

2）圈梁

为加强楼、屋面的整体性，提高砌体建筑的抗倒塌能力，砌体建筑圈梁的设置要求见表10-15、表10-16。

多层砖砌体房屋现浇钢筋混凝土圈梁设置要求　　表 10-15

墙类	烈度		
	6、7	8	9
外墙和内纵墙	屋盖处及每层楼盖处	屋盖处及每层楼盖处	屋盖处及每层楼盖处
内横墙	同上； 屋盖处间距不应大于 4.5m； 楼盖处间距不应大于 7.2m； 构造柱对应部位	同上； 各层所有横墙，且间距不应大于 4.5m； 构造柱对应部位	同上； 各层所有横墙

注：1. 楼层圈梁的高不应小于 120mm，需设基础圈梁的不应小于 180mm，配筋不应少于 4Φ12。
2. 圈梁应闭合，遇有洞口圈梁应上下搭接。
3. 现浇可不设圈梁，但沿抗震墙作用处配筋应加强，板伸入纵横墙内均应大于 120mm。
4. 本表摘自《建筑抗震设计规范》GB 50011—2010。

圈梁的配筋要求见下表 10-16。

多层砖砌体建筑圈梁配筋要求　　表 10-16

配筋	烈度		
	6、7	8	9
最小纵筋	4ϕ10	4ϕ12	4ϕ14
箍筋最大间距(mm)	250	200	150

资料来源：《建筑抗震设计规范》GB 50011—2010。

3）楼梯间的抗震要求

楼梯间在地震时是人员的逃生通道。同时因其较空旷，凸出屋面，地震反应强烈，震害尤为严重，故需采取如下加强措施：

（1）顶层楼梯间沿墙高每 500mm 设 2Φ6 通长拉结筋和Φ4 分布筋，7～9 度时，其他楼层应在休息平台或半高处设 60mm 厚内配 2Φ6，板带砂浆强度不低于同层且不小于 M7.5；

（2）楼梯间及门厅内墙阳角处的大梁的支承长度不小于 500mm，与圈梁连接；

（3）凸出屋面的楼梯间，构造柱应升到顶，并与顶部圈梁连接，沿墙体每 500mm 设 2ϕ6 通长钢筋并用 ϕ4 点焊拉结网片。

10.4　多层和高层钢筋混凝土建筑基本抗震要求和抗震构造措施

10.4.1　概述

关于多层和高层钢筋混凝土建筑抗震设计的基本规定和抗震构造措施，在国家现行规范《建筑抗震设计规范》GB 50011—2010 和《高层建筑混凝土结构技术规程》JGJ 3—2010 中，已对不同的结构体系在遭遇不同烈度的地震时的情况，用图表或条文作了明确的交代。对于重要的抗震构造措施，除规范条文有明确要求外，还有各种国家建设标准图集可查，本节的重点是阐述和分析多高层钢筋混凝土建筑抗震设计的有关规定和抗震措施的主要含义。

10.4.2　混凝土结构的特点和受力特性

1）混凝土结构的材料特性

混凝土结构是由一定比例的粗细骨料（通常主要为石子和黄沙）与粘结材料（水泥）加水经搅拌混合，内置钢筋（或钢骨）组成水平和竖向构件而建成的多层或高层建筑结构。混凝土结构的主要特点是自重大，刚度好，受压性能好。混凝土本身是一个脆性材料，抗拉和塑性变形能力差。钢筋混凝土的抗拉、抗弯和变形能力均依赖于内配钢材形成作用。钢筋混凝土成为构件并发挥整体作用，依赖于混凝土对钢材的粘结力。

2）地震区建筑的受力特性

地震是地壳某处的突然错动产生的地震波传到建筑物基础，使建筑物晃动，是一种强迫振动，由此产生的是一个与建筑自身质量与场地条件相关的惯性力，对于地震发生的时间、地点及地震烈度大小，至少目前尚无法准确预知。现在建筑结构的抗震设计理论和设计方法，是人类历史上长期的抗震斗争中的教训、经验的总结，是半经验半理论着重概念设计的设计理念。地震区建筑，一般情况下可将受力的计算简化为两种工况组合的图示：一种是满足常规条件的内力变形，另一种是经受地震时水平力作用下如同一个悬臂结构的内力变形（图 10-17）。

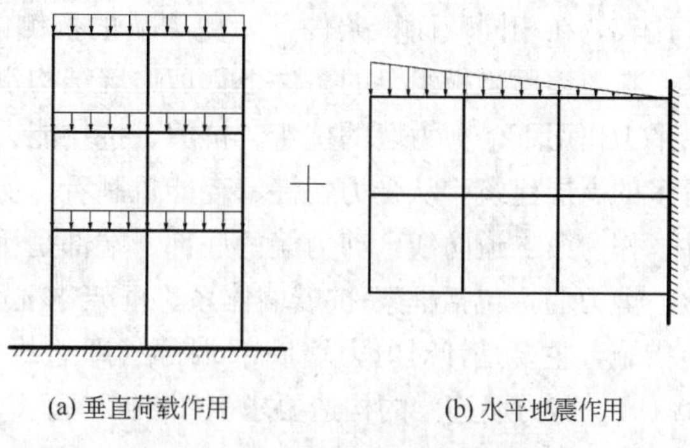

图 10-17　计算简图图示

当然 9 度区和 8 度区的大跨和长悬臂结构还要考虑附加地震垂直荷载的不利影响。设计中要特别注意的是地震是地震波传播的，是前后左右任意方向的，有多次余震，是多次反复作用的，因此对建筑造成的损害特别大。

3）钢筋混凝土结构构件和结构体系的组成

结构整体上都由两部分构件组成：水平构件和竖向抗侧力构件。

水平构件由板或梁板组成，它的作用是满足建筑平面功能，在平常情况下，把楼层和屋面荷载传到竖向构件，在地震力或风作用下，把水平力有效地传到竖向抗侧力构件上。

竖向构件主要由柱、剪力墙和支撑等组成，在通常情况下，形成整个建筑的骨架，把由水平构件传来的荷载传递到基础，在地震力（或风荷载）作用下，防止结构的倾覆和局部构件的失稳，并使结构的变形控制在规范规定的范围内，竖向构件的形式和在平面中的不同布置就形成了不同的结构体系。

10.4.3　多高层混凝土结构的抗震设计规定及抗震构造措施分析

规范对多高层钢筋混凝土结构抗震设计的所有规定及各种抗震构造措施都和上面提到的三因素密切相关，这就是钢筋混凝土结构的材料特性、地震力作用的受力特性和混凝土结构中构件的组成方式，特别是各结构体系中抗侧力构件的构成，都有直接的关系。

1）关于现浇钢筋混凝土建筑最大适用高度和高宽比的规定理由

一是为了满足结构构件在竖向力作用下的稳定性、结构在地震（或风荷载）水平力作用下的抗倾覆要求；二是使结构的变形控制在允许范围内；三是使该结构工程的耗材和投资控制在经济合理的范围内。

对于框架结构，抗侧力构件就是断面较小的柱子，刚度小，较柔，抗扭性能差，在水平力作用下变形大，在强烈地震力和往复的水平力作用下，柱端，特别是柱根部，容易在受压、弯剪等复杂应力下压酥剪坏，而且填充墙较少的框架体系就只有一道柱防线，因此框架结构体系比有剪力墙和支撑的结构建造的高度要小许多。框架抗震措施都是从加强柱根、柱端的构造，从强柱弱梁、强剪弱弯确保框架的延性要求出发的构造措施。

剪力墙结构，无论是单道剪力墙还是整个剪力墙体系水平力作用时，都是一个弯曲型受力体系（如同一个悬臂杆件），剪力墙两端承受最大的压力、剪力和弯矩，与单个框架柱比较，在相同截面积条件下，剪力墙的抗侧能力大于框架柱，而且一般剪力墙均有翼缘，在与楼面梁板组合的条件下，剪力墙结构水平力能有效传到各抗侧力构件上，在相同水平力作用下，剪力墙的抗弯、抗剪、抗拉能力远大于框架结构，因此它能建造比框架高得多的高层建筑。从受力特性、耗能机制看，剪力墙中的连梁可先屈服，是很好的耗能元件。作为第二道防线，剪力墙的底部、端部是压弯剪受力最复杂、最容易损坏的地方，因此，剪力墙，包括框架-抗震墙体系、框架-核心筒体系、筒中筒体系中的剪力墙的抗震构造措施，主要是针对剪力墙底部端部（即边缘构件）和连梁要求作出的（图 10-18、图 10-19），剪力墙连梁的构造要求（图 10-20）。

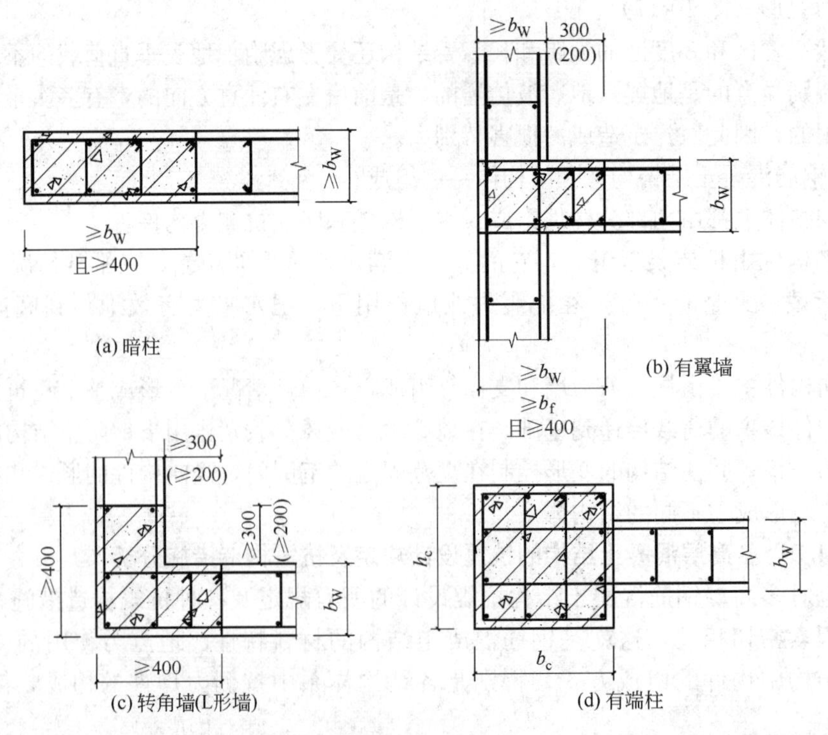

图 10-18　剪力墙构造边缘构件（构造边缘构件阴影区的主筋和箍筋规范都有明确规定）

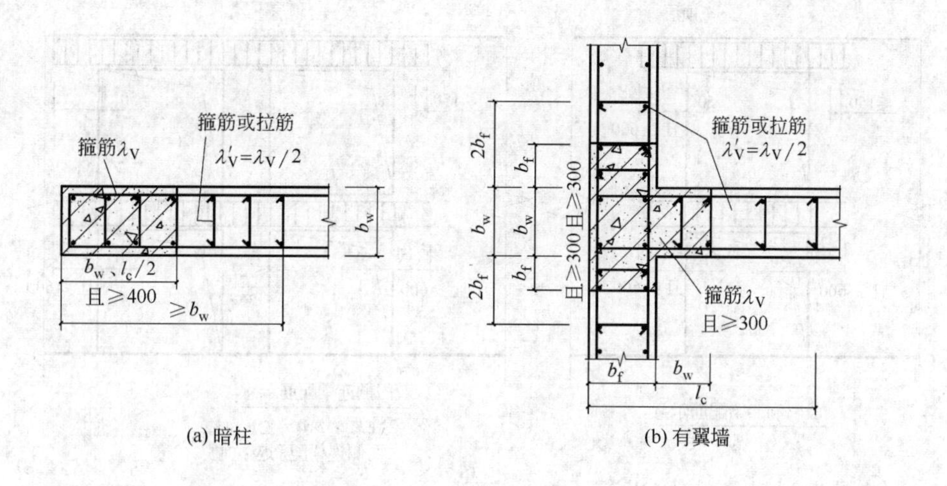

(a) 暗柱　　(b) 有翼墙

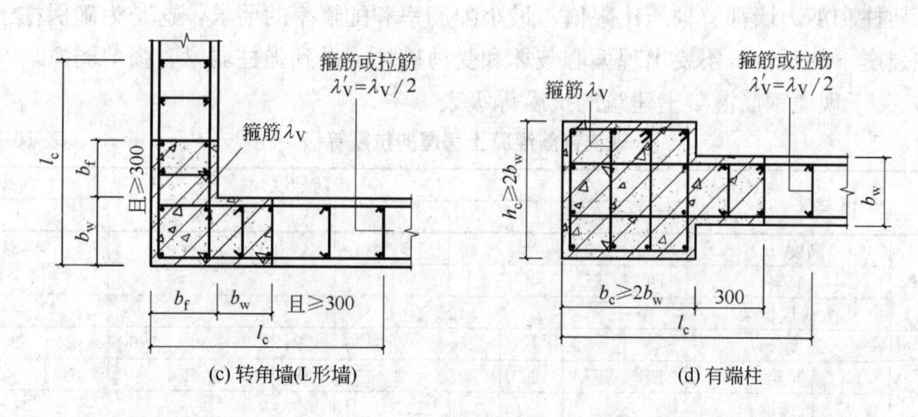

(c) 转角墙(L形墙)　　(d) 有端柱

图 10-19　剪力墙约束边缘构件（构造边缘构件阴影区的主筋和箍筋规范都有明确规定）

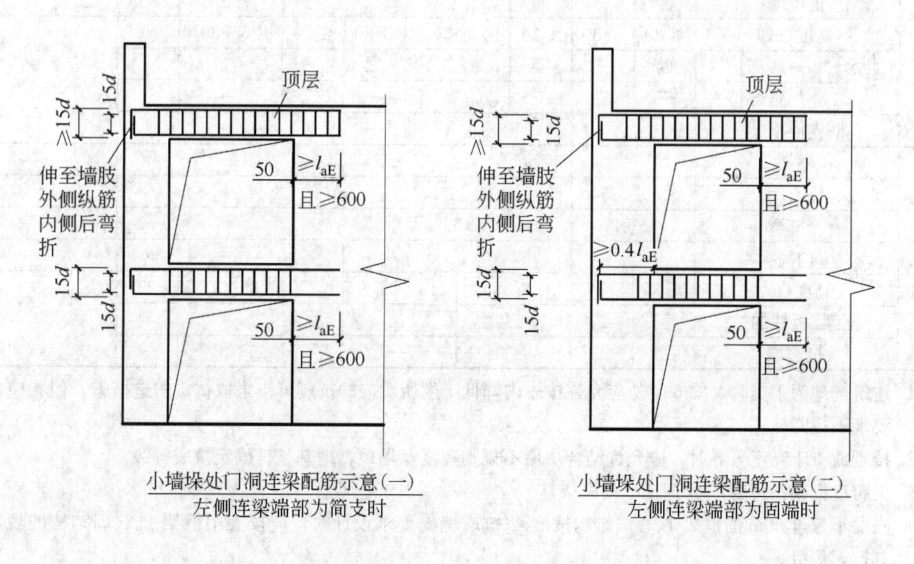

小墙垛处门洞连梁配筋示意(一)
左侧连梁端部为简支时

小墙垛处门洞连梁配筋示意(二)
左侧连梁端部为固端时

图 10-20　剪力墙连梁配筋构造（连梁的纵筋由计算决定，构造要求同框架梁）

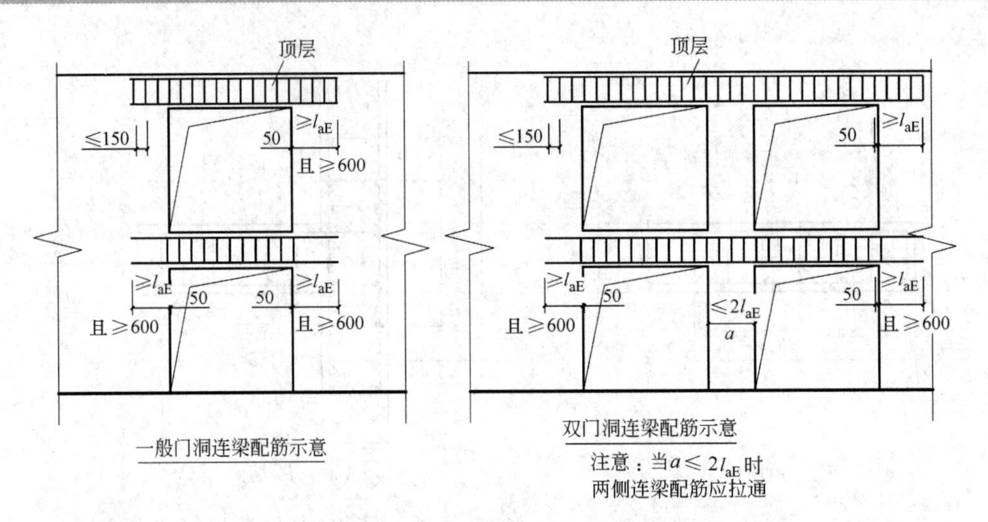

图 10-20　剪力墙连梁配筋构造（连梁的纵筋由计算决定，构造要求同框架梁）（续）

框架柱和剪力墙都有轴压比限值、最小配筋率和配箍率的要求，这是为确保柱子和剪力墙在强震下的延性，不要出现偏心破坏和受剪破坏，做到强柱弱梁、强剪弱弯。

2）关于现浇钢筋混凝土建筑的抗震等级表

现浇钢筋混凝土房屋的抗震等级　　　**表 10-17**

<table>
<tr><th colspan="3" rowspan="2">结构类型</th><th colspan="10">设防烈度</th></tr>
<tr><th colspan="2">6</th><th colspan="3">7</th><th colspan="3">8</th><th colspan="2">9</th></tr>
<tr><td rowspan="3">框架结构</td><td colspan="2">高度(m)</td><td>≤24</td><td>>24</td><td colspan="2">≤24</td><td>>24</td><td colspan="2">≤24</td><td>>24</td><td colspan="2">≤24</td></tr>
<tr><td colspan="2">框架</td><td>四</td><td>三</td><td colspan="2">三</td><td>二</td><td colspan="2">二</td><td>一</td><td colspan="2">一</td></tr>
<tr><td colspan="2">大跨度框架</td><td colspan="2">三</td><td colspan="3">二</td><td colspan="3">一</td><td colspan="2">一</td></tr>
<tr><td rowspan="3">框架-抗震墙结构</td><td colspan="2">高度(m)</td><td>≤60</td><td>>60</td><td>≤24</td><td>25～60</td><td>>60</td><td>≤24</td><td>25～60</td><td>>60</td><td>≤24</td><td>25～50</td></tr>
<tr><td colspan="2">框架</td><td>四</td><td>三</td><td>四</td><td>三</td><td>二</td><td>三</td><td>二</td><td>一</td><td>二</td><td>一</td></tr>
<tr><td colspan="2">抗震墙</td><td colspan="2">三</td><td>三</td><td colspan="2">二</td><td>二</td><td colspan="2">一</td><td colspan="2">一</td></tr>
<tr><td rowspan="2">抗震墙结构</td><td colspan="2">高度(m)</td><td>≤80</td><td>>80</td><td>≤24</td><td>25～80</td><td>>80</td><td>≤24</td><td>25～80</td><td>>80</td><td>≤24</td><td>25～60</td></tr>
<tr><td colspan="2">抗震墙</td><td>四</td><td>三</td><td>四</td><td>三</td><td>二</td><td>三</td><td>二</td><td>一</td><td>二</td><td>一</td></tr>
<tr><td rowspan="4">部分框支抗震墙结构</td><td colspan="2">高度(m)</td><td>≤80</td><td>>80</td><td>≤24</td><td>25～80</td><td>>80</td><td>≤24</td><td>25～80</td><td></td><td colspan="2" rowspan="4"></td></tr>
<tr><td rowspan="2">抗震墙</td><td>一般部位</td><td>四</td><td>三</td><td>四</td><td>三</td><td>二</td><td>三</td><td>二</td><td></td></tr>
<tr><td>加强部位</td><td>三</td><td>二</td><td>三</td><td>二</td><td>一</td><td>二</td><td>一</td><td></td></tr>
<tr><td colspan="2">框支层框架</td><td colspan="2">二</td><td colspan="2">二</td><td>一</td><td colspan="2">一</td><td></td></tr>
<tr><td rowspan="2">框架-核心筒结构</td><td colspan="2">框架</td><td colspan="2">三</td><td colspan="3">二</td><td colspan="3">一</td><td colspan="2">一</td></tr>
<tr><td colspan="2">核心筒</td><td colspan="2">二</td><td colspan="3">二</td><td colspan="3">一</td><td colspan="2">一</td></tr>
<tr><td rowspan="2">筒中筒结构</td><td colspan="2">外筒</td><td colspan="2">三</td><td colspan="3">二</td><td colspan="3">一</td><td colspan="2">一</td></tr>
<tr><td colspan="2">内筒</td><td colspan="2">三</td><td colspan="3">二</td><td colspan="3">一</td><td colspan="2">一</td></tr>
<tr><td rowspan="3">板柱-抗震墙结构</td><td colspan="2">高度(m)</td><td>≤35</td><td>>35</td><td colspan="2">≤35</td><td>>35</td><td colspan="2">≤35</td><td>>35</td><td colspan="2" rowspan="3"></td></tr>
<tr><td colspan="2">框架、板柱的柱</td><td>三</td><td>二</td><td colspan="2">二</td><td>二</td><td colspan="3">一</td></tr>
<tr><td colspan="2">抗震墙</td><td>二</td><td>二</td><td colspan="2">二</td><td>一</td><td colspan="2">二</td><td>一</td></tr>
</table>

注：1. 建筑场地为Ⅰ类时，除 6 度外应允许按表内降低 1 度所对应的抗震等级采取抗震构造措施，但相应的计算要求不应降低。

2. 接近或等于高度分界时，应允许结合房屋不规则程度及场地、地基条件确定抗震等级。

3. 大跨度框架指跨度不小于 18m 的框架。

4. 高度不超过 60m 的框架-核心筒结构按框架-抗震墙的要求设计时，应按表中框架-抗震墙结构的规定确定其抗震等级。

5. 本表摘自《建筑抗震设计规范》GB 50011—2010。

该表显示的是不同结构体系中的框架和剪力墙在不同建筑高度、不同的地震烈度下应采用的对应的抗震等级，并对框架或剪力墙采取相应的抗震措施（包括抗震构造措施）。这是结构抗震设计除地震作用参数以外最重要的设计依据，是必须执行的强制性条文，当结构体系确定后，结构抗震等级的要求随地震烈度、随建筑高度的增大而提高，当地震烈度和建筑高度确定后，同样是框架：纯框架中的框架因只有一道防线，抗震等级的要求高，而二道防线（如框架-剪力墙、框架-核心筒和筒中筒中的框架）的框架抗震等级要求就要低一些；具有转换因素的结构，如框支剪力墙结构中的框架和剪力墙比同等条件下的其他结构的抗震等级均要提高一个档次等。总之，我国规范对各种结构抗震等级的划分是根据各结构体系的动力特性，结合历史上地震中或实验室振动台结构模型试验情况而作出的指导工程设计的规定。

3）关于抗震结构中抗震墙之间的楼板、屋顶板间的长宽比要求

该要求是确保楼板、屋顶的水平地震力有效传递到抗侧力构件的重要条件，这里必须注意以下几点：

（1）地震烈度大的地区，因地震作用大，长宽比要小，抗震墙布置要密些。

（2）装配式楼板，整体性差，传递水平力的能力就弱，抗震墙间距比现浇楼板要小(9 度时不宜采用装配式楼板)。

（3）有框支层及板柱剪力墙结构，楼板对柱的约束性差，除必须采用现浇楼板，楼板厚度要加强外，剪力墙的间距更应减小。

（4）楼板有凹口或开洞时，除尽可能满足上面第二节平面规则性要求外，为了有效地传递水平力，减少应力集中和扭转影响，必要时要对楼板和抗侧力构件的内力变形作更详细的计算分析，对相关部位的构件作加强处理。

4）关于防震缝的要求

设缝的目的是防止两相邻结构在强烈地震时相撞破坏。防震缝的宽度与建筑的高度和相邻结构的刚度有关，本书第 8 章已有了专门介绍，此处不再重复。

10.5 非结构构件和楼梯间的问题

10.5.1 非结构构件

砌体填充墙目前是多数建筑（住宅公寓、办公、旅馆等）的围护墙和房间功能分隔的主要材料，是建筑静荷载，因而也是地震、风作用下的水平惯性力的重要组成部分。它在楼面及各楼房间的分布状况对质量中心产生很大影响。同时，由于它一般嵌砌于结构柱间，砌体中间门窗洞口的开设，常常会使一些框架柱形成实际上的短柱，砌体填充墙的多少也会对结构动力特性（自振周期）产生一定影响。因此，建筑师和结构工程师应密切合作，避免因砌体填充墙的不合理布置而对结构体系产生不利影响。

首先，《建筑抗震设计规范》GB 50011—2010 对非结构构件同样用了两个强制性条文来提出：

非结构构件，包括建筑非结构构件和建筑附属机电设备，自身及其与结构主体的连接，应进行抗震设计。

框架结构的围护墙和隔墙，应估计其设置对结构抗震的不利影响，避免不合理设置而

导致主体结构的破坏。

“抗规”条文表明这些虽是非结构构件，但同样非常重要。隔墙和女儿墙，我们都知道唐山地震时被隔墙尤其是女儿墙砸死砸伤的就不少，而且有些附属设备损坏将影响震后的正常运行。隔墙等的损坏，虽然没有生命危险，但修复代价往往很大，而且费时，因此必须在构造的设计上也力求做到小震不坏、中震可修、大震不倒，规范要求非结构构件与主体的连接应进行抗震设计就是为防止非结构构件脱落倒塌伤人。

对填充墙按抗震概念设计要求必须强调以下几点：

（1）平面布置宜均匀对称，减少因砌块填充墙的质量和刚度偏心造成主体结构扭转。

（2）砌体填充墙的竖向布置宜均匀连续，避免产生上下刚度突变，使主体产生应力集中。

（3）避免因填充墙而使框架柱形成事实上的短柱。

（4）填充墙与主体结构间应有可靠拉结，填充墙应能适应主体结构不同方向的层间位移。

（5）填充墙的墙段长度大于 5m 或墙高大于 2 倍层高时，墙顶宜与梁底或底板拉结，墙体中部应设钢筋混凝土构造柱。

（6）当填充墙的墙高超过 4m 时，宜在墙体半高处设置与柱连接且沿全长贯通的钢筋。

（7）混凝土水平连系梁截面高度不小于 60mm。填充墙的总高度一般不宜超过 6m。

（8）当填充墙有洞口时，宜在洞口设置边框梁、柱。

填充墙与主体的连接可采用刚性连接和柔性连接，有抗震设防要求时，宜优先采用柔性连接。

（1）主体与填充墙刚性连接

框架柱中预留拉结筋（图 10-21、图 10-22）。

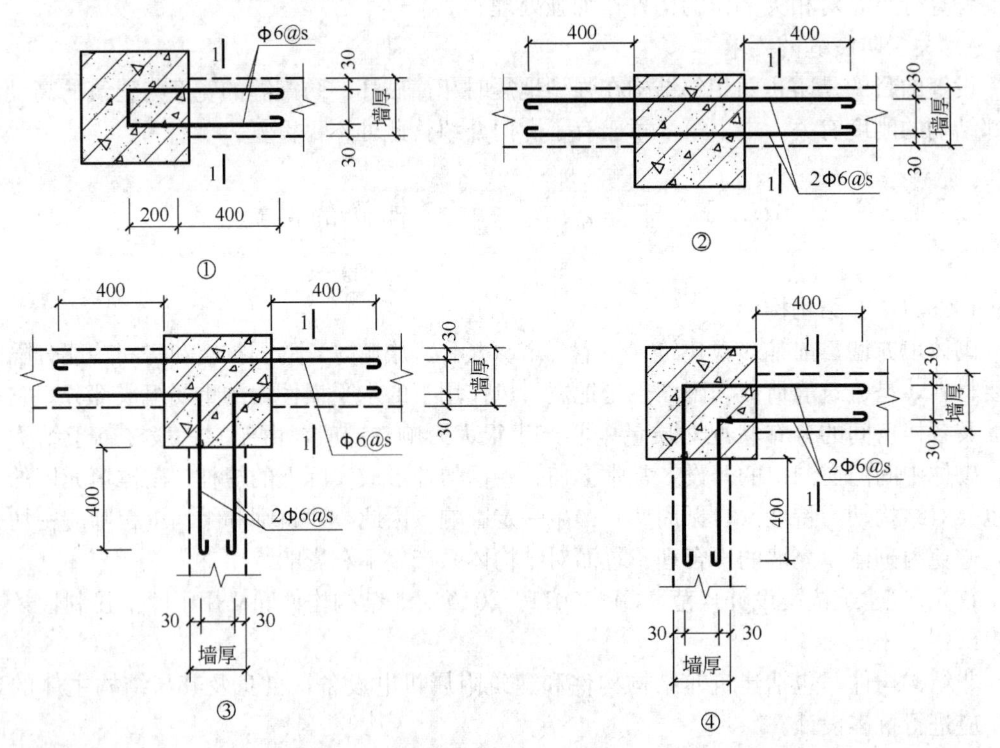

图 10-21　框架柱或剪力墙预留拉结筋详图

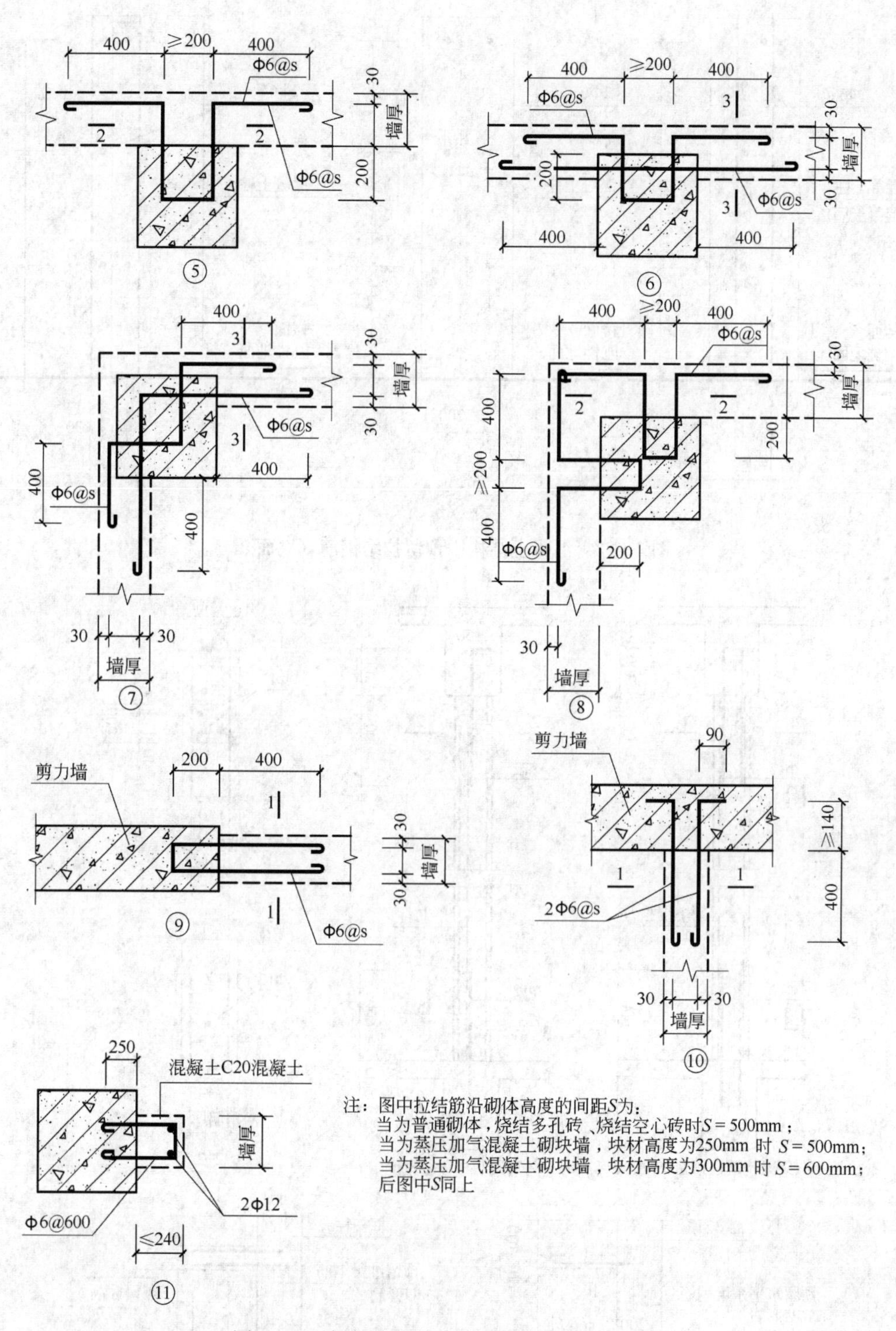

图 10-21　框架柱或剪力墙预留拉结筋详图（续）

构造柱、芯柱、水平系梁过梁预留筋（图 10-23）。

填充墙与框架柱拉结（图 10-24）。

填充墙与构造柱拉结及填充墙顶部构造（图 10-25）。

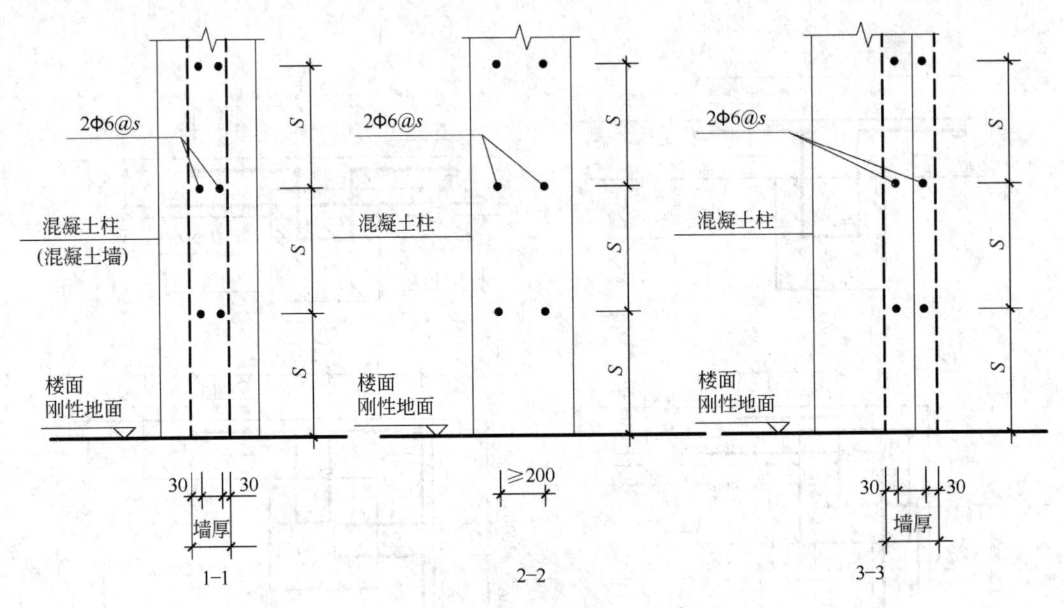

图 10-22　混凝土结构中预留拉结钢筋（立面）

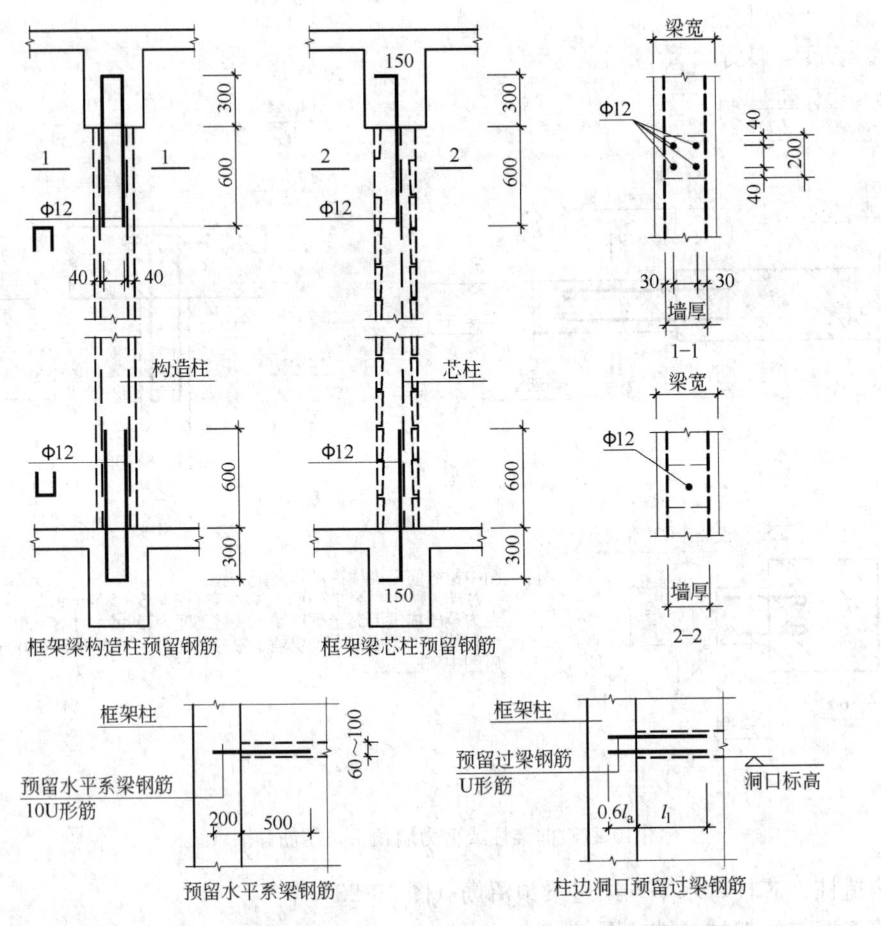

图 10-23　构造柱、芯柱、水平系梁、过梁预留筋详图

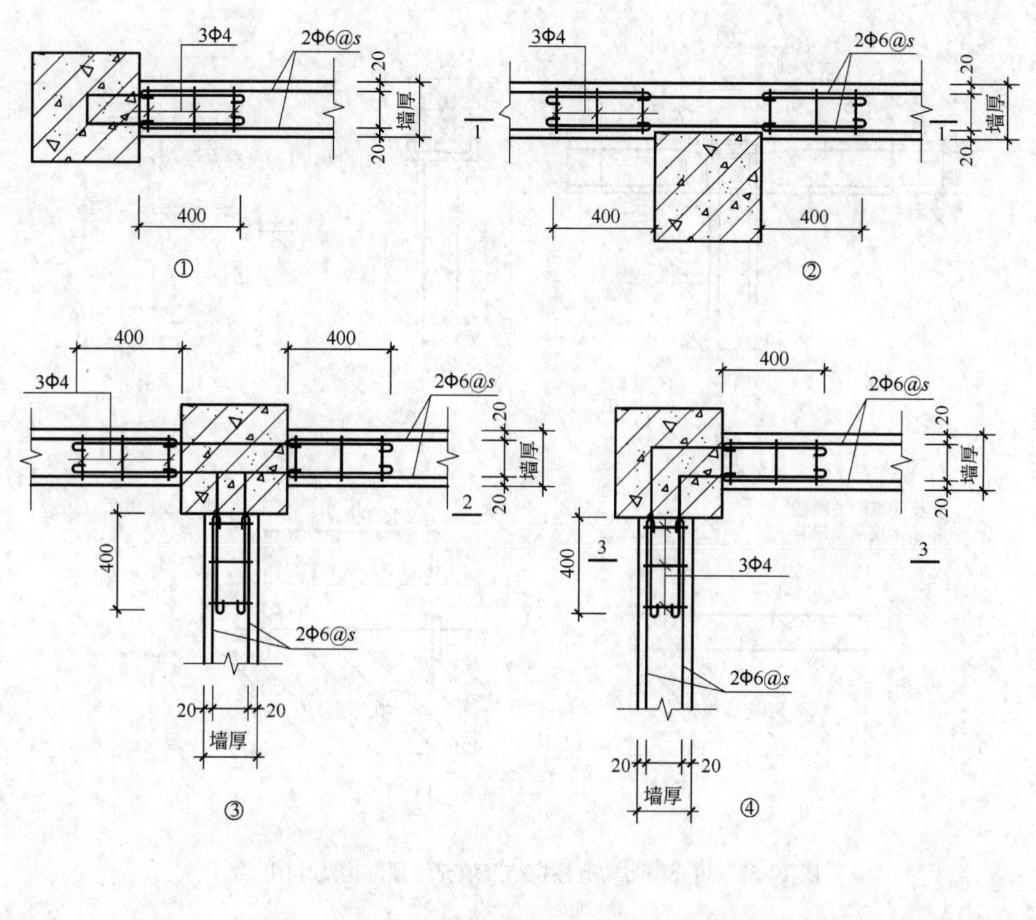

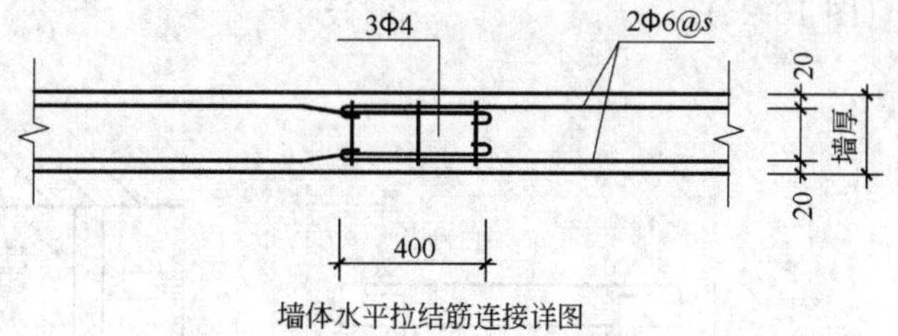

墙体水平拉结筋连接详图

图 10-24　填充墙与框架柱拉结详图

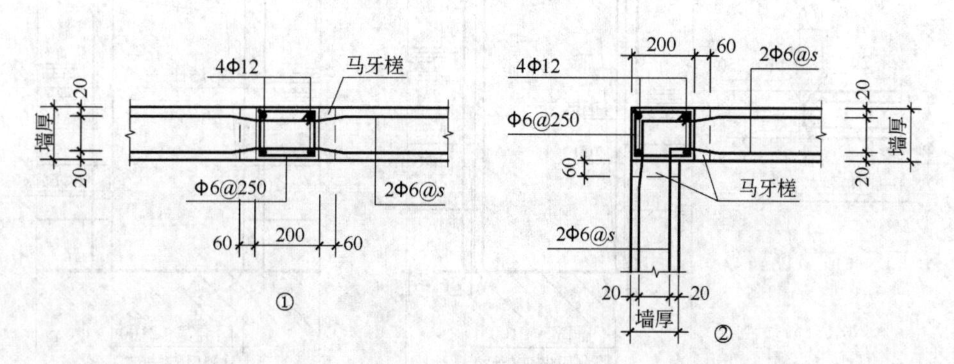

图 10-25　填充墙与构造柱拉结及填充墙顶部构造详图

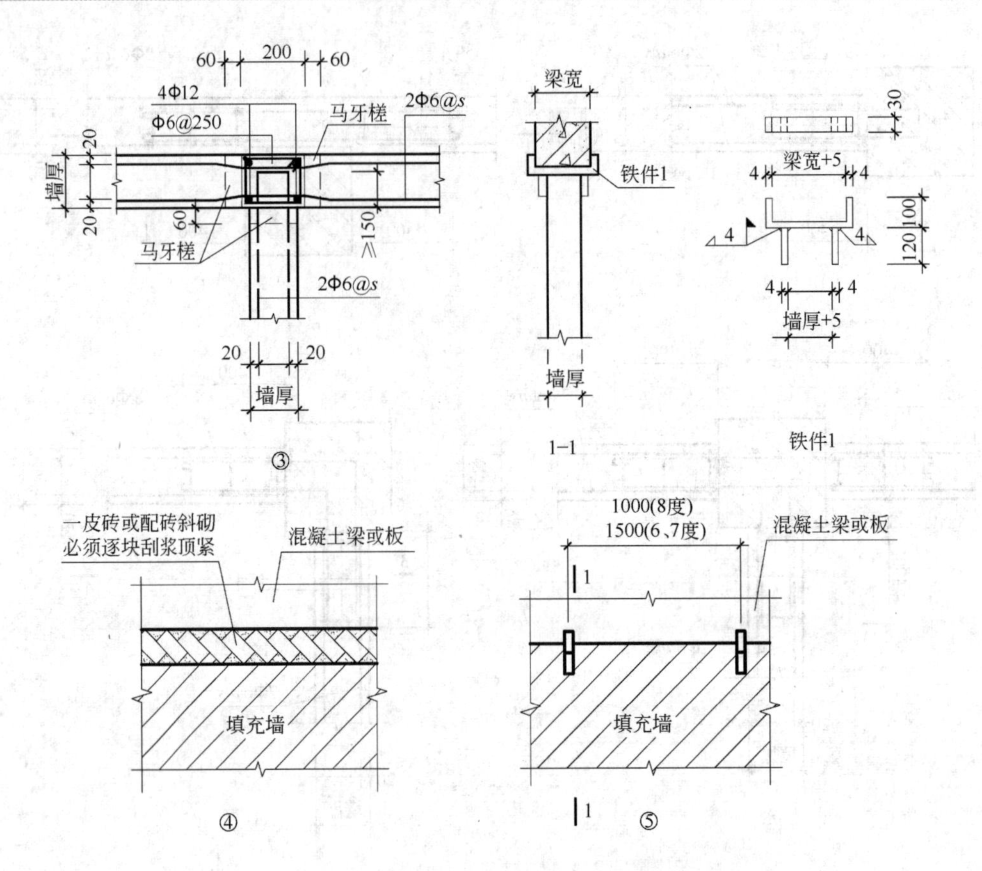

图 10-25　填充墙与构造柱拉结及填充墙顶部构造详图（续）

门洞口做法（图 10-26）。

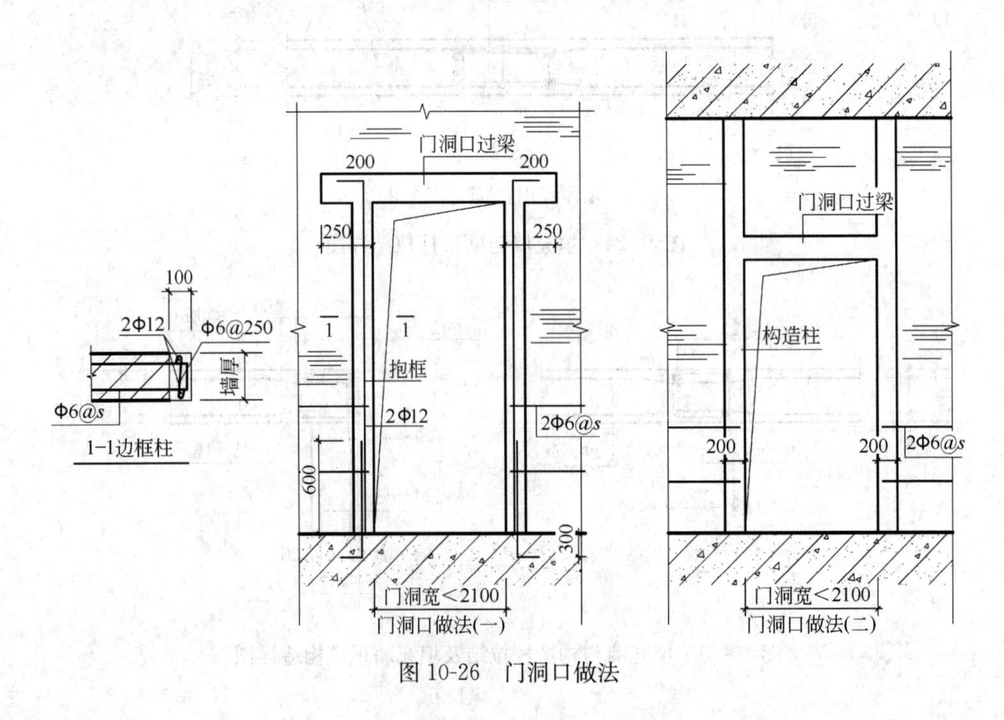

图 10-26　门洞口做法

（2）主体与填充墙柔性连接

主体与填充墙柔性连接（图 10-27～图 10-29）。

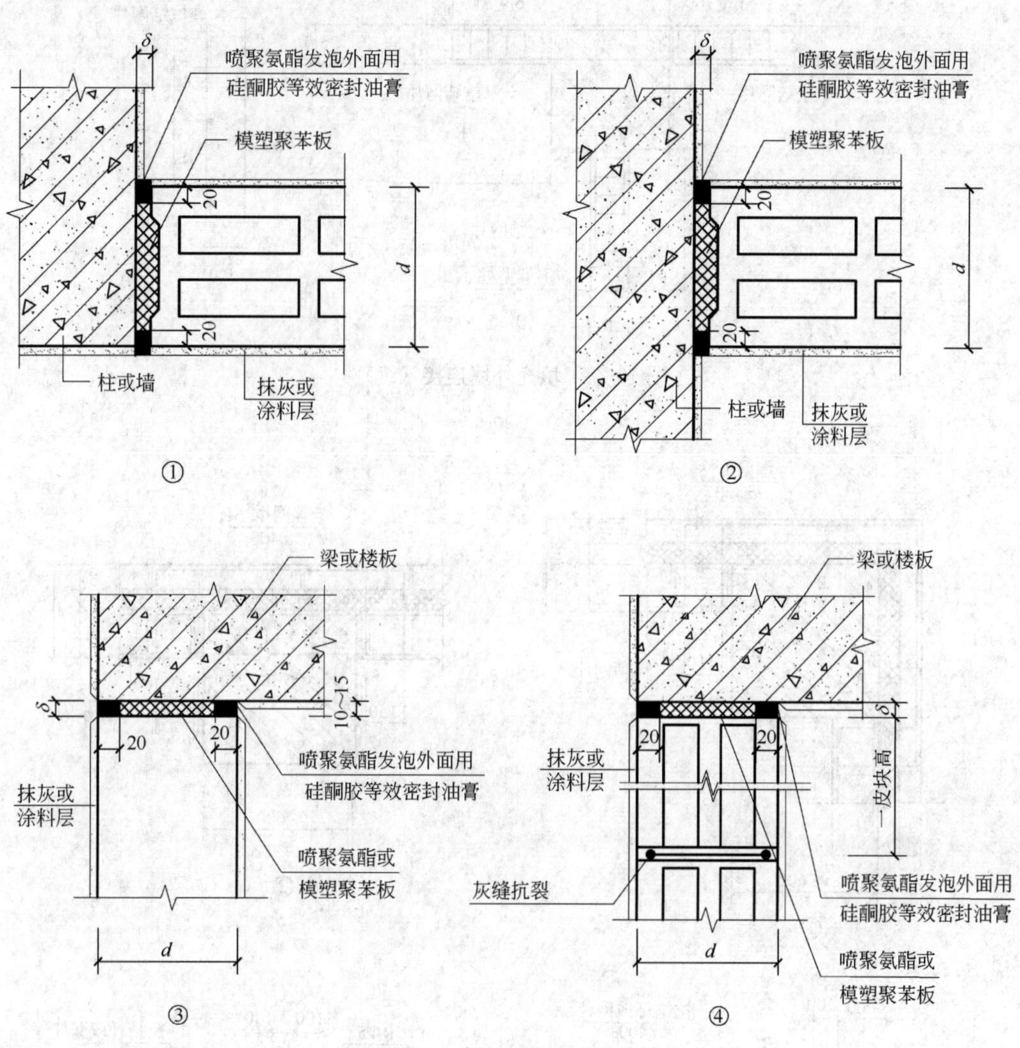

图 10-27　墙柱（梁）间缝隙构造

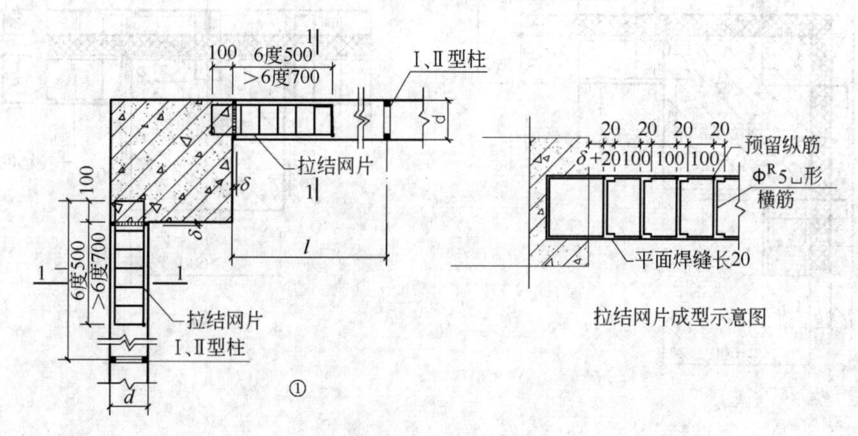

图 10-28　填充外墙连接

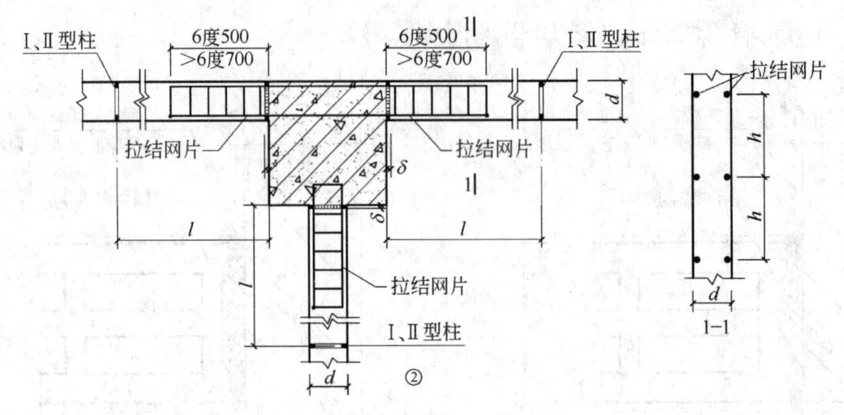

图 10-28　填充外墙连接（续）

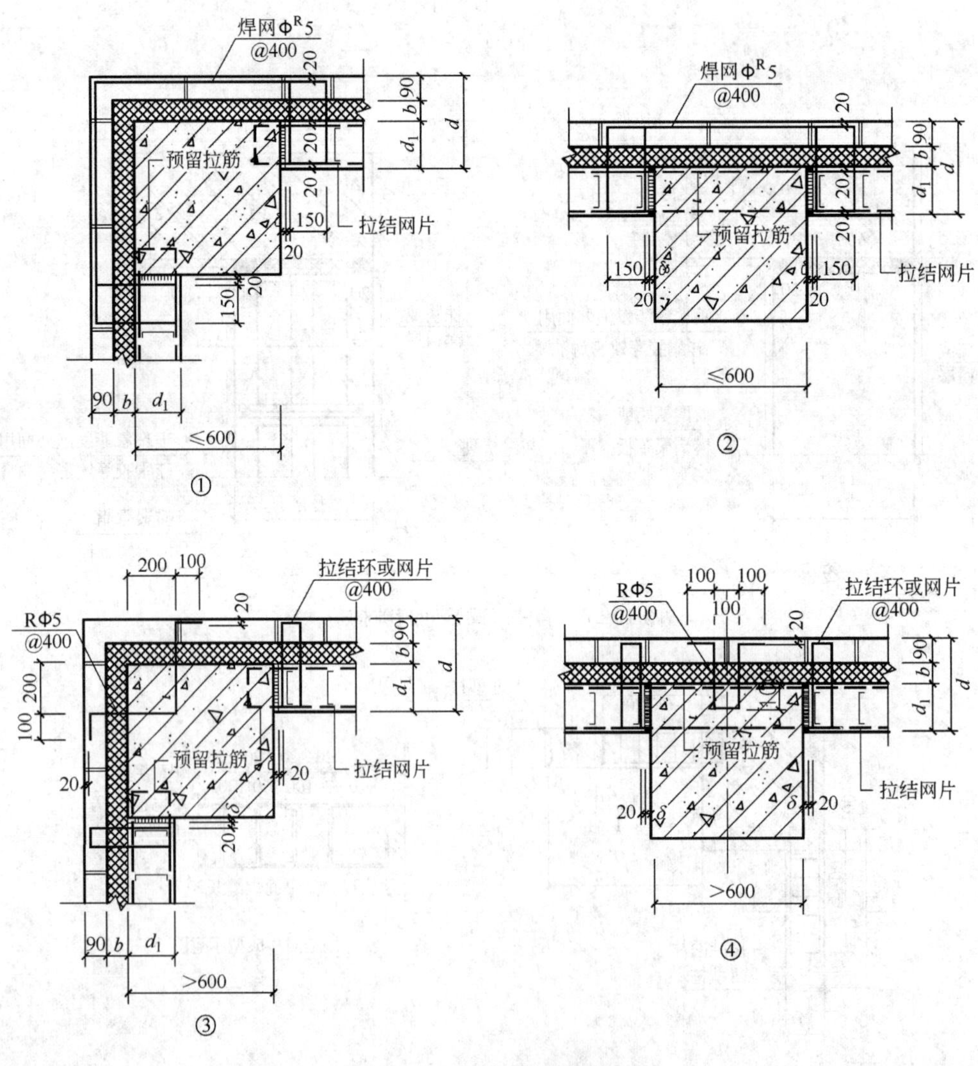

图 10-29　夹心保温外墙连接

10.5.2　楼梯间抗震

楼梯间在平日作为人员上下的交通通道，在紧急状态下（强烈地震或火灾发生时），楼梯间是人员紧急逃生的主要通道。在一栋建筑物中，楼梯间的设置部位，往往对结构的动力反应影响较大，许多地震灾害表明，楼梯间的不合理设置或构造措施不到位往往使楼梯间遭受严重损坏，甚至倒塌，起不到逃生通道的作用。

抗震规范对楼梯间的要求：楼梯间宜设置抗震墙，但不宜造成较大的扭转效应。

楼梯间应符合下列要求：

(1) 宜采用现浇钢筋混凝土楼梯。

(2) 对于框架结构，楼梯间的布置不应导致结构平面特别不规则；楼梯构件与主体结构整浇时，应计入楼梯构件对地震作用及其效应的影响，应进行楼梯构件的抗震承载力验算；宜采取构造措施，减少楼梯构件对主体结构刚度的影响。

这里还要强调几点：

(1) 地震区楼梯间必须现浇并进行抗震承载力验算。

(2) 楼梯间的填充墙应加设与主体间的拉结。现行规范明确要求设通长拉结筋，并双面用钢丝网砂浆面层。

(3) 当采用如下措施时，楼梯构件可不参与抗震计算：

① 楼梯间设置足够大的抗震墙，楼梯构件的地震力能直接传到抗震墙，对主体结构刚度影响很小。

② 楼梯板滑动支承于平台板，使楼梯构件对主体影响很小（图 10-30、图 10-31）。

③ 平台板悬臂，楼梯平台彻底与主体脱开（图 10-32）。

(4) 楼梯间的位置，一般不宜放在建筑物的端部开间，因为楼梯间与主体楼板不连续，地震力不好传递，传力路线也不明确，梯板处构件呈错层、跃层或斜撑等复杂状态，易成为结构薄弱环节。因此，希望建筑师从方案阶段开始就尽量不要把楼梯间置于端部，而使楼梯间在地震中先遭破坏，结构工程师从构造上尽量使楼梯间从复杂状态变为简单状态并充分估计对结构整体的影响，使楼梯间真正成为人员安全的出入口。

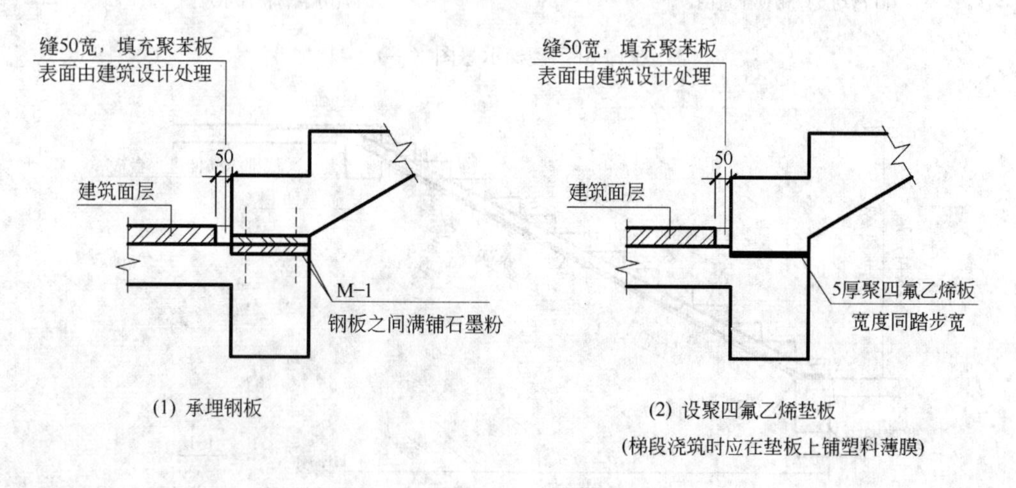

图 10-30　滑动支座构造示意图

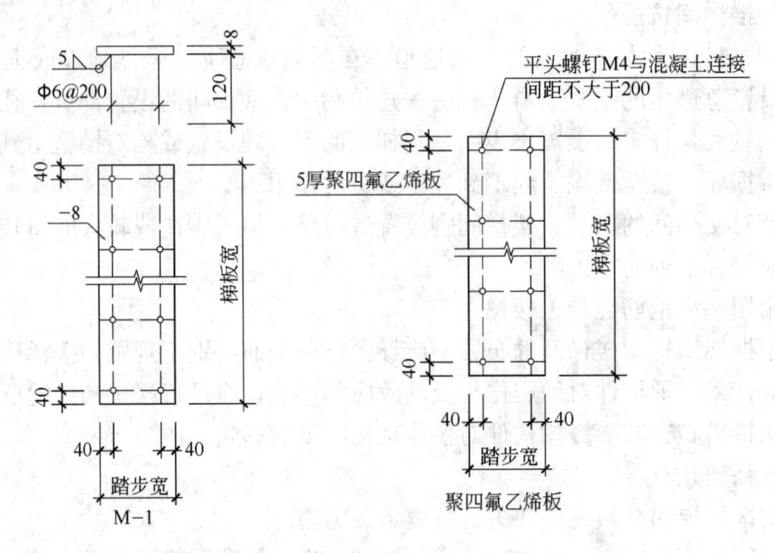

图 10-30　滑动支座构造示意图（续）

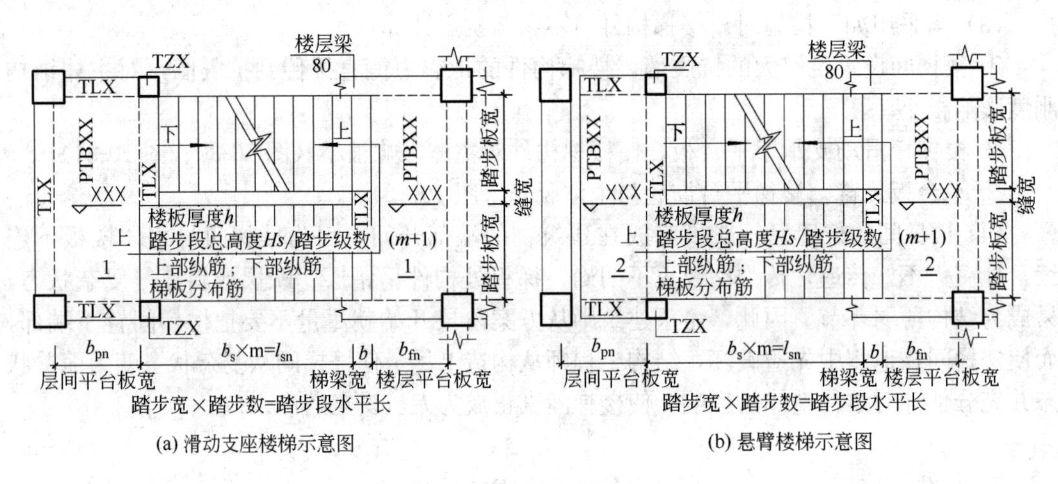

图 10-31　楼梯示意图（一）

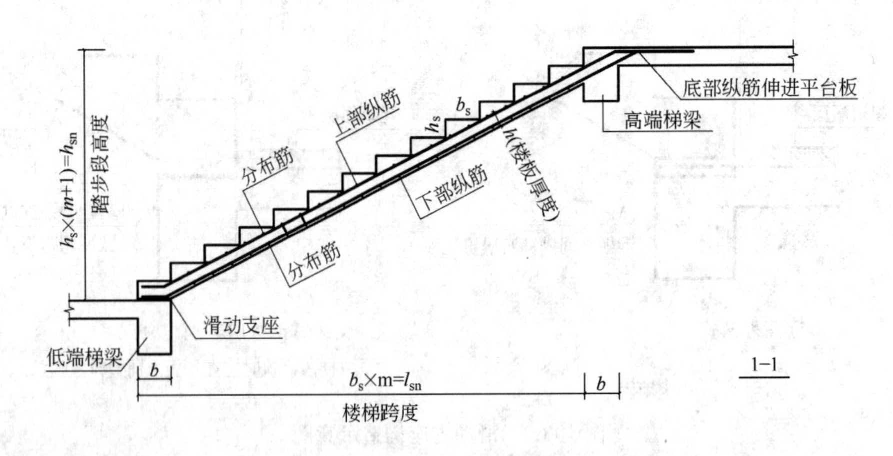

(a) 1-1 剖面

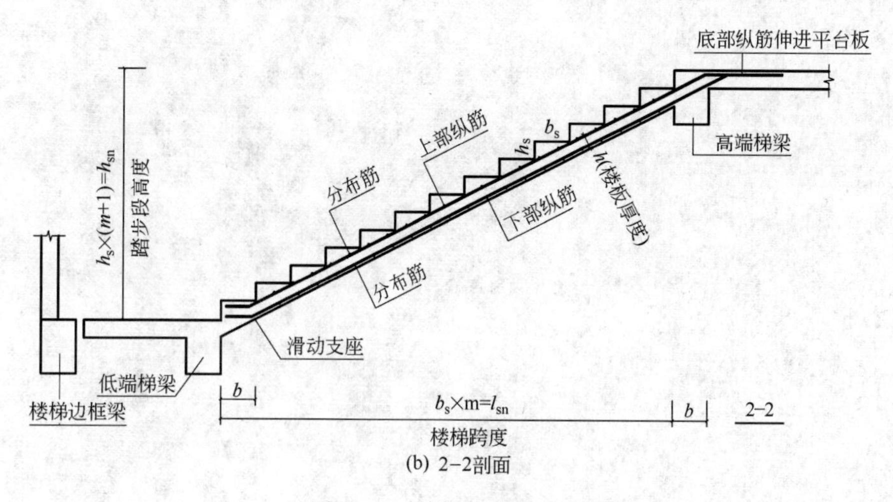

(b) 2-2剖面

图 10-32 楼梯示意图（二）

本章参考文献

［1］ 钱永梅，金玉杰，田伟．建筑结构抗震设计（第二版）［M］. 北京：化学工业出版社，2014.

［2］（美）C·阿诺德，R·里塞曼．建筑体型与抗震设计［M］. 何广麟，何广汉译．北京：中国建筑工业出版社，1987.

［3］ 黄存汉．建筑抗震技术措施［M］. 北京：中国建筑工业出版社，1998.

［4］ 李国胜．多高层钢筋混凝土结构疑难问题处理及案例［M］. 北京：中国建筑工业出版社，2004.

［5］ 砌体结构设计规范 GB 50003—2011［Z］. 北京：中国建筑工业出版社，2011.

［6］ 建筑抗震设计规范 GB 50011—2010［Z］. 北京：中国建筑工业出版社，2010.

［7］ 高层建筑混凝土结构技术规程 JGJ 3—2010［Z］. 北京：中国建筑工业出版社，2010.

［8］ 国家建筑标准设计图集：砌体填充墙结构的构造 12G614-1［Z］. 北京：中国计划出版社，2012.

［9］ 国家建筑标准设计图集：砌体填充墙构造详图（二）10SG614-2［Z］. 北京：中国计划出版社，2011.